U0160414

国家科学思想库

中国学科发展战略

材料科学与工程

国家自然科学基金委员会
中 国 科 学 院

科 学 出 版 社
北 京

内 容 简 介

本书不仅关注了可持续发展的材料，如梯度纳米结构材料、高强铝合金、钛铝金属间化合物、有机发光材料、新型高温超导材料，还关注了战略性、前瞻性的材料，如多铁性材料、碳基纳电子材料、人工微结构与超构材料、拓扑量子材料；分析了该领域的发展态势及我国对该分支学科的针对性发展战略，并提出相应的政策建议或保障措施。

本书适合高层次的战略和管理专家、相关领域的高等院校师生、研究机构的研究人员阅读，是科技工作者洞悉学科发展规律、把握前沿领域和重点方向的重要指南，也是科技管理部门重要的决策参考，同时是社会公众了解材料科学与工程学科发展现状及趋势的权威读本。

图书在版编目（CIP）数据

材料科学与工程 / 国家自然科学基金委员会，中国科学院编. —北京：科学出版社，2021.1
（中国学科发展战略）
ISBN 978-7-03-064865-5

Ⅰ. ①材… Ⅱ. ①国…②中… Ⅲ. ①材料科学 Ⅳ. ①TB3

中国版本图书馆 CIP 数据核字（2020）第 066810 号

丛书策划：侯俊琳 牛 玲
责任编辑：樊 飞 朱萍萍 陈 琼 / 责任校对：韩 杨
责任印制：徐晓晨 / 封面设计：黄华斌 陈 敬

科 学 出 版 社 出版
北京东黄城根北街 16 号
邮政编码：100717
http://www.sciencep.com

北京虎彩文化传播有限公司 印刷
科学出版社发行 各地新华书店经销
＊

2021 年 1 月第 一 版 开本：720×1000 B5
2021 年 2 月第二次印刷 印张：26 插页：1
字数：450 000
定价：158.00 元
（如有印装质量问题，我社负责调换）

中国学科发展战略

联合领导小组

组　　长：侯建国　李静海

副 组 长：秦大河　韩　宇

成　　员：王恩哥　朱道本　陈宜瑜　傅伯杰　李树深

杨　卫　高鸿钧　王笃金　苏荣辉　王长锐

邹立尧　于　晟　董国轩　陈拥军　冯雪莲

姚玉鹏　王岐东　张兆田　杨列勋　孙瑞娟

联合工作组

组　　长：苏荣辉　于　晟

成　　员：龚　旭　孙　粒　高阵雨　李鹏飞　钱莹洁

薛　淮　冯　霞　马新勇

中国学科发展战略·材料科学与工程

编 委 会

总　序

白春礼　杨　卫

　　17世纪的科学革命使科学从普适的自然哲学走向分科深入，如今已发展成为一幅由众多彼此独立又相互关联的学科汇就的壮丽画卷。在人类不断深化对自然认识的过程中，学科不仅仅是现代社会中科学知识的组成单元，同时也逐渐成为人类认知活动的组织分工，决定了知识生产的社会形态特征，推动和促进了科学技术和各种学术形态的蓬勃发展。从历史上看，学科的发展体现了知识生产及其传播、传承的过程，学科之间的相互交叉、融合与分化成为科学发展的重要特征。只有了解各学科演变的基本规律，完善学科布局，促进学科协调发展，才能推进科学的整体发展，形成促进前沿科学突破的科研布局和创新环境。

　　我国引入近代科学后几经曲折，及至上世纪初开始逐步同西方科学接轨，建立了以学科教育与学科科研互为支撑的学科体系。新中国建立后，逐步形成完整的学科体系，为国家科学技术进步和经济社会发展提供了大量优秀人才，部分学科已进入世界前列，有的学科取得了令世界瞩目的突出成就。当前，我国正处在从科学大国向科学强国转变的关键时期，经济发展新常态下要求科学技术为国家经济增长提供更强劲的动力，创新成为引领我国经济发展的新引擎。与此同时，改革开放30多年来，特别是21世纪以来，我国迅猛发展的科学事业蓄积了巨大的内能，不仅重大创新成果源源不断产生，而且一些学科正在孕育新的生长点，有可能引领世界学科发展的新方向。因此，开展学科发展战略研究是提高我国自主创新能力、实现我国科学由"跟跑者"向"并行者"和"领跑者"转变的一项基础工程，对于更好把握世界科技创新发展趋势，发挥科技创新在全面创新中的引领作用，具有重要的现实意义。

学科发展战略研究的核心是结合科学技术和经济社会的发展需求，在分析科学前沿发展趋势的基础上，寻找新的学科生长点和方向。在这个过程中，战略科学家的前瞻引领作用十分重要。科学史上这样的例子比比皆是。在 1900 年 8 月巴黎国际数学家代表大会上，德国数学家戴维·希尔伯特发表了题为"数学问题"的著名讲演，他根据过去特别是 19 世纪数学研究的成果和发展趋势，提出了 23 个最重要的数学问题，即"希尔伯特问题"。这些"问题"后来成为许多数学家力图攻克的难关，对现代数学的研究和发展产生了深刻的影响。1959 年 12 月，美国物理学家、诺贝尔奖得主理查德·费曼在加利福尼亚理工学院举行的美国物理学会年会上发表了题为"物质底层大有空间——一张进入物理新领域的请柬"的经典讲话，对后来出现的纳米技术作出了天才的预见。

学科生长点并不完全等同于科学前沿，其产生和形成不仅取决于科学前沿的成果，还决定于社会生产和科学发展的需要。1841 年，佩利戈特用钾还原四氯化铀，成功地获得了金属铀，可在很长一段时间并未能发展成为学科生长点。直到 1939 年，哈恩和斯特拉斯曼发现了铀的核裂变现象后，人们认识到它有可能成为巨大的能源，这才形成了以铀为主要对象的核燃料科学的学科生长点。而基本粒子物理学作为一门理论性很强的学科，它的新生长点之所以能不断形成，不仅在于它有揭示物质的深层结构秘密的作用，而且在于其成果有助于认识宇宙的起源和演化。上述事实说明，科学在从理论到应用又从应用到理论的转化过程中，会有新的学科生长点不断地产生和形成。

不同学科交叉集成，特别是理论研究与实验科学相结合，往往也是新的学科生长点的重要来源。新的实验方法和实验手段的发明，大科学装置的建立，如离子加速器、中子反应堆、核磁共振仪等技术方法，都促进了相对独立的新学科的形成。自 20 世纪 80 年代以来，具有费曼 1959 年所预见的性能、微观表征和操纵技术的仪器——扫描隧道显微镜和原子力显微镜终于相继问世，为纳米结构的测量和操纵提供了"眼睛"和"手指"，使得人类能更进一步认识纳米世界，极大地推动了纳米技术的发展。

作为国家科学思想库，中国科学院（以下简称中科院）学部的基本职责和优势是为国家科学选择和优化布局重大科学技术发展方向提供科学依据、发挥学术引领作用，国家自然科学基金委员会（以下简称基金委）则承担着协调学科发展、夯实学科基础、促进学科交叉、加强学科建设的重大责任。继基金委和中科院于2012年成功地联合发布"未来10年中国学科发展战略研究"报告之后，双方签署了共同开展学科发展战略研究的长期合作协议，通过联合开展学科发展战略研究的长效机制，共建共享国家科学思想库的研究咨询能力，切实担当起服务国家科学领域决策咨询的核心作用。

基金委和中科院共同组织的学科发展战略研究既分析相关学科领域的发展趋势与应用前景，又提出与学科发展相关的人才队伍布局、环境条件建设、资助机制创新等方面的政策建议，还针对某一类学科发展所面临的共性政策问题，开展专题学科战略与政策研究。自2012年开始，平均每年部署10项左右学科发展战略研究项目，其中既有传统学科中的新生长点或交叉学科，如物理学中的软凝聚态物理、化学中的能源化学、生物学中生命组学等，也有面向具有重大应用背景的新兴战略研究领域，如再生医学，冰冻圈科学，高功率、高光束质量半导体激光发展战略研究等，还有以具体学科为例开展的关于依托重大科学设施与平台发展的学科政策研究。

学科发展战略研究工作沿袭了由中科院院士牵头的方式，并凝聚相关领域专家学者共同开展研究。他们秉承"知行合一"的理念，将深刻的洞察力和严谨的工作作风结合起来，潜心研究，求真唯实，"知之真切笃实处即是行，行之明觉精察处即是知"。他们精益求精，"止于至善"，"皆当至于至善之地而不迁"，力求尽善尽美，以获取最大的集体智慧。他们在中国基础研究从与发达国家"总量并行"到"贡献并行"再到"源头并行"的升级发展过程中，脚踏实地，拾级而上，纵观全局，极目迥望。他们站在巨人肩上，立于科学前沿，为中国乃至世界的学科发展指出可能的生长点和新方向。

各学科发展战略研究组从学科的科学意义与战略价值、发展规律和研究特点、发展现状与发展态势、未来5～10年学科发展的关键科学问题、发展思路、发展目标和重要研究方向、学科发展的有效资助机制与政策建议等方面进行分析阐述。既强调学科生长点的科学意义，也考虑其重要的社会价值；既着眼于学科生长点的前沿性，也兼顾其可能利用的资源和条件；既立足于国内的现状，又注重基础研究的国际化趋势；既肯定已取得的成绩，又不回避发展中面临的困难和问题。主要研究成果以"国家自然科学基金委员会—中国科学院学科发展战略"丛书的形式，纳入"国家科学思想库—学术引领系列"陆续出版。

基金委和中科院在学科发展战略研究方面的合作是一项长期的任务。在报告付梓之际，我们衷心地感谢为学科发展战略研究付出心血的院士、专家，还要感谢在咨询、审读和支撑方面做出贡献的同志，也要感谢科学出版社在编辑出版工作中付出的辛苦劳动，更要感谢基金委和中科院学科发展战略研究联合工作组各位成员的辛勤工作。我们诚挚希望更多的院士、专家能够加入到学科发展战略研究的行列中来，搭建我国科技规划和科技政策咨询平台，为推动促进我国学科均衡、协调、可持续发展发挥更大的积极作用。

前　言

　　材料是现代文明的四大支柱之一。新材料层出不穷，成为经济转型的新亮点。在"一带一路"倡议实施过程中，基础设施建设的投入无不体现着材料的基础支撑。

　　近年来材料科学的发展中，以功能材料最活跃。例如，发光材料几年间便以显示器屏幕的形式走进千家万户。社会向智能化方向发展，材料也有向智能化推进的趋势。人工微结构材料在力、热、光、声等方面表现出特异性能；在微电子向纳电子发展过程中，碳纳米管、石墨烯有可能补充硅基材料的不足；在拓扑绝缘体中发现反常霍尔效应，为解决集成电路热效应问题投下一缕阳光。结构材料的高端应用也进行了艰难的推进。钛铝金属间化合物具有轻质高强的优点，在解决了工艺成型的难题之后，已经在航空发动机的风扇叶片中占有一席之地。

　　中国改革开放引发经济建设热潮，基础设施建设规模迅速扩大，水平迅速提高；传统基础材料的产能举世无双。这些都在一定程度上推动了材料科学的发展。在 2012 年完成中国科学院技术科学部设立的"材料科学学科发展战略研究"专题咨询项目的基础上，2014 年中国科学院和国家自然科学基金委员会又联合组织了下一阶段材料科学发展的战略研究。2007 年，联合国政府间气候变化专门委员会（IPCC）和美国前副总统戈尔获诺贝尔和平奖，引起人们关于人类对环境干预影响社会经济发展的关注。在这种情况下，"中国学科发展战略·材料科学"研究组首先关注材料的可持续发展，在金属材料领域和能源材料领域挑选热点进行阐述。此外，研究组还关注前瞻性、战略性的材料，如多铁性材料、碳基纳电子材料、人工微结构材料、拓扑量子材料等。

本书是材料科学领域各方专家合作编写的成果。具体编写分工为：中国科学院金属研究所叶恒强、李守新，北京大学物理学院沈波撰写第一章绪论；中国科学院金属研究所卢柯撰写第二章梯度纳米结构材料；中南大学材料科学与工程学院张新明、邓运来、张勇撰写第三章高强铝合金；中国科学院金属研究所杨锐撰写第四章钛铝金属间化合物；清华大学化学系邱勇撰写第五章有机发光材料；南京大学超导物理和材料研究中心闻海虎撰写第六章新型高温超导材料；清华大学材料学院南策文撰写第七章多铁性材料；北京大学信息科学技术学院彭练矛、张志勇、王胜、梁学磊撰写第八章碳基纳电子材料和器件；南京大学祝世宁、彭茹雯、卢明辉、刘辉，同济大学李保文，中国科学院半导体研究所郑婉华撰写第九章人工微结构与超构材料；清华大学物理系何珂、薛其坤撰写第十章拓扑量子材料与量子反常霍尔效应；中国科学院金属研究所李守新、任卫军、李峰、杨柯、谭丽丽、冼爱平撰写附录一；中国科学院金属研究所冼爱平撰写附录二。

世界的变化日新月异，材料是推动社会进步和经济发展的物质基础，因此材料的创新走在时代变革的前沿。留在书本中的知识虽然跟不上现实发展的步伐，但思想的汇聚会为材料科学的发展指明方向。本书作者将和广大材料科学领域的科技工作者一起，为材料科学的发展和社会的进步继续努力前行。

本书编写组

2020 年 2 月

摘　要

　　材料是人类生活和生产的物质基础，也是人类认识自然和改造自然的有力工具。每种新材料的发现与利用都会提高人类与自然交互的能力，提高生产力，推动社会进步。进入 21 世纪，人们提出将信息、能源、生物和材料并列为现代文明的四大支柱。这其中，材料又是其他支柱的基础。

　　我国的经济总量已发展到较高水平，正处于结构转型的关键时期。新材料产业既是重要的战略性新兴产业，也是其他战略性新兴产业的物质基础。

　　材料科学的发展得益于与其他学科的交叉融合。材料科学的理论基础根植于物理学、化学和数学。近年来，凝聚态物理学的研究对象集中在各类功能材料；化学合成新技术与纳米材料的研发互为促进，催生大量新的成果；现代生物学与材料科学交叉诞生了生物材料分支。

　　材料科学在开拓新学科方面也起到重要作用。以纳米科学为例。尽管早在 20 世纪 60 年代就有科学家预言物质在纳米尺度将会发现许多新现象，纳米技术将改变世界，但纳米科学的关键一步是 1984 年德国科学家制备出块体的纳米金属，开创了制备纳米材料的先河。其后，碳纳米管、石墨烯的发现大大促进了纳电子学等学科的发展。

　　在本书起草之时，与材料有关的各部门召集大批专家制定"十三五"材料领域的发展规划，有些国家也公布了一些材料领域发展规划。因此，研究组集中在近些年重大事件、热点、新生长点等前瞻性较强的内容进行重点研讨。本书着重就材料的可持续发展，材料科学贯穿电子、量子层次关联组织结构与性能关系两方面问题组织研讨和编写。

随着社会的进步，人们在耗费大量材料来制造产品、工具以满足日益丰富的生活需要的同时，也需要满足有效利用资源、减少环境污染等方面提出的更高要求。材料生产需要大量能源，消耗资源，改变环境（有时是负面的）。除节约能源、发展绿色工艺外，创制更优良的材料是材料实现可持续发展的重要举措。

本书聚焦于以下两大部分。

（一）具有优异性能且可持续发展的材料

1. 三种金属材料

（1）梯度纳米结构的金属材料

介绍了梯度纳米结构金属的分类、性能、生产工艺技术。论述了梯度纳米结构材料的科学依据及工业应用前景。

（2）超强铝合金

简要概括了高强铝合金研制和工艺技术发展的基本理论。特别关注合金设计、铸造、均匀化、固溶处理、淬火、预拉伸和时效等广泛研究的论题。基于此，提出高强铝合金发展与应用前景的建议。

（3）钛铝金属间化合物

钛铝金属间化合物的研发历史分为 4 个阶段：1974～1985 年是起始阶段，1986～1995 年是快速发展阶段，1996～2005 年是瓶颈阶段，2006 年及之后是特种材料的发展阶段。本书对不同阶段的主要事件和关键点做了点评，为这个领域科学和技术的进步提供框架式的了解。总结了下述 6 个方面的重要进展：合金化、显微组织类型、熔炼、热加工、性能（蠕变、疲劳与断裂、氧化等）、精细加工（成型、精密铸造、近成型粉末冶金）。

2. 两种能源材料

（1）光发射二极管的有机材料

有机光发射材料与器件研制可归纳为：高性能磷光材料的分子设计；新型荧光材料及其光发射机制；高性能白光有机发光二极管新技术；溶质加工器件和柔性器件新技术；有机半导体中分子重叠、变形及掺杂对电荷转移性能的影响。讨论了国际有机发光二极管显示与照明工业现状及发展前景。

（2）高温超导材料

简评了铜氧化物、二硼化镁、铁基超导体三类高温超导材料。基于十年的实验成果，提出探索高温超导体材料的一些思路。

（二）前瞻性材料

1. 复合多铁材料

多铁材料不仅考虑单一的铁电、铁磁或铁弹性能，而且考虑到它们耦合相互作用产生的奇特效应。综述了多铁化合物和复合物的发展历史与进展，特别关注了本领域的科学挑战与新方向的预期。

2. 纳电子器件的碳基材料

对于"后摩尔时代"的芯片材料，碳基材料（包括碳纳米管、石墨烯）被认为是很有竞争力的候选者。北京大学研究组的工作表明，基于 14nm 技术，碳纳米管构建的晶体管集成在速度和能耗方面比硅基器件要好十倍。

3. 人工微结构材料

近年来，人工构建微结构的介观材料由于设计出自然界材料没有的性能，在材料科学、声学、地震学、信息技术等领域获得很大反响。本文基于对声波和弹性波在人工微结构材料中的转播机制，介绍了几种新型的人工微结构材料。

4. 拓扑绝缘体

2005 年前后发展出一种新型的拓扑量子材料，包括拓扑绝缘体、拓扑晶态绝缘体、拓扑超导体、拓扑半金属等。这些材料中的强自旋轨道耦合导致的丰富的量子现象（如量子霍尔效应）可以有力地促进新技术（如低能耗电子学、拓扑量子计算、绿色能源等）的发展。

材料科学发展有其自身的规律。组织结构与性能关联贯穿材料科学的所有部分。这种关联大体分为组分与结构、相图与相变、物理化学性能、材料与环境交互使用等。但这些理论与规律大多只关注到原子尺度。近几十年由于功能材料发展很活跃，组织结构与性能的关联逐渐向电子、量子层次延伸。

　　当前材料科学更关注能源、运输、信息、生物医用、生态环境等领域的关键材料的发展。2013 年 *Acta Materialia* 在创刊 60 周年纪念专集上对上述领域的一些进展进行了评述。结合中国的情况，附录一有选择地进行了论述。附录二从追踪冶金学在中国的发端开始，介绍中国材料科学学科的起源与演化，希望能给本领域的学者对我国材料学科的缘起提供清晰的思路。

Abstract

Materials science is also an active and open discipline，featured with its fundamental and crossover characteristics with other disciplines such as biology，information，energy，and environmental science etc.

China is the biggest collective of production of steel，cement，glass，plastic and so on. China is still showing a substantial gap in research quality and originality compared with developed countries. Clearly the world must eventually run out of minerals and fossil fuels，but that point is a long way ahead. The more pressing challenge related to resource shortages is that we are using up the best deposits，so in future will have to invest more money and energy in exploiting less convenient sites. And if the climate scientists are right in their projections on the likelihood and consequences of global warming，or if the other issues become even more pressing，then without doubt sustainable materials will be a cornerstone of future politics.

During the period of compiling this report，various departments of the government were going to prepare "The 13th Five-Year Plan" for development of materials science. Many countries have published their development plan of materials field. So it is not necessary to research and compose a development plan for materials science comprehensively. This report should concentrate our attention to some important evens，hot points and new growing fields in the domain of materials science during the resent years.

This report focuses on two parts：

1. Materials with better properties and sustainable development of materials production

1.1　Three metal materials

1.1.1　Metal materials with gradient nanostructure.

It includes classification of gradient nanostructures, properties and processing techniques of the gradient nanostructured materials. Perspectives and challenges on scientific understanding and industrial applications of gradient nanostructured materials are addressed.

1.1.2　Super-strong aluminum alloys

The fundamental theories for the development of high strength aluminum alloys and processing techniques for the materials are briefly reviewed in this paper. It specifically focuses on alloying design, casting, homogenization, solution treatment, quenching, prestretching and ageing that have been extensively studied recently. Based on these discussions, some perspectives and suggestions have been proposed, which will benefit the development and applications of high strength aluminum alloys.

1.1.3　Titanium-aluminum intermetallics

The history of research and development of γ-TiAl intermetallic alloys was outlined and divided into 4 stages: starting (1974~1985), revolutionary (1986~1995), emerging (1996~2005) and specialty materials (since 2006). Major events and landmarks at the different stages were recounted to provide a framework for understanding scientific and technological progress. Key advances in the following 6 areas were reviewed: alloying, microstructure type, primary processing (melting), secondary processing (hot working), properties (including creep, fracture and fatigue, and oxidation), and tertiary processing (forming, covering both investment casting and near-net shape powder metallurgy).

1.2 Two energy materials

1.2.1 Organic materials for light emitting diode

The developing trends of organic light-emitting materials and devices are summarized as follows: ①molecular design for high performance phosphorescent materials; ②novel fluorescent materials and their light emitting mechanisms; ③new technologies for high performance white OLEDs; ④new technologies for solution-processed devices and flexible devices; ⑤the influences of molecular packing, disorder and doping on the charge transporting properties of organic semiconductors. Moreover, the current situations and developing trends of international OLED display and lighting industries are discussed.

1.2.2 Materials with higher superconductive temperature

In this short overview, we will give a survey on the three families of high temperature superconductors, namely cuprates, MgB_2 and iron based superconductors. Based on the experience accumulated in past decades, we propose some ideas in exploring high temperature superconductors.

2. Prospective materials

2.1 Composite multi-ferroic materials

Multiferroic magnetoelectric (ME) materials can not only consist of ferroelectric, magnetic or ferroelastic orders, but also novel effects produced by the coupling interaction between multi-order parameters. In this paper, we review the history and the progress in the recent development of multiferroic compounds and composites, with the attention focused on the discussion of the key scientific challenges and the prospects of the future directions.

2.2 Carbon-based materials for nanoeletronic devices

Among the few options being considered, carbon based nanoelectronics, including those using carbon nanotube (CNT) and graphene, are regarded being most promising. Recent developments in Peking University suggest that in 14nm technology node，CNT based transistors outperform that of Si devices by about 10 times both in terms of speed and power dissipation，and it will become ever more advantageous when scaled further down to sub-10 nm regime.

2.3　Materials with artificial micro-structure

In recent years，artificial metamaterials base on micro-structure are showing huge development potential in fields of materials science，acoustics，seismology and information technologies，due to their devisable physical singularities which do not exist in natural materials. We make a summary and prospect of the development of metamaterials combining with the elastic mechanics metamaterial research condition in China，such as metamaterial and acoustic metamaterial operating acoustic and elastic wave propagation using the elastic mechanics，design and development of a new type of elastic mechanics metamaterial.

2.4　Topological insulator

We briefly review topological quantum materials，a new system of materials developed since 2005，including topological insulators，topological crystalline insulators，topological superconductors，and topological semimetals. The strong spin-orbit coupling in these materials lead to rich quantum phenomena such as quantum anomalous Hall effect，which can significantly promote the developments of new technologies such as low-energy-consuming electronics，topological quantum computation，and green energy.

The report also includes two appendices.

目　录

第一章
绪　论

材料是人类生活和生产的物质基础，也是人类认识自然和改造自然的有力工具。每种新材料的发现与利用都会提高人类与自然交互的能力，提高生产力，推动社会发展。进入 21 世纪，人们提出将信息、能源、生物和材料并列为现代文明的四大支柱，其中，材料又是其他支柱的基础。

我国的经济总量已发展到较高水平，正处于结构转型的关键时期。国务院于 2010 年 10 月发布的《国务院关于加快培育和发展战略性新兴产业的决定》中提出："现阶段重点培育和发展节能环保、新一代信息技术、生物、高端装备制造、新能源、新材料、新能源汽车等产业。"新材料产业是重要的战略性新兴产业，其他六大战略性新兴产业的发展为新材料产业创造了巨大的市场需求，也凸显了新材料产业的基础性地位。

材料的研制与生产遵循一定的规律。自使用陶瓷材料、金属材料开始，冶炼与焙烧技术逐步完善，推动冶金学、金相学的发展，逐步形成材料科学与工程的学科体系。

现代材料科学包括材料设计、制备与加工、组织结构与性能、材料使役研究等几大方面。随着经济建设的快速发展，我国材料科学研究也实现了跨越式发展，具体体现在如下几个方面。

（1）研究队伍规模已居世界首位。我国材料科学人才队伍已经跨过了由于特殊年代造成的断层，显示出较强的国际竞争力。材料研制的基地建设也初具规模。

（2）基础研究水平显著提高。至 2013 年，我国材料科学论文数目、专利数目已居世界首位，论文引用数居世界第二位，涌现出一批在本领域有引领作用的研究成果。

（3）重大工程需求牵引强劲，研发成果与生产结合速度加快。载人航天与探月工程、高速铁路工程、大飞机研制工程等的实施，使新材料有更快发展的可能。

材料科学的发展还得益于与其他学科的交叉融合。材料科学的理论基础根植于物理学、化学和数学。近年来凝聚态物理学的研究对象集中在各类功能材料；化学合成新技术与纳米材料的研发互为促进，催生大量新的成果；现代生物学与材料科学交叉诞生了生物材料分支。

材料科学在开拓新学科方面也起到重要作用。以纳米科学为例，尽管早在 20 世纪 60 年代就有科学家预言物质在纳米尺度将会发现许多新现象，纳米技术将改变世界。但纳米科学的关键一步是 1984 年德国科学家制备出块体的纳米金属，此举开创了制备纳米材料的先河。其后碳纳米管、石墨烯的发现大大促进了纳电子学等学科的发展。

第一节　关注更好的材料与可持续发展的材料

材料是社会进步和人类文明的物质基础与先导。美国旧金山的金门大桥、法国巴黎的埃菲尔铁塔、中国的万里长城等都依赖于既强又韧的结构材料；跨入信息时代，无所不在的手机、云端海底的互联网、追逐彗星的罗塞塔号探测器等，都得益于功能强大的高技术材料。所以也有人说"最近的100 年为'材料时代'"。

随着社会的进步，人们在耗费大量材料来制造产品、工具以满足日益丰富的生活需求的同时，也需要满足有效利用资源、减少环境污染等方面提出的更高要求。对材料可持续发展提出的挑战如下。

（1）资源逐渐短缺。材料制备需要矿物、动植物等各种自然原料，耗费大量的能量。在人类几千年的发展史中，自然资源的最优质部分已面临短缺。品位稍逊的原料开采促进了技术进步，也伴随着更大的投入。

（2）因为有大量的海水，地球被称为"蓝色星球"，但材料制备过程中需要的淡水却越来越少。海水淡化不仅耗费能量，淡化后的剩余物也不容易处理。

（3）材料产业归类为工业，需要占用土地。不适于工矿的用地多半也没有农业利用价值。因此材料产业用地与农业用地的平衡始终是重要议题。

（4）材料生产中的副产物（包括废气、废水等）可能对土地、大气、水源有污染甚至毒化作用，需要严加管理和处置。

（5）材料制备过程中耗费能源产生的二氧化碳（CO_2）排放，已被指明是地球气候变暖的重要因素之一。尽管对人类活动是否就是产生温室气体的根源的说法尚有争议，但联合国政府间气候变化专门委员会（Intergovernmental Panel on Climate Change，IPCC）提出，到 2050 年，全球温室气体的排放相对于 1990 年的水平要削减 50%～85%，才可能使全球平均气温年上升幅度控制在 2.0～2.4℃。这一说法已逐渐成为各国政府的共识。

关于可持续发展的材料问题，英国剑桥大学在 2012 年曾发表了题为"Sustainable Materials, with Both Eyes Open"的报告[1]，就较重要的五种材料——钢铁、铝、纸、土水泥、塑料等的可持续发展问题进行了详细的分析。下面以钢铁和铝两种材料为例进行详细说明。

无论全球气候变暖是地球温度变化长周期（数千年的尺度）中近百年的特例，还是主要由人类活动所导致的，材料生产承受温室气体的压力确实有部分来自人类自身。世界人口在过去 50 年中加倍，但工程材料的用量却呈 4～15 倍增加。据统计，在全球排放 CO_2 的总量中，能源消耗占 64%，其中工业消耗占 35%，居首位，建筑业占 31%，运输业占 27%……在工业碳排放中，钢铁又以占 25%高居第一，铝也占 3%。中国的能源消耗情况是，制造业、工业和基础设施建设占 67%，运输业占 7%……而第一项中，钢铁占 33%，铝占 6%，能源消耗不低，其中钢铁为 15（相对单位）、铝为 8（相对单位）、塑料为 4（相对单位）。为什么钢铁和铝这两种金属材料在国民经济中占据重要的分量呢？因为它们的强度高，塑性、韧性好，熔点比较高，电阻相对低，热膨胀系数也比较低等。总之，它们优异的综合性能无可替代。众所周知，我国钢铁生产总量在 20 世纪末已是世界第一，铝生产总量也在 2007 年登上世界首位。这是经济发展的强大动力。如果分析这些材料生产人均量的时间曲线，美国、日本等发达国家在 20 世纪末已达到顶部平台，但中国、印度等人口大国兼发展中国家的材料生产人均量低，仍在快速攀升阶段。

为了减少温室气体排放，钢铁与铝可以有下述途径实现可持续发展。

（1）新的冶炼方法。例如，用氢来替代碳还原铁。这样将铁矿还原的产物是水而不是二氧化碳。但氢的获得也不容易。一般估计，在 2050 年前解决不了这个问题。铝是电解的产物。传统的碳电极在电解过程会消耗，使阳极与阴极之间距离增大，电耗随之增加。企图用惰性阳极代替碳阳极以降低电耗的办法已努力了数十年。人们已试验过二氧化钛、导电陶瓷等。

（2）利用废热。金属冶炼的规模都很大，产生的余热很多。如果热电材料的发展足够量大和便宜，用余热发电是不错的途径。

（3）金属制品的回收再利用。

（4）创造有更长使用寿命、更高品质从而减少使用量的材料。

本书将介绍多种材料以这种途径实现可持续发展的目标。

一、三种金属材料

在大多数条件下，多晶金属材料的强度与其晶粒尺寸的平方根成反比，所以纳米块体金属获得高强度。然而，随之而来的塑性、韧性有时却不理想。如果能以表面纳米晶获得高强度，以基体的细晶获得好的塑性、韧性，则不仅节省材料，还可以得到优良的综合力学性能。中国科学院金属研究所卢柯研究组在这方面开展了一系列的研究，取得重要的成果[2]。他们研发出具有梯度纳米结构的材料，即其结构单元尺寸（如晶粒尺寸或层片厚度）在空间上呈梯度变化，从纳米尺度连续变化到宏观尺度[3]。结构的变化对应着物理化学性能的变化。这种梯度变化有别于过去简单的混合或复合，避免了由结构单元特征尺度的突变引起的性能突变，使结构相互协调，从而达到整体性能和使役行为优化的目的。

第二章对梯度纳米结构材料的表层硬度与耐磨性、强度-塑性良好匹配、疲劳性能改善、表面合金化优化、表面变形粗糙度减少等进行详细介绍。还对梯度纳米结构的制备技术与相应材料加工技术加以描述。这个新领域还有一些基础科学问题有待深入研究，如梯度纳米结构中各层次的性能演变和各层次之间的相互作用与传递机制，它们在热、力学与化学方面的稳定性及其控制规律等。随着相关制备技术的完善，可以期望这类新材料在应用方面有更好的拓展。

高强铝合金一般指含铜2000系列、含锌7000系列铝合金。高强铝合金是航空航天和交通运载器中的主要结构材料。现代飞机的轻量化、宽敞化、长寿命、高可靠性和低成本的发展需求不断推动大规格高综合性能铝合金材料的发展。第三章将航空铝合金的发展划分为五代：第一代为高静强度铝合金，第二代为高强耐蚀铝合金，第三代为高强高韧耐蚀铝合金，第四代为高强高韧耐蚀、高耐损伤铝合金，以及新一代高强、高韧、低淬火敏感性、高综合性能铝合金。不同代铝合金是通过改进技术、改变特征微结构来达到要求的。

第一代铝合金通过析出共格、半共格纳米第二相达到峰值时效；第二代铝合金通过时效调控晶格相不连续分布达到耐腐蚀的指标；第三代铝合金通过快速凝固、喷射沉积技术以纯化和消除杂质相从而达到高韧耐蚀的目的；第四代铝合金通过积分时效，使晶间无沉淀带变窄达到抗疲劳、提高损伤容限的要求；新一代铝合金通过高效淬火、多级时效、多相微结构协同调控达到大工件的高均匀性要求。

在长达百年的研制发展中，合金化元素（除铜、锌之外）加入了镁、锂等轻元素，其后加入锆、钪、硅、银等微量元素；制备技术发展了大铸锭均质制备技术及大规格材料的均匀性的热处理调控技术；加工技术发展了均匀流变塑性加工技术及构件成形同时具备高服役性能的一体化制备加工技术。我国在发展高强铝合金方面已经有一支不错的研究队伍，但基础研究还较薄弱，材料的均匀性调控的多级时效热处理装备和技术滞后，缺乏足够的合金牌号设计能力。中南大学张新明研究组结合他们在这个领域的系统研究成果，撰写了第三章。他们在第三章第四节将就此提出相应的建议。

在高温结构材料这一大类中有后起之秀。钛铝金属间化合物密度仅为镍基高温合金的 1/2，在 600～900℃温度区间有可能制作某些航空航天结构件、地面动力系统转动件或往复运行结构件，实现推力重量比值和燃油效率的大幅提高。该合金具有低密度、高比强度、高比刚度、良好氧化和腐蚀抗力、良好阻燃性能等综合优势，成为在上述温度区间很好的候选材料。

我国科学家在该材料特定应用中取得显著进展，第四章从合金化、显微组织类别、一次加工（熔炼与凝固反应）、二次加工（热加工）、性能和三次加工（成形）等方面对主要研究进展进行回顾。TiAl 合金已经用于美国通用汽车（General Motors）公司和英国罗-罗（Rolle-Royce）公司的航空发动机上某部件。经过 40 多年的研究，TiAl 合金终于在众多结构金属间化合物中脱颖而出，实现了在航空发动机关键部件上的应用，迈出了重要的一步。应用不是材料研制的终点，在一定意义上说，经过严酷使役条件的长期考核而被工业界接纳是研究的新起点。这可以作为新材料研制的借鉴。2014 年在美国矿冶-金属-材料学会第五届 γ-TiAl 国际会议的总结讨论中提出的五个核心问题有待深入探讨。中国科学院金属研究所杨锐研究组结合自身研究实践，也对 TiAl 合金的铸造技术、变形技术，以及第三代合金的设计、应用范围的扩大等问题提出挑战和建议，可供大家参考。

二、两种能源材料

20 世纪 70 年代的能源危机使人们警醒，人口增长和经济发展使现有能源结构不堪重负。根据国际能源署（International Energy Agency，IEA）2009 年的报告，2007 年人口统计数和 2030 年人口估计数为：非洲（2017 年为 9.5 亿人，2030 年预计为 15 亿人）、中国（2017 年为 13 亿人，2030 年预计为 14.2 亿人）、印度（2017 年为 11 亿人，2030 年预计为 14 亿人）、亚洲其他地区（2017 年为 10 亿人，2030 年预计为 13 亿人）。新兴国家和发展中国家生活水平较低，要发展经济，能源需求增长是合理的要求。按英国石油（BP）公司 2011 年的报告（*BP Energy Outlook 2030 Report*），经济合作与发展组织[①]国家在 2010 年的一次能源为 5.5 （相对单位），非经合组织国家为 6（相对单位）；到 2030 年，经合组织国家一次能源约为 5.6 （相对单位），而非经合组织国家达到 10（相对单位）。能源消费对全球气候变暖的影响已如前文所述，应对的方案有两个。方案一是减少化石能源（煤、石油、天然气）的消耗，多用可再生能源（生物质能、核能、水能、风能、太阳能……）。根据国际能源署 2010 年的报告，2008 年能源消费占比如下：石油 33.2%、煤 27.0%、天然气 21.1%、生物质能 10.0%、核能 5.8%、水能 2.2%、其他 0.7%。到 2035 年，如果按大气 CO_2 保持在 450ppm[②]的要求，石油、煤、天然气仍占 60%强，而核能将占到 10%，生物质能占 15%，水能约占 4%。此外，核能还受到安全性的质疑，不是所有国家都有条件发展的。方案二是在现有能源链中提高利用效率，这也可以达到减少能耗的效果。材料科学与工程技术在两种方案中都大有可为。在 2012 年出版的《中国学科发展战略·材料科学》一书的第六章着重论述了核电材料问题[4]。本书专设两章内容关注提高能源利用效率的先进材料。

半导体发光二极管（light-emitting diode，LED）是固态照明的主要器件，利用半导体 pn 结或类似结构被注入电子与空穴复合发光。自 1907 年发现碳化硅（SiC）的电致发光以来，经历了砷化镓（GaAs）发红光、磷化镓（GaP）发绿光。其中，以发蓝光为一大难题。国际上氮化镓（GaN）基半导

---

① 经济合作与发展组织，Organisation for Economic Co-operation and Development，OECD，简称经合组织，是 38 个市场经济国家组成的政府间的国际经济组织，中国不在其中。

② 1ppm=1mg/kg。

体材料和器件的研究首先在 GaN 基蓝光和白光 LED 上取得突破，并很快应用于半导体照明领域，从而形成了一个巨大的高新技术产业。1986 年，日本名古屋大学的赤崎勇（I. Akasaki）教授和他的学生天野浩（H. Amano）博士利用金属有机化学气相沉积（metal-organic chemical vapor deposition，MOCVD）方法发展出低温氮化铝（AlN）缓冲层技术，成功地在蓝宝石衬底上第一次生长出表面完整的高质量 GaN 外延薄膜；1989 年，他们又发现低能电子束辐照可以实现掺镁（Mg）杂质 GaN 的 p 型激活，成功地解决了 GaN 的 p 型掺杂难题，并在此基础上研制出第一个 GaN 基 pn 结蓝光发光原型器件。随后，日本日亚（Nichia）化学工业株式会社的工程师中村修二（S. Nakamura）发展出双流 MOCVD 技术，并用 GaN 缓冲层代替 AlN 缓冲层，进一步改善了 GaN 外延薄膜质量和生长速度，中村修二还发现用简单易行、低成本的氮气氛热退火代替低能电子束辐照，同样可以实现掺 Mg 杂质 GaN 的 p 型激活。在 GaN 薄膜外延质量和 p 型掺杂难题相继突破后，1993 年日亚化学工业株式会社推出了世界上第一只具有商用价值的 GaN 基蓝光 LED；1994 年，该公司通过蓝光激发黄光荧光粉的方法，推出了世界上第一只 GaN 基白光 LED，并提出了半导体照明的概念。2014 年诺贝尔物理学奖授予日本科学家天野浩、赤崎勇和中村修二，以表彰他们发明高亮度蓝色 LED。

LED 有发光效率（简称光效）高、使用寿命长、响应速度快、体积小、绿色环保等优点，是可能引起照明革命的新一代半导体固态电光源，因此在国际上受到极大关注。理论上，半导体照明光效可以达到 400lm/W 左右，是节能灯预期光效的 3～4 倍。采用 GaN 基白光 LED 的半导体照明具有非常好的节能效果。以我国为例，如果光效 120lm/W 的 LED 灯占有 30% 的照明市场，可年节电约 1000 亿 kW·h，减少碳排放 9899 万 t；如果 LED 灯光效达 150lm/W，占有 50% 的照明市场，可年节电 3400 亿 kW·h，这个电量超过 4 个三峡大坝的年发电量，我国科技部制定的《半导体照明产业"十三五"发展规划》预计 2020 年可以实现上述节能目标。美国科锐（Cree）公司 2014 年已经将 GaN 基白光 LED 的光效提高到 276lm/W（实验室水平），产业水平也超过了 160lm/W。国内 GaN 基 LED 芯片企业的产业水平普遍达到了 130lm/W。目前国内外半导体照明的总体发展趋势是由光效驱动向成本和品质驱动转变，智能照明、超越照明发展迅速。

由于具有一系列优异的物理学、化学性质，GaN 基宽禁带半导体不仅是发展半导体照明芯片的最佳材料体系，而且是发展高功率微波器件、新一代电力电子器件、固态紫外（ultraviolet，UV）光源等不可替代的半导体材料。GaN 基宽禁带半导体近几年的另一前沿领域是基于高 Al 组分 AlGaN 材料的固态 UV 光源。相比于传统的气态 UV 光源（如汞灯、He-Gd 激光器等），该光源具有无汞污染、波长可调、体积小、工作电压低、寿命长等诸多优势，在杀菌消毒、生物检测、医学、污染物快速降解、水与空气净化、大容量信息传输和存储等领域可广泛应用。

与传统的 LED 不同，有机发光二极管（organic light-emitting diode，OLED）没有 pn 结，仅是片状材料的"三明治"结构。在外界电场驱动下，电子和空穴分别由阴极和阳极注入有机电子传输层和空穴传输层，在有机发光层中复合生成激子，激子辐射跃迁回到基态并发光。作为新型的平板显示技术，OLED 具有宽视角、超薄、响应快、光效高，可实现柔性显示等优点，是公认的液晶面板之后的新一代主流显示器件。计算机、电视机显示器经历了阴极射线管到液晶面板的更替。对我国而言，这一过程的核心技术和器件全部是进口的。从液晶到 OLED，会不会又重蹈覆辙？OLED 电视机已以"韩流"形式率先登陆我国，加强 OLED 有关材料器件的研发已经很紧迫了。OLED 又有可大面积成膜、功耗低的特点，所以是一种很好的平面光源。清华大学邱勇研究组在 OLED 的基础研究和推向产业方面都取得很大进展，他们撰写的第五章详细介绍了磷光材料、荧光材料、白光器件、湿法制备工艺和柔性器件技术的新进展，并就有机半导体传输机制研究和有机发光产业现状及技术发展方向提出自己的看法。

超导材料在有限温度下呈现零电阻和完全抗磁特性，在能源、交通、国际等方面有许多应用。电子运输、微电子高集成度的能量耗费可在超导线中大幅度降低。超导体需要在其临界温度之下使用。寻找较高临界温度的超导材料是实现其广泛应用的基础。高温超导体一般界定为临界温度高于 40K 的超导体。目前这类超导系列包括铜氧化物、铁基化合物、二硼化镁（MgB_2）等。中国科学家在高温超导体的研制方面处于世界先进水平。南京大学闻海虎教授就三类高温超导体的研究现状和发展思路撰写第六章。

1986 年前，人们探索的超导体从单元素到多元合金，到氧化物，再到有机材料，不下数百种。1986 年发现的铜氧化物超导体和 2008 年发现的临界温度达到 55K 的铁基超导体翻开了高温超导体材料与非常规超导机理研究的新篇章。铜基氧化物是临界温度高于液氮温度的第一种高温超导体。因为空气中氮气比例大，制液氮相对容易，这一临界温度对高温超导体的应用是十分有利的。现在普遍认为，这类超导体的主体结构是二氧化铜（CuO_2）平面，也被认为是超导电值的来源。YBaCuO 超导体在线材、带材方面已有部分实际应用。

日本科学家在基体材料 LaFeAsO 中掺杂氟（F）元素实现 26K 的超导电性[5]。中国科学家反应迅速，不仅将临界温度提升至 55K[6]，并且确认了铁基超导体的非常规特性，引领了该领域的研究。

MgB_2 是日本科学家在 2001 年偶然发现的[7]，临界温度稳定在 40K。它制备千米级导线和优质薄膜相对容易，所以在应用上有较大潜力。

在探索高温超导体的研究中，目前还未能完全找出规律，但也总结出一些规律可以借鉴。这些经验规律相对非常规超导机理也可能是不完整的。但研究与探索的魅力正在于此。中国科学家在这方面处于世界领先地位，相信在各方面的支持下，定能在国内产生原创性突破。

三、计算机辅助材料设计树立新目标

传统的材料研制沿袭组织结构与性能关系的思路，通过理论指导与经验相结合的方式反馈推进。材料科学与物理、化学等学科的交叉在很大程度上加速了材料的研制步伐。例如，半导体电子结构的能带工程指导超晶格的制备；固溶体脱溶时效强化理论有效地指引高强铝合金的成分设计和工艺优化。进入 21 世纪，装备制造的快速发展和计算机技术的介入促使材料研制模式的变革。

美国在持续发展高通量材料制备与表征设备技术的基础上，及时抓住了超级计算机和大数据信息技术急速兴起的契机，及时提出"材料基因组计划"（Materials Genome Initiative，MGI）。美国前总统奥巴马于 2011 年 6 月在"先进制造伙伴计划"（Advanced Manufacturing Partnership，AMP）中提出旨在将材料从发现到应用的速度提高一倍、成本降低一半的"材料基因组计划"[8]。"材料基因组计划"实施 3 年来，美国联邦政府用于建设有关计算与实验平台的投入达 2.5 亿美元，地方政府、大学、企业及其他机构的投入也不少于这个数目；兴建"材料基因组计划"协同创新中心超过 20 个，大型合作计划近 10 项[9]。欧盟以轻量、高温、高温超导、热电、磁性及热磁、相变记忆存储六类高性能合金材料为牵引，推出"加速冶金学计划"（Accelerated Metallurgy，ACCMET）[10]。日本等国也启动了类似的科学计划。

我国材料界对"材料基因组计划"做出了及时的反应。2011年7月，中国工程院召开了对美国"材料基因组计划"的研讨会。2011年12月，中国科学院、中国工程院、国家自然科学基金委员会、科技部联合召开关于"材料系统工程发展"的香山会议。此后，中国工程院和中国科学院分别启动了有关的咨询项目。

在中国工程院题为"材料科学系统工程发展战略研究"的中国版"材料基因组计划"咨询报告中，计算加速材料研制技术分为高通量材料计算、高通量材料实验和材料数据库三个平台，提出如下建议。

（1）建立材料基因组技术创新平台和研究中心，围绕一些与材料研发有密切关系的大科学装置，示范性地展示全新的材料研发模式，引导各地方、各单位建立相应的平台。例如，在北京（新光源、综合极端条件）、上海（同步辐射光源）、东莞（散裂中子源）设立国家级材料基因组技术研究中心。

（2）建设国家级材料数据库。

（3）发挥国家级科研项目的引导作用，等等。

在中国科学院题为"实施材料基因组计划，推进我国高端制造业材料发展"的咨询报告中，将此计划分解为五部分：自动流程多通道集成计算、材料组合芯片实验、实物性能原位分析实验、材料数据库、材料微观结构分析与表征技术。该咨询报告以研发高端制造业先进材料为计划的核心理念，建议预测并重点发展一系列关键材料，对平台建设和计划实施政策也提出了建议。

美国国家科学基金会（National Science Foundation，NSF）在"革新与引领未来的材料设计计划"中设立了14个强度约为每年170万元、时段3～4年的"材料基因组计划"类研究项目[11]。美国NSF在2013年12月召开的一次会议上，明确提出"材料基因组计划"适用的材料研究机遇和关键领域如下[12]：①硬凝聚态材料（巨磁阻、光电材料、选区生长技术……）；②能源和环境材料（太阳能电池、锂离子电池……）；③催化剂（一氧化碳转化为木醇、Ni_5Ga_3、Ca-Cu-Zn-O系……）；④大分子材料；⑤纳米结构软物质（液晶、复杂结构单元组成的集合体、离子液体……）；⑥晶体和非晶体。

第二节 材料科学的新亮点

一、制备与加工彰显重任

在材料科学的几个重要组成部分中，材料设计由于计算机辅助设计的介入，有了将材料研制周期大大缩短的明确目标，因此在方法学、效率方面都有了新的局面。这已在前面有所介绍。应该看到，创造一种新材料并非易事。就结构材料而言，一个合金新牌号的确立要经过数年甚至十几年的时间。尽管新的材料设计可以提供很多候选方案，但将新材料制备出来，即使有计算机的模拟，实验挑选仍不可避免。将材料制成产品，往往要经过若干加工程序，如金属材料的铸、锻、焊、热处理工艺等。这些工序的计算机模拟还处于初级阶级，从规模和仿真到最后性能测试，都有很长的发展道路。目前仍以实验的计算机模拟较为便捷。在使役性能环节，材料种类繁多导致使役环境千差万别，时间的考验更是耗时费力。材料的发展不只依靠新材料的创造，还需要经历制备加工及使役考验而落到实处。现有材料的渐进式改善，特别是制备与加工的进步，可以使原有材料表现出更好的性能、使用在更严酷的环境。以高温合金为例，创建新牌号合金的努力仍在继续，而更大的进展在工艺的改进，发动机的叶片从多晶向定向凝固、从定向凝固向单晶，构件从多品种器件组合向叶片与涡轮盘一体化等。

碳纤维的制备是另一个例子。碳纤维在国际上被称为"黑色黄金"，是由有机基体纤维（如聚丙烯腈、沥青、黏胶丝等）采用高温分解法在惰性气体下制成的。碳纤维技术在材料的更新换代和轻量化中十分重要。全球高性能碳纤维的生产高度集中在日本、欧洲、美国等国家和地区的少数企业手中，其关键是制备技术。

材料制备技术与装备制造结合产生较大影响的例子还有四维（4-dimension，4D）打印。

增材制造又称三维（3-dimension，3D）打印，是近 20 多年来信息、新材料与制造多学科融合发展的先进制造技术。增材制造是指区别于传统的去除型制造（如车削、磨削等），不需要原坯和模具，直接根据计算机图形数据，通过增加材料（用粉状或丝状材料）的方法，使材料在能量的作用下成型，逐点累积形成面，逐面累积形成体，最终生成任何形状的三维物体的技术。增材制造首先在高分子材料方面获得成功，现在又重视发展金属材料。增材制造已经在航空、军事、自动控制、医疗等方面获得应用。例如，制造形状复杂的难加工的发动机构件；在机械加工方面生产小批量或一次性的工具，如注塑机和模铸用器具；制造医疗用特殊手术装备、假体等。据统计，全球增材制造的产品与商贸规模在 2012 年增加了 28.6%，达到 22 亿美元。在这种强烈需求的背景下，最近人们提出的 4D 打印技术是将增材制造技术与智能材料结合起来，使智能材料结构在增材制造基础上在外界环境激励下随着时间（第四维）实现自身的结构或功能变化。

美国麻省理工学院的 Tibbits 课题组首先提出"4D 打印"的概念。该课题组开发了一种遇水可以发生膨胀形变（150%）的亲水智能材料，利用增材制造技术将硬质有机聚合物与亲水智能材料同时打印，两者固化结合构成智能结构。该结构遇水之后，亲水材料发生膨胀，带动硬质有机聚合物发生弯曲变形，当硬质有机聚合物遭遇到邻近硬质有机聚合物的阻挡时，弯曲变形完成，智能结构达到新的稳态形状。例如，利用 4D 打印技术制造出的平板遇水之后可以自动变化为立方体盒子。Ge 等提出通过同时利用增材制造技术打印形状记忆聚合物纤维和有机聚合物基体，根据不同的纤维形状、取向、含量制造出的智能材料薄板结构随外界温度变化可发生各种形状的结构变化。

人们预期，4D 打印技术将在以下几个方面有特殊的应用[13]。

（1）环境自适应机构与结构安全监测。很多智能材料同时具有驱动功能和传感功能，如形状记忆合金既可以作为驱动器在不同温度激励下产生变形，又可以对构件内部的应变、温度、裂纹进行实时测量，探测其疲劳和受损伤情况。

（2）柔性机器人。电活性聚合物材料是一类在电场激励下可以产生大幅度尺寸或形状变化的新型柔性功能材料，是智能材料的一个重要分支。利用其中的介电弹性材料可制造任意层数和任意形状的堆栈结构柔性智能机械，将推进柔性机器人的快速发展。

（3）自执行系统。将形状记忆聚合物与硬质基体材料结合成智能结构，在外界环境刺激下该智能结构可以发生自组装和自折叠。自执行系统可以应用于探测器和物流等多个领域。

不管增材制造技术发展多快，4D 打印技术发展多么诱人，一些问题仍然需要在发展中逐步认识和解决。例如，在未来推进金属增材制造方面[14]，需要发展增材制造金属粉末的种类和质量，降低成本，注意它与粉末冶金用粉末的不同要求（如流动性）。利用增材制造的特点设计特殊的组织结构，获得目前不存在的特殊功能和性能的材料或结构，如纳米相、非晶体、梯度和多孔等组织，以提高构件的综合性能。增材制造中的显微组织演变和物理化学机制及理论模型与模拟都是需要加强研究的。这里需要强调一点，由于增材制造中，特别是对金属材料的增材制造，往往用激光加热熔化，受这个过程的非平衡特性及加工条件的复杂影响，加工产品中合金相和组织往往是未知且难以控制的。一些合金缺陷（如微孔）对疲劳性能影响尤其大[15]。因此要想广泛应用增材制造或 4D 打印技术，还需要不断完善工艺，降低成本和不断提高产品质量。

第二至第四章介绍的金属结构材料发展也有类似情况。

梯度纳米结构材料通过在原有金属和合金的基础上，用特种表面加工装置，将材料的组织结构从表面到内部基体梯度地改造成纳米晶-微晶-粗晶结构，从而较好地综合各晶粒层次的优良性能。

超强铝合金的发展也没有在合金化上花很大力气，而是提高加工设备能力以制备出适合航空器需要的大尺度板材，并发展精准的热处理调控使工件获得均匀的高性能。

钛铝金属间化合物之所以能成功用于航空发动机的关键部件，也与叶片制备的成型工艺的改进密不可分。

二、组织结构与性能关联深入电子、量子层次

组织结构与性能关联贯穿材料科学的其他部分。这种关联大体分为组分与结构（相结构、相组成、缺陷、表面与界面、非晶）、相图与相变（扩散、平衡与非平衡）、物理化学性能（力学、电、磁、热、化学……）、材料与环境交互使用（摩擦、磨损、疲劳、断裂、腐蚀……）等，但这些理论与规律大多只到原子尺度。近几十年，由于功能材料发展很活跃，组织结构与性能的关联逐渐向电子、量子层次延伸。第七至第十章就是对这类具有前瞻性材料的介绍。

在电子介质晶体中，晶胞的结构使正负电荷不重合而出现电偶极矩，产生电极化强度，晶体具有自发极化，称为铁电性。铁磁性是指物质中原子或离子的磁矩有相同取向，在外加磁场作用下其定向排列程度增加的现象。晶体位移相变时，如果有应变随外力变化有滞后现象，其力滞回线类似于电滞、磁滞回线，称为铁弹性。尽管有上述特性的晶体不一定有铁元素，但因为含铁晶体发现铁电性在先，所以都冠以"铁"的名称。多铁性是指材料中

包含两种或两种以上的"铁"的基本性能,在一定程度下同时存在自发极化和自发磁化,引起磁电耦合效应,从而出现某些特殊的物理性能。这一新型多功能材料在传感器件、自旋电子器件、新型信息存储器件等领域有应用前景,同时属于典型的交叉学科领域,也引起科学家很大的兴趣。

清华大学南策文研究组在复合多铁性材料与器件方面有诸多成果,处于国际研究的前列。他们撰写的第七章先从单相的多铁性介绍起,以用途最广的铁电材料 ABO_3 钙钛矿结构氧化物开始,以 $BiFeO_3$ 最典型,但这种化合物只有反铁磁序,使之变成铁磁很难,所以仅有微小磁电耦合效应。实现铁电–铁磁共存与强耦合的另一出路是构造铁电材料与铁磁材料的复合。这个领域包括复合陶瓷、铁磁合金基巨磁电复合、高分子基复合。除块体材料外,复合多铁性薄膜与异质结构也成为近期的研究热点。多铁性磁电复合材料在室温下的显著磁电效应推动其在技术领域的应用研究,目前已提出并演示了磁电复合材料在传感器、换能器、滤波器、振荡器、移相器、存储器等方面潜在的应用可能。利用多铁性材料中各种序的竞争与共存对材料性能进行调控是一种不同于传统半导体微电子学的全新方案,是"后摩尔时代"新型电子技术的发展方向之一。

多铁性氧化物材料中带电子离子位移会形成电偶极矩或磁偶极矩,而且可由外场调控。这是多铁性应用的基础。然而离子位移在十几皮米①的数量级,远非最先进的透射电子显微镜所能直观表征的。如果用亚埃②分辨的像差校正电子显微镜,加上精准的样品制备和电子显微像的后期处理,就有可能将数皮米精度的离子位移测量出来,从而在结构层面说明电性与磁性。有时,离子位移在基体并不发生,仅存在于畴界的一定范围,从而派生出一个重要的研究方向,即铁电氧化物畴界的结构与物理特性,称为畴界面工程[16]。

现代信息技术的基石是集成电路芯片,而构成集成电路芯片的器件中约 90%源于硅基互补金属–氧化物–半导体(complementary metal-oxide-semiconductor,CMOS)技术。经过半个世纪奇迹般的发展,硅基 CMOS 技术已经进入 7nm 技术节点,"后摩尔时代"的纳电子科学与技术的研究变得日趋急迫。目前包括国际商业机器公司(International Business Machines Corporation,IBM)在内的很多企业认为微电子工业走到 7nm 技术节点时可能不得不放弃继续使用硅作为支撑材料,之后非硅基纳电子技术的发展将可能从根本上影响未来芯片和相关产业的发展。在为数不多的几种可能的替代

---

① 皮米,pm,$1pm=10^{-12}m$。

② 埃,Å,$1Å=10^{-10}m$。

材料中，纳米碳材料，特别是碳纳米管和石墨烯，被公认为是最有希望替代硅的支撑材料。全球纳米碳材料的生产能力近年呈爆发式发展趋势。不同应用对纳米碳材料的要求不同，很难用单一指标来衡量纳米碳材料的发展。据国际统计的不完全数据，碳纳米管 2011 年已经达到了近 5000t 的年产量。这些纳米碳材料广泛应用于复合材料、涂层和薄膜材料，以及储能和环境净化领域。目前纳米碳材料在复合材料中的应用主要是将粉体纳米碳材料（如碳纳米管）与高分子材料相结合，利用碳纳米管大的纵横比，以极小的添加比例（如质量分数为 0.01%）即可在复合材料中形成渗流网络。这类复合材料已广泛应用于汽车部件、电磁屏蔽器件及运动器械。在能源存储领域，纳米碳材料作为添加剂已广泛应用于锂离子电池、超级电容器、饮用水过滤器等。这类纳米碳材料目前利用的仅是非完美纳米碳材料的部分宏观性能，远远没有实现纳米碳材料的本征优异性能的利用。另一个极端则是高端的电子学应用。大规模集成电路要求特定性能的纳米碳材料。例如，手性确定的半导体碳纳米管需要被放在特定的位置。这是对纳米碳材料可控生长的挑战，要求对纳米碳材料的生长机理有更深入的了解。

2008 年国际半导体技术蓝图（International Technology Roadmap for Semiconductors，ITRS）新兴研究材料和新兴研究器件工作组在考察了所有可能的硅基 CMOS 替代技术之后，明确向半导体行业推荐重点研究碳基电子学（carbon-based electronics），并将其作为可能在未来 5～10 年显现商业价值的新一代电子技术。

碳纳米管材料受关注较早，中国科学家在其精细结构控制、性能调控及宏量制备方面一直处于国际水平。石墨烯的工作在 2012 年出版的《中国学科发展战略·材料科学》一书的第二章中已有详细介绍。目前纳米碳材料的主要挑战来自规模生产面临的高可控性材料加工问题，即必须在绝缘衬底上定位生长出所需管径、密度的纯半导体碳纳米管阵列。但是，目前对碳纳米管生长进行严格的控制还没有实现。

我国科技人员对碳基纳电子学的器件原型研究与国际同步，有些方面处于有利位置。2005 年，美国英特尔（Intel）公司新器件实验室 Chau 等对纳电子学的发展状况进行了总结[17]。他们对碳纳米管基器件的主要结论是：虽然 p 型碳纳米管晶体管的性能远优于相应的硅基器件，但 n 型碳纳米管晶体管的性能远逊于相同尺寸的硅基器件。集成电路的发展要求性能匹配的 p 型和 n 型晶体管。n 型碳纳米管晶体管性能的落后严重制约了碳纳米管电子学的发展，发展稳定的高性能 n 型碳纳米管器件成了 2005 年之后碳纳米管

CMOS 电路研究领域最重要的课题之一。我国研究人员经过 10 余年的努力，在这个重要的领域做出了原创性的贡献。特别是发展了无掺杂碳纳米管集成电路技术，使得我国制备出的器件性能走到国际前沿，接近量子极限，这在 2009 年、2011 年、2013 年的 ITRS 中得到了充分的体现。特别是在 2011 年的"新兴研究器件报告"中和碳纳米管器件相关的 9 项进展里中国的研究进展占据了 4 项；2013 年的"新兴研究器件报告"中和碳纳米管器件相关的 11 项进展里中国占据了 3 项[18]。

第八章由北京大学彭练矛研究组执笔，对碳基纳电子材料的发展态势和我国的应对之策进行了分析和建议。

在战略性、前瞻性材料中，本书还介绍两种量子材料。

当窄禁带材料夹在宽禁带材料之间时，窄禁带的能带成为势阱，宽禁带的能带成为势垒。如果势阱的宽度小于电子的平均自由程（金中为 40nm），基于载流子运动性质，在垂直于阱壁方向会产生能量量子化，即量子尺寸效应。这种态密度分布带来许多新颖的物理特性。例如，电子和空穴之间的强库仑作用使之在室温下也有显著的激子效应，在较低的注入载流子浓度下也会产生较高的光增益。除激光器件外，它还有其他光电应用。如果在空间两个方向有势阱效应，则称为量子线；如果在空间三个方向受约束，则称为量子点。20 世纪，这类材料被称为量子材料。

半导体超晶格是制备量子阱材料的基本结构，调控的是半导体的能带。这种思路很快被推广到光学超晶格、声学超晶格，人工制备某些单元在空间的特定分布，调节间距、改变耦合、操控对称性等，以达到改变对应物理性能的目的。由南京大学祝世宁组织编撰的第九章系统介绍了这类人工微结构材料，包括光子晶体、介体超晶格、超构材料①等。阐述这类材料的四种走向：①从简单均匀体系向复杂耦合的非均匀体系发展；②从线性光源系统向非线性有源系统发展；③从电磁超构材料向声和其他无激发系统拓展；④从对称系统向对称破缺系统发展。如果按我们熟知的物理性质分类，则有热调控、弹性力性调控、光子能带工程等。

近 10 年，拓扑绝缘体成为凝聚态物理学和材料科学的热点。这有需求牵引和学科兴趣两方面的原因。问题可以从电子传导的能量损耗说起。电流输运在高压线或集成电路中都要耗能发热。当微电子器件集成度很高时，发热尤为严重。人们早在 20 世纪初就已发现一种量子材料，这就是人们所熟

---

① 超构材料在 2012 年出版的《中国学科发展战略·材料科学》第九章中也有介绍。

知的超导体。在温度降至临界温度以下时，超导体的电阻会突然降至零，从而可以无能量损耗地传输电流，但高温超导体的临界温度也在液氮温度（-196℃）附近，离室温应用还有很长距离。有的量子材料关乎量子霍尔效应。将通电导体（电流方向为 X）置于垂直电流方向的磁场（磁场方向为 Y）中，则在 Z 方向会测到一个霍尔电压。霍尔电阻一般正比于磁场。1980年，德国科学家在低温、强磁场环境下发现，霍尔电阻在加大强磁场时呈阶梯状，每个阶梯平台精确满足某量子整数。对应每个平台，纵向电流的电阻会降至零，即电子无能耗运动。两年后，美国科学家发现分数取值的量子霍尔效应。然而，量子霍尔效应要在几特斯拉的强磁场才能观察到，应用不易。

物理学在引入数学的拓扑概念后，认识到如果材料的电子结构具有独特的拓扑性质，将可能在宏观尺度表现出各种量子效应。量子霍尔效应的另一个特点是其量子数的不变性。这一点与数学上的拓扑性质相似。拓扑的英文 topology 是从地形、地貌等空间形态引申过来的，但抽象到数学中，它就不管形状、大小而只考虑点、线、块。这和量子霍尔效应相似，即这种电子无能耗运动对材料的缺陷、杂质等细节不敏感。科学家找到一种特殊的绝缘体，即其能带结构是典型的绝缘体类型，在费米能处存在能隙，但其能带结构的特殊拓扑性质导致该类材料的表面存在穿越能隙的电子态，使其表面态总是金属性的，称为拓扑绝缘体。

美国科学家首先预言了(Hg,Cd)Te/HgTe/(Hg,Cd)Te 量子阱可能是二维拓扑绝缘体[19]，其后被其他研究组在实验中证实[20]。清华大学薛其坤研究组首先得到三维拓扑绝缘体薄膜，并完成了表面态量子霍尔效应的观测[21]，还观测具有拓扑非平庸电子结构的二维铁磁绝缘体的零磁场下的量子霍尔效应[22]。这是非常精细的薄膜制备与测量的实验。这些成果使人们认真考虑拓扑绝缘体在电子传输中应用的可能性。由该研究组编写的第十章系统地介绍了这方面的研究历史和发展沿革。

三、测试技术提出新问题

超硬材料在现代机械工业中起到重要作用。金刚石是自然界中已知的最硬的晶体材料。由于天然金刚石的稀缺，人们梦想着可以制备金刚石。1955年，美国科学家霍尔等在 1650℃和 95 000atm① 下合成了金刚石，成为超硬材

---

① 　1atm=1.013 25 × 10⁵Pa。

料研究的里程碑。这得益于先前极高压力设备的发明和高压物理的进展①。1957 年，美国的温托夫首先人工合成的立方氮化硼的硬度仅次于金刚石，约是金刚石硬度的 70%，但热稳定性明显高于金刚石，克服了金刚石热稳定性和化学惰性不足的缺点，解决了在加工钢铁材料时可能出现与合金反应而降低加工能力的问题。因此，在工业上加工钢铁材料时广泛应用了立方氮化硼。立方氮化硼的使用是对金属加工的一大贡献，导致磨削发生革命性变化。近年来，寻求硬度与金刚石相当甚至超过金刚石，又有良好热稳定性的超硬材料成为理论和实验研究的一个热点。

另一个高潮是 1989 年 Liu 和 Cohen 通过计算体模量预测 β -C_3N_4 可能是比金刚石还硬的材料[23]。这是一条直接通过改变化学键寻求改变本征硬度的思路。经过多年的努力，人们并没有合成出比金刚石还硬的新材料，但性能不错的碳氮化物的薄膜和块体材料已经制备出来，成分可以用 CN_x 表示，但还没有确切获得 C_3N_4 晶体。

另一条思路是通过改变材料显微组织提高硬度，即按照霍尔-佩奇（Hall-Petch）关系细化晶粒以提高硬度，这是塑性形变时位错与晶界作用引起的。10～30nm 晶粒尺寸的纳米金刚石被制备出来，硬度有所提高（努氏硬度达到 110～140GPa）[24]。纳米立方氮化硼（晶粒尺寸约为 10nm）可以使硬度明显提高（努氏硬度为 85GPa）[25]。进一步利用大角晶界细化晶粒是很困难的，因为高能晶界具有很大的驱动力促使晶粒长大。共格纳米孪晶晶界既可以强化材料，又具有较低的界面能以保持稳定，因此可以获得更小的纳米孪晶尺寸。纳米孪晶使金属材料的强度与韧性同时提高，以及对纳米孪晶界的深入认识首先是我国卢柯研究团队实现的。

2013 年，我国田永君研究团队与吉林大学马琰铭教授、美国芝加哥大学王雁宾教授等合作，首先利用洋葱结构氮化硼前驱体在高压、高温条件下成功地合成出纳米孪晶结构立方氮化硼。其硬度超过了人造金刚石单晶（孪晶平均厚度为 3.8nm，维氏硬度约为 108GPa）。2014 年，他们在高温、高压条件下又成功合成出硬度两倍于天然金刚石的纳米孪晶结构金刚石块材（孪晶平均厚度为 5nm，维氏硬度约为 200GPa），同时这些纳米孪晶超硬材料还显示了不错的韧性和热稳定性[26]。为什么硬度能够提高这么多，他们认为，除了 Hall-Petch 关系表示的晶粒细化对硬度的贡献，还有量子限域效应对硬度的贡献。后者对绝缘材料（或宽带隙半导体材料）的作用是明显的，即颗粒

---

① 1946 年诺贝尔物理学奖颁给该领域突出贡献者——美国科学家布里奇曼教授。

或晶粒尺寸减小将导致能隙增大，可以保持成键电子的局域性，不容易变形，这就对硬度有了附加贡献。此外，他们也从理论上进行了探讨。

田永君等的工作为制备超硬材料打开了新思路，受到普遍关注。今后的工作有以下几点可以考虑。

（1）硬度的分析与测量。在工程界广泛应用的"硬度"概念是一个复杂的宏观物理量。人们将"硬度"定义为材料抵抗其他物体压入的能力。在压入的过程中，有弹性变形、塑性变形甚至开裂。因此弹性模量（包括体模量、剪切模量）、拉伸/压缩强度、剪切强度甚至断裂韧性等材料力学参量都可能对硬度测量值有影响。另外测量时的条件（如压头形状、压力大小、作用时间、被测物体的厚度等）也会影响结果。因此必须严格操作，并且在对比结果时一定注意测试条件是否一致。在理论分析硬度时，即使是对超硬的脆性材料，仅用化学键计算模量也是不够的。今后应该加强对硬度的理论分析及硬度测量精度提高的工作。

（2）在研究中出现的一个尖锐问题是，一个金刚石压头是否可以测量比其更硬的块体。田永君等的回答是，由于压头呈比较尖锐的形状，而被测物体是比较平坦的，受力状态很不同，压头主要受压缩强度的控制，而被测物体主要受剪切强度的控制，因此完全是有可能测量的，并据此提出了压痕形成的新判据。这个回答是有一定的道理的，但用一个比较软的压头测量更硬的物体，可能需要更多条件的限制，结果的解释需要进行非常严谨的研究。建议做更深入的工作，给出确凿的令人信服的实验证明和理论说明。

（3）是否可以用较大尺寸和（或）较大规模制备出纳米孪晶超硬金刚石和超硬立方氮化硼是人们迫切想看到的结果。

当前，材料科学更关注能源、运输、信息、生物医用、生态环境等领域的关键材料的发展。2013年《材料学报》（*Acta Materialia*）在创刊60周年纪念专辑上对上述领域的一些进展进行了评述。结合中国的情况，本书附录一有选择地进行了一些论述，顺序依次为结构材料、功能材料、生物医用材料。结构材料主要介绍电站用钢、交通机械用轴承钢、铝合金、镁合金、钛合金、高温合金等。功能材料包括磁记录材料、永磁材料和锂离子电池等，而永磁材料和锂离子电池也与能源有关。生物医用材料包括陶瓷和金属、高分子材料。

"材料科学"一词诞生于20世纪50年代初。1954年秋，美国西北大学冶金系主任Morris Fine教授签署文件，将系名改为材料科学系，"材料科学"成为一个新的概念和学科。它的特点是：以冶金学为基础，广泛吸收固体物理学、物理化学、无机化学和高分子化学等学科的知识和成果，成为今

天科学世界中最大的交叉学科之一。它的研究对象也从金属材料扩展为无机
非金属材料、高分子材料及复合材料等；按材料的用途，它广泛涉及结构材
料、功能材料、能源材料和生物医用材料等，并且迅速向新材料扩展。中国
的材料科学学科发展自然是后来者。但中国冶金学有光辉的历史，本书附录
二从追踪冶金学在中国的发端开始，介绍中国材料科学学科的起源与演化，
希望能使本领域的学者对我国材料学科的缘起有清楚的印象。

参 考 文 献

[1] Cambridge Ltd. Sustainable materials, with both eyes open. http://www. withbotheyesopen. com/ [2012-10-12].

[2] Lu K. Making strong nanomaterials ductile with gradients. Science, 2014, 345 (6203): 1455-1456.

[3] Fang T H, Li W L, Tao N R, et al. Revealing extraordinary intrinsic tensile plasticity in gradient nano-grained copper. Science, 2011, 331 (6024): 1587-1590.

[4] 中国科学院. 中国学科发展战略·材料科学. 北京：科学出版社，2013.

[5] Kamihara Y, Watanabe T, Hirano M, et al. Iron-based layered superconductor La[$O_{1-x}F_x$]FeAs (x=0.05-0.12) with T_c=26K. Journal of the American Chemical Society, 2008, 130 (11): 3296-3297.

[6] Ren Z A, Lu W, Yang J, et al. Superconductivity at 55K in iron-based F-doped layered quaternary compound Sm[$O_{1-x}F_x$]FeAs. Chinese Physics Letters, 2008, 82 (6): 2215-2216.

[7] Nagamatsu J, Nakagawa N, Muranaka T, et al. Superconductivity at 39K in magnesium diboride. Nature, 2001, 410 (6824): 63-64.

[8] Ward C. Materials Genome Initiative for Global Competitiveness. Washington DC：NSTC, 2011.

[9] The White House：Office of Science and Technology Policy. Fact Sheet：The Materials Genome Initiative-Three Years of Progress. Washington DC：OSTP, 2014.

[10] Introduction of Accelerated Metallurgy. ESA-New Materials and Energy Unit. http://www. accmet-project.eu/index.htme [2014-07-08].

[11] Felhleen K, Agnew S R. The materials genome initiative at the National Science Foundation：a status report after the first year of funded research. Journal of Metals, 2014, 66 (3): 336-344.

［12］de Pablo J J，Jones B，Kovacs C L，et al. The MGI, the interplay of experiment, theory and computation. Current Opinion in Solid State and Materials Science，2014，18（2）：99-117.

［13］李涤尘，刘佳煜，王延杰，等. 4D 打印——智能材料的增材制造技术. 机电工程技术，2014（5）：1-9.

［14］Gu D D，Meiners W，Wissenbach K，et al. Laser additive manufacturing of metallic components：Materials, processes and mechanisms. International Materials Reviews，2012，57（3）：133-164.

［15］Frazier W E. Metal additive manufacturing：A review. Journal of Materials Engineering and Performance，2014（23）：1917-1928.

［16］Catalan G，Seidel J，Ramesh R，et al. Domain wall nanoelectronics. Review of Modern Physics，84（1）：119-156.

［17］Chau R，Datta S，Doczy M，et al. Benchmarking nanotechnology for high-performance and low-power logic transistor applications. IEEE Press，2005，4：153-158.

［18］Semiconductor Industry Association. International Technology Roadmap for Semiconductors. http://public.itrs.net［2013-09-08］.

［19］Bernevig B A，Hughes T L，Zhang S C. Quantum spin Hall effect and topological phase transition in HgTe quantum wells. Science，2006，314（5806）：1757-1761.

［20］Knez I，Du R R，Sullivan G. Evidence for helical edge modes in inverted InAs/GaSb quantum wells. Physics Review Letters，2011，107（13）：136603.

［21］Zhang Y，Ke H，Chang C Z，et al. Crossover of the three-dimensional topological insulator Bi_2Se_3 to the two-dimensional limit. Nature Physics，2010，6（8）：584-588.

［22］Chang C Z，Zhang J，Feng X，et al. Experimenal observation of the quantum anomalous Hall effect in a magnetic topological insulator. Science，2013，340（129）：167-170.

［23］Liu A Y，Cohen M L. Prediction of new low compressibility solids. Science，1989，245（4920）：841-842.

［24］Irifune T，Kurio A，Sakamoto S，et al. Ultrahard，polycrystalline diamond from graphite. Nature，2003，421（6923）：599-600.

［25］Dubrovinskaia N，Solozhenko V L，Miyajima N，et al. Superhard nanocomposite of dense polymorphs of boron nitride：Noncarbon material has reached diamond hardness. Applied Physics Letters，2007，90（10）：101912.

［26］Huang Q，Yu D L，Xu B，et al. Nanotwinned diamond with unprecedented hardness and stability. Nature，2014，510（2）：250-253.

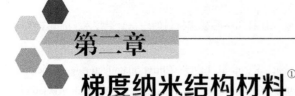

第二章
梯度纳米结构材料①

第一节　概　述

纳米结构材料（nanostructured materials）是指结构单元尺度（如多晶材料中的晶粒尺寸）在纳米量级的材料。其显著结构特点是含有大量晶界或其他界面，从而表现出一些与普通粗晶结构材料截然不同的力学和物理化学性能[1]。过去 30 余年的研究表明，纳米结构材料通常具有很高的强度和硬度，且在不改变材料化学成分的前提下，结构纳米化可使材料的强度和硬度高达同等成分粗晶材料的数倍甚至数十倍，是发展高强度材料的一种新途径。然而，随着强度和硬度显著提高，纳米结构材料的塑性和韧性显著降低，加工硬化能力消失，结构稳定性变差。这些性能的恶化制约了纳米结构材料的应用和发展[2]。

最新的研究表明，通过对纳米结构进行多级构筑（architecture）可以在有效地克服纳米结构的性能缺点的同时发挥其性能优势，梯度纳米结构便是其中的一种重要构筑类型。梯度纳米结构是指材料的结构单元尺寸（如晶粒尺寸或层片厚度）在空间上呈梯度变化，从纳米尺度连续增加到宏观尺度[3]。或者说，材料的一部分由纳米结构组成，另一部分由粗晶结构组成，这两部分之间结构单元尺寸呈梯度连续变化。梯度纳米结构的实质是

① 致谢：本章部分研究工作得到科技部和国家自然科学基金委员会资助（项目编号：2012CB932201，51231006，51261130091）。

晶界（或其他界面）密度在空间上呈梯度变化，因此对应着许多物理化学性能在空间上的梯度变化。结构尺寸的梯度变化有别于不同特征尺寸结构（如纳米晶粒、亚微米晶粒、粗晶粒）的简单混合或复合，有效避免了结构特征尺寸突变引起的性能突变，可以使具有不同特征尺寸的结构相互协调，同时表现出各特征尺寸所对应的多种作用机制，使材料的整体性能和使役行为得到优化和提高。

材料的许多性能随结构单元特征尺寸变化而变化，当结构单元特征尺寸降低到纳米量级时性能变化会十分显著。例如，金属材料的强度随晶粒尺寸的减小而提高，当减小到纳米量级时强度提升异常显著。与梯度微米结构（由微米尺度增大到宏观尺度）相比，梯度纳米结构所对应的强度变化范围会有很大的拓宽，因而可实现强度的大范围调控。此外，由于纳米结构材料具有一些独特的理化性能，如高扩散速率和化学反应活性等，也赋予了梯度纳米结构一些全新的功能特性。因此，梯度纳米结构材料成为近年来的新研究热点。

第二节　梯度纳米结构的分类

在相同化学成分和相组成的情况下，梯度纳米结构有以下四种基本类型。

（1）梯度纳米晶粒结构：结构单元为等轴状（或近似等轴状）晶粒，晶粒尺寸由纳米至宏观尺度呈梯度变化［图2-1（a）］。

（2）梯度纳米孪晶结构：晶粒中存在亚结构——孪晶，晶粒尺寸均匀分布，其中的孪晶/基体层片厚度由纳米至宏观尺度呈梯度变化［图2-1（b）］。

（3）梯度纳米层片结构：结构单元为二维层片状晶粒，层片厚度由纳米至宏观尺度呈梯度变化［图2-1（c）］。

（4）梯度纳米柱状结构：结构单元为一维柱状晶粒，柱状晶粒直径由纳米至宏观尺度呈梯度变化［图2-1（d）］。

上述四种结构类型中可以有不同的界面结构，如大角晶界、小角晶界、孪晶界等。这些基本结构中两种或多种结构相复合可以形成复合梯度纳米结构。例如，梯度纳米晶粒结构与梯度纳米孪晶结构的复合结构，既存在晶粒尺寸梯度，也有孪晶密度梯度，即晶界密度和孪晶界密度同时呈梯度变化。

(a) 梯度纳米晶粒结构 　(b) 梯度纳米孪晶结构 　(c) 梯度纳米层片结构 　(d) 梯度纳米柱状结构

图 2-1　梯度纳米结构的分类

当化学成分和相组成发生变化时，形成的复合梯度纳米结构更加复杂。例如，具有化学成分梯度变化的梯度纳米晶粒结构，具有相组成梯度变化的梯度纳米结构（相界面密度梯度变化），等等。在 316L 不锈钢中形成的马氏体相与奥氏体相组成呈梯度分布的纳米晶粒结构便是其中的一个实例[4]。

材料中梯度纳米结构有不同的存在形式。在大多数情况下，纳米结构部分处于材料表面、粗晶结构部分处于材料内部，这种梯度纳米结构表层可以充分发挥纳米结构的许多优异性能，大幅度提高块体材料表面性能及许多表面结构敏感性能。也可以将纳米结构部分置于材料内部，粗晶结构部分置于材料表面。这种构型也可以表现出一些独特的性能，但目前研究的不多。

第三节　梯度纳米结构材料的主要性能特点

一、表层硬度梯度与耐磨性

根据经典 Hall-Petch 关系，材料的强度和硬度随晶粒尺寸（D）减小而增大，与 $D^{-1/2}$ 成正比，因此晶粒尺寸梯度变化对应着强度和硬度的梯度变化。如果材料表层是纳米晶粒组织而芯部是粗晶组织，则材料在化学成分不变的情况下表层硬度比芯部高数倍，由表及里形成很大的硬度梯度。例如，表层梯度纳米晶粒结构纯 Cu 样品[3]的表层晶粒尺寸为十几纳米，硬度高达 1.65GPa，而芯部的粗晶结构硬度仅为 0.75Gpa，在 500μm 厚的表层内硬度呈梯度变化。研究表明，纳米孪晶结构中的孪晶界具有与普通晶界相似的强化效果，在一定范围内，随着孪晶层片厚度减小，材料的强度和硬度增大。纳米尺度下小角晶界的强化效应与大角晶界也无明显差异。因此其他类型的梯度纳米结构也会导致相似的硬度梯度。例如，具有梯度纳米孪晶结构表层的 Fe-25Mn 钢[5]的硬度从表层纳米孪晶结构的 5.4GPa 梯度减小到芯部粗晶结构的 2.2GPa；具有梯度纳米层片结构表层的纯 Ni 样品中[6]，表层纳米层片结构（平均厚度为 20nm，层片间为小角晶界）的硬度高达 6.4GPa，是芯部粗晶结构（1.5GPa）的数倍。

材料的耐磨性与其硬度相关。按照经典的 Archard 磨损定律，材料耐磨性与磨损表面硬度成正比，无论是块体还是薄膜与涂层，纳米结构材料往往表现出优于粗晶材料的耐磨性[7]。表层梯度纳米结构形成的硬度梯度对材料耐磨性的提高十分有利。在干摩擦滑动条件下，利用表面机械磨削处理（surface mechanical grinding treatment，SMGT）制备的表层梯度纳米晶粒结构纯 Cu[8]、低碳钢[9]、中碳钢[10]、Cr-Si 合金[11]、Al 合金[12]等样品表现出不同程度的耐磨性提高：在低载荷条件下，耐磨性提高 3～4 倍；随着载荷增大，由于受梯度纳米晶粒结构层厚的限制，耐磨性接近粗晶样品。在磨粒磨损条件下，当使用"软"磨粒时，具有梯度纳米晶粒结构表层的 Hadfield 钢耐磨性优于粗晶[13]；而当使用"硬"磨粒时，耐磨性恶化。在油润滑条件下，无论是滑动还是微动摩擦，表层梯度纳米晶粒结构均大幅度提高材料的耐磨性。例如，在振幅 50μm、载荷 50N 和频率 20Hz 的条件下，表层梯度纳米晶粒结构纯 Cu 的耐磨性比粗晶样品提高接近 20 倍[14]；表层梯度纳米晶粒结构 304L 不锈钢在载荷 40N 及转速为 120r/min 时耐磨性比粗晶样品提高 3 倍[15]。

应该指出，具有梯度纳米晶粒结构表层的金属材料的高表面硬度并不总是带来耐磨性的明显提高。例如，304L 不锈钢在干摩擦条件下[15]、718 合金在微动摩擦条件下[16]，梯度纳米晶粒结构表层的形成并未提高其耐磨性，这可能与梯度纳米晶粒结构在特定摩擦条件下的塑性变形特性有关。具有梯度纳米晶粒结构表层的 AISI52100 钢在干摩擦滑动条件下[17]的耐磨性与粗晶样品相当。通过退火使晶粒适当长大后其耐磨性提高了 4～5 倍。分析表明，样品的最佳耐磨性对应着其强度与塑性的最佳匹配。

二、强度-塑性匹配

金属材料的强度与塑性通常不可兼得。高强金属的塑性往往很差，而具有良好塑性的金属的强度却很低。这种强度-塑性"倒置"关系已经成为材料发展的一个重要瓶颈问题。梯度纳米结构为解决这一难题提供了新途径。

利用 SMGT 技术在纯铜棒材表层制备出梯度纳米晶粒结构，自表及里晶粒尺寸由十几纳米梯度增大至几十微米（棒材芯部），梯度纳米结构的厚度达数百微米。室温拉伸试验表明[3]，具有梯度纳米晶粒结构表层的纯铜棒状样品拉伸屈服强度比粗晶样品提高约一倍，而拉伸塑性与粗晶样品相同，如图 2-2（a）所示。表层梯度纳米结构是强度提高的主因，尽管表层梯度纳米晶粒结构在样品断面中所占的面积比例很小（约 9%），但由于纳米晶粒结构具有很高的屈服强度（表层 50μm 厚纳米晶粒结构的拉伸屈服强度高达 660MPa，是粗晶组织的 10 余倍），它对强度提高的贡献很大。定量分析表明，表层梯度纳米晶粒结构对样品整体强度的贡献高达约 1/3。

梯度纳米结构的拉伸塑性很大程度上由粗晶组织基体所决定。基体粗晶组织具有良好的塑性变形能力，在拉伸过程中具有很高的拉伸应变和加工硬化，梯度结构组织可以有效地抑制表层纳米晶粒结构在变形过程中可能产生的应变集中和早期颈缩，从而延迟了表层纳米晶粒结构的变形局域化和裂纹萌生，使纳米晶粒组织表现出良好的拉伸塑性变形能力。实验观察表明，当梯度纳米结构纯铜样品的拉伸应变超过 100%时，表层纳米晶粒仍可与粗晶基体协调变形，没有产生裂纹。

具有梯度纳米晶粒结构表层的纯铜样品表现出的强度和塑性匹配与粗晶塑性变形样品截然不同，如图 2-2（b）所示，在相同强度下梯度纳米晶粒结构样品的拉伸均匀伸长率是粗晶样品的数倍。这种兼备高强度和高拉伸塑性的优异综合性能为发展高性能工程结构材料开辟了新思路。

突破这种强度-塑性"倒置"关系的关键在于梯度纳米晶粒结构独特的变形机制。表层梯度纳米晶粒在室温拉伸变形过程出现了明显的晶粒长大现象，与通常的热驱动晶粒长大不同，与位错运动、孪生、晶界滑移或蠕变等传统的材料变形机制也截然不同，这种晶粒长大过程是由机械驱动的晶界迁移来实现的。晶粒尺寸随变形量提高而增大，表层（20μm 厚）纳米晶粒的平均尺寸由几十纳米增至约 400nm 后趋于稳定。晶粒长大对应于强度和硬度下降。因此在梯度纳米晶粒结构拉伸过程中，芯部粗晶组织随拉伸应变量增大而逐步硬化，表层梯度纳米晶粒结构由于晶粒长大而逐步软化（图 2-3），从而导致梯度纳米晶粒结构样品表里硬度梯度减小。当拉伸应变量增大到一定程度时，样品表里硬度趋于一致，硬度梯度消失[18]。

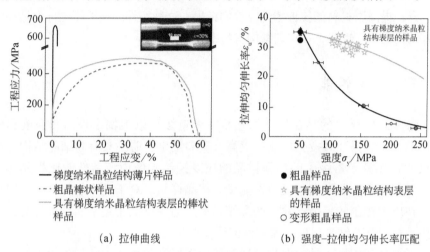

（a）拉伸曲线   （b）强度-拉伸均匀伸长率匹配

图 2-2　具有梯度纳米晶粒结构表层的纯铜棒状样品的拉伸曲线及强度-拉伸均匀伸长率匹配[3]

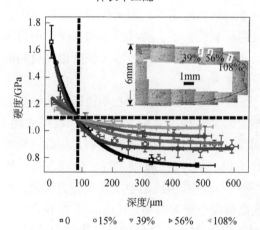

图 2-3　具有梯度纳米晶粒结构表层的纯铜样品在不同拉伸应变量下的硬度随距表面深度的变化关系[18]

在其他梯度纳米结构材料中也观察到类似的强度提高而不损失塑性的现象，如低碳钢[19]、316L 不锈钢[20]、IF 钢[1][21]和 TWIP 钢[2][22]。Wu 等[21]研究发现在梯度纳米结构单向拉伸过程中晶粒尺寸梯度会导致形成应

①　无间隙原子钢（interstitial-free steel）又称 IF 钢。
②　孪生诱发塑性钢（twinning induced plasticity steel）通常叫作 TWIP 钢。

变梯度，从而改变梯度纳米结构表层中的应力状态。这种应力状态的变化促进了位错的贮存和相互作用，因此产生了额外的加工硬化，使拉伸时的加工硬化率上升，提高了材料的拉伸塑性。他们指出，这种额外的加工硬化行为是梯度纳米结构的本征性能，在均匀结构材料中并不存在。

三、疲劳性能

将多晶体材料的晶粒尺寸细化至纳米量级可以大幅度提高其强度和硬度，但并不能保证其疲劳性能的提高。实验结果表明，具有超细晶结构（晶粒尺寸在亚微米量级）的纯铜样品的应变控制的低周疲劳性能比粗晶样品差，而其应力控制的高周疲劳性能优于粗晶样品。对于纳米晶粒结构纯镍样品，在应力控制的疲劳试验中的裂纹扩展阻力明显低于超细晶结构样品，说明当晶粒细化至纳米尺度时疲劳性能明显恶化。

循环载荷作用下的疲劳裂纹通常萌生于样品表面，如将样品表层结构细化到纳米尺寸，而芯部保持粗晶结构，晶粒尺寸由表及里呈梯度变化，则表层纳米晶粒结构由于其高强度而有效阻止疲劳裂纹的萌生，而芯部粗晶粒结构由于其高塑性可阻碍裂纹扩展，两种机制的共同作用可阻碍疲劳裂纹的萌生和扩展。因此，表层梯度纳米结构能够大幅度提高材料的疲劳性能。这一推断得到实验结果的证实。

Roland 等[23]在直径为 6mm 的 316L 不锈钢棒状样品表面制备了一层厚度约为 40μm 的梯度纳米结构，其中表层平均晶粒尺寸约为 20nm。测试表明，在低周和高周疲劳试验中其疲劳强度均明显提高。疲劳极限由粗晶样品的 300MPa 提高到 400MPa，增幅高达 33%。分析表明，疲劳极限的提高源于表层梯度纳米结构，而并非由样品中的残余应力所致。梯度纳米结构表层厚度对疲劳性能提高幅度有显著影响。Huang 等[4]在直径为 6mm 的 316L 不锈钢棒状样品上制备出约 200μm 厚的梯度纳米结构表层，拉-压疲劳试验结果表明，样品的疲劳极限较粗晶样品提高近 80%。若在直径为 3mm 的样品上制备出同样厚度的梯度纳米结构表层，其疲劳极限提高幅度可高达 130%。说明梯度纳米结构表层相对越厚，疲劳性能提高越明显。具有表层梯度纳米结构的纯铜样品的疲劳极限比均匀粗晶材料提高约 75%，疲劳寿命提高一个数量级以上。

在工程合金中梯度纳米结构亦可有效提高疲劳性能。在一种常用马氏体不锈钢（Z5CND-16）上制备出梯度纳米结构表层后，其扭转疲劳性能大幅度提升[24]。在直径为 6mm 的粗晶样品表层形成 150μm 厚的梯度纳米结构及变形组织，其扭转疲劳强度提高达 46%（图 2-4）。梯度纳米晶粒组织是疲劳强度提高的主要原因。原始样品中有约 16% 的残余δ铁素体存在，在δ铁素体与马氏体基体界面附近的δ铁素体往往是大量疲劳裂纹的形成位置。表层结构纳米化使组织结构均匀化，大大细化了δ铁素体并使其分布更加均匀，从而有效地抑制了疲劳裂纹的萌生。

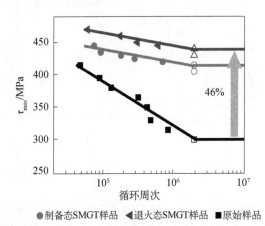

●制备态SMGT样品　◀退火态SMGT样品　■原始样品

图 2-4　Z5CND-16 马氏体不锈钢经 SMGT 制备（及退火）后扭转疲劳强度（τ_{max}）
与循环周次的变化关系[24]

四、表面合金化

纳米晶材料中存在大量晶界、三叉晶界及其他结构缺陷。它们既可以作为原子快速扩散的通道，也为化学反应提供了额外的驱动力（较高的界面过剩能）。大量晶界往往为化学反应提供了形核位置。因此，纳米晶材料中的原子扩散速率和化学反应活性较普通粗晶材料有显著提高。利用纳米结构的这种特性，在金属材料表层制备出梯度纳米结构可以显著加速表面合金化、降低合金化温度、缩短合金化处理时间，拓展了表面合金化的工业应用范围。

采用表面机械研磨处理（surface mechanical attrition treatment，SMAT）在纯 Fe 样品表层制备出梯度纳米结构，利用二次离子质谱仪测量 Cr 在梯度纳米结构中的扩散行为，发现温度为 300～380℃时 Cr 在纳米晶 Fe 中的扩散系数比在 Fe 中的体扩散系数高 7～9 个数量级，比 Cr 在粗晶 Fe 中的晶界扩散系数高 4～5 个数量级[25]。利用放射性同位素示踪法测量了 ^{63}Ni 在纯 Cu 样品梯度纳米结构表层中的扩散行为[26]，如图 2-5 所示。发现表层纳米结构中（厚度在 10μm 内）界面的名义扩散系数比粗晶 Cu 样品中普通大角晶界的扩散系数高出 2 个数量级以上。梯度纳米结构中扩散速率的显著提高源于高密度的晶界和三叉晶界及变形产生的大量位错及其他缺陷。

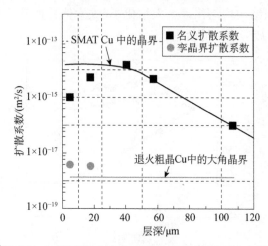

图 2-5　130℃时 [63]Ni 在纯 Cu 梯度纳米结构表层中不同层深处的名义扩散系数、晶界扩散系数和孪晶界扩散系数的变化情况与退火粗晶 Cu 中大角晶界的扩散系数进行对比[26]

梯度纳米结构中的反应扩散也有明显增强。Zn 在纯 Fe 梯度纳米结构表层中的扩散行为测试结果表明[27]，温度在 280~340℃内梯度纳米结构表层中 Fe-Zn 化合物层的生长速度显著高于粗晶 Fe 基体中的生长速度，生长激活能为 108.0kJ/mol，明显低于粗晶 Fe 中 Fe-Zn 化合物层的生长激活能（167.1 kJ/mol），反应起始温度比粗晶 Fe 中低约 21℃。梯度纳米结构表层中高密度的晶界增加了形成化合物的热力学驱动力，并提供了大量的优先形核位置。高密度的形核位置使新形成的反应产物具有较小的晶粒尺寸，即更高密度的界面，这些高密度界面进而加速溶质原子的传输，加快了反应产物的生长。

普通钢铁材料的表面气体渗氮处理一般在 500℃以上进行，渗氮时间为数小时到数十小时。这由氮原子在铁晶格及所形成氮化物中的扩散速率较低所致。利用梯度纳米结构可以显著加快气体渗氮动力学，在较低温度下实现钢铁的气体渗氮。如图 2-6 所示，具有梯度纳米结构表层的纯 Fe 样品经 300℃气体渗氮 9h 后即可成功实现表面渗氮，获得厚约 10μm 的氮化物层（由 ε-Fe$_{2-3}$N 及 γ'-Fe$_4$N 纳米晶组成），氮化物层下形成厚度约 30μm 的过渡层，其中的铁素体晶界上生成了大量的 ε-Fe$_{2-3}$N 相[28]。在相同渗氮处理条件下，粗晶纯 Fe 样品中没有形成任何氮化物［图 2-6（a）］。

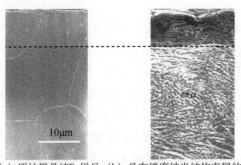

（a）原始粗晶纯Fe样品　（b）具有梯度纳米结构表层的纯Fe样品

图 2-6　原始粗晶纯 Fe 样品和具有梯度纳米结构表层的纯 Fe 样品在 300℃气体渗氮
9h 后的表层截面组织[28]

　　具有梯度纳米结构表层的低碳钢[29]及 H13 钢[30]等的渗铬实验表明，在温度较低时梯度纳米结构可显著提高铬在样品表层中的扩散速率和化合物形成能力。在温度较高时，由于晶界回复和晶粒长大，梯度纳米结构对渗铬的促进作用逐步降低。利用在较低温度下形成的化合物相及其热稳定性，发展了低温和高温两步复合渗铬工艺，即在 600℃处理 120min 后在 860℃处理 90min 的固体粉末法复合渗铬处理，在具有梯度纳米结构表层的低碳钢上形成了厚约 20μm 的连续渗铬层，比相同处理条件下的粗晶样品渗铬层厚 5倍。与粗晶样品相比，梯度纳米结构表层中渗铬相晶粒尺寸细小，$(Cr,Fe)_{23}C_6$ 相含量高且组织分布均匀，其在含 SO_4^{2-} 或 Cl^- 的酸性介质中耐蚀性均显著提高，耐磨性提高 3～6 倍。

　　利用梯度纳米结构表层可以加速其他工程金属材料的表面合金化过程，包括 304 不锈钢[31]及 38CrMoAl 钢[32]的氮化处理，低碳钢[33]、P92 铁素体/马氏体钢[34]和 AZ91D 镁合金[35]的渗铝处理等。通过制备梯度纳米结构表层可以降低表面合金化处理温度和缩短处理时间，不但拓宽了传统表面合金化的应用范围，也为发展新的表面合金化体系创造了条件。

五、表面变形粗糙度

　　由于晶粒间存在晶体学取向差，普通粗晶材料的晶粒之间往往在塑性变形（如拉伸、弯折、拉拔等）过程中产生变形不均匀性，导致材料变形后表面出现浮凸，粗糙度增加。这种现象通常称为橘皮现象。这种表面浮凸在后续变形过程中往往会产生应力集中或成为裂纹萌生的源头，影响金属材料的深加工行为。

如果材料表层具有梯度纳米结构，纳米结构会有效抑制变形不均匀性，从而避免橘皮现象的产生。实验结果表明，具有梯度纳米晶粒结构表层的纯铜样品[3]，拉伸前其表面粗糙度为 0.3μm，拉伸至断裂后（样品伸长率为58%）表面粗糙度保持不变，没有出现橘皮现象。同样表面粗糙度的粗晶样品在相同伸长率时产生了明显的橘皮现象，表面浮凸达数微米。

利用 SMGT 技术制备一块厚 750μm 的纯铜样品，其一面为梯度纳米晶粒结构（GNG），另一面保持粗晶结构（CG）。经电化学抛光后，两面的粗糙度均达到纳米量级。在单向静态拉伸过程中观察其表面形貌（图 2-7），发现在粗晶结构面产生了明显的晶粒间变形不均匀，逐步发展为较大的浮凸，部分晶粒间产生了微裂纹。而在梯度纳米晶粒结构面，变形后的表面仍保持良好的均匀性，表面粗糙度在 100nm 以下，没有产生裂纹[3]。这一实验表明，梯度纳米晶粒结构面具有比粗晶结构面更优异的塑性变形能力和变形均匀性，可有效抑制金属材料在加工过程中产生橘皮现象，降低材料的表面粗糙度和改善材料的深加工性能。

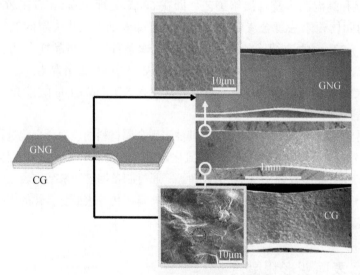

图 2-7　纯铜中梯度纳米晶粒结构（GNG）与粗晶结构（CG）
在拉伸变形后的表面形貌比较[3]

六、其他性能

晶粒尺寸纳米化及晶界体积分数的提高导致纳米结构金属材料的腐蚀行为有别于普通粗晶材料。具有表层梯度纳米结构的金属材料腐蚀行为表现出两种情况：在非钝化条件下，即不能形成稳定致密的钝化膜时，316L 不锈钢表层梯度纳米结构在含 Cl⁻酸性溶液中表现出较差的抗点蚀能力[36]；而大多数情况下，钝性金属材料表层梯度纳米结构更易于形成保护性钝化膜，使其耐蚀性明显优于粗晶材料。例如，Ni-22Cr-13Mo-4W-3Fe 合金在含 Cl⁻酸性溶液中[37]，梯度纳米结构表层因改变钝化膜半导体类型而提高其耐蚀性。Ti-6Al-4V 合金在林格（Ringer）溶液中形成了钝性氧化膜[38]。这种钝性氧化膜能够在 Ringer 溶液中自发生长，大大提高了植入体的生物相容性。应该指出，梯度纳米结构的制备加工工艺对其晶粒尺寸、层深及样品表面粗糙度均有影响，从而影响材料的耐蚀性。

利用表层梯度纳米结构可以改善异质材料连接，提高硬质薄膜与金属的结合力。例如，表层梯度纳米化处理使 304 不锈钢与硬质薄膜（CrN 薄膜、TiN 薄膜及类金刚石薄膜等）之间的结合力和薄膜的耐磨性提高[39, 40]。膜基结合力的提高主要源于薄膜或过渡层中的元素在梯度纳米结构表层中的快速扩散，有利于冶金结合的形成。

第四节　梯度纳米结构材料的制备与加工

梯度纳米结构材料通常可以通过梯度塑性变形和梯度物理沉积或化学沉积方法制备。

一、梯度塑性变形

塑性变形可使金属中产生大量缺陷（如位错、晶界、孪晶界等），通过控制塑性变形条件可以将晶粒组织细化至亚微米甚至纳米尺度。晶粒细化的原理是变形使位错大量增殖，位错交互作用产生大量亚晶界和晶界，将原始的粗大晶粒逐步切分为细小晶粒。当晶粒细化到一定程度后，位错产生与结构回复导致的位错湮灭相平衡，晶粒尺寸趋于稳定。稳态晶粒尺寸与材料类别和成分有关。一般纯金属的稳态晶粒尺寸在亚微米量级，合金材料的稳态晶粒尺寸可以降至纳米量级。低层错金属材料在适当变形条件下可以产生大量孪晶。孪晶界将原始粗晶"切割"成纳米尺度厚的层片结构，进一步变形使这些纳米层片碎化，形成随机取向的纳米晶粒。

研究表明，塑性变形导致的晶粒细化过程受变形量、变形速率、变形温度和变形梯度所控制，也与材料本身的性能有关。变形量越大，晶粒越小。但当变形量达到临界值时，晶粒尺寸趋于饱和（即稳态晶粒尺寸）。变形速率越高或变形温度越低，越有利于晶粒细化。变形梯度增大往往会使晶粒尺寸减小。

基于对塑性变形导致晶粒细化过程的理解，近年来发展的几种表面塑性变形技术可以实现材料表层的晶粒细化。这是由于变形量、变形速率和变形梯度由表及里呈梯度变化，在材料表层形成梯度纳米结构。梯度塑性变形方式有以下三种。

（1）表面压入式梯度塑性变形［图2-8（a）］。利用硬质压头或球丸重复多次压入材料表面，在表层产生多次重复塑性变形，表层应变量及应变速率随深度增加而呈梯度减小趋势，累积应变量随压入次数增多而增大。代表技术有SMAT技术[41, 42]等。

（2）表面碾磨式梯度塑性变形［图2-8（b）］。将硬质球形压头压入材料表面，使压头与材料产生相对移动，利用压头与材料之间产生的摩擦力使材料表层产生塑性变形，表层应变量及应变速率随深度增加而呈梯度减小趋势，累积应变量随碾磨次数增多及预压入深度增加而增大。代表技术有SMGT技术[43]等。

（3）表面滚压式梯度塑性变形［图2-8（c）］。将硬质球形压头压入材料表面，使压头在材料表面滚动，利用压头滚动在材料表层产生塑性变形。表层应变量及应变速率随深度增大呈梯度减小，累积应变量随滚压次数增多及预压入深度增大而增大。代表技术有表面机械滚压技术[4]等。

(a) 表面压入式梯度塑性变形　(b) 表面碾磨式梯度塑性变形　(c) 表面滚压式梯度塑性变形

图2-8　三种梯度塑性变形方式

这三种梯度塑性变形方式均可以实现表层的梯度塑性变形，产生梯度纳米晶粒结构和梯度纳米孪晶结构等，表层梯度纳米结构层厚度（晶粒尺寸在纳米及亚微米尺度的结构）可达数百微米量级，变形层深可达毫米量级。

梯度塑性变形也可以在块体材料中实现，Wei 等[22]将块体 TWIP 钢样品进行扭转变形，样品芯部变形量小而样品边沿变形量大，在样品中产生了一定的变形梯度，可获得梯度纳米孪晶结构。

二、梯度物理沉积或化学沉积

在材料的物理沉积（如溅射沉积、激光或电子束沉积）和化学沉积（化学气相沉积、电化学沉积）过程中，沉积材料的微观结构由沉积过程动力学所决定。通过控制物理或化学沉积动力学过程可以有效控制所沉积的材料结构和成分，实现结构或成分的梯度变化。例如，在电化学沉积中通过控制沉积速率和其他条件可以制备出晶粒尺寸从 10nm 梯度变化到数十微米梯度的纯 Ni 样品。样品厚度和晶粒尺寸梯度均可调节。

相变是结构细化的另一条重要途径。通过相变条件（如温度、压力等）控制相变形核及长大过程动力学，可以调整相变产物的微观结构。因此，如果能实现相变温度或压力等在样品中呈梯度分布，就能在材料中实现相变动力学的梯度控制，获得梯度纳米结构。

第五节　梯度纳米结构材料的应用与展望

梯度纳米结构表现出的一系列特性（图 2-9）为发展新材料和新加工工艺创造了新机遇。利用梯度纳米结构的这些特性可以大幅度提高材料的综合性能。这不但能够扩大现有材料的使用范围，也可以通过对低成本材料的后续梯度纳米化处理实现综合性能的提升，达到甚至超过高成本材料的使用性能。例如，通过处理使普通碳钢的综合性能达到合金钢的指标，降低材料使用成本。同理，也可以利用梯度纳米化处理技术与其他低成本材料加工技术结合，替代高成本加工技术，达到降低材料制备成本的目的。

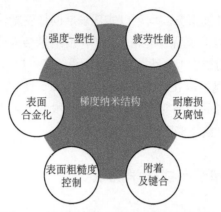

图 2-9　梯度纳米结构表现的一些特性总结

梯度纳米结构的高耐磨性已经得到工业应用。宝钢集团中央研究院利用超声速机械研磨表面纳米化处理技术对冷轧拉矫辊（材质为轴承钢）表面进行处理，获得了梯度纳米结构表层（其中纳米结构层厚约 10μm），在不改变材质的前提下大幅度提高了轧辊的耐磨性，使用寿命从原来的 2～3 天延至 6～9 天，换辊周期成倍延长。目前表面梯度纳米化轧辊已在宝山钢铁股份有限公司量产。

梯度纳米结构的优异性能可以通过对材料或零部件的局部处理实现有选择性的性能提高，从而达到整体材料或零部件的性能和寿命提升。例如，焊接接头处经常是部件断裂失效的"短板"，对它进行梯度纳米化处理，可以改善接头处焊接凝固组织结构及其均匀性，提高其强度及变形能力。轴类部件中轴径过渡段通常是容易发生疲劳断裂的部位，在很大程度上制约着轴类部件的使用寿命。对轴径过渡段进行表面梯度纳米化处理，可以提高过渡段的疲劳性能，从而延长轴类部件的整体使用寿命。

今后这一研究方向的重要挑战之一是发展梯度纳米结构的制备加工技术以满足更广范围和更深层次的工业应用需求。进一步扩大纳米结构梯度变化范围、实现梯度纳米结构的精确调控是制备加工技术面临的主要难题。高效、便捷、低成本的制备加工技术对推动梯度纳米结构材料的应用和发展至关重要，与之相对应，对梯度纳米结构-性能关系的深入认识也有利于制备加工技术的进一步发展。

在梯度纳米结构材料研究方面仍有许多亟待解决的基础科学问题，包括梯度纳米结构与力学、物理及化学性能之间的内在关系，梯度控制及其对各种性能的影响，梯度纳米结构中各层次的塑性变形机制特征及它们与所对应的均匀结构变形机制之间的差异，梯度纳米结构中各层次之间变形机制的相互作用和传递机制，梯度纳米结构的热、机械及化学稳定性及其控制规律等。这些基础问题的解决依赖于深入系统的实验研究及与理论和计算模拟研究的结合，也给材料科学与相关学科（如力学、凝聚态物理学及化学）的交叉融合提出了新的挑战。

参 考 文 献

［1］Gleiter H. Nanocrystalline materials. Progress in Materials Science，1989，33（4）：223-315.

［2］Meyers M A，Mishra A，Benson D J. Mechanical properties of nanocrystalline materials. Progress in Materials Science，2006，51（4）：427-556.

［3］Fang T H，Li W L，Tao N R，et al. Revealing extraordinary intrinsic tensile plasticity in gradient nano-grained copper. Science，2011，331（6024）：1587-1590.

［4］Huang H W，Wang Z B，Lu J，et al. Fatigue behaviors of AISI 316L stainless steel with a gradient nanostructured surface layer. Acta Materialia，2015，87：150-160.

［5］Wang H T，Tao N R，Lu K. Architectured surface layer with a gradient nanotwinned structure in a Fe-Mn austenitic steel. Scripta Materialia，2013，68（1）：22-27.

［6］Liu X C，Zhang H W，Lu K. Strain-induced ultrahard and ultrastable nanolaminated structure in nickel. Science，2013，342（6156）：337-340.

［7］Han Z，Zhang Y S，Lu K. Friction and wear behaviors of nanostructured metals. Journal of Materials Science & Technology，2008，24（4）：483-494.

［8］Zhang Y S，Han Z，Wang K，et al. Friction and wear behaviors of nanocrystalline surface layer of pure copper. Wear，2006，260（9-10）：942-948.

［9］Wang Z B，Tao N R，Li S，et al. Effect of surface nanocrystallization on friction and wear properties in low carbon steel. Materials Science and Engineering A，2003，352（1-2）：144-149.

［10］Li G，Chen J，Guan D. Friction and wear behaviors of nanocrystalline surface layer of medium carbon steel. Tribology International，2010，43（11）：2216-2221.

［11］Ba D M，Ma S N，Meng F J，et al. Friction and wear behaviors of nanocrystalline surface layer of chrome-silicon alloy steel. Surface & Coatings Technology，2007，202（2）：254-260.

［12］Arun P N，Gnanamoorthy R，Kamaraj M. Friction and wear behavior of surface nanocrystallized aluminium alloy under dry sliding condition. Materials Science and Engineering A, 2010, 168（1）: 176-181.

[13] Yan W, Fang L, Zheng Z, et al. Effect of surface nanocrystallization on abrasive wear properties in Hadfield steel. Tribology International, 2009, 42（5）: 634-641.

[14] Zhang Y S, Han Z. Fretting wear behavior of nanocrystalline surface layer of pure copper under oil lubrication. Tribology Letters, 2007, 27（1）: 53-59.

[15] Sun Y. Sliding wear behaviour of surface mechanical attrition treated AISI 304 stainless steel. Tribology International, 2013, 57（4）: 67-75.

[16] Kumar S A, Raman S G S, Narayanan T S N S, et al. Fretting wear behaviour of surface mechanical attrition treated alloy 718. Surface & Coatings Technology, 2012, 206（21）: 4425-4432.

[17] Zhou L, Liu G, Han Z, et al. Grain size effect on wear resistance of a nanostructured AISI 52100 steel. Scripta Materialia, 2008, 58（6）: 445-448.

[18] Fang T H, Tao N R, Lu K. Tension-induced softening and hardening in gradient nanograined surface layer in copper. Scripta Materialia, 2014, 77: 17-20.

[19] 雍兴平. 低碳钢表面纳米化处理及组织结构特征. 沈阳: 中国科学院金属研究所, 2001.

[20] Roland T, Retraint D, Lu K, et al. Enhanced mechanical behavior of a nanocrystallised stainless steel and its thermal stability. Materials Science and Engineering A, 2007, 445（6）: 281-288.

[21] Wu X L, Jiang P, Chen L, et al. Extraordinary strain hardening by gradient structure. Proceedings of the National Academy of Sciences of the United States of America, 2014, 111（20）: 7197-7201.

[22] Wei Y J, Li Y Q, Zhu L C, et al. Evading the strength-ductility trade-off dilemma in steel through gradient hierarchical nanotwins. Nature Communications, 2014, 5: 3580-3587.

[23] Roland T, Retraint D, Lu K, et al. Fatigue life improvement through surface nanostructuring of stainless steel by means of surface mechanical attrition treatment. Scripta Materialia, 2006, 54（11）: 1949-1954.

[24] Huang H W, Wang Z B, Yong X P, et al. Enhancing torsion fatigue behaviour of a martensitic stainless steel by generating gradient nanograined layer via surface mechanical grinding treatment. Materials Science and Technology, 2013, 29（10）: 1200-1205.

[25] Wang Z B, Tao N R, Tong W P, et al. Diffusion of chromium in nanocrystalline iron

produced by means of surface mechanical attrition treatment. Acta Materialia, 2003, 51 (14): 4319-4329.

[26] Wang Z B, Lu K, Wilde G, et al. Interfacial diffusion in Cu with a gradient nanostructured surface layer. Acta Materialia, 2010, 58 (7): 2376-2386.

[27] Wang H L, Wang Z B, Lu K. Enhanced reactive diffusion of Zn in a nanostructured Fe produced by means of surface mechanical attrition treatment. Acta Materialia, 2012, 60 (4): 1762-1770.

[28] Tong W P, Tao N R, Wang Z B, et al. Nitriding iron at lower temperatures. Science, 2003, 299 (5607): 686-688.

[29] Wang Z B, Lu J, Lu K. Chromizing behaviors of a low carbon steel processed by means of surface mechanical attrition treatment. Acta Materialia, 2005, 53 (7): 2081-2089.

[30] Lu S D, Wang Z B, Lu K. Enhanced chromizing kinetics of tool steel by means of surface mechanical attrition treatment. Materials Science and Engineering A, 2010, 527 (4-5): 995-1002.

[31] Zhang H W, Wang L, Hei Z K, et al. Low-temperature plasma nitriding of AISI 304 stainless steel with nano-structured surface layer. Zeitschrift Fur Metallkunde, 2003, 94 (10): 1143-1147.

[32] Tong W P, Han Z, Wang L M, et al. Low-temperature nitriding of 38CrMoAl steel with a nanostructured surface layer induced by surface mechanical attrition treatment. Surface & Coatings Technology, 2008, 202 (20): 4957-4963.

[33] Si X, Lu B, Wang Z. Aluminizing low carbon steel at lower temperatures. Journal of Materials Science & Technology, 2009, 25 (4): 433-436.

[34] Guo S, Wang Z B, Wang L M, et al. Lower-temperature aluminizing behavior of a ferritic-martonsitic steel processed by means of surface mechanical attrition treatment. Surface & Coatings Technology, 2014, 258: 329-336.

[35] Sun H Q, Shi Y N, Zhang M X, et al. Surface alloying of an Mg alloy subjected to surface mechanical attrition treatment. Surface & Coatings Technology, 2008, 202 (16): 3947-3953.

[36] Chui P F, Sun K, Sun C, et al. Effect of surface nanocrystallization induced by fast multiple rotation rolling on hardness and corrosion behavior of 316L stainless steel. Applied Surface Science, 2011, 257 (15): 6787-6791.

[37] Raja K S, Namjoshi S A, Misra M. Improved corrosion resistance of Ni-22Cr-13Mo-4W alloy by surface nanocrystallization. Materials Letters, 2005, 59 (5): 570-574.

［38］Jelliti S，Richard C，Retraint D，et al. Effect of surface nanocrystallization on the corrosion behavior of Ti-6Al-4V titanium alloy. Surface & Coatings Technology，2013，224：82-87.

［39］Fu T，Zhou Z F，Zhou Y M，et al. Mechanical properties of DLC coating sputter deposited on surface nanocrystallized 304 stainless steel. Surface & Coatings Technology，2012，207（34）：555-564.

［40］付涛，王长鹏，侯斌，等. 表面纳米化对304不锈钢/CrN薄膜力学性能的影响. 中国表面工程，2010，23（5）：64-67.

［41］Lu K，Lu J. Surface nanocrystallization（SNC）of metallic materials-presentation of the concept behind a new approach. Journal of Materials Science & Technology，1999，15（3）：193-197.

［42］Lu K，Lu J. Nanostructured surface layer on metallic materials induced by surface mechanical attrition treatment. Materials Science and Engineering A，2004，375-377（1）：38-45.

［43］Li W L，Tao N R，Lu K. Fabrication of a gradient nano-micro-structured surface layer on bulk copper by means of a surface mechanical grinding treatment. Scripta Materialia，2008，59（5）：546-549.

第三章
高强铝合金

第一节　高强铝合金的发展历程

高强铝合金一般指含铜 2×××系（Al-Cu）、含锌 7×××系（Al-Zn-Mg-Cu）铝合金[1]。依据强度不同，7×××系铝合金也分为中强 7×××系铝合金（如 7020、7011、7051 等）和高强 7×××系铝合金（如 7050、7010、7075 等）[2]。迄今广泛应用于航空工业的铝合金主要涉及 2×××系和 7×××系铝合金，其他系列的铝合金，如 6×××系（Al-Mg-Si）、Al-Li 合金[3, 4]等，也有一定应用，但总体用量较少。在航天领域，除上述系列外，还包括 1×××系、3×××系、5×××系铝合金。铁路、公路与水上交通运输领域大量应用 6×××系、5×××系铝合金。

高强铝合金主要以航空工业需求为背景不断发展，铝合金满足了不同时代飞机和尖端装备的发展需求。随着飞机设计思想的不断创新，构件制造对铝合金提出了越来越高的要求，特别是现代飞机的轻量化、宽敞化、舒适化、长寿命、高可靠和低成本的发展需求，推动高强铝合金的发展[5]。按照铝合金的成分-工艺-组织-性能特征，可将航空铝合金的发展历程大体划分为五个阶段，即第一代高静强度铝合金，第二代高强耐蚀铝合金，第三代高强高韧耐蚀铝合金，第四代高强高韧耐蚀、高耐损伤铝合金，以及新一代高强高韧、低淬火敏感性、高综合性能铝合金。各阶段航空铝合金的特征性能、关键技术与特征微结构及典型合金如表 3-1 所示。

表 3-1　航空铝合金发展的特征性能、关键技术与特征微结构，以及典型合金

阶段时间	铝合金阶段	特征性能	关键技术与特征微结构	典型合金
第一代 20 世纪 30～ 50 年代	高静强度铝合金	高静强度	峰值时效。晶内弥散共格、半共格纳米析出相	2024-T3、2014-T6、7075-T6、7178-T6
		耐热		2618
第二代 20 世纪 50～ 60 年代	高强耐蚀铝合金	高强、耐蚀	过时效。晶界析出相不连续分布，铜进入晶界析出相	7075-T74/T76
第三代 20 世纪 70～ 80 年代	高强高韧耐蚀铝合金	高强、高韧、耐蚀	纯净化，过时效。减小杂质相数量与尺寸，过时效调控晶界相不连续分布	7475-T74、7050-T74、2519-T87
		高强、低密度	Al-Li 合金。锂降密度，含锂强化相	1420、2090、8090、2091
		耐热	快速凝固、喷射沉积。高温耐热相、复合增强相	8009/8109 铝基复合材料
第四代 20 世纪 90 年代	高强高韧耐蚀、高耐损伤铝合金	高强、高韧、耐蚀、高耐损伤	高合金化、三级时效。晶界不连续析出相及晶内高密度分布，无沉淀析出带窄 形变热处理；原子团簇、胞状组织	7150-T77、7055-T77、2524-T39
		高强、高韧、低密度	新型 Al-Li 合金。微合金化、新型含锂相	2095/2195、2098/2198
第五代 21 世纪至今	高强高韧、低淬火敏感性、高综合性能铝合金	高强、高韧、低淬火敏感性	新型铝合金、控制再结晶、控冷淬火。低能界面与晶界，多尺度微结构精细调控	7085-T76/T74、7081-T76/T74
		高耐损伤、低密度	新型 Al-Li 合金、热处理。析出相选择析出	2050、2060
		耐热	银微合金化。新型耐热相	2039/2139

20 世纪初至 50 年代末，铝合金沉淀硬化效应的发现和峰值时效技术产生了第一代高静强度铝合金。在此期间，德国学者 A. Wilm 首先发现 Al-Cu-Mg 系合金的沉淀硬化现象，即 Al-Cu-Mg 系合金通过淬火后形成的过饱和固溶体在随后的停放过程中会析出高密度 Al_2Cu（θ' 相）和 Al_2CuMg（S' 相），使合金的硬度获得大幅度提升[6, 7]，从而揭开了高强铝合金发展的序幕。1923 年 Sander 和 Meissner 又发现 Al-Zn-Mg 系合金通过淬火-人工时效热处理后，形成的主要强化相 $MgZn_2$（η' 相）比 Al-Cu-Mg 系合金中的 θ' 相、S' 相尺寸更小、分布更弥散，沉淀硬化效应更显著。图 3-1 显示了经典的 θ 相（Al_2Cu）演变的结构变化示意图。研究表明，在时效的初级阶段，析出孕育区（GP 区）仅仅是一层或两层原子的厚度，但是其密度高达 $10^{17}\sim10^{18}$ 个/cm^3，所以这种析出相能够为合金提供足够高的强度[2]。

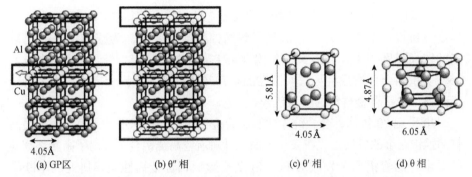

图 3-1 Al-Cu 二元合金中的 GP 区、θ″、θ′和 θ 相的结构示意图[2]
白球代表铜原子，灰球代表铝原子

此后，人们研发了人工峰值时效的 7075-T6 和 7178-T6 等高强铝合金材料。2024-T3、7075-T6、7178-T6 满足了飞机最初阶段以提高强度安全系数、减轻结构重量和提高航程为目标替代木材的静强度设计需求，一般将其作为第一代高强铝合金的典型代表[8]。成立于 1935 年的铝业协会（The Aluminum Association）于 1954 年建立铝合金牌号注册制度，2024、7075 等作为最早注册的铝合金牌号沿用至今[9]，已经广泛应用于航空航天、武器装备及高端装备制造领域。

值得指出的是，由于超声速飞机的发展，特别是军机的高速/高加速度性能的不断提升，耐热铝合金也一直在发展。代表性的合金是美国铝业公司 20 世纪 50 年代末期研发的 2618（Al-Cu-Mg-Fe-Ni 系）和 2219。后者在航天领域有大量应用，主要作为燃料储箱和火箭锻环[10]。2618 至今仍在军机上使用，也曾被欧洲协和式超声速客机大量采用，主要用于制造飞机的蒙皮、耐热结构件等，以满足协和式超声速客机 2Ma[①]以上高速飞行时气动加热环境的要求。但随着协和式超声速客机退出航空客运市场，世界各航空制造大国短期内尚无发展新一代超声速客机和运输机的计划，因此民机对 Al-Cu-X 系列耐热铝合金的需求有所减少，而超声速军机的制造与发展仍将对其有一定的需求量。

20 世纪 50～60 年代，基于过时效原理，使晶界相不连续析出的 T73、T76 效热处理技术促进了第二代高强耐蚀铝合金材料的发展。铝合金材料的疲劳和抗应力腐蚀失效引起的飞机失事促使飞机设计对高强铝合金提出了抗疲劳和耐腐蚀性能的要求。特别是 7×××系铝合金强度级别比 2×××系高，其抗应力腐蚀性能差的缺点更加突出。提高抗应力腐蚀性能的关键是在 7×××系铝合金中发明的过时效热处理技术，使晶界析出相不连续分布，通

---

① 1Ma=340m/s。

过降低强度提高抗应力腐蚀性能。合金状态为 T73，使得 7×××系铝合金除满足飞机设计静强度外，还满足了耐腐蚀性能的要求。为减小 T73 处理带来的较大强度损失，接着又研发出 T74/T76 热处理工艺[11]，更好地协调了7×××系铝合金的强度与耐腐蚀性能。7075-T74/T76 等铝合金材料成为第二代高强耐蚀铝合金材料的典型代表。

20 世纪 70 年代，合金纯净化和微合金化理论与技术推动了第三代高强高韧耐蚀铝合金的发展。飞机安全寿命设计对航空高强铝合金提出了高断裂韧性的要求。随着铝合金领域对 Fe、Si 杂质影响铝合金韧性规律研究的不断深入，60 年代末期，美国首先成功研制了低杂质含量的 7475。与 7075 相比，7475 的 Zn、Mg、Cu 主合金成分的含量差别很小，主要区别是大幅降低 Fe、Si 等杂质含量，使粗大初生相和过剩相数量减少、尺寸细化，具有高强度，同时也具有优异的断裂韧性。70 年代初期，随着对 Cr、Mn、Zr 等微合金化元素作用机制研究的不断深入，在美国海军和空军的支持下，美国铝业公司研制了低杂质含量并用 Zr 微合金化的 7050，欧洲也研制了成分和性能与之相当的7010[11]。这些高强铝合金基本上都采用了过时效热处理技术（如 T74、T76），具有高的强度、抗应力腐蚀性能和断裂韧性。特别值得指出的是，7050 的淬火敏感性低于 7075，7050-T74 板材的厚度提高到 150mm 时，其强度仍然可达 500MPa 左右，具有比 7075-T74 更低的淬火敏感性。

经典的 2024 也通过降低 Fe、Si 杂质的含量提高了合金纯度和冶金质量，发展了系列改进牌号，如 2124、2224、2324 等。合金纯净化和微合金化理论与技术推动了第三代高强高韧耐蚀铝合金的发展。

20 世纪 80 年代中期，2219 通过调整 Fe、Si 杂质总量与 Fe/Si 含量比，发展形成 2519，2219 和 2519 用作超声速飞机的多种构件、紧固件和蒙皮的制造，2519 还广泛用作两栖突击车的装甲[12]。

20 世纪 70 年代末～80 年代末，能源危机促使飞机设计向强烈减重方向发展，要求武器装备增加射程和提高有效载荷。高比强度和高比模量材料的需求推动了 Al-Li 合金的研制和应用[13]。Al-Li 合金因其密度低、比模量高等优点，引起了材料工作者极大的兴趣。随着 Al-Li 合金熔炼和铸造技术的发展，国外发展了实现工程应用的 Al-Li 合金。欧美国家和地区研发的是 Al-Li-Cu 系合金，如 2090、2091、8090、8091 等[14-16]，苏联开发了密度更低的Al-Li-Mg 系合金，如 1420、1421 等[17]。1420 和 1421 在苏联军机和航天器上得到了较广泛的应用[18]。

20 世纪 80 年代末～90 年代末，铝合金成分高合金化与优化设计及组织精确调控技术的发展推动了第四代高强高韧耐蚀、高耐损伤铝合金材料的研发。发展新一代大型飞机提出了更高的安全性要求，飞机的损伤容限设计设有"破损-安全"结构要求，对飞机主体结构破损后的剩余强度及从初始裂纹到临界裂纹扩展的寿命提出了明确要求，因而对铝合金材料的疲劳裂纹扩展速率及断裂韧性、抗应力腐蚀性能等提出了更高的综合要求。新型铝合金材料研发遇到的首要难题就是强度与断裂韧性、耐蚀性和疲劳裂纹扩展速率间的矛盾。虽然 70 年代后期，美国铝业公司联合波音公司研制了 7050 的改型合金 7150，但直到 80 年代，美国铝业公司才成功研制了 7150-T77 材料的三级时效精密热处理技术，第一次实现在不牺牲合金强度的同时满足断裂韧性、抗腐蚀性能和抗疲劳性能要求的目标，因此 7150-T77 材料获得了广泛应用[3, 19]。随后发展的 7055-T77 的强度比 7150-T77 更高（约 30MPa），而韧性、耐蚀性能相当，是目前使用的强度最高的航空铝合金材料[20]。与美国铝业公司研发的 7055 同期发展且性能相近的，还有法国铝业公司的 7449 等[21]。针对飞机蒙皮的高耐损伤性能要求，美国铝业公司通过进一步降低 Fe、Si 等杂质含量，添加微合金化元素，优化主合金成分及采用先进的热处理制度等技术途径，成功研制了高耐损伤的 2524-T3 材料[22]。超强高韧耐蚀的 7055-T77 和高耐损伤的 2524-T39 成功应用于 B777 的上翼壁板和机身蒙皮，被视为第四代高强高韧耐蚀、高耐损伤铝合金的典型代表。

铝合金的微合金化在 20 世纪 90 年代以后引起了人们的极大兴趣。微合金化元素也突破 Cr、Mn、Ti、Zr 的范围，向其他元素（Sc、Er、Ag 等）扩展[23-31]。在 20 世纪 90 年代中期，由于 Ag 在 2××× 系铝合金中微合金化形成新的原子团簇或新相作用机制和效应的发现，成功研制了原型合金 C415、C417[23, 24]。该系含 Ag 合金具有良好的塑性、韧性和耐热性能，可在 200℃ 高温下长期使用。含有 0.15wt.%～0.6wt.% 的 Ag、厚度达 152mm 的高损伤容限 2139-T8× 板材性能优于 2×24-T3×，在超声速军机上得到了应用[30, 31]。

随着对 Zr、Sc 在铝合金中微合金化作用机理研究的不断深入，俄罗斯和美国都开发了一系列的含 Zr、Sc 的 2×××系、7×××系，以及 5×××系铝合金[32]，并在战机、舰载机及航天器上得到广泛应用。

同时期，随着 Al-Li-Cu 系合金的研究和微合金化技术的发展，美国、俄罗斯等国开展了新一轮 Al-Li 合金的研究。俄罗斯主要开发了 1460，美国主要开发了 Weldlite 系列合金和 2097、2197、2195 等[33, 34]。2097-T861 合金已在 F-16 飞机的后机身隔框、中机身大梁上应用[21]。2198-T8×合金具有高强、高损伤容限及高热稳定性，以及良好的成形和焊接性能[35]。21 世纪初，美国研发了 2098、2198、2099 和 2199 等新一代 Al-Li 合金。

进入 21 世纪以来，大规格高性能铝合金材料的强烈需求牵引，铝合金成分与多相组织对性能影响机制与材料制备过程多物理场调控方法等研究不断深入的有力推动，促使新一代高强、高韧、低淬火敏感性、高综合性能铝合金的产生与发展。

飞机的先进性、经济性和舒适性设计，以及航空公司面临的环保和降低飞机运行成本等方面的压力，使得飞机减重和提高燃油效率成为航空工业十分紧迫的课题。除降低合金的密度外，构件设计减重也是实现飞机减重增效的一种有效方法。构件整体化、大型化可免去大量传统的铆接，既实现了结构减重，又提高了可靠性。构件整体制造对铝合金材料的规格/截面厚度、综合性能及均匀性都提出了更高需求[4]。

制备大规格厚截面性能均匀的铝合金材料遇到的首要难题是高强铝合金的淬火敏感性随强度升高而增加。以 7050 的成分-强度-淬火敏感性为参照，通过降低 Cu、Mg 含量，提高 Zn 含量，发展先进的喷淋淬火等可控快冷技术，建立析出相（η）的热力学参数和析出动力学行为，发展了 7040、7085、7140、7081 等新一代高强、高韧、低淬火敏感性、高综合性能铝合金[36-39]。如图 3-2 所示，与此前应用的 7075、7050 等铝合金相比，7085 的淬火敏感性明显降低。与美国铝业公司 7085 同期发展且性能相近的，还有法国铝业公司的 7140、德国爱励铝业公司的 7081 等。

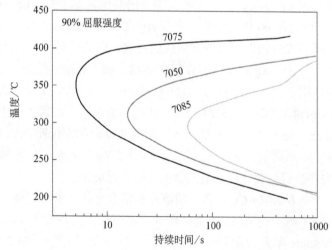

图 3-2   几种 7×××系铝合金淬火敏感性比较[37]

　　在提高 2524 材料的耐损伤性能的基础上，针对其强度偏低的问题，通过 Cu、Mg 主成分优化设计和降低 Fe、Si、Ti 杂质含量，美国铝业公司和法国铝业公司又相继研发出了具有高强高损伤容限特性的 2026、2027。其挤压件（12～82mm 厚）和板材（12～55mm 厚）较 2024 的性能分别提高 20%～25% 和 10%。

　　为了满足大型飞机的机身蒙皮、机翼壁板（蒙皮）的先进焊接（如激光焊接、搅拌摩擦焊接）和蠕变时效成形制造要求，法国铝业公司研发了 Al-Mg-Si 系的 6056/6156、2022、2023 等铝合金[9]。

　　随着复合材料性能的不断提升，其在航空航天结构上的应用已从次要承力件向主承力件扩展，如 B787、A350 最新型飞机都大量使用了复合材料。这给航空铝合金的发展带来了前所未有的竞争态势。设法降低高强铝合金密度，提高比强度、比模量再次成为铝合金研发的重要方向。21 世纪初，美国铝业公司-波音公司提出了《航空 20/20 创议》，欧盟也启动了机身整体制造计划。这些研发计划提出将铝合金成分设计、材料制备与大规格构件制造流程相结合，开展材料/结构的一体化创新研发，以实现飞机结构减重 20%、效率提高 20% 的目标。因此，高强铝合金出现了宛如百花争艳的发展局面。最近研发的低锂含量 Al-Cu-Li 合金 2050、2060 体现了新一代高强铝合金降低密度的发展趋势。厚至 152mm 的 2050-T851 板材的性能不仅优于 7050-T7451，而且密度更低，强度、韧性、疲劳裂纹扩展抗力及耐热性提高，替代 7050 可减重 5%[40]。

　　回顾高强铝合金的发展历程可知，飞机和航天器的结构设计与高强铝合金的发展相互促进，既提升了高强铝合金的基础与应用研究水平，又提高了装备的结构效率、寿命和可靠性。

第二节　高强铝合金材料的研究热点与发展趋势

　　一代材料一代装备，现代铝合金材料正朝着高综合性能、低密度、大规格、高均匀性和材料/结构一体化方向发展，为航空航天、交通运输和高端装备的高性能制造提供支撑。大规格高综合性能铝合金材料是现代航空航天、交通运输轻量化发展的基础材料，也是高强铝合金材料科学与工程研究的热点。

　　如上所述，新型高强铝合金的研发及现有材料性能的提升都与铝合金成分的创新相关。但是，当成分确定后，高综合性能的特征微结构需经过复杂的制备工艺流程才能最终获得，其间冶金遗传效应显著，各个制备环节均会影响微结构的形成和演变，从而最终决定材料的综合性能及其均匀性。高强铝合金材料的重要特征微结构可概括为：在铝基体上弥散分布着凝固形成的微米结晶相、高温沉淀析出的亚微米或纳米弥散相、时效析出的纳米亚稳相。基体组织可概括为固溶体、晶粒、亚晶粒、晶界/亚晶界、胞状结构、织构、无沉淀析出带、空位与位错等。多尺度的第二相和复杂结构的基体决定了铝合金的性能（图 3-3）[41-43]。值得注意的是，除第二相、晶粒等组织结构外，铝合金材料宏/微观织构也是研究人员关注的因素[44-47]。

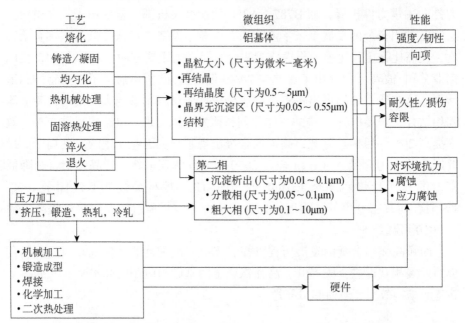

图 3-3　超/高强铝合金材料的工艺-微结构-性能关系[43]

粗大初生相主导合金的断裂。微米初生相（尺寸为 0.5～10μm）由铝熔体凝固结晶时首先在熔体中形成，但在加工过程中不能消除。非平衡结晶相由熔体非平衡凝固结晶时形成，主合金元素（Zn、Mg、Cu）没有完全进入铝基固溶体，以铝化物或共晶相形式存在于凝固组织中[47-49]。非平衡结晶相经均匀化-形变-固溶处理，可逐渐溶入铝基体中，剩余部分成为残余结晶相。铝熔体中 Fe、Si 杂质元素可与铝和其他合金元素形成多种不溶初生相、难溶非平衡结晶相，其相界面上易形成空位、孔洞和裂纹，降低材料的塑性、韧性和疲劳性能。但合适的 Fe、Si 含量及其比例也可提高材料的韧性与疲劳性能。

弥散相抑制基体再结晶从而主导了基体组织，包括晶界/亚晶界，对材料韧性、抗应力腐蚀性能产生协同效应[50-54]。弥散相是铝合金中微量过渡元素或稀土元素在铸锭过程中先固溶于铝基体，经均匀化热处理析出的亚微米或纳米铝化物第二相（尺寸为 10～200nm）。如图 3-4 所示，Al-Zn-Mg-Cu 合金引入 Zr、Cr、Yb 多元微合金化元素后（单个添加或复合添加），形成共格或非共格的高熔点铝化物。这些高熔点铝化物不但能有效钉扎位错并形成弯曲的亚晶界，而且可以改善合金的淬火敏感性。因此，该类相可主导材料的韧性、耐蚀性能和疲劳性能。

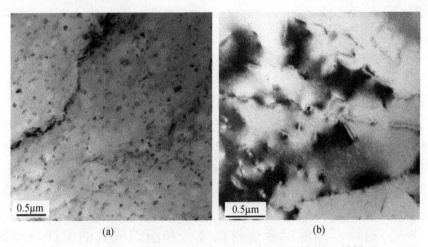

(a)　　　　　　　　　　(b)

图 3-4　Al-Zn-Mg-Cu-0.16Zr-0.2Cr-0.3Yb 合金中位错的运动被钉扎
并形成了弯曲的亚晶界[50]

晶内时效析出相（尺寸约为 10nm）主导合金的强韧化，晶界时效析出相主导合金的局部（应力）腐蚀开裂。纳米时效亚稳相是合金固溶淬火后经时效处理沉淀析出形成的第二相，随时效温度提高和时间延长，析出相形态、结构及成分发生复杂变化。随着时效析出亚稳相数量增多，铝合金强度提高，但时效析出相相应在晶界进一步富集成链状，晶界断裂成为断裂的主导因素，合金的断裂韧性和耐蚀性（应力腐蚀抗力）降低。调控晶内、晶界时效析出状态，可在强度、韧性和抗应力腐蚀性能方面找到最佳点[55-59]。

铝合金材料塑性加工的变形温度、变形程度和变形速度决定了基体组织的微结构特征、织构和形变储能，以及材料的固溶热处理的具体工艺参数。

热加工过程中要使合金产生均匀塑性变形，一般要防止发生动态再结晶，合金固溶处理时也应尽量避免发生再结晶。研究发现，对高强 7××× 系铝合金采用逐级升温固溶[47, 60]、形变热处理等方法，既有利于抑制再结晶，又能促进 S 相（Al_2CuMg）溶解，从而提高强度、韧性、耐蚀性（图 3-5），同时降低淬火敏感性。

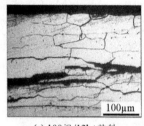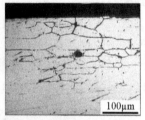

(a) 100℃/12h+热轧　　　(b) 200℃/12h+热轧　　　(c) 300℃/12h+热轧

图 3-5　形变热处理制度对合金抗剥落腐蚀性能的影响[61]

大规格高性能铝合金材料制备面临挑战，需要发展系列制备技术，以达到组织细化、均匀化、亚稳化及高综合性能化的目标。近几年，重点发展了大锭坯的高洁净化熔炼与均质铸造技术、大规格材料的均匀强流变加工技术，以及均匀组织的热处理精细调控技术。此外，为了减少或避免在制造过程中产生性能和材料损失，设法发展材料/构件一体化成形/成性多种制备加工技术，使材料制备与构件制造两者融合，已形成了重要的发展趋势。

一、高综合性能铝合金材料成分和组织模式的设计与制备

相图与第一性原理等材料计算软件（如 Thermo-Calc、NAMD、Materials Studio 等）的推广使用，加上现代微结构与性能测试技术的进步，为研究主合金成分元素总量及其配比、微合金化元素的作用规律提供了方便。在理论计算结果指导下开展铝合金主成分与微合金化成分的创新设计，将淘汰传统"炒菜式"的合金设计方法。不断完善铝合金微结构-性能理论与表征方法[45, 62]，发展特征微结构-性能关联新原理与表征方法[63, 64]，以探求材料高强度、高韧性、高模量、高耐腐蚀、高抗疲劳、高耐损伤、高耐热等性能的特征微结构模式已成为铝合金研究的方向。将铸造、塑性加工及热处理过程中微观组织与内应力演化仿真模拟[65-67]、成形有限元模拟与装备适应[68-70]，以及性能评价系统相结合，有力地促进了多

尺度微结构精细调控新原理与新技术的发展。总之，将理论计算、模拟和试验相结合，新牌号的研发、性能的提升与应用所需时间可大大缩短，效率大幅提高。

（一）高合金化 7××× 系铝合金

在发挥该系合金高强特性的基础上，探索成分、析出相对强韧性和淬透性协同的作用规律与机制[71-75]。如图 3-6 所示，通过改变 Al-8Zn-xMg-1.6Cu 合金的镁含量（1# 为 1.0wt.%，2# 为 1.4wt.%，3# 为 2.0wt.%），可以调控合金的硬度与淬火敏感性[72]。

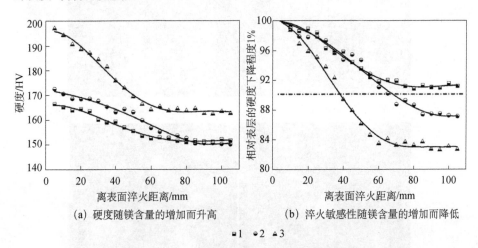

(a) 硬度随镁含量的增加而升高   (b) 淬火敏感性随镁含量的增加而降低

■ 1   ● 2   ▲ 3

图 3-6 Al-8Zn-xMg-1.6Cu 合金镁含量-硬度-淬火敏感性的关系[72]

而通过调整添加微量元素 Cr、Mn、Ti、Zr、Sc 等在高强 7××× 系铝合金中的含量和种类，能够有效改善合金的晶粒结构、韧性和抗应力腐蚀性能，以及淬火敏感性。例如，以 Zr 为微量添加元素的合金（如 7050、7055 和 7085 等）比以 Cr、Mn 为微量添加元素的合金（如 7075 和 7049 等）具有更好的抗应力腐蚀性能[73-75]。更重要的是，含 Zr 的高强铝合金具有较低的淬火敏感性，所以这类合金能广泛应用于大规格构件的承力件。研究表明，含 Cr 和 Mn 的弥散粒子相界面和基体不共格，从而使得淬火析出相能够优先在这种粒子的相界面上析出[76-78]。而含 Zr 的弥散粒子（Al$_3$Zr 弥散粒子）则具有与基体共格的界面，大幅降低了淬火过程中平衡相在 Al$_3$Zr 弥散粒子界面上的析出可能性。也有研究表明，部分 Al$_3$Zr 弥散粒子也能诱导淬火过程中平衡相的析出。这是由于，在再结晶发生的过程中，晶界的迁移会导致

Al_3Zr 弥散粒子发生共格-不共格转变（图 3-7）[79]。不共格的 Al_3Zr 弥散粒子相界面则会诱导淬火析出相的析出，合金则变得具有淬火敏感性。因此，淬火敏感性的控制可以转换成弥散粒子种类或再结晶分数的控制。

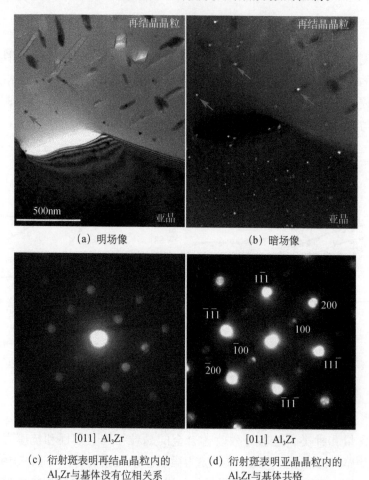

(a) 明场像　　　　　　　　　(b) 暗场像

[011] Al_3Zr　　　　　　　　[011] Al_3Zr

(c) 衍射斑表明再结晶晶粒内的　(d) 衍射斑表明亚晶晶粒内的
　　 Al_3Zr 与基体没有位相关系　　　 Al_3Zr 与基体共格

图 3-7　Al_3Zr 弥散粒子在再结晶过程中发生共格-不共格转变从而诱导淬火析出相的析出[79]

综上所述，为了寻求均匀的微观组织，宜采用强应变加工、分级固溶与淬火、多级时效、积分时效热处理等技术[80-83]；还可提高强度、韧性、耐蚀、抗疲劳等本征性能，以及淬透性、深冲性和可焊性等工艺性能。

（二）2×××系铝合金

在现有合金强韧性与抗疲劳特性的基础上，一方面需要不断揭示合金成分及析出相种类对强韧性的作用规律与机理，如图 3-8 所示，当 Cu/Mg 质量比达到 4.9 时，可同时析出 S 相和 ω 相，有利于提高韧性；另一方面通过降低与优化杂质含量，控制塑性变形和再结晶，发展新的热机械处理技术，提升该类合金材料的强韧性和耐损伤性能[84-94]。

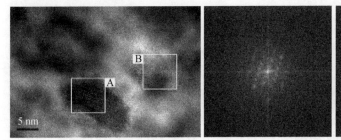 

(a) HRTEM照片（B=<100>AL）　　(b) 区域A的FFT（S相）　　(c) 区域B的FFT（ω相）

图 3-8　Al-3.48Cu-0.71Mg 合金中析出相的 S 相与 ω 相[84]

HRTEM 指高分辨率透射显微镜（high resolution transmission electron microscope）；

FFT 指快速傅里叶变换（fast Fourier transform）

对具有高强、高韧、耐蚀、可焊等高综合性能的 2519 的成分进行优化设计后得到 2519A[95-100]，经采用热机械处理、间断二次时效等技术，细化了第二相，提高了时效析出相的分布密度（图 3-9），大幅度提高了合金的力学性能与抗弹性能[46, 48, 49, 97, 98, 100-104]。

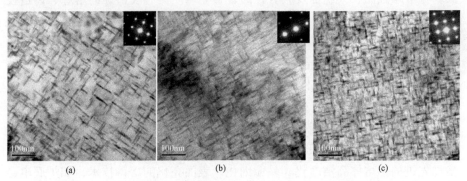

(a)　　　　　　　　　　(b)　　　　　　　　　　(c)

图 3-9　不同工艺处理后的 2519A 析出相分布情况[102]

（三）Al-Li 合金

在评估该系列合金的密度-比模量-比强度-各向异性-协调性的基础上，进一步优化 Li、Cu 含量，同时发展高洁净度大规格材料真空熔铸、控制轧制塑性变形技术[35]，以提高韧性、耐蚀性、耐损伤性能和超塑性成形性能，并降低材料的各向异性。除用 Li 元素合金化降低密度外，人们还研究了 Al-Mg-Sc 合金[9]，但该类合金还没有作为航空材料的公开报道。

二、大规格/厚截面铝合金材料的均质制备

合金组织的非均匀性短板效应是大规格/厚截面材料设计与制备的难点和关键。高强铝合金材料尺寸规格大、合金化元素含量高，组织与性能的宏/细观不均匀性往往显著。凝固、加工、热处理中流场、温度场、应力场的不均匀作用，往往会造成大规格铸锭成分的宏观不均匀性及非平衡结晶相和杂质相等组织的细观不均匀性；厚截面材料形变与再结晶组织的宏/细观不均匀性；热处理组织与残余应力的宏/细观不均匀性。在合金成分与组织引发的材料本征特性和制备环境引发的多场分布不均匀性两个方面的机理，近些年来，研发了宏/细观组织均匀化的熔铸、塑性加工、热处理等关键制备技术。

（一）高合金化大铸锭的高洁净化熔炼与均质铸造

大规格/厚截面高性能铝材需要首先能稳定地生产出高质量大铸锭。航空工业所需超高强度铝合金由于合金化程度高，结晶范围宽，氧化、吸气严重，易含气夹杂，成分宏/细观分布均匀性难控制；铸造时极易开裂，成品率低。宽型厚截面、大扁锭及大直径高合金化均质无裂纹铸锭的熔炼、铸造技术一直是世界铝加工界设法要解决的热点问题。

高洁净化熔体是制备高质量铸锭的前提条件。铸锭中杂质与氢气含量越少、洁净度越高越好，航空铝合金铸锭的氢气、杂质含量都有相应的标准。减少铸锭热裂和冷裂是制备大规格铸锭的关键。航空厂与铝加工厂针对 7×××系、2×××系大锭成品率都有相应的指标要求，以保证材料质量稳定性。

为此，人们对大锭凝固理论与过程进行了比较深入的研究，如熔体的凝固规律，铸锭的显微组织、表面特性、应力应变分布和变形规律等；发展了多种先进的铝熔体高洁净化、晶粒细化、表面亮化的熔铸技术，如炉底电磁搅拌、多级气渣杂联除、变温熔铸、电磁-超声复合外场铸造、油气混合润滑铸造、微震铸造、矮结晶器铸造等技术。

（二）大规格坯锭的均匀流变塑性加工

我国先后已建设了大规格材料加工的大型装备，并研发了一些大规格合金材料的塑性加工工艺。针对 600～850mm 开口度、4000mm 宽以上的轧

机，10 000～12 000t 预拉伸机，12 500t 挤压机，40 000～80 000t 锻压机，不仅要保证板材、型材、锻件的几何尺寸精度与表面质量，而且要使塑性变形深入、均匀，控制材料的动态回复与动态再结晶并得到预期的微观组织结构与性能。为此，产学研用结合，针对不同合金和规格的产品开展了铝合金超厚板、中厚板的锻轧、角轧、非对称轧制，型材等温挤压，模锻件等温锻造等塑性加工技术的研究。

铝合金厚板高向性能低是国际铝加工界一直设法要解决的难题。非对称内剪切轧制是一条值得研究的技术途径[105]。德国科布伦茨铝业公司研发的蛇形轧制技术不同于平辊轧制与传统非对称轧制，能使厚板内、外层同时经受剪切变形，消除厚板中间层因变形不能深入而留下的组织，可大幅提高厚板高向组织与性能的均匀性。此外，经蛇形轧制产生的剪切组织、织构组态将会引起板材强韧性、耐蚀性、抗疲劳、耐损伤及成形加工性能的变化[106]。该技术正在研发中。

（三）大规格/厚截面材料组织性能均匀性的热处理调控

该类铝合金材料热处理主要包括均匀化、固溶淬火及时效。均匀化处理不仅需要溶解沿厚向差别大的非平衡结晶相，而且需要调控 Cr、Mn、Ti、Zr 等微合金化元素的高熔点弥散相的均匀析出，以获得最佳的控制再结晶的组织。固溶处理要高温溶解已析出的溶质原子，消除过剩相或加工过程中产生的第二相。为此，研发了分（多）级均匀化与固溶技术[107-109]。研究发现，7×××系铝合金铸锭均匀化处理的冷却速率不仅影响其变形行为和固溶处理后的再结晶分数（图 3-10），而且最终影响成品的强度和伸长率[109]。

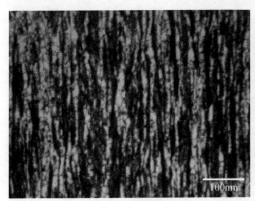 

(a) 水淬至室温　　　　　　　　　(b) 炉冷至室温

图 3-10　均匀化后冷却速率对 7050 板材再结晶的影响[109]

淬火过程中，由于厚板中心层晶界、相界上的平衡相非均匀析出，合金在时效过程中无法提供足够的强化相，整体构件性能下降，产生短板效应；淬火残余应力大，且分布不均匀，即使采用预拉伸仍难消除残余应力及其不均匀分布[110]。宽幅薄板淬火后往往板型差、翘曲，大型挤压型材淬火后扭曲变形、性能不均匀，超长中空型材立式淬火上、下性能不均匀。因此，研究中厚板辊底固溶淬火-预拉伸、薄板气垫炉固溶-淬火、中空型材卧式连续淬火、锻件预压缩、薄板辊矫的板型控制与残余应力消减技术已成为高端铝材制备的热点[70, 108, 111-127]。

时效是决定最终性能的关键工序，在提高材料综合性能方面已研发了一系列的时效技术。美国铝业公司研发的 T77 回归再时效技术的温度-时间关系示意如图 3-11 所示，在调控铝合金的强度、韧性与耐蚀性方面取得了很大成功。如图 3-12 所示，通过回归再时效处理，在提高韧性与耐蚀性的同时，铝合金的强度甚至可以高于 T6 态材料[128]。但该技术时效温度窗口窄，难以解决多级时效过程中厚截面材料宏/细观组织性能不均匀的难题。因此，研发了集温度、时间、外场等多因素产生累积效应的多种中厚板时效热处理技术，如积分时效、高温预析出、多次时效处理等[67, 83, 129]。如图 3-13 所示，这些技术的共同点是，在大规格材料中使晶界相非连续析出、晶内相高密度析出，减小无沉淀析出区的宽度，以保证综合性能的均匀性。

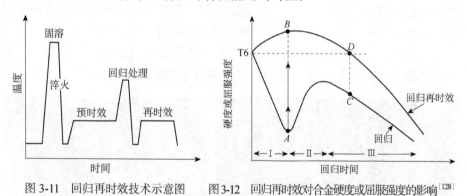

图 3-11　回归再时效技术示意图　　图 3-12　回归再时效对合金硬度或屈服强度的影响[128]

三、材料/构件成形/成性一体化制备加工

采用大规格铝合金材料制造整体构件，实现减重增效、材料利用率大幅度提高的目标，材料与构件制造技术的融合趋势十分明显。整体大构件的制造过

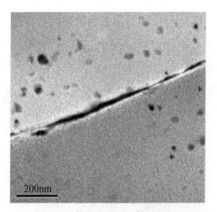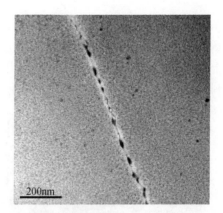

(a) 450℃/30min+480℃/30min　　　(b) 450℃/30min+480℃/30min+400℃/30min

图 3-13　高温预析出使 7A55 产生晶界不连续相分布[129]

程十分复杂,容易使材料消耗大,其性能在制造过程中损失大,为此,发展了材料/构件成形/成性一体化制备技术,如框梁主承力结构件局部选择性增强、整体壁板构件蠕变时效成形[130, 131]、超塑性成形与固态扩散连接[132-134]、激光焊接[135, 136]、搅拌摩擦焊接[137, 138]等大规格构件制造技术。

目前世界上最大的客机 A380 的机翼壁板(图 3-14)整体上采用超强 7055 厚板,先在平面状态下铣削出加强筋,然后用蠕变时效成形技术实现最终的成形/成性,长达 33m,最宽处达 2.8m,厚度在 3～28mm 内变化,内部加强筋条结构复杂。该结构极大地提高了机身的可靠性、耐久性、耐损伤容限和承载能力,使飞机服役年限提高到 40～50 年[139]。

图 3-14　A380 的机翼壁板[139]

然而,现代飞机大量使用的具有空气动力学曲率要求的 2××× 系合金壁板、蒙皮却还没有应用蠕变时效成形技术的报道。其中一个重要原因是 2×××

系合金在蠕变时效成形过程中会出现析出相应力位向效应[140]，如图 3-15 所示。Al-4Cu 合金在应力时效时，会出现 θ 相在平行于晶体有效压应力的方向上不析出，而在垂直方向上大量析出的现象。析出相应力位向效应会造成材料性能下降，制约了蠕变时效成形在高性能 2×××系合金构件上的应用。

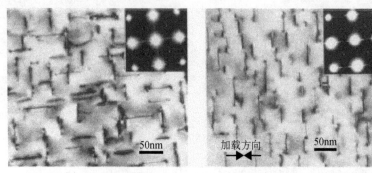

(a) 201℃/4h 时效   (b) 应力时效（201℃/4h/40MPa）

图 3-15　应力时效对 Al-4Cu 晶内析出相的影响[140]

第三节　我国高强铝合金材料的发展与应用概况

　　我国高强铝合金的研发主要受国内航空航天工程发展的牵引作用和国外高强铝合金相关技术发展的推动作用，其 60 多年的发展也大致经历了五个阶段，并与国际差距逐渐缩小，如表 3-2 所示。我国研制和生产的铝合金材料支撑了不同时代的各种类型战机、导弹、卫星、飞船等装备的研制与批产，在高强铝合金材料研发生产方面积累了丰富的生产技术与工艺，为保障国家安全做出了贡献。随着大飞机、载人航天、登月、高铁等重大工程的启动，通过从国外引进与消化吸收，并结合国内制造，基本上建成了具有国际先进水平的高强铝合金材料生产的装备和加工基地。

表 3-2　我国高强铝合金材料的发展与应用概况

阶段	需求	年代	技术推动	典型合金及应用
第一代	静强度	20 世纪 50～70 年代（国外为 20 世纪 30～50 年代）	峰值时效	7A04（LC4）、2A12（LY12）、2014（D10），应用于战机、导弹和卫星
第二代	抗应力腐蚀	20 世纪 70～80 年代（国外为 20 世纪 50～60 年代）	过时效	7A09-T73、T74（7075-T73、T74）（LC9）、2219（LY16），广泛应用于战机、飞船、导弹和卫星

续表

阶段	需求	年代	技术推动	典型合金及应用
第三代	高韧性、抗应力腐蚀	20世纪80年代～21世纪（国外为20世纪70～80年代）	高纯化、低密度化、双级时效	7475、2124、2324、7050，战机研制与批产需求
				7B04、2D70、2D12、2B06和5A90（Al-Li），战机批产需求
第四代	超强、耐蚀、耐损伤	2000年至今（国外为20世纪90年代）	多级热处理、锂强化、轻量化	7A55、2A97、2E12，预研，战机研制需求
第五代	高淬透、综合性能	2005年至今（国外为21世纪至今）	高合金化、控制再结晶、均质制备	7A50、7B50，飞机改型与大飞机研制需求 7A85、7B85，预研，大飞机研制需求

但是，我国铝材研发的总体基础比较薄弱。我国自行研发的铝合金牌号极少，规格非常有限。大飞机设计所需要生产的铝合金材料产品的品质有待稳定，需逐步取得适航认证，并建立自己的航空标准。

几十年来，我国在铝合金材料的研究和开发方面取得了很大的进展，具备了与国际相当的第一代、第二代、第三代铝合金及其批量生产的能力，研发了LC4、LC9、LY12、2A12、2A16、7A04、7B04、7A50、7B50等系列铝合金，建立了我国的铝合金成分与热处理状态的标准与规范，保障了我国各阶段国民经济建设，尤其是航空工业所需的铝合金材料。

大飞机工程所需高性能大规格第三代、第四代铝合金材料及新一代高强、高韧、低淬火敏感性、高综合性能铝合金材料的研制与生产通过组织多部门联合攻关，并取得了很大进展，正逐步实现国产化。

第四节 我国发展高强铝合金材料的建议

大规格高综合性能铝合金材料是我国国民经济和国防工业发展所需的一种关键结构材料，其发展需遵循材料自身的发展规律，并结合国家工程需求目标，确定其发展方向。我国缺乏专门从事铝合金材料的研究机构，需要进一步加强产学研用合作模式。研究工作需要突破跟踪仿制模式，要处理好解决现实问题与创新发展的辩证关系。

一方面需要加强大规格高性能材料及其生产的工艺技术与机理研究，确保产品品质的一致性、稳定性能够满足国家工程的要求及大飞机的适航认证的要求；另一方面要重视新一代铝合金的前沿性、基础性的研究工作。最近的研究发现，在 Al-Zn-Mg-Cu 合金淬火过程中，会析出一种类似 T_1（Al_2CuLi）的强化相[141]，这为开展低淬火敏感性铝合金的创新设计与材料研发提供了新信息。总之，在对国际上的高/超铝合金材料的发展、知识产权情况深入分析的前提下，我们应该明确目标，集中力量抢占未来发展的若干基础与应用研究的制高点。我们深信，不久的将来，我国不仅是普通铝合金材料生产的大国，而且是高端铝合金材料研发与生产的强国。

参 考 文 献

［1］蒙多尔福 L F. 铝合金的组织与性能. 王祝堂，张振录，郑璇，译. 北京：冶金工业出版社，1988.

［2］Polmear I J. Light Alloys: From Traditional Alloys to Nanocrystals. 4th ed. Oxford: Butterworth-Heinemann, 2006.

［3］Immarigeon J P, Holt R T, Koul A K, et al. Lightweight materials for aircraft applications. Materials Characterization, 1995, 35（1）: 41-67.

［4］Rioja R J, Liu J. The evolution of Al-Li base products for aerospace and space applications. Metallurgical and Materials Transactions A, 2012, 43（9）: 3325-3337.

［5］Heinz A, Haszler A, Keidel C, et al. Recent development in aluminium alloys for aerospace applications. Materials Science and Engineering A, 2000, 280（1）: 102-107.

［6］Richards J W. The light aluminum alloys. Journal of the Franklin Institute, 1904, 157（5）: 394-395.

［7］杨守杰，戴圣龙. 航空铝合金的发展回顾与展望. 材料导报，2005，19（2）: 76-80.

［8］肖亚庆. 铝加工技术手册. 北京：冶金工业出版社，2005.

［9］Aluminum Association. International AlloyDesignations and Chemical Composition Limits for Wrought Aluminum and Wrought Aluminum Alloys. Arlington, Virginia: The Aluminum Association, 2006.

［10］姚君山，蔡益飞，李程刚. 运载火箭箭体结构制造技术发展与应用. 航空制造技术，2007，10: 36-42.

［11］Starke Jr E A, Staley J T. On the effect of stress on nucleation and growth of precipitates in an Al-Cu-Mg-Ag alloy. Progress in Aerospace Sciences, 1996, 32（2-3）: 131-172.

［12］Fisher J J, Kramer L S, Pickens J R. Aluminum alloy 2519 in military vehicles.

Advanced Materials and Processes, 2002, 160（9）: 43-46.

［13］Rioja R J. Fabrication methods to manufacture isotropic Al-Li alloys and products for space and aerospace applications. Materilas Science and Engineering A, 1998, 257（1）: 100-107.

［14］Peel C J, Evans B, Mcdarmaid D. Current Status of Lightweight Lithium Containing Aluminum Alloys. London: Institute of Metals, 1986.

［15］Bretz P E, Sawtell R R. Aluminum-lithium Alloys: Progress, Products and Properties. London: Institute of Metals, 1986.

［16］Meyer P, Dubost B. Production of Aluminum-lithium Alloys with High Specific Properties. London: Institute of Metals, 1986.

［17］Fridlyander I N, Sandler V S. Alloy 1420 of the system Al-Mg-Li. Metal Science and Heat Treatment, 1988, 30（8）: 36-38.

［18］Friedlander I N, Bratukhin A G, Davydov V A. Soviet Al-Li Alloys of Aerospace Applications. Garmisch-Partenkirchen: DMG Verlag, 1992.

［19］AMS4252A-1989, Aluminum Alloy, Plate 6.4Zn-2.4Mg-2.2Cu-0.12Zr（T7150-T7751）Solution heat treated, Stress Relieved and Overaged.

［20］AMS4206A-1999, Aluminum Alloy, Plate（T7055-T7751）8.0Zn-2.3Cu-2.0Mg-0.16Zr Solution heat treated, Stress Relieved and Overaged.

［21］Williams J C, Starke Jr E A. Progress in structural materials for aerospace systems. Acta Materialia, 2003, 51（19）: 5775-5799.

［22］AMS4296B-2012, Aluminum Alloy, Alclad Sheet And Plate 4.3Cu-1.4Mg-0.60Mn（Alclad 2524-T3）Solution Heat Treated and Cold Worked.

［23］Shi Y J, Pan Q L, Li M J, et al. Effect of Sc and Zr additions on corrosion behaviour of Al-Zn-Mg-Cu alloys. Journal of Alloys and Compounds, 2012, 612（6）: 42-50.

［24］Wen S P, Gao K Y, Li Y, et al. Synergetic effect of Er and Zr on the precipitation hardening of Al-Er-Zr alloy. Scripta Materialia, 2011, 65（7）: 592-595.

［25］Wen S P, Xing Z B, Huang H, et al. The effect of erbium on the microstructure and mechanical properties of Al-Mg-Mn-Zr alloy. Materials Science and Engineering A, 2009, 516（1）: 42-49.

［26］聂祚仁, 文胜平, 黄晖, 等. 铒微合金化铝合金的研究进展. 中国有色金属学报, 2011, 21（10）: 2361-2370.

［27］Zhou X W, Liu Z Y, Bai S, et al. The influence of various Ag additions on the nucleation and thermal stability of Omega phase in Al-Cu-Mg alloys. Materials Science and Engineering A，2013，564（11）：186-191.

[28] Kalu P N，Waller E A. The effect of processing on the microstructure and texture of slab cast C415 alloy variants. Scripta Materialia，1998，39（11）：1599-1605.

[29] Hamilton B C，Saxena A. Transient crack growth behavior in aluminum alloys C415-T8 and 2519-T87. Engineering Fracture Mechanics，1999，62（1）：1-22.

[30] Kermanidis A T，Zervaki A D，Haidemenopoulos G N，et al. Effects of temper condition and corrosion on the fatigue performance of a laser-welded Al-Cu-Mg-Ag（2139）alloy. Materials & Design，2010，31（1）：42-50.

[31] Vural M，Caro J. Experimental analysis and constitutive modeling for the newly developed 2139-T8 alloy. Materials Science and Engineering A，2009，520（1）：56-65.

[32] Fridlyander I N. Aluminum alloys in aircraft in the periods of 1970—2000 and 2001—2015. Metal Science and Heat Treatment，2001，43（1-2）：6-10.

[33] Prasad N E，Gokhale A A，Wanhill R J H. Aluminium-Lithium Alloys. Amsterdam：Elsevier，2014.

[34] 李劲风，郑子樵，陈永来，等. 铝锂合金及其在航天工业上的应用. 宇航材料工艺，2012，42（1）：13-19.

[35] Dursun T，Soutis C. Recent developments in advanced aircraft aluminium alloys. Materials & Design，2014，56（4）：862-871.

[36] Boselli J，Chakrabarti D J，Shuey R T. Aerospace applications：metallurgical insights into the improved performance of aluminum alloy 7085 thick products//Hirsch J，Skrotzki B，Gottstein G. Aluminium alloys：Their Physical and Mechanical Properties，Proceedings of the 11 International Conference on Aluminium alloys. Germany：Aachen，2008：202-208.

[37] Chakrabarti D J，Liu J，Sawtell R R，et al. New generation high strength high damage tolerance 7085 thick alloy product with low quench sensitivity. Materials Science Forum，2004，28（2）：969-974.

[38] Liu S D，Zhang X M，You J H，et al. TTP diagrams for 7055 aluminium alloy. Materials Science and Technology，2008，24（12）：1419-1421.

[39] Shuey R T，Barlat F，Karabin M E，et al. Experimental and analytical investigations on plane strain toughness for 7085 aluminum alloy. Metallurgical and Materials Transactions A，2009，40（2）：365-376.

[40] Lequeu P，Smith K P，Daniélou A. Aluminum-copper-lithium alloy 2050 developed for medium to thick plate. Journal of Materials Engineering and Performance，2010，19

（6）：841-847.

［41］张新明，张小艳，刘胜胆，等. 固溶后降温预析出对 7A55 铝合金力学及腐蚀性能的影响. 中南大学学报（自然科学版），2007，5（38）：789-794.

［42］Kumaran S M. Evaluation of precipitation reaction in 2024 Al-Cu alloy through ultrasonic parameters. Materials Science and Engineering A，2011，528（12）：4152-4158.

［43］张新明，邓运来. 新型合金材料——铝合金. 北京：中国铁道出版社，2018.

［44］Engler O，Sachot E，Ehrström J C，et al. Recrystallisation and texture in hot deformed aluminium alloy 7010 thick plates. Materials Science and Technology，1996，12（9）：717-729.

［45］Starink M J，Wang S C. A model for the yield strength of overaged Al-Zn-Mg-Cu alloys. Acta Materialia，2003，51（17）：5131-5150.

［46］Zhen L，Chen J Z，Yang S J，et al. Development of microstructures and texture during cold rolling in AA 7055 aluminum alloy. Materials Science and Engineering A，2009，504（1）：55-63.

［47］Deng Y L，Wan L，Zhang Y，et al. Evolution of microstructures and textures of 7050 Al alloy hot-rolled plate during staged solution heat-treatments. Journal of Alloys and Compounds，2010，498（1）：88-94.

［48］Ye L Y，Gu G，Liu J，et al. Influence of Ce addition on impact properties and microstructures of 2519A aluminum alloy. Materials Science and Engineering A，2013，582（10）：84-90.

［49］Zhang X M，Wang W T，Chen M A，et al. Effects of Yb addition on microstructures and mechanical properties of 2519A aluminum alloy plate. Transactions of Nonferrous Metals Society of China，2010，20（5）：727-731.

［50］Fang H C，Chen K H，Chen X，et al. Effect of Cr，Yb and Zr additions on localized corrosion of Al-Zn-Mg-Cu alloy. Corrosion Science，2009，51（12）：2872-2877.

［51］张新明，刘胜胆，刘瑛，等. 淬火速率和锆含量对 7055 型铝合金晶间腐蚀的影响. 中南大学学报（自然科学版），2007，38（2）：181-185.

［52］Lin Z Q，Ru H Q，Zhao G，et al. Effect of minor additions Mn，Cr，Zr and Ti on the hydrogen embrittlement in Al-Zn-Mg-Cu alloy. Key Engineering Materials，1991，20-28：2369-2378.

［53］杨守杰，谢优华，朱娜，等. Zr 对 Al-Zn-Mg-Cu 系超高强铝合金力学性能的影响. 材料研究学报，2002，16（4）：406-412.

［54］He Y D，Zhang X M，You J H. Effect of minor Sc and Zr on microstructure and mechanical properties of Al-Zn-Mg-Cu alloy. Transactions of Nonferrous Metals Society of China, 2006, 16（5）: 1228-1235.

［55］Ohnishi T, Ibaraki Y, Ito T. Improvement of fracture toughness in 7475 aluminum alloy by the RRA（retrogression and re-aging）process. Metallurgical Transactions, 1989, 30（8）: 601-607.

［56］Avan A. Optimization of the strength and intergranular corrosion properties of the 7075-Al alloy by retrogression and reaging. Zeitschrift fuer Metal, 1989, 80（3）: 170-172.

［57］Li J F, Birbilis N, Li C X, et al. Influence of retrogression temperature and time on the mechanical properties and exfoliation corrosion behavior of aluminium alloy AA7150. Materials Characterization, 2009, 60（11）: 1334-1341.

［58］Xiao Y P, Pan Q L, Li W B, et al. Influence of retrogression and re-aging treatment on corrosion behaviour of an Al-Zn-Mg-Cu alloy. Materials & Design, 2011, 32: 2149-2156.

［59］Xu D K, Birbilis N, Rometsch P A. The effect of pre-ageing temperature and retrogression heating rate on the strength and corrosion behavior of AA7150. Corrosion Science, 2012, 54: 17-25.

［60］张新明, 黄振宝, 刘胜胆, 等. 双级固溶对 7A55 铝合金组织与性能的影响. 中国有色金属学报, 2006, 27（1）: 1-5.

［61］Deng Y L, Zhang Y Y, Wan L, et al. Effects of thermomechanical processing on production of Al-Zn-Mg-Cu alloy plate. Materials Science and Engineering A, 2012, 554（30）: 33-40.

［62］Liu G, Zhang G J, Ding X D, et al. Modeling the strengthening response to aging process of heat-treatable aluminum alloys containing plate/disc-or rod/needle-shaped precipitates. Materials Science and Engineering A, 2003, 344（1）: 113-124.

［63］Steglich D, Brocks W, Heerens J, et al. Anisotropic ductile fracture of Al 2024 alloys. Engineering Fracture Mechanics, 2008, 75（12）: 3692-3706.

［64］Liu G, Sun J, Nan C W, et al. Experiment and multiscale modeling of the coupled influence of constituents and precipitates on the ductile fracture of heat-treatable aluminum alloys. Acta Materialia, 2005, 53（12）: 3459-3468.

［65］Zuo Y, Nagaumi H, Cui J. Study on the sump and temperature field during low frequency electromagnetic casting a superhigh strength Al-Zn-Mg-Cu alloy. Journal of Materials Processing Technology, 2008, 197（1）: 109-115.

［66］Li S, Sun F, Li H. Observation and modeling of the through-thickness texture gradient in commercial-purity aluminum sheets processed by accumulative roll-bonding. Acta Materialia, 2010, 58（4）: 1317-1331.

[67] Feng D, Zhang X M, Liu S D, et al. Non-isothermal retrogression kinetics for grain boundary precipitate of 7A55 aluminum alloy. Transactions of Nonferrous Metals Society of China, 2014, 24: 2122-2129.

[68] Li S Y, Surya R K, Irene J B. A crystal plasticity finite element analysis of texture evolution in equal channel angular extrusion. Materials Science and Engineering A, 2005, 410: 207-212.

[69] 张新明, 邓运来, 张勇. 铝合金板的淬火装置及方法: 中国专利, ZL200910043001.3. 2009.

[70] Zhang J, Deng Y L, Yang W, et al. Non-isothermal "retrogression and re-ageing" treatment schedule for AA7055 thick plate. Materials & Design, 2014, 56（9）: 334-344.

[71] Toor P M. A review of some damage tolerance design approaches for aircraft structures. Engineering Fracture Mechanics, 1973, 5（4）: 837-876.

[72] Deng Y L, Wan L, Zhang Y Y, et al. Influence of Mg content on quench sensitivity of Al-Zn-Mg-Cu aluminum alloys. Journal of Alloys and Compounds, 2011, 509（13）: 4636-4642.

[73] Bucci R J, Warren C J, Starke Jr E A. Need for new materials in aging aircraft structures. Journal of Aircraft, 2000, 37（1）: 122-129.

[74] Dursun T, Soutis C. Recent developments in advanced aircraft aluminium alloys. Materials & Design, 2014, 56: 862-871.

[75] T Ram Prabhu. An Overview of high-performance aircraft structural Al alloy-AA7085. Acta Metallurgica Sinica（English Letters）, 2015, 28（7）: 909-921.

[76] Suzuki H, Kanno M, Saitoh H. The effect of Zr or Cr addition on the recrystallization behavior of Al-Zn-Mg-Cu alloys. The Journal of Japan Institute of Light Metals, 1984, 34（11）: 630-636.

[77] Suzuki H, Kanno M, Saitoh H. Differences in effects produced by zirconium and chromium additions on recrystallization of hot-rolled Al-Zn-Mg-Cu alloys. The Journal of Japan Institute of Light Metals, 1986, 36（1）: 22-28.

[78] 贺永东, 张新明, 游江海. 复合添加微量铬、锰、钛、锆对 Al-Zn-Mg-Cu 合金组织与性能的影响. 中国有色金属学报, 2005, 15（12）: 1917-1924.

[79] Zhang Y, Bettles C, Rometsch P A. Effect of recrystallisation on Al₃Zr dispersoid

behaviour in thick plates of aluminium alloy AA7150. Journal of Materials Science, 2014, 49: 1709-1715.

[80] Liu S, Liu W, Zhang Y, et al. Effect of microstructure on the quench sensitivity of Al-Zn-Mg-Cu alloys. Journal of Alloys and Compounds, 2010, 507: 53-61.

[81] Lim S T, Yun S J, Nam S W. Improved quench sensitivity in modified aluminum alloy 7175 for thick forging applications. Materials Science and Engineering A, 2004, 371 (1): 82-90.

[82] Marlaud T, Deschamps A, Bley F, et al. Influence of alloy composition and heat treatment on precipitate composition in Al-Zn-Mg-Cu alloys. Acta Materialia, 2010, 58 (1): 248-260.

[83] Feng D, Zhang X M, Liu S D, et al. The effect of pre-ageing temperature and retrogression heating rate on the microstructure and properties of AA7055. Materials Science and Engineering A, 2013, 588: 34-42.

[84] Li S Y, Zhang J, Yang J L, et al. Influence of Mg contents on aging precipitation behavior of Al-3.5Cu-xMg alloy. Acta Metallurgica Sinica (English Letters), 2014, 27 (1): 107-114.

[85] Bakavos D, Prangnell P B, Bes B, et al. The effect of silver on microstructural evolution in two 2xxx series Al-alloys with a high Cu: Mg ratio during ageing to a T8 temper. Materials Science and Engineering A, 2008, 491 (1): 214-223.

[86] Chul O M, Byungmin A. Effect of Mg composition on sintering behaviors and mechanical properties of Al-Cu-Mg alloy. Transactions of Nonferrous Metals Society of China, 2014, 24 (S1): 53-58.

[87] Tang H G, Cheng Z Q, Liu J W, et al. Preparation of a high strength Al-Cu-Mg alloy by mechanical alloying and press-forming. Materials Science and Engineering A, 2012, 550: 51-54.

[88] Eddahbi M, Carreño F, Ruano O A. Deformation behavior of an Al-Cu-Mg-Ti alloy obtained by spray forming and extrusion. Materials Letters, 2006, 60 (27): 3232-3237.

[89] Liu J Z, Yang S S, Wang S B, et al. The influence of Cu/Mg atomic ratios on precipitation scenarios and mechanical properties of Al-Cu-Mg alloys. Journal of Alloys and Compounds, 2014, 613 (7): 139-142.

[90] Bai S, Zhou X, Liu Z, et al. Effects of Ag variations on the microstructures and mechanical properties of Al-Cu-Mg alloys at elevated temperatures. Materials Science and

Engineering A, 2014, 611: 69-76.

[91] Ebrahimi G R, Zarei-Hanzaki A, Haghshenas M, et al. The effect of heat treatment on hot deformation behaviour of Al 2024. Journal of Materials Processing Technology, 2008, 206 (1): 25-29.

[92] Feng Z Q, Yang Y Q, Huang B, et al. Variant selection and the strengthening effect of S precipitates at dislocations in Al-Cu-Mg alloy. Acta Materialia, 2011, 59 (6): 2412-2422.

[93] Marceau R K W, Sha G, Lumley R N, et al. Evolution of solute clustering in Al-Cu-Mg alloys during secondary ageing. Acta Materialia, 2010, 58 (5): 1795-1805.

[94] Wang S C, Starink M J, Gao N. Precipitation hardening in Al-Cu-Mg alloys revisited. Scripta Materialia, 2006, 54 (2): 287-291.

[95] 刘瑛. 形变热处理对2519A铝合金组织、力学性能与抗腐蚀性能的影响. 长沙: 中南大学博士学位论文, 2008.

[96] Sun D X, Zhang X M, Ye L Y, et al. Evolution of θ′ precipitate in aluminum alloy 2519A impacted by split Hopkinson bar. Materials Science and Engineering A, 2015, 620: 241-245.

[97] Gao Z G, Zhang X M, Chen M A. Investigation on θ′ precipitate thickening in 2519A-T87 aluminum alloy plate impacted. Journal of Alloys and Compounds, 2009, 476 (1): L1-L3.

[98] Gao Z G, Zhang X M, Zhao Y S, et al. The effect of strain rate on the microstructure of 2519A aluminium alloy plate impacted at 573 K. Journal of Alloys and Compounds, 2009, 481 (1): 422-426.

[99] Li H Z, Wang H J, Liang X P, et al. Hot deformation and processing map of 2519A aluminum alloy. Materials Science and Engineering A, 2011, 528 (3): 1548-1552.

[100] Ye L Y, Gu G, Zhang X M, et al. Dynamic properties evaluation of 2519A aluminum alloy processed by interrupted aging. Materials Science and Engineering A, 2014, 590: 97-100.

[101] 顾刚. 断续时效对2519A铝合金组织、力学性能和抗冲击性能的影响. 长沙: 中南大学博士学位论文, 2008.

[102] Gu G, Ye L Y, Jiang H C, et al. Effects of T9I6 thermo-mechanical process on microstructure, mechanical properties and ballistic resistance of 2519A aluminum alloy. Transactions of Nonferrous Metals Society of China, 2014, 24 (7): 2295-2300.

[103] Liu W H, He Z T, Chen Y Q, et al. Dynamic mechanical properties and constitutive

equations of 2519A aluminum alloy. Transactions of Nonferrous Metals Society of China, 2014, 24（7）: 2179-2186.

[104] Wang W T, Zhang X M, Gao Z G, et al. Influences of Ce addition on the microstructures and mechanical properties of 2519A aluminum alloy plate. Journal of Alloys and Compounds, 2010, 491（1）: 366-371.

[105] 付垚, 谢水生, 熊柏青, 等. 主应力法计算蛇形轧制的轧制力. 塑性工程学报, 2010, 17（6）: 103-109.

[106] Zhang T, Wu Y X, Gong H, et al. Effects of rolling parameters of snake hot rolling on strain distribution of aluminum alloy 7075. Transactions of Nonferrous Metals Society of China, 2014, 24（7）: 2150-2156.

[107] Deng Y L, Zhang Y Y, Wan L, et al. Three-stage homogenization of Al-Zn-Mg-Cu alloys containing trace Zr. Metallurgical and Matrials Transactions A, 2013, 44（6）: 2470-2477.

[108] Liu S D, You J H, Zhang X M, et al. Influence of cooling rate after homogenization on the flow behavior of aluminum alloy 7050 under hot compression. Materials Science and Engineering A, 2010, 527（4-5）: 1200-1205.

[109] Liu S D, Yuan Y B, Li C B, et al. Influence of cooling rate after homogenization on microstructure and mechanical properties of aluminum alloy 7050. Metals and Materials International, 2012, 18（4）: 679-683.

[110] 袁望姣, 吴运新. 基于预拉伸工艺的铝合金厚板残余应力消除机理. 中南大学学报（自然科学版）, 2011, 42（8）: 2303-2308.

[111] Tang J G, Chen H, Zhang X M, et al. Influence of quench-induced precipitation on aging behavior of Al-Zn-Mg-Cu alloy. Transactions of Nonferrous Metals Society of China, 2012, 22（6）: 1255-1263.

[112] Rossini N S, Dassisti M, Benyounis K Y, et al. Methods of measuring residual stresses in components. Materials & Design, 2012, 35: 572-588.

[113] Robinson J S, Tanner D A, Truman C E, et al. The influence of quench sensitivity on residual stresses in the aluminium alloys 7010 and 7075. Materials characterization, 2012, 65（1）: 73-85.

[114] Li P Y, Xiong B Q, Zhang Y A, et al. Quench sensitivity and microstructure character of high strength AA7050. Transactions of the Nonferrous Metals Society of China, 2012, 22（2）: 268-274.

[115] 李培跃, 熊柏青, 张永安, 等. 淬火介质对7050铝合金末端淬特性的影响. 中国有

色金属学报，2011，21（5）：961-967.

［116］Shang B C，Yin Z M，Wang G，et al. Investigation of quench sensitivity and transformation kinetics during isothermal treatment in 6082 aluminum alloy. Materials & Design，2011，32（7）：3818-3822.

［117］邓运来，郭世贵，熊创贤，等. 7050 铝合金喷水淬火参数对表面换热系数的影响. 航空材料学报，2010，30（6）：21-26.

［118］Qi L，Li M，Ma M，et al. High pressure effect on structural transition of Fe cluster during rapid quenching processes. Science China-Physics Mechanics & Astronomy，2010，53（11）：2037-2041.

［119］Mascarenhas N，Mudawar I. Analytical and computational methodology for modeling spray quenching of solid alloy cylinders. International Journal of Heat and Mass Transfer，2010，53（25-26）：5871-5883.

［120］Liu S，Zhong Q，Zhang Y，et al. Investigation of quench sensitivity of high strength Al-Zn-Mg-Cu alloys by time-temperature-properties diagrams. Materials & Design，2010，31（6）：3116-3120.

［121］Sun H C，Chao L S. An investigation into the effective heat transfer coefficient in the casting of aluminum in a green-sand mold. Materials Transactions，2009，50（6）：1396-1403.

［122］Sugianto A，Narazaki M，Kogawara M，et al. A comparative study on determination method of heat transfer coefficient using inverse heat transfer and iterative modification. Journal of Materials Processing Technology，2009，209（10）：4627-4632.

［123］Buddhika N. A numerical study of heat transfer performance of oscillatory impinging jets. International Journal of Heat and Mass Transfer，2009，1（52）：396-406.

［124］张勇，邓运来，张新明. 7050 铝合金热轧板的淬火敏感性. 中国有色金属报，2008，18（10）：1788-1794.

［125］Silk E A，Golliher E L，Paneer S R. Spray cooling heat transfer：technology overview and assessment of future challenges for micro-gravity application. Energy Conversion and Management，2008，49（3）：453-468.

［126］Anna A P，Kiyoshi O，Michael A. Active control of sprays using a single synthetic jet actuator. International Journal of Heat and Fluid Flow，2008，29（1）：131-148.

［127］Jiang K D，Long C，Zhang Y Y，et al. Influence of sub-grain boundaries on quenching process of an Al-Zn-Mg-Cu alloy. Transactions of Nonferrous Metals Society of China，2014，24（7）：2117-2121.

[128] Cina B, Gan R. Reducing the susceptibility of alloys, particularly aluminium alloys, to stress corrosion cracking: USA, 3856584.1974.

[129] 张小艳. 预析出对 7A55 铝合金组织与腐蚀性能的影响. 长沙：中南大学硕士学位论文，2007.

[130] Ho K C, Lin J, Dean T A. Modelling of springback in creep forming thick aluminium sheets. International Journal of Plasticity, 2004, 20 (4-5): 733-751.

[131] Zhang J, Deng Y L, Zhang X M. Constitutive modeling for creep age forming of heat-treatable strengthening aluminum alloys containing plate or rod shaped precipitates. Materials Science and Engineering A, 2013, 563: 8-15.

[132] Zhang X M, Ye L Y, Liu Y W, et al. Superplasticity of Al-Mg-Li alloy prepared by thermomechanical processing. Materials Science and Technology, 2013, 27 (10): 1588-1592.

[133] Ye L Y, Zhang X M, Zhen D W, et al. Superplastic behavior of an Al-Mg-Li alloy. Journal of Alloys and Compounds, 2009, 487 (1-2): 109-115.

[134] Kaibyshev R, Osipova O. Superplastic behaviour of an Al-Li-Cu-Mg alloy. Materials Science and Technology, 2005, 21 (10): 1209-1216.

[135] Threadgill P L, Leonard A J, Shercliff H R, et al. Friction stir welding of aluminium alloys. International Materials Reviews, 2009, 54 (2): 49-93.

[136] Mishra R S, Ma Z Y. Friction stir welding and processing. Materials Science and Engineering R, 2005, 50: 1-78.

[137] Schubert E, Klassen M, Zerner I, et al. Light-weight structures produced by laser beam joining for future applications in automobile and aerospace industry. Journal of Materials Processing Technology, 2001, 115 (1): 2-8.

[138] Ion J C. Laser beam welding of wrought aluminium alloys. Science and Technology of Welding and Joining, 2000, 5 (5): 265-276.

[139] Watchamk K. Airbus A380 takes creep age-forming to new heights. Materials World, 2004, 12 (2): 10-11.

[140] Zhu A W, Starke Jr E A. Stress aging of Al-xCu alloys: experiments. Acta Materialia, 2001, 49 (12): 2285-2295.

[141] Zhang Y, Milkereit B, Weyland M, et al. Precipitation of a new platelet phase during the quenching of an Al-Zn-Mg-Cu alloy. Scientific Reports, 2016, 6, 23109: 1-9.

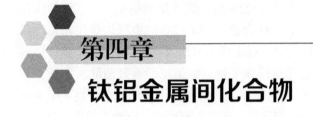

第四章
钛铝金属间化合物

第一节　钛铝金属间化合物的发展简史

一、起步阶段（1974～1985 年）

钛铝（TiAl）合金的密度仅为镍基高温合金的一半，在 600～900℃温度区间有可能取代高温合金制作某些航空航天结构件以及地面动力系统转动或往复运动结构件，实现推力重量比值和燃油效率的大幅度提高。尽管 20 世纪 50 年代中期人们已经认识到 γ-TiAl 合金具有很好的高温强度和蠕变抗力，且其抗氧化性可以通过添加 Ta、Nb、Ag 改善[1]，但对 γ-TiAl 合金的研究真正开始于 70 年代中期。当时 Shechtman 还没有进行导致发现准晶体的快速凝固研究，正在美国空军实验室做博士后，研究 γ-TiAl 合金的变形和断裂机制[2, 3]。他从普惠航空发动机公司取得的 Ti-50Al 合金，无论采用怎样的退火处理，在透射电子显微镜下看到的都是 γ-TiAl+α_2-Ti_3Al（以下分别简称 γ 相、α_2 相）两相片层组织，不便用于确定单相 γ-TiAl 合金中的变形位错。因此他在美国空军实验室又制备了富 Al 侧的 Ti-54Al 单相合金用于确定 γ 相的滑移系。关于在 Ti-50Al 合金中出现了 α_2 相的原因，Shechtman 等当时觉得可能是因为 Ti-50Al 合金成分位于 γ+α_2 两相区内。γ 相区边界的准确位置是多年来关于 Ti-Al 二元相图的争议之一。当前最权威的 Ti-Al 二元相图版本是 Schuster 和 Palm 在评估了 370 余篇相关文献的基础上于 2006 年给出的，见图 4-1[4]。由图可见，Ti-50Al 合金位于 γ 相区内，但因为该合金首先凝固的是 α 相（经有序化反应成为 α₂ 相），γ 相作为次生相在晶界出现，伴随着 Al 的偏析。只有当 Al 原子分数大于 55%时 γ 相才是初生相[5]。γ 相的体积分数与凝固速度有关：对于 Ti-50Al 合金，凝固较快的电弧熔炼纽扣锭中仅约为 0.3，凝固较慢的熔模铸造合金锭中约为 0.5。因此，相图上 γ 相区边界位置的准确性取决于 Al 偏析导致的非平衡显微组织的有效消除。此外，如果杂质元素（如 O）在两相中的溶解度差别较大，相界位置也与合金中杂质的含量有关。更大的争议涉及高温区域，两个与有序化反应相关的问题至今仍无确定答案：一是在 Ti-Al 二元系中，β 相是否会有序化为 B2 相？一些研究认为该有序化反应存在[6, 7]，但另一些研究认为不可能存在[8]，图 4-1 选择了后者。二是虽然确认 α 相转变成了 α₂ 相，但到底是通过 α+β ——→α₂ 包析反应[6]还是通过成分全等的有序化反应[8, 9]形成的尚无定论。这些问题充分说明了 Ti-Al 二元相图的复杂性，Witusiewicz 等[10]随后于 2008 年评估的 Ti-Al 二元相图与图 4-1 并不完全一致。

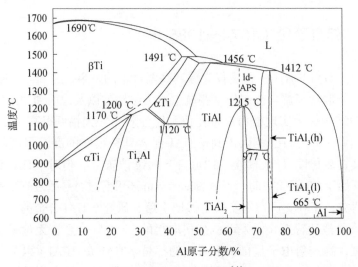

图 4-1 Ti-Al 二元相图[4]

1974～1982 年，普惠航空发动机公司在美国空军实验室的支持下开展了第一轮 TiAl 材料研究[11]，于 1979 年筛选出第一个具有实用价值的合金成分——Ti-48Al-1V-0.1C，并开展了一系列力学性能、成形工艺和典型试验件研究，通常认为这是第一代 TiAl 合金的代表。该合金断裂韧性较好，可机械加工，可铸造，但室温塑性和冲击性能较低，铸件易产生表面疏松。采用该合金铸造的典型结构件包括 F100 发动机压气机叶片毛坯[11]和 JT9D 发动机低压涡轮叶片[12]。

1974～1985 年，全世界只有约 15 篇关于 γ-TiAl 合金的公开发表的论文[12]。这些早期开拓性的工作为下一阶段 γ-TiAl 合金的爆发式研究奠定了基础并指出了大致方向。

先进材料，特别是应用于苛刻环境的结构材料，从概念到应用一般认为会经历四个阶段（图 4-2）[13]。在起步阶段，通常只有极少数人员对其开展研究。在研究热潮阶段，材料被描述为革命性的。当热潮冷却下来便进入了研究活动低谷的攻坚阶段，此时材料被描述为兴起。这一阶段通常是漫长的，事实上多数先进材料走不出这个"死亡谷"[14]。一旦材料的技术难题被攻克并在某个重要需求拉动下首次应用，即进入实现特定应用的第三阶段，此时称为"专用材料"。只有当材料的稳定性、成本、供应链等问题妥善解决以后才会成为商品材料，或称为"货架材料"。在这两个阶段，材料逐渐走向成熟。到目前为止，γ-TiAl 合金的发展历史基本符合图 4-2 所示的规律。基于首先在通用电气（General Electric，GE）公司发动机上获得工业化应用的 4822 合金（Ti-48Al-2Cr-2Nb）的发展史，可以确定 γ-TiAl 合金各发展阶段的时间节点。

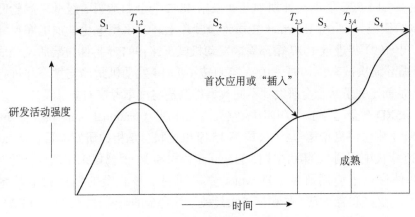

图 4-2 先进材料的发展阶段[13]

S_1—革命性的 S_2—兴起 S_1—专用材料 S_4—货架材料

二、热潮阶段（1986～1995 年）

Aoki 和 Izumi 于 1979 年发现 B 可以改善 Ni_3Al 的室温塑性[15]，Liu 等

的进一步研究表明，B 改善 Ni_3Al 塑性的效果十分显著[16]，由此掀起了 20 世纪八九十年代的金属间化合物研究热潮。在这场热潮中，研究的主角是 Ni_3Al、$NiAl$、Ti_3Al、$TiAl$、Fe_3Al、$FeAl$，分别针对不同温度段的应用目标。发展历史表明，只有 TiAl 实现了当初预期的重要应用。在 Ti-Al 系中，早期对于 Ti_3Al 的期望比 TiAl 要大得多，但随着研发的深入，TiAl 逐步取代 Ti_3Al 成为唯一主角[17]。其原因在于，TiAl 在设定的应用环境中具有各种性能的综合优势，且是不可替代的唯一候选材料。这些性能包括低密度、高比强度、高比刚度、氧化与腐蚀抗力、阻燃性能。

热潮阶段始于两种典型第二代 γ-TiAl 合金的问世，即 4822 合金和 45XD 合金（Ti-45Al-2Mn-2Nb-0.8vol.%TiB_2[①]），结束于美国矿冶-金属-材料学会主办的第一届 γ-TiAl 国际会议的召开[18]。在这 10 年间，4822 合金和 45XD 合金均走完了从合金熔炼到典型结构件测试的一个循环，研究进展反映在很多综述论文中[5, 19~23]。

4822 合金是 GE 公司内部项目研发优化的合金，也是迄今报道的所有 γ-TiAl 合金中室温塑性最高的合金。1988 年，GE 公司认识到该合金具有工程开发价值，并经过全面比较确定铸造为首选工艺，于 1989 年开始铸造工艺研究。GE90 发动机的减重需求推动了对 γ-TiAl 合金重要性的认识，从而决定在 CF6-80C 发动机计划中开展采用 4822 合金制造第 5 级低压涡轮叶片的试验研究[24]。由 Howmet 公司铸造叶片毛坯，采用电化学加工净尺寸叶片，于 1993 年进行 1027 循环周次发动机试车，1994 年拆卸重装后又完成了 502 循环周次试车。1995～1996 年制造了 F414 发动机封严支撑环并进行试车，从而走完了从合金研发到不同典型件制造与试车考核的全过程。

45XD 合金起源于"美国国家空天飞机计划"（National Aerospace Plane，NASP）中由洛克希德-马丁公司等 15 家单位联合承担的研发项目。从 20 世纪 80 年代中期到 90 年代中期，Howmet 公司和罗-罗公司采用该合金针对典型部件进行了应用研发，Howmet 公司开展了该合金的精密铸造技术研究[25]。这些联合研究工作积累了大量关于该合金的材料性能、工艺和结构件设计与制造数据。

同一时期，ABB 公司开发了 47WSi 合金（Ti-47Al-2W-0.5Si），并针对工业燃气轮机叶片和汽车发动机部件进行了应用研究和部件测试[18]。

上述三种合金均属于第二代 γ-TiAl 合金，具有各自的性能特点[18]：

---

① vol.%指体积分数。

4822 合金室温塑性最高；45XD 合金可铸性好，铸态组织最佳，高温强度和疲劳性能好；47WSi 合金高温（760℃）蠕变性能优异。

三、兴起阶段（1996~2005 年）

在这一阶段，主要国家对包括 γ-TiAl 合金在内的金属间化合物研究的资助强度逐渐减弱，研究工作主要在航空发动机公司和若干汽车公司内部开展，研究内容更加集中于针对特定应用的工艺与加工方法研究。例如，美国空军实验室资助的 PRET（A University-Industry Partnership for Research and Transition of Gamma Titanium Aluminides）项目[26]由 3 所大学和 6 家公司承担，主要研究 γ-TiAl 合金基础研究成果的技术转化途径，研究内容包括铸造与成形过程中的缺陷与杂质、微观组织演化与表征、性能的分散性及其原因、单向加载条件下缺口强化与尺寸效应、表面损伤与外物损伤及不同类型显微组织的疲劳行为。美国国家航空航天局（National Aeronautics and Space Administration，NASA）支持的 γ-TiAl 合金耐久性研究内容包括冲击疲劳、冲击过程模拟和磨损[27]。表面完整性也是重要的研究主题[28]。这些均是 γ-TiAl 合金作为航空发动机转动部件材料所必须解决的关键问题。

γ-TiAl 合金部件在汽车增压器叶轮和排气阀等高温往复运动或转动部件上的应用取得了进展。日本率先在赛车等高档汽车上采用 γ-TiAl 合金铸造增压器叶轮[29]，多个国家特别是德国研究了铸造和变形工艺制备的 γ-TiAl 合金排气阀。在"欧盟第六框架计划"（The Sixth Framework Programme for Research，FP6）的支持下，德国 TRW 公司、英国伯明翰大学和中国科学院金属研究所联合研究了陶瓷坩埚熔炼浇注排气阀部件工艺[30, 31]，采用陶瓷坩埚取代水冷金属坩埚使得 O 含量提高，塑性下降，但可提高熔液过热度和成品率，降低熔炼过程中能量消耗和制造成本[32]。成本是限制 γ-TiAl 合金汽车发动机部件大量应用的主要因素。从这个角度考虑，铸造是优选工艺。但目前 γ-TiAl 合金在汽车行业的大规模应用尚未实现。

针对航空发动机叶片的第二代 γ-TiAl 合金稳定使用的温度为 650℃。若要进一步提高服役温度，则需要研制第三代 γ-TiAl 合金。在此阶段，各国研究者提出了很多种成分，但合金综合性能得到全面研究的并不多，综合性能达到应用要求的极少。这些合金大体上可以分为高铌合金、块状相变合金和 β 凝固合金三大类[33]。

高铌合金是北京科技大学 Chen 等最早提出的[34]，德国 GKSS 研究中心对这类合金开展了大量研究工作[35]。高铌合金的特点是高温蠕变和抗氧化性能好，缺点是室温塑性低、难以铸造。采用变形工艺可在一定程度上提高室温塑性，但 Al 偏析问题仍有待解决，否则难以应用[36]。

块状相变合金是在中等冷却速率（约 10^2K/s）条件下，高温 α 相不经扩散直接转变为 γ 相的合金。Ti-46Al-8Nb 合金显微组织和冷却速率的关系见图 4-3[37]。由图可见，随着冷却速率增大，该合金依次得到片层组织（包括魏氏片层组织和羽毛状片层组织），块状相变 γ 相和过冷保留 α_2 相。当在 α_2+γ 两相区热处理时，片状 α 相会遵从 Blackburn 位向关系[38]从 γ 相的 4 个 {111}面上析出[39]，获得接近各向同性的细晶组织。利用块状相变可有效细化铸态合金晶粒，改善织构状态，但通常需要较高冷却速率，合金有可能因热应力而开裂。英国伯明翰大学系统研究了 γ-TiAl 合金中块状相变的条件和影响因素，发现因添加 B 形成的细晶合金[40]和 O 含量高的合金[41]均难以发生块状相变。由于块状相变是不发生扩散的位移型相变，添加难以扩散的难熔金属通常可以促进块状相变，但难熔金属均具有高密度，作为合金元素会导致 γ-TiAl 合金的密度增大。

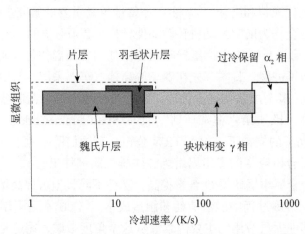

图 4-3　Ti-46Al-8Nb 合金显微组织和冷却速率的关系[37]

β 凝固合金首先由 Naka 等明确提出[42]，即初始凝固相为 β 相，且 β 相为唯一与液相共存相的合金。实际上，很多高铌合金也属于这类合金。应该指出，前述 45XD 合金已经是 β 凝固合金，只不过当时没有突出强调而已。如果初始凝固相为 β 相，则由于 Burgers 位向关系[43]，α 相的基面会平行于 β 相的 6 个{110}面析出，从而获得近似各向同性的细晶组织，这与块状相变合金细化晶粒的原理类似。随后经 α——→α+γ 相变，可得到弱织构的细晶片层组织。Kim 等[44]将这类合金称为 β-γ 合金。德国和奥地利的大学、研究机构、材料公司、发动机公司组成的联合研究组对 β 凝固合金开展了深入的研究[45, 46]，发展了 Ti-43Al-4Nb-1Mo-0.1B 合金（TNM 合金）。其指导思想是通过合金化在高温获得较高的 β 相体积分数，利用 β 相较易变形的特性使合金可以由常规设备锻造。在应用温度（如 700℃附近），β 相的平衡体积分数很低，以利于尽量消除此相，以免降低合金的蠕变抗力。实际上，视合金成分不同，某些合金中 β 相很难完全消除，导致室温塑性降低，在应用温度下长期服役，β 相中易形成 ω 相，致使合金进一步脆化[47]。

四、特定应用阶段（2006 年至今）

2006 年 6 月，GE 公司宣布将在 GEnx 发动机中采用 4822 合金制造第 6、第 7 两级低压涡轮叶片[48]。这是 γ-TiAl 合金制造的关键结构件的首次应用，标志着经过约 30 年的研发，这种材料终于突破藩篱进入特定应用阶段。

随着第二代 γ-TiAl 合金的工业应用，与产品制造工艺、供应链、质量稳定性相关的科学与技术问题成为研究重点。从应用成本等角度考虑，目前唯一可接受的制造工艺是铸造。但因为净尺寸精密铸造难度很大，精密铸造（PCC）公司为 GE 公司生产的 4822 合金叶片采用的工艺是先重力铸造出超尺寸毛坯，再进行加工得到最终尺寸叶片[49]。由于叶型为曲面，且 γ-TiAl 加工难度较大，制造成本仍然较高。至 2014 年，PCC 公司制造 γ-TiAl 叶片的年产量已达近 4 万片[50]。

在工业生产条件下积累相关数据和应用经验需要基础研究的有力支撑。针对航空发动机 γ-TiAl 合金涡轮叶片等应用目标，"欧盟第六框架计划"启动了 IMPRESS（Intermetallic Materials Processing in Relation to Earth and Space Solidification）项目[51, 52]，由欧洲航天局牵头，组织了 15 个国家 40 个研究机构的 150 余名研究人员，对金属间化合物关键应用开展历时 5 年（2005～2009 年）的纵向集成和横向集成研究。纵向集成研究包括从合金成分选择、基础科学问题研究、工艺路线比较，到原型设计及涡轮叶片样件制造。横向集成研究则基于不同学科交叉，包括空间凝固实验、工程化问题解决（如返回料回收、中试放大和适航认证）、热力学与动力学问题的实验与计算研究、热物理参数测量、数值模拟与验证、材料表征、力学性能测试，以及教育、培训和技术成果转化。欧洲通过 IMPRESS 项目使原来各国分散、碎片化的 γ-TiAl 合金基础研究集成起来，整体上进入国际前列[53]。

2011 年，我国"国家重点基础研究发展计划"（简称 973 计划）启动了轻质高温钛铝金属间化合物主题的项目，由北京科技大学、西北工业大学、钢铁研究总院、哈尔滨工业大学、中南大学、中国航发北京航空材料研究院分别承担成分-组织-性能关系、高纯熔炼、熔模铸造、定向凝固、粉末冶金、性能表征与评估等 6 个课题研究内容。

第二节　钛铝金属间化合物的主要研究进展

经过 40 多年的研究，γ-TiAl 合金无论在基础科学还是应用技术方面均取得了巨大进展。除了大量期刊论文外，五次国际会议的论文集比较集中地记载了这些阶段性研究进展[18, 54-57]。2011 年，德国 Appel 等出版了 *Gamma Titanium Aluminide Alloys: Science and Technology*（《γ-TiAl 合金：科学与技术》）专著[33]，对该领域研究工作进行了较系统的总结。这些论文集与专著较全面地介绍了 γ-TiAl 合金的研究现状。本章仅从合金化、显微组织类别、一次加工（熔炼与凝固反应）、二次加工（热加工）、性能和三次加工（成形）等 6 个方面对主要研究进展加以简要回顾。

一、合金化

针对 γ-TiAl 合金的成分设计，首先是选择两个主元素之一的 Al 含量。根据需要，Al 原子分数可以在 42%～48%变化。随着 Al 含量提高，合金抗氧化性能提高，强度降低，室温塑性总体呈升高趋势。但对于不同的合金体系和加工工艺，情况较复杂，塑性数据没有明显规律。这主要是因为显微组织类别和织构对室温塑性也有很大影响。总的看来，Al 含量最明显的作用是影响合金的凝固类别，只有低 Al 含量的合金才可能实现 β 凝固，具体的 Al 含量界限则取决于添加的其他元素及其含量。

一般可将 γ-TiAl 合金中的合金元素分为三类[17, 33]，它们在化学元素周期表中有确定的位置。

第一类合金元素位于 Ti 的右方（V、Cr、Mn），它们可以提高合金塑性，但机理各异且至今无定论。例如，V 会提高中温塑性，但对室温塑性作用不明显[11]；Mn 利于孪晶变形[58]；而 Cr 则降低 γ 相晶胞 c/a 比，减弱共价键方向性，减小 α_2 相体积分数，细化晶粒[59, 60]。

第二类合金元素是位于 Ti 的右下方的难熔金属（Nb、Mo、Ta、W）。这些均属于慢扩散元素，少量添加这类元素可改善 γ-TiAl 合金的高温性能，如强度、抗氧化性能和蠕变抗力。这些难熔金属均具有体心立方结构，均具有 β 稳定作用，若大量添加则易形成 $β/β_0$ 相（$β_0$ 相具有 B2 相），对合金高温性能的影响比较复杂[61, 62]，因为其中析出了 ω 相或类 ω 相[63, 64]。这些元素又可分为两种：Mo、Ta、W 主要溶于 $α_2$ 相，而 Nb 则在 γ 相和 $α_2$ 相中近乎均等地配分[42]。Mo、Ta、W 等对高温蠕变性能的影响与它们在 $α_2$ 相中的选择配分有关。由于 γ-TiAl 合金中存在 $α \longrightarrow γ+α_2$ 包析反应，对于除包析点之外的合金成分，在冷却至包析反应温度以下时，γ 相的平衡体积分数会突然增大[33]。但实际过程中冷却速率较快，无法达到相平衡，造成合金中 $α/α_2$ 相的实际体积分数高于平衡体积分数，在使用温度长期热暴露时 $α_2$ 相会逐渐分解[63]。研究表明[65]，蠕变时 $α_2$ 相溶解致使 W 偏聚在 $α_2/γ$ 相界面上，从而减缓 $α_2$ 相的溶解。当 $α_2$ 相主要以台阶的界面扫动方式溶解时，台阶附近 W 的偏聚尤其明显，甚至诱导 B2 相的析出，这些因素均阻碍 $α_2$ 相的溶解，提高片层组织的稳定性。

Nb 的情形不一样，也更复杂。Nb 的强化作用，特别是高铌合金中 Nb 的强化机制一直存在争议。已提出的机制包括低 Al 含量强化[66]、Nb 的固溶强化[67]和反结构桥（anti-structural bridges，ASBs）强化[68]。但 Woodward 等[69]的计算表明，Al 的反位原子强化作用显著，Ti 的反位原子强化作用则很弱。Nb 的固溶强化作用同样较弱。这样低 Al 含量强化和 Nb 的固溶强化作用均难以解释高铌合金的高强度。ASBs 类似于 Snoek 气团，由一个反位原子和一个空位结合构成，它们吸引并阻碍位错运动。但计算结果[70]表明，富 Ti 侧的两类 ASBs 均导致系统能量升高，ASBs 在富 Al 侧反而容易形成，因此 ASBs 强化机制也难以解释高铌合金的高强度。当 Nb 含量较低时，实验和计算结果均表明 Nb 在 γ-TiAl 合金中占据 Ti 亚点阵位置[71]。当 Nb 含量较高时，计算结果[70]表明 Nb 会转而占据 Al 亚点阵位置，并且会在该亚点阵上形成短程有序。这种短程有序对合金具有显著强化作用，且可保持到高温，因此这个强化机制可以较好地解释高铌合金的高强度[70, 72]。

第三类合金元素位于 Ti 的右上方，包括 B、C、Si。在某种意义上，O、N 也可视为合金化元素。B 是一种重要的元素。Bryant 等[73]首先报道了将 TiB_2 加入铸造 γ-TiAl 合金中具有细化晶粒的效果，将纯 B 加入 γ-TiAl 合金可以形成 TiB_2，具有同样的细化晶粒的效果。但晶粒细化的机理复杂[74]，其效果不仅与 Al 含量有关[75]，还与其他合金元素有关[76]。随着合金体系和反应动力学等因素不同，硼化物具有复杂多变的结构和不同的形貌[77]。Hecht 等[76]研究了低 B 含量对高铌合金的晶粒细化效果，发现在 β 凝固合金中，只要 B 含量超出它在 β 相中的溶解度，形成的硼化物便可向 α 相提供异质形核核心，从而使 α 相晶粒显著细化。但一旦出现包晶 α 相，则细化效果大打折扣。

C 可大幅度提高 γ-TiAl 合金的蠕变抗力，如添加 0.2%（原子分数）的 C 可使 Ti-48Al-1V 的蠕变抗力提高 6 倍[11]，在 TNM 合金中添加 0.2%（原子分数）的 C 具有类似效果[78]。但 C 显著降低合金的室温塑性，特别是对铸造合金。C 的强化作用主要源于 MAX 相①析出物[79, 80]。经过热机械处理，MAX 相碳化物尺寸可细化至几十纳米，甚至可以成为纳米孪晶的异质形核核心，从而释放应力集中，改善塑性变形[81]。C 对铸态合金的脆化作用可能主要源于碳化物的粗大尺寸和分布形态。

少量 Si（原子分数为 1%以下）在 γ-TiAl 合金中主要形成 Ti_5Si_3，从而提高蠕变抗力，通过阻碍动态再结晶增强显微组织稳定性[82, 83]。虽然 Ti_5Si_3 与 γ-TiAl 合金的晶体结构差别较大，但几何分析和透射电子显微镜观察表明两者具有几乎完全共格的界面[84]。低的界面能使 Ti_5Si_3 具有较高的稳定性，不易发生 Ostwald 熟化，即便长大也不会轻易失去与 γ-TiAl 合金的共格关系。

O 和 N 对 γ-TiAl 合金性能的作用与 C 类似，如 O 用于增强蠕变抗力[23]。O 在 γ 相中的溶解度仅约 300ppm（原子分数）[85, 86]，因此不同含量的 O 对 γ-TiAl 合金具有固溶强化和析出强化（Al_2O_3）作用，但会使室温塑性恶化。例如，加入 0.3%（原子分数）的 O 会使 Ti-50Al 合金的室温和高温屈服强度提高 1.5 倍，而当 O 含量从 0.03%（原子分数）增至 0.08%（原子分数）时，伸长率降至原来的 1/3～1/2[87, 88]。

其他元素（如 Zr、Re、Fe 等）在 γ-TiAl 合金中不常见，但偶尔也有人将其作为合金元素进行研究。Zr 在化学元素周期表中与 Ti 同族，加入 γ-TiAl 合金中会使 γ 相 c/a 比减小，从而增进各向同性变形[89]。同时，Zr 的原子体积小于 Ti，具有固溶强化效应，且 Zr 使 γ 相中成键的方向性略有增强，提高位错滑移的点阵阻力，也具有强化作用。从电子结构角度看，Fe 具有较强烈的效应，Fe—Ti 键和 Fe—Al 键具有相似的键强[71]，因此添加 Fe 有可能降低 γ-TiAl 合金性能对 Al 含量的敏感性。日本 IHI 公司研发的 Ti-45Al-1.3Fe-1.1V-0.25B 合金中就添加了 Fe。Re 在单晶高温合金中是极为关键的贵

---

① M 为早期过渡金属，A 为简单金属，X 为 C 或 N。

重元素，由于价格昂贵且密度很大，其作为 γ-TiAl 合金的合金化元素极罕见，只有法国国家航天研究中心研制的 G4 合金（Ti-47Al-1Re-1W-0.2Si）采用[90]。值得一提的是，Re 和 W 同为难熔元素，但晶体结构不同（Re 具有密排六方结构），对 γ-TiAl 合金的强化机制也大相径庭。具有最低蠕变速率的 G4 合金的蠕变抗力并不取决于片层组织，而取决于变形亚结构；富集 Re 的枝晶间 γ 相决定了该合金具有高的蠕变抗力[91]。

二、显微组织类别

γ-TiAl 合金和其他金属间化合物一样，其性能除了取决于显微组织，还敏感地依赖于凝固和热加工造成的缺陷。对于某些形态的显微组织而言，织构致使性能具有强烈的各向异性。本章对于显微组织的讨论将结合凝固反应和热加工展开，不设专节论述。但为叙述方便起见，对 γ-TiAl 合金的显微组织类别简介如下。

对于 γ+α$_2$ 两相合金，一般可以得到近 γ、双态、近片层和全片层 4 类显微组织。这 4 类显微组织可以分别通过在图 4-1 中位于 αTi 和 TiAl 之间的 γ+α 两相区不同温度热处理获得[19]。对于任一成分，其垂直线与 α/γ+α 相界的交点温度为 $T_α$，共晶温度为 T_e（图 4-1 中为 1120℃），则在 $T_α$ 至 T_e 的垂直线段上可分为上、中、下三段。

在下段温度区间热处理时，通常得到近 γ 组织，由较粗大的 γ 相和被 α$_2$ 颗粒钉扎住的尺寸较小的 γ 相组成。

在中段温度区间热处理时，得到双态组织，γ 相和 α 相的体积分数近似相等，其竞争生长导致较细小的晶粒尺寸。

在上段温度区间热处理时，得到近片层组织，由粗大 α 片层晶粒和少量 γ 晶粒组成。

在高于 $T_α$ 短时热处理后冷却，得到全片层的 γ+α$_2$ 两相组织。片层面平行于 α$_2$ 相的基面和 γ 相的 {111} 面，γ 相从 α 相中的析出符合 Blackburn 位向关系[38]。这个反应正好和块状相变相反（块状相变是 α 相从快速冷却获得的亚稳 γ 相中析出）。

三、熔炼与凝固反应

由原料和中间合金经熔炼得到合金锭是一切后续加工与成形的基础。它直接影响铸态合金的显微组织、织构和合金元素的分布，对于等温锻造和热挤压等热加工与粉末冶金过程也有重要影响。

从图 4-1 中可以看出，γ-TiAl 合金的高温区在相对较窄的 Al 含量范围内存在两个包晶反应，这使显微组织对 Al 含量变化很敏感，进而导致性能对成分（特别是 Al）含量很敏感。宏观成分偏析主要与熔炼方法和熔炼参数的控制有关，微观偏析和织构则主要与凝固反应有关。熔炼方法，特别是工业规模的熔炼方法，是建立材料供应链的一个关键环节，对 γ-TiAl 合金的研发与应用具有重要意义。一个著名实例是 GE 公司在 20 世纪 90 年代前期采用 4822 合金试制 CF6-80C 低压涡轮叶片时遇到的困难。为保证 4822 合金的性能一致性，要求将 Al 含量波动控制在 ±0.75%（质量分数）内，但当时 Howmet 公司和 Timet 公司的真空自耗电弧熔炼（vacuum arc remelting，VAR）技术只能实现 ±3%Al（质量分数）的均匀性。由于成分均匀性不满足要求，GE 公司不得不研发了一种特殊的热处理工艺，使铸造叶片的性能满足要求[24]。后来 Allvac 公司通过研发改进 VAR 工艺，才使 Al 含量波动范围达到 GE 公司的要求，从而建立了 4822 合金的工业规模熔炼技术，消除了 γ-TiAl 合金应用的拦路虎。

目前适用于 γ-TiAl 合金的熔炼方法主要有 VAR、等离子电弧熔炼（plasma arc melting，PAM）和感应凝壳熔炼（induction skull melting，ISM）3 种。这 3 种方法各有优缺点：VAR 可以熔炼大锭型，但若存在高、低密度夹杂则不易消除；PAM 可以消除高、低密度夹杂，但可能卷入气泡，不宜作为末次熔炼方法；ISM 成分均匀，但锭型小，过热度低，一般仅约 20℃。因此，对于变形合金所需的大锭型，末次熔炼宜采用 VAR；对于部件铸造，末次熔炼只能采用 ISM。这样熔炼变形合金的可能组合为 VAR+VAR（+VAR）、PAM+VAR、ISM+VAR。精密铸造的可能组合为 VAR（+VAR）+ISM、PAM+ISM。视具体用途对合金锭质量的要求，括号内的熔炼步骤可有可无。

从合金质量和经济性来衡量，无论对于变形合金（末次熔炼为 VAR）还是对于铸造所用母合金（末次熔炼为 ISM），首次熔炼采用 PAM 均是最佳选择。PAM 铸锭从心部到外缘的成分变化问题不大，因为在末次熔炼过程中均可以进一步均匀化，但从锭头到锭尾的宏观成分偏析则无法消除（VAR 的熔池小，只是局部熔化；ISM 需将一个母合金锭切成数段浇成不同的零件）。易挥发的 Al 含量最难控制，且作为轻元素，对其进行准确的定量分析也非常困难。Howmet 公司对 PAM 锭的研究[92]表明，Al 含量分析误差对 45XD 合金和 47WSi 合金而言，分别占到技术指标许可范围的 32% 和 47%，显然难以达到控制指标（特别是对 47WSi 合金）。成分偏差等熔炼质量也与熔池深度、熔液驻留时间、中间合金质量、进料方式和速度等熔炼参数有关[33]。例如，对于 47WSi 合金[92]，当所用 W-Al 中间合金为细颗粒时，PAM 锭沿2.5m 锭长的 Al 含量变化量达 2.5%（质量分数，约合原子分数 3.1%）；而当采用粗颗粒中间合金时，沿 2.5m 锭长的 Al 含量变化量仅为 0.6%（原子分数）。

γ-TiAl 合金凝固时形成的初始相及其织构与成分和冷却速率都有关系。Witusiewicz 等[10]的实验结果表明，Ti-Al 二元合金在常规冷却速率下，Al 含量在 45%（原子分数）以下时为 β 凝固，在 49%（原子分数）以上时 α 相是初始凝固相，在 45%～49%（原子分数）时 β 枝晶首先形成，随后 α 相以包晶反应方式形成。从 de Graef 等[93]的结果推测次生的 α 相与初生的 β 相并不遵从 Burgers 位向关系[43]。对于 4822 合金，冷却速率较高时 α 相的[0001]沿热流方向，导致随后按 Blackburn 位向关系[38]形成的 γ 相{111}片层面垂直于热流方向；慢冷时，平行于热流的方向变成了 <10$\bar{1}$0>，导致 γ 相{202}面垂直于热流方向。Johnson 等[94]因此提出包晶 α 相并不依附于初生 β 相成核，而是从熔液中直接成核凝固。

Ti-48Al 合金在凝固过程中涉及两个包晶反应，因此在枝晶间很短的距离内 Al 的微观偏析高达 9%（原子分数）[95]，这是因为包晶 α 相中扩散较慢。相对来讲，β 凝固合金（如 Ti-45Al 合金）的微观偏析要小得多，因为 β 相的扩散系数要比 α 相高两个数量级，该合金更接近于平衡凝固[96]。但是，同为 β 凝固的 Ti-45Al-8Nb 合金情形则大不一样。由于 Nb 难以扩散，β 凝固时存在微观偏析。

除了控制成分偏析，研究凝固反应的重要意义在于寻求细化铸造合金晶粒的途径。凝固路径及随后的固态转变决定显微组织，而晶粒和片层晶团的大小和形状则取决于初生相与包晶相的竞争生长、凝固条件，以及固态转变的成核方式与动力学。对于 Ti-Al 二元合金，Al 含量对枝晶尺寸有影响，但并不显著：实验结果表明，在含 47%（原子分数）Al 时枝晶尺寸具有最小值[97]，而成核与成分过冷模型在假设 2K 过冷度条件下得到 β 初生相和 α 包晶相共存生长的成分区为 46.1%～48.6%（原子分数）Al[33]，两者一致。Eiken 等[98]的相场模拟结果表明，对于包晶合金，成核过冷度减小可细化晶粒。对于铸造过程而言，唯一可控的凝固条件是冷却速率，通常通过调节模壳预热温度实现。

四、热加工

热加工是利用变形、再结晶和相变等原理使熔铸或粉末冶金获得的坯料实现破碎凝固组织、弥合凝固缺陷、控制织构、优化性能乃至制备部件毛坯的过程。其中适用于 γ-TiAl 合金的开坯工艺主要是等温或近等温锻造和热挤压，坯料需要热等静压，多数合金需要包套。二次热加工或成形工艺主要有模锻和轧制。Appel 等[33] 总结了文献报道的热变形实验，发现铸造及粗晶合金的变形受位错攀移和动态再结晶控制，而经过变形和再结晶或由粉末冶金得到的细晶坯料在变形中还可发生晶界滑移[99]。

将粗大凝固组织破碎的热加工过程称为开坯。绝大多数 γ-TiAl 合金凝固后均为 $\gamma+\alpha_2$ 粗大片层组织。多数合金的两相区变形温度均在 1100～1300℃，远高于钛合金（800～1000℃），且片层组织的变形难度远高于等轴晶组织。以上特点决定了 γ-TiAl 合金的开坯过程很难在常规工业设备上进行。一般开坯失败分断裂、晶界孔洞所致破坏和流变局域化所致失效 3 种情况。在低温高应变速率区域变形，材料发生晶间脆断；而在低温低应变速率区域变形，材料易在片层界面等处出现楔形裂纹；在高温低应变速率区域变形，材料发生韧性孔洞失效[100]。决定材料由脆性向韧性失效转变的主要因素是动态再结晶。由于成分不均匀和片层组织不均匀再结晶等，γ-TiAl 合金易出现流变局域化，发生剪切带等变形失稳破坏。

在 α 单相区（一般在 1300℃以上）热加工可细化晶粒，冷却后形成细小全片层组织，但有两个不利因素：一是要求热加工后在 α 单相区停留时间尽量短，以避免晶粒长大，这要求较高冷却速率，对于尺寸大的构件难以实现；二是这种组织只适于最终组织，对于还需继续变形或成形的中间坯料则不合适，因为全片层组织远较等轴或双态组织更难变形。

基于以上考虑，已报道的多数合金的热加工选在 $\gamma+\alpha_2$ 两相区。γ 相的动态再结晶伴随着 α_2 相的球化，这个过程不可避免地涉及两相间的相变。有序相的晶界迁移速率可比无序合金低两个数量级[101, 102]，因此再结晶过程要比无序合金慢得多。Semiatin 等[103] 的研究表明，对于给定的变形应变，发生再结晶和球化的体积分数随应变速率降低而增大，且再结晶的体积分数随温度升高而增大[104, 105]。换言之，除了前述避免锻造开裂的考虑，通过再结晶充分破碎、转化粗大铸态组织也要求高温和低应变速率的变形条件。Imayev 等[106, 107] 和 Fröbel 等[108] 观察到动态再结晶首先发生于片层晶团界面处，形成珍珠链状形貌。对于铸态粗大片层组织，变形极不均匀，出现高度局域化的形变带。这些形变带甚至贯穿整个工件，带内形成细小 γ 相等轴晶粒或细小两相混合晶粒。带外变形储存能很小，再结晶缓慢。对于片层面平行于加载方向的硬位向晶粒，片层发生弯曲扭折失稳。这些不均匀的局域变形和动态再结晶均是应力-应变曲线呈动态软化的原因。孙伟[109]采用热压缩实验模拟两种合金的等温锻造过程，通过改变温度、应变速率、道次变形量和道次间停留时间等参数，系统研究了原始粗大片层结构的破碎过程。图 4-4 给出了 Ti-47Al 合金在 1200℃ 单道压缩至 70% 的显微组织。研究结果表明，α_2 相的球化过程滞后于 γ 相的再结晶，而再结晶与应变量和片层位向有关。片层垂直于加载方向的晶粒最易发生再结晶；倾斜位向的片层比较稳定，可能是平行于片层界面的位错滑移使应变得以释放，但最终这些晶粒通过晶界滑移均会转动到近似垂直于加载方向；平行于加载方向的片层发生扭折弯曲和断裂，实现碎化和球化。图 4-5 为实验观察到的再结晶和球化过程示意图[109]。

图 4-4   Ti-47Al 合金在 1200℃ 单道压缩至 70% 的扫描电子显微镜照片[109]

应变速率为 $0.01s^{-1}$，压缩方向为垂直方向。底部垂直于压缩方向的片层已发生碎化分段；顶部倾斜片层尚基本完好，但片层界面出现微裂纹（箭头所示）；中间两个晶团界面区域已发生再结晶

热挤压是另一种常见的开坯方式。由于模具不加热，必须采用包套和隔热层以保证坯料温度的一致性。热挤压需要考虑的主要问题包括：包套与坯料在挤压温度下强度的匹配；变形热导致的坯料心部温度升高；成分不均匀性导致的沿挤压方向的带状组织；变形织构。总的说来，热挤压工艺的可控性要好于等温锻造，因此性能的一致性较好。与单方向等温锻造一样，力学

性能具有各向异性。这可能源于微观组织的各向异性，如形变带方向和拉长的晶粒形状，也可能源于变形织构[110, 111]。圆形对称截面坯料（如圆柱坯料锻造成圆鼓形状或挤压成圆杆状）织构不明显，显微组织呈各向异性，主要是片层面垂直于锻造方向，平行于挤压方向，导致力学性能的各向异性[110, 111]。

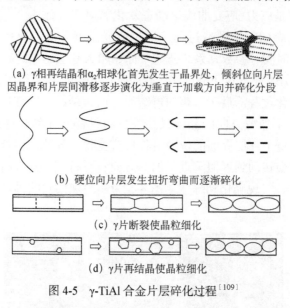

(a) γ 相再结晶和 α_2 相球化首先发生于晶界处，倾斜位向片层因晶界和片层间滑移逐步演化为垂直于加载方向并碎化分段

(b) 硬位向片层发生扭折弯曲而逐渐碎化

(c) γ 片断裂使晶粒细化

(d) γ 片再结晶使晶粒细化

图 4-5 γ-TiAl 合金片层碎化过程[109]

对于换向锻造或非圆截面挤压，织构必然发生改变。只有详细追踪形变步骤和织构演变过程，才能完全掌握显微组织和力学性能随位向的变化规律，但研究报道极少。Liu 等[112]对 4722-0.15B 合金进行了矩形截面两相区热挤压，并对挤压态与热处理态显微组织、织构和力学性能演变进行了系统研究。图 4-6 示意总结了挤压与热处理过程中织构的演化过程。挤压件表面（宽面中间位置）和心部 γ 相的织构相差很大：心部以铜、S、黄铜分量组成的 β 纤维织构为主，而表面以黄铜和 B/G 辅助分量组成的 α 纤维织构为主。心部与表面在挤压过程中均发生了再结晶，但表面再结晶体积分数更高。γ 相中形成的丰富织构是其经历的非均匀形变、相变和再结晶过程的反映。在表面存在的 C-孪晶、Y、Z 等分量表明发生了机械孪晶和切变带。而 B/G 辅助分量则是由变形向立方再结晶织构的过渡分量。面方立方金属再结晶尚未弄清的一个问题是立方织构分量到底源于定向成核还是定向生长[113, 114]。B/G 辅助分量的存在则为定向成核理论提供了直接证据。心部黄铜分量则因变形过热造成的 α 相变所致。挤压件表面和心部 α_2 相的织构类似，以

{11$\bar{2}$0}<10$\bar{1}$0>分量为主，α相固溶处理后经由定向生长再结晶形成{10$\bar{1}$0}<11$\bar{2}$0>分量。这种定向生长再结晶织构为细化晶粒提供了一种新方法：由于再结晶后多数α相晶粒间具有小角晶界，在初始再结晶时长大缓慢，只有在二次再结晶时才加速长大。这样只要热处理时间控制在两次再结晶之间，就可以既实现α相固溶，又避免晶粒快速长大，冷却后可获得较理想的细晶全片层组织。以上结果表明，对于非圆截面挤压，除了显微组织各向异性，织构导致的各向异性也是力学性能各向异性的重要原因。

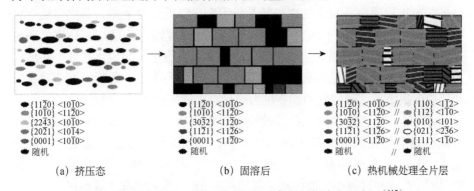

(a) 挤压态　　　　　　　(b) 固溶后　　　　　　　(c) 热机械处理全片层

图 4-6　挤压态组织在 α 相固溶处理和冷却时织构演化示意图[112]

水平方向为挤压方向，竖直方向为横向。各种颜色面积大致与所代表的织构强度成比例。

两相符合 Blackburn 位向关系的织构分量对应关系列在热机械处理全片层中

五、性能

决定 γ-TiAl 合金高温应用潜力的主要性能是蠕变和抗氧化性能，疲劳特性和断裂韧性则决定应力水平和使用寿命。尽管这类材料的室温塑性难以提高，但保证一个最低值对于加工、安装等操作和防止局部应力集中造成部件断裂是必需的。本章不专门介绍高温强度、室温塑性及变形机制，而集中论述与应用紧密相关的蠕变、氧化和疲劳与断裂 3 类性能。

（一）蠕变

关于 γ-TiAl 合金的蠕变已有很多综述论文[33, 115, 116]，在各种显微组织中，以全片层组织蠕变性能最佳[117, 118]。γ-TiAl 合金的蠕变与一般金属有诸多不同：在第一阶段应变量较大，几乎没有第二阶段（稳态蠕变阶段），而第三阶段可以很长。这样尽管 γ-TiAl 合金蠕变寿命很长，但蠕变变形量过大，对制作尺寸精度要求高的部件不利。在第一、第三阶段之间通常只能测量一个最小蠕变速率。金属的稳态蠕变是加工硬化和动态回复达到并维持平衡的结果，位错亚结构在这一阶段得到充分发展，但在 γ-TiAl 合金中没有形成位错亚结构，只观察到均匀分布的普通位错和形变孪晶[119, 120]。在 γ-TiAl 合金复杂的显微组织中多种机制共同作用，难以确定蠕变速率控制机制。随应力增大，应力指数因子连续增大，导致模型分析不具有预测和指导意义。

大量研究表明，显微组织是决定片层 γ-TiAl 合金蠕变性能的主要因素。首先，蠕变速率随晶粒尺寸的变化并不明显（特别是当晶粒尺寸较大时）[121]，但晶界形貌作用明显，交错的锯齿状晶界可明显降低蠕变速率。其次，蠕变速率对 α_2 相的体积分数不敏感，但对片层厚度很敏感，特别是在高应力条件下，细片层明显降低蠕变速率，但片层过薄则不稳定，易发生相变。在低应力下，因发生动态再结晶和片层界面滑移，作用不明显。最后，蠕变速率对片层位向很敏感，硬位向的蠕变抗力明显高于软位向[122]。

γ-TiAl 合金在蠕变第三阶段的应变通常高达 15%～25%，其机制不限于一般金属中的孔洞和缩颈（在 γ-TiAl 合金中这些机制仅在临近断裂时起作用），还有动态再结晶[123]、形变带[124]、晶界滑移[125] 和 $\alpha_2 \longrightarrow \gamma$ 相变[126]。在这些过程中，似乎动态再结晶和 $\alpha_2 \longrightarrow \gamma$ 相变起主导作用[33]。

γ-TiAl 合金第一阶段蠕变抗力较小，甚至在某些应用条件下蠕变应变可能超出设计许可值，因此降低该阶段蠕变速率是过去 20 多年 γ-TiAl 合金研究领域的重要研究内容。研究表明，片层界面位错源和已存在的大量位错是全片层组织第一阶段蠕变速率较高的主要原因[127]。随着界面源增殖和位错的逐渐枯竭，第一阶段蠕变速率逐渐减小。一个有趣的现象是，第一阶段蠕变应变与应力有关[128]，只有当高于某临界应力时，第一阶段蠕变应变才会快速增大。通过添加 C、O、N 等元素在片层界面形成析出相阻碍位错源开动和通过难熔金属合金化提高临界应力是提高 γ-TiAl 合金第一阶段蠕变抗力的有效手段。

（二）氧化

γ-TiAl 合金的高温氧化是一个看似相对简单、实则非常复杂的物理与化学过程。抗氧化性能从本质上取决于 α-Al_2O_3 与 TiO_2 等 Ti 的氧化物的形成反应与竞争生长，以及化学成分、相组成和显微组织、气氛、温度、表面力学与化学状态、扩散元与扩散通道等因素对这些形成反应和竞争生长过程的影响。在这个十分复杂的体系中，多种机制同时或先后发挥作用，导致氧化反应随时间和样品深度发生阶段性变化，并可能伴随多种过渡状态和亚稳相的产生与消失。由于实验细节不同，不同研究者对同一个问题常常得到貌似矛盾的结果。例如，Taniguchi 等[129]发现水蒸气显著加快 Ti-50Al 合金的氧化速率，而 Brady 等[130]发现水蒸气对形成 Al_2O_3 层的合金的抗氧化性能影响不大，Zeller 等[131]则认为水蒸气的作用取决于氧化层中的 TiO_2 和 Al_2O_3 的相对含量。同一元素对抗氧化性能的影响也与反应的阶段性相关。例如，Cr 在氧化第一阶段促进 Al_2O_3 形成，对抗氧化性能有益；但在第二阶段加快 Al_2O_3 分解，从而加速氧化过程[132]。N 则相反，在第一阶段因形成 TiN，干扰 Al_2O_3 形成，从而对抗氧化性能不利，但在后期若能形成相对连续的氮化物层，则可减缓亚表层的内氧化，从而减慢 Al_2O_3 层的消解[132, 133]。迄今唯一没有争议的合金元素只有 Nb，所有报道的结果一致认为 Nb 提高 γ-TiAl 合金的抗氧化性能。

鉴于 γ-TiAl 合金氧化环节的复杂性和实验研究每一个环节机制的难度，有必要从理论上加以研究，以理解这些机制与氧化反应细节。第一性原理计算有助于理解氧化反应的热力学与动力学过程。例如，对于最简单的纯 Ti，其优异的耐腐蚀性能源于 TiO_2/Ti 体系，而计算表明，该体系能量高于几种低价氧化物 TiO_{2-x}，氧化膜是一个由扩散控制的非平衡结构[134]。实际上这些低价氧化物在 γ-TiAl 合金氧化早期阶段均已被观察到[135]。γ-TiAl 合金氧化的基本问题包括 O 原子的吸附行为、合金原子对 Ti—O 键和 Al—O 键的影响，以及合金化对氧化膜生长的影响。Song 等[136]的研究表明，除了 Al 原子层覆盖的（001）表面外，O 原子在其他位置吸附均使 Ti—O 键强于 Al—O 键，但当已存在 TiO_2 时，Al—O 键则强于 Ti—O 键[137]，有利于 Al_2O_3 层的形成。这与实验观察到的 γ-TiAl 合金表面氧化膜由 TiO_2 组成，而亚表面由 Al_2O_3+TiO_2 组成的结果一致[138]。计算[137]表明，在 γ-TiAl 合金表面 Nb 原子使 O 离开 TiO_2 而与 Al 结合成键。这应该是 Nb 改善 γ-TiAl 合金抗氧化性能的本质原因。对氧化能的计算[139]结果表明，除 Sc 之外的大多数元素均降低 Al_2O_3 和 TiO_2 的稳定性。Co、Ni、Cu、Zn 等提高 Al_2O_3 相对于 TiO_2 的稳定性，而 Nb、Mo、W、Re 则与之相反。Al_2O_3 过于稳定可能导致柱晶生长，不易形成连续氧化膜；而较低稳定性的 Al_2O_3 则更易横向生长，阻碍内氧化，从而提高抗氧化性能。

绝大部分氧化研究采用空气、氧气或氧化气氛，只有一项研究采用了模拟燃烧气氛[140]。结果表明，只要表面形成了连续 Al_2O_3 膜，在模拟燃气中的抗氧化性能就会优于在空气中的抗氧化性能。Kumagai 等[141]发现，在 γ-TiAl 合金表面，卤族元素可以促进连续 Al_2O_3 膜的形成，且 F 的作用要好于 Cl[142]。

与氧化相关的一个重要问题是在使用温度（如 650~700℃）暴露后的热稳定性，即室温脆化问题，不同的研究者提出了多种解释。法国国家航天研究中心对此进行了较系统的研究[90]。结果表明，长期热暴露后的脆化为表面脆性层所致（包括氧化层、贫 Al 层、富 Nb 析出相），而短期热暴露后的脆化则与富 O 表面、机械孪晶在表面扩展受阻、冷却造成的残余应力梯度的综合作用有关。卤族元素尽管可以改善抗氧化性能，但对解决表面脆化问题似乎不起作用[33]。

（三）疲劳与断裂

对于具有本征脆性的金属间化合物，其断裂和裂纹扩展行为从根本上取决于以下几个方面因素的影响：合金化决定的原子尺度的键合强度；裂纹与位错、孪晶、晶界与相界等缺陷的交互作用；温度、加载速率、气氛等环境参数。

大量研究表明，γ 单相合金极脆，其韧性要比两相合金低得多[143-145]。这主要是因为 γ 相中 d 电子与各向异性分布的 p 电子杂化，导致极强的方向键[146-148]。两相合金中全片层组织的断裂韧性（25M~30MPa·$m^{1/2}$）则明显高于双态组织（9M~17MPa·$m^{1/2}$）；而对全片层组织而言，粗晶的韧性要好于细晶；但片层厚度的影响不明显[145]。这些显微组织参数及片层位向对断裂韧性的影响源于裂纹与片层界面的交互作用。Yoo 等[149, 150]的理论研究表明，（100）$_γ$、（111）$_γ$ 和（0001）$_{α_2}$的解理强度最低，而（111）$_γ$//（0001）$_{α_2}$正是片层界面。因此，当裂纹面平行于片层界面时，断裂韧性很低，仅为 3.3M~4.3MPa·$m^{1/2}$[151, 152]。这表明，全片层组织若因热加工或铸造产生织构，将对断裂韧性产生重要影响。

一般认为，变形产生的晶体缺陷（如孪晶和位错）或多或少对裂纹有一些阻碍作用，但在很大程度上取决于局部的晶体学位向，所以在宏观上很难实验验证。通过预变形引入大量位错，观察到断裂韧性的提高[153]，提供了位错阻碍裂纹扩展的间接证据。

随着温度升高，裂尖的塑性变形钝化作用愈加显著，断裂韧性提高。一般材料随加载速率提高，裂尖区位错运动速度会逐渐跟不上裂纹扩展速度，导致韧性下降，但在 γ-TiAl 合金室温测试时观察到相反的规律[154]。这种现象被解释为环境因素的影响，在低加载速率时发生氢脆，降低韧性，在高加载速率时裂纹面为新鲜表面，反而具有较高韧性。

在早期研究中，Sastry 和 Lipsitt[155] 已经发现，γ-TiAl 合金的疲劳强度在室温到 700℃ 对温度不敏感，疲劳极限与循环周次的曲线形状和显微组织类别有关[156]，但均高于极限拉伸强度的 75%。这个结论与材料强度无关，因此在高强度合金中也成立。在多数情况下，疲劳裂纹起源于表面，因此表面加工状况、应力分布和缺陷性质对疲劳性能的影响比较明显[157, 158]。总的来看，非尖锐裂纹对 γ-TiAl 合金不是大问题。对于长裂纹而言，基于门槛值的损伤容限方法也适用[159, 160]；但对于尺寸小于显微组织单元的短裂纹而言，基于门槛值的损伤容限方法失效[161]。

低周疲劳主要与合金成分有关。Umakoshi 等[162] 对多层合成孪晶（polysynthetically twinned，PST）晶体的研究表明，随着 Al 含量下降，片层厚度下降，材料强度和低周疲劳性能提高。对于 3 种典型的第二代 γ-TiAl 合金，在同为近全片层组织状态下，45XD 合金的低周疲劳性能最好，4822 合金居中，48WSi 合金最低。由于双态组织的室温塑性较全片层组织好，其低周疲劳性能也优于全片层组织[163]。

由于 γ-TiAl 合金室温塑性低，低周疲劳研究报道很少。Gloanec 等[164] 对铸态 4822 合金的研究表明，在低应变幅循环变形时，变形结构主要由普通位错构成，初始硬化微乎其微；中等应变幅循环变形时，形成脉管状亚结构；在高应变幅循环变形时，变形结构由孪晶主导，循环应变强化效果显著。在 750℃ 循环时，变形结构由弯曲长位错组成，表明交滑移和攀移机制被激活。高温同时导致变形结构的回复，位错缠结和位错环的湮灭与位错环的扩大相互竞争，致使应变硬化消失，甚至出现应变软化现象[164]。在高温循环条件下，应力诱导相变和再结晶更易发生[165, 166]，α₂ 相溶解，析出 γ 相或其他亚稳相。

由于 γ-TiAl 合金中的缺陷不可避免，叶片等部件在应用过程中也会受到外物冲击造成损伤，因此掌握裂纹扩展规律以期预测剩余寿命十分重要。显微组织对裂纹扩展有显著影响，片层组织对长裂纹扩展的阻力最大，粗晶合金好于细晶合金（粗晶闭合效应更显著）。总的来看，在低扩展速率区，显微组织的影响相对较小，但当疲劳裂纹扩展速率 $da/dN > 10^{-8}$ m/cycle 时差别明显增大[167]。

真空环境实验结果[168] 表明，经弹性模量修正的有效裂纹扩展门槛值随温度变化保持不变。环境主要改变了 da/dN 曲线的形状，使门槛值降低，斜率增大。环境中最主要的影响因素是水蒸气，它吸附在裂纹尖端，分解后导致氢脆[167]。

尽管粗大片层组织的裂纹扩展门槛值最高，但裂纹扩展门槛值适用于长裂纹，难以用于短裂纹。短裂纹会在低于门槛值扩展，且速度较快。双态组织可以得到一个低于长裂纹扩展门槛值的有效裂纹扩展门槛值，对设计有指导作用[169]。片层组织则无法建立这样一个有效裂纹扩展门槛值[170]，因为裂纹沿片层界面扩展的阻力很低[151, 152]。因此，尽管粗大片层组织的裂纹扩展门槛值最高，综合考虑短裂纹的萌生和扩展，细小片层组织的疲劳寿命更佳。

六、成形

成形是将某种形式的坯料制作成部件或其毛坯的过程。对于变形合金而言，成形可视为三次加工，包括模锻、轧制+超塑成形等工艺。对于铸造合金而言，成形是除母合金熔炼的二次加工。粉末冶金过程比较复杂，近净形热等静压成形和增材制造可视为二次加工，但也可以采用这种二次加工方法先制备粉末冶金坯料，再采用等温锻、挤压或轧制等进行三次加工。显然，结构件制造成本与加工链的长度和复杂程度成正比，也是变形的 γ-TiAl 合金尚未获得大量应用的主要障碍。成形采用的变形工艺与热加工在原理上没有本质区别，这里不再论述，只简要讨论不需进一步变形、成本相对较低的两类近净成形工艺——精密铸造和粉末冶金+热等静压。

（一）精密铸造

适用于 γ-TiAl 合金的精密铸造方法[33, 171]取决于熔炼方法、浇注方式和模壳材料的组合，有很多变种。熔炼方法包括感应熔炼①、凝壳熔炼；浇注方式包括静态重力、反重力、吸铸、离心②；模壳材料包括重复使用的金属模和一次使用的陶瓷模。使用陶瓷模的又称失蜡铸造（investment casting），是精密铸造中应用最广泛的一种。这里仅简要讨论文献报道的适用于航空发动机涡轮叶片的铸造方法。

---

① 陶瓷坩埚或水冷金属坩埚。陶瓷坩埚可获得高过热度，但夹杂和间隙污染使它并不适于航空转动部件等关键应用，水冷金属坩埚若采用高功率熔炼，则可使熔液悬浮，又称悬浮熔炼。

② 离心包括水平和垂直两种方式，这两种方式均可再细分为泼注和旋溢。

目前 PCC 公司为 GEnx 发动机铸造的 4822 合金低压涡轮叶片采用重力铸造，叶片采用超尺寸设计，需要进行机械加工[49, 50]。同时 GE 公司也在开发净尺寸叶片成形工艺。文献 [49] 报道了一种水平旋溢离心精密铸造的模拟结果。欧洲 IMPRESS 项目支持开发了一种垂直旋溢离心铸造工艺[172]。这些新工艺技术特色鲜明，但在成品率、缺陷统计表征、批量生产成本分析与控制等方面尚未见报道。

中国科学院金属研究所和德国 ACCESS 公司相继开发了 γ-TiAl 合金涡轮叶片的泼注式水平旋转离心精密铸造工艺。这是一种常规材料使用最多的精密铸造工艺，具有显著降低成本的潜力。应该指出，上述这些铸造技术尽管工艺细节不同，但均为失蜡铸造，对 γ-TiAl 合金涡轮叶片的制造而言，其工艺十分复杂，均包括母合金制备、模壳制备、铸造、质量检验控制 4 个部分。图 4-7 示出了这些工艺环节的主要步骤。

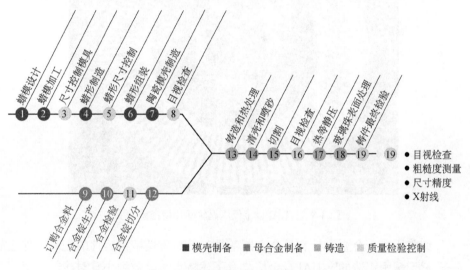

图 4-7　失蜡铸造技术的工艺环节[173]

由于 Ti 的化学活性高，γ-TiAl 合金的铸造必须采用比 Ti 的氧化物更稳定的氧化物制作模壳面层，才能最大限度地降低间隙元素污染和夹杂。在 γ-TiAl 合金熔点附近，只有 3 种元素的氧化物满足上述要求——Ca、Th、Y。Ca 的氧化物吸潮，Th 有放射性，仅 Y_2O_3 可供采用。制备具有高的化学稳定性、力学稳定性和热稳定性的 Y_2O_3 面层是 γ-TiAl 合金精密铸造的关键技术之一。

大推力大涵道比发动机的低压涡轮叶片较长、弦展宽、排气边很薄、截面弯度大，对冶金质量、力学性能和尺寸精度要求高，是难度最大的精密铸件之一。净尺寸铸造最常见的缺陷包括排气边难以完好充型、夹杂、气孔和表面疏松。铸造工艺涉及多达十几种参数的权衡与优化。只有采用高稳定性的模壳面层，才有可能消除上述 4 类缺陷[72]。图 4-8 为中国科学院金属研究所采用离心精密铸造方法制造的 γ-TiAl 合金低压涡轮叶片，已在英国罗-罗公司 Trent XWB 发动机上完成了覆盖一个大修周期的 1750 次模拟飞行循环考核试验。

图 4-8　γ-TiAl 合金低压涡轮叶片精密铸件

如前所述，合金设计和母合金制备是获得高质量精密铸件的先决条件之一。适于精密铸造的 γ-TiAl 合金应具有下述特点：晶粒细小且对冷却速率不太敏感，弱织构，显微组织对成分微小波动不敏感，不需要复杂热处理。从这些要求来看，在力学性能满足要求的前提下，β 凝固合金比包晶反应合金更适合铸造。

Appel 等[33]给出了一个显微组织敏感地依赖于成分的实例。采用 Ti-45Al-5Al-0.2B-0.2C 合金铸造汽车增压器叶轮时，同一批次得到了截然不同的两种显微组织。经分析，这种差异源于成分的微小波动（原子分数仅0.3%），导致两个叶轮分别经历了 β 凝固和包晶反应凝固两条路线。这说明该合金并不特别适于铸造应用。

B 是 γ-TiAl 合金中普遍采用的晶粒细化元素。随着合金体系和相平衡不同，可以形成多种晶体结构的硼化物。B 的晶粒细化机制复杂，前面合金化一节中已略有述及。首先，对于添加 TiB_2 的合金[73]，未熔透的 TiB_2 颗粒可作为初生相的形核核心从而细化晶粒。其次，在 β 凝固合金中，低含量 B 可以形成硼化物，向 $β \longrightarrow α$ 固态相变提供 α 形核核心而细化晶粒[76]。值得注意的是，这种机制的细化晶粒效果会随着冷却速率降低而更加显著[174]。因此，在失蜡铸造这种冷却速率不高的情况下，有可能保持铸件的细晶组织。但这种细化方式会因相邻晶团中片层位向过于接近而降低塑性[175]。最后，硼化物分布于晶界可以限制晶粒长大[176]。

正如 McQuay 和 Sikka[171] 所指出，γ-TiAl 合金这类新材料的铸造是一个系统工程，需要从结构件设计、技术开发、质量控制到供应链建立通盘考量。狭义的"可铸性"通常是指熔液填充铸件型腔的能力，而广义的"可铸性"应该是航空发动机设计师与材料科学家和铸造工程师联合，在平衡减重效果、性能提升和成本综合的基础上得到的最优工艺[171]，从研发活动的初始阶段就应设计技术成熟度和生产成熟度提升的路径与方案。

（二）粉末冶金+热等静压

作为近净成形方法的粉末冶金技术的优势在于：成分均匀，晶粒细小均匀，无织构，性能分散性小[177]。对于 γ-TiAl 合金这类非常难以变形加工的材料而言，若采用粉末冶金坯料则还有两个优势——避免开坯变形、材料利用率大幅度提高。航空航天应用要求采用高质量的预合金粉末，主要有两个方面的缺点或风险：①某些基于电极的制粉方法对电极成分均匀性要求较高；②基于气体雾化的制粉方法会将气体卷入部分粉末，特别是尺寸较大的粉末颗粒，已有证据表明，这些气泡会对板材超塑性变形产生不利影响[178]。由于 Ti 的化学活性，制备 γ-TiAl 合金粉末需避免陶瓷夹杂和间隙元素污染，粉末的制备、储存、转运和处理均需要在保护气氛中进行。

在预合金粉末制备过程中，液滴的快速凝固是一个非平衡过程，扩散不充分甚至被阻止，$α \longrightarrow α_2 + γ$ 相变进行得不彻底，因此粉末中 $α_2$ 相体积分数偏高，且细粉和 He 气氛中由于冷却速率更高而更明显[179]。旋转电极等真空制粉方法则因为冷却速率较慢导致 Al 烧损也会使 $α_2$ 相体积分数过高。需要指出的是，前者成分并未变化，仅是一种非平衡状态，在 600℃退火 1h 基本可以消除亚稳 $α_2$ 相；后者则使成分改变[180]。

γ-TiAl 合金在 $\alpha_2+\gamma$ 两相区热等静压过程中发生与制粉过程相反的变化——γ 相的体积分数会反常增大。Huang 等[181]的解释是 γ 相的原子体积小于 α_2 相，因此等静压力条件会促进 γ 相过量生成。B 的添加可以有效阻止热等静压过程中晶粒的长大。

尽管粉末在保护气氛中处理，但由于气氛纯度等，粉末表面仍然不可避免地会吸附氧气和水蒸气。粉末表面形成的氧化物会阻碍热等静压过程中颗粒间的冶金结合，需要选择适当的热等静压参数破碎粉末表面的氧化物，以消除原始颗粒边界[182]。水蒸气分解产生的氢可以通过真空除气方法有效去除，除气比不除气的粉末经热等静压得到的材料的旋转弯曲疲劳寿命在室温提高 3 倍，在 650℃提高 2 倍[183]。

第三节　钛铝金属间化合物的核心问题及挑战与前景

一、核心问题

经过 40 多年的研究，γ-TiAl 合金终于在众多结构金属间化合物中脱颖而出，实现了在航空发动机关键部件上的应用，迈出了重要的一步。新材料的应用，特别是在涡轮叶片这类高风险转动部件上的应用，需要大量的知识和数据支撑。从某种意义上说，新材料被成功"插入"，被工业界接纳，是研究的新起点。在 2014 年初召开的美国矿冶-金属-材料学会第五届 γ-TiAl 国际会议的总结讨论中，提出了以下几个方面的问题。

（1）如何进一步提高已获应用的铸造合金和技术的成熟度，提高合格率，降低成本？

（2）过去几十年对变形合金研究得最充分，为什么至今未能获得规模应用？能否通过进一步研究扫除障碍，找到出路？

（3）能否找到综合性能好的第三代合金？高性能的 β 凝固合金能否完全实现常规工艺锻造？能否实现铸造？

（4）如何评估各种新的工艺？如何保证成分和显微组织的均匀性与一致性？新工艺的优势和可实现性到底如何？

（5）未来可以拓展哪些新的应用？需要解决哪些问题？

二、挑战与前景

（一）铸造合金与技术的进一步发展

由于相图（图 4-1）的复杂性，凝固显微组织对凝固条件和合金成分高度敏感，三元、四元合金情况更是如此，即便对于已获得应用的合金，这些相平衡数据仍然缺乏。应该采用"材料基因组计划"所倡导的集成计算方法[184]，将多尺度的计算模拟相结合，给出成分-相-显微组织关系的框架，并加以必要的实验验证，以更好地理解凝固偏析，改善显微组织均匀性。例如，为什么图 4-1 所示的相图中 $\gamma/\gamma+\alpha_2$ 相界的准确位置难以确定？前面已提到 O 在 γ 相中的溶解度约为 300ppm（原子分数），但 O 在 α_2 相中则可溶解 8000～22000ppm（原子分数）[86]。这样大的差异会使相界位置受 O 含量的影响比较大，可能导致不同研究者测量的相界位置不同。要澄清这个问题，需要对 Ti-Al-O 相图进行更准确的计算和实验研究。又如，B 尽管细化晶粒，但当相邻的细晶片层位向比较接近时，室温伸长率仅为 0.45%[175]，需要弄清含硼合金中是否发生织构，在什么条件下（合金系、Al 含量、B 含量、硼化物种类）出现织构等问题。

（二）变形合金的挑战

对于 γ-TiAl 这样的难变形合金，采用变形工艺意味着材料利用率很低、成本很高。这是至今变形合金尚未实现大批量应用的主要原因之一。尽管 40 多年来开展了大量工作，但对一些基本问题仍缺乏系统的研究，如 α 相的再结晶过程及其机制、显微组织随两相区变形演化的细节，以及更重要的变形组织和性能的各向异性。需要系统表征显微组织和织构随变形工序的演变过程，在此基础上以最少工序获得最佳组织，以降低成本。

（三）第三代合金的设计

第二代 γ-TiAl 合金（如 4822 合金和 45XD 合金）目前主要用于 650℃（偶尔 700℃）的服役环境。新一代航空发动机需要提高涡轮转速（如齿轮涡扇发动机），叶片会承载更高应力，或为了提高燃油效率需要提高叶片应用温度，均要求发展疲劳强度和蠕变抗力更高的第三代 γ-TiAl 合金。从比强度来看，第三代 γ-TiAl 合金比第二代 γ-TiAl 合金高出很多（图 4-9），但其他更关键的性能（如氧化和蠕变）并未得到系统表征和评估，综合性能离应用要求尚有差距。如前所述，TNM 合金主要采用 Nb、Mo 等难熔元素强化，同时利用 β 相实现高温变形加工，然后在目标应用温度尽量消除 β 相。这里很多基本问题还没弄清楚，如 β 相（及析出的 ω 相或类 ω 相）对蠕变性能的影响规律。蠕变与相变的交互作用细节有待研究；有序相在蠕变过程中的再结晶动力学及其对蠕变速率的影响还有待澄清；氧化及环境对蠕变寿命的影响有待评估。

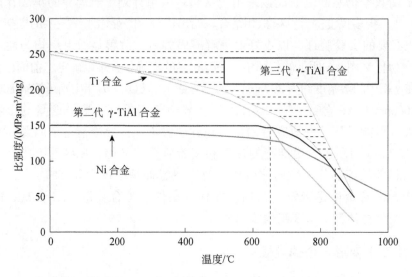

图 4-9　γ-TiAl 合金的比强度与 Ni 合金和 Ti 合金的对比[185]

（四）新技术基础上的新应用

γ-TiAl 合金的低塑性使焊接和连接具有很大的挑战性。扩散焊、钎焊、电子束焊接和激光焊接等问题的解决将扩大 γ-TiAl 合金的应用范围。另一项有待深入研究的技术是定向生长 γ-TiAl 合金的 PST 晶体[152, 186]，沿生长方向可以获得高达 10% 的室温伸长率，但存在三个方面问题：①强度偏低；②可生长晶体的合金成分很有限；③制作部件所需的大尺寸晶体有待生长方法的突破。进一步优化生长工艺可以拓宽 PST 晶体的合金成分，如 4722 合金，通过调整 O 含量可以得到室温屈服强度>500MPa、抗拉强度>600MPa、伸长率>5% 的优异综合性能[187]。获得具有工程应用价值的大尺寸晶体仍具有挑战性。

（五）新成形工艺的适宜性

很多新的金属成形工艺有助于解决 γ-TiAl 合金的成形难题，如预合金粉末的火花等离子烧结工艺[188]可以一步实现零件或坯料的成形，可以获得细晶全片层组织，但对于厚截面构件的工艺参数尚需优化，材料的综合性能和性能一致性需要进一步研究。基于激光的快速原型制造等增材制造技术早在 20 世纪 90 年代已被尝试用于制备 γ-TiAl 合金[189, 190]。近年来，随着增材制造技术的升温，欧洲、美国对 γ-TiAl 合金开展了较大投入的研究。美国得克萨斯大学和加利福尼亚大学等相继开展电子束打印 γ-TiAl 合金研究[191, 192]，意大利都灵理工大学和意大利航空工业集团、瑞典 Arcam 公司合作，采用电子束粉末床技术对制备多种 γ-TiAl 合金及叶片、叶轮模拟件开展了深入研究[193-195]，德国开展 γ-TiAl 合金激光增材制造的一项研究计划[196]，这些增材制造技术用于 γ-TiAl 合金制备必将推动新一代制造方法的进步。尽管这些技术进展较快，但是仍有很多技术问题没有解决，如同一工件不同部位性能的一致性、不同批次间性能的一致性、沉积质量与制造效率的矛盾及当电子束扫描速率较高时层间偏析等问题还有待深入研究[197]。

欧洲科学基金会 2013 年底出版的 *Materials Science and Engineering in Europe：Challengers and Opportunities*（《欧洲的材料科学与工程：挑战与机遇》）[198]列出了 9 个需要重点关注的研究主题，γ-TiAl 合金和增材制造技术分列第一位和第二位。而将增材制造技术用于制备低塑性的 γ-TiAl 合金部件显然挑战性更大。各种增材制造技术仍在发展中，有待成熟，这些新制造技术的发展规律和图 4-2 所示的先进材料发展规律基本类似。在批量生产中如何降低成本也是需要解决的问题，实现规模应用仍需要时间。

参 考 文 献

[1] McAndrew J B，Kessler H D. Ti-36 pct Al as a base for high temperature alloys. Journal of Metals，1956，10：1348-1353.

[2] Shechtman D，Blackburn M J，Lipsitt H A. The plastic deformation of TiAl. Metallurgical Transactions，1974，5：1373-1381.

[3] Lipsitt H A，Shechtman D，Schafrik R E. The deformation and fracture of TiAl at elevated temperatures. Metallurgical Transactions，1975，6A：1991-1996.

［4］Schuster J C, Palm M. Reassessment of the binary aluminum-titanium phase diagram. Phase Equilibrium and Diffusion, 2006, 27: 255-277.

［5］Huang S C, Chesnutt J C. Gamma TiAl and its alloys//Westbrook J H, Fleischer R L. Structural Applications of Intermetallic Compounds. New York: Wiley, 2000.

［6］Kainuma R, Palm M, Inden G. Solid-phase equilibria in the Ti-rich part of the Ti-Al system. Intermetallics, 1994, 2: 321-332.

［7］Ohnuma I, Fujita Y, Mitsui H, et al. Phase equilibria in the Ti-Al binary system. Acta Materialia, 2000, 48: 3113-3123.

［8］Suzuki A, Takeyama M, Matsuo T. Transmission electron microscopy on the phase equilibria among β, α and α_2 phases in Ti-Al binary system. Intermetallics, 2002, 10: 915-924.

［9］Veeraraghavan D, Pilchowski U, Natarajan B, et al. Phase equilibria and transformations in Ti-（25-52）at.% Al alloys studied by electrical resistivity measurements. Acta Materialia, 1998, 46: 405-421.

［10］Witusiewicz V T, Bondar A A, Hecht U, et al. The Al-B-Nb-Ti system: Ⅲ. Thermodynamic re-evaluation of the constituent binary system Al-Ti. Journal of Alloys and Compounds, 2008, 465: 64-77.

［11］Blackburn M J, Smith M P. R&D on composition and processing of titanium aluminide alloys for turbine engines. AFWAL-TR-82-4086. Ohio: Air Force Wright Aeronautical Laboratory, 1982.

［12］Lipsitt H A. Titanium aluminides-an overview// Koch C C, Liu C T, Stoloff N S. High-Temperature Ordered Intermetallic Alloys. Warrendale, PA: MRS, 1985: 351-364.

［13］Dimiduk D M, Dutton R. Shortening the insertion time for materials technologies—The 21st century metals challenge. Technical Report OMB No. 0704-0188. Dayton: Materials and Manufacturing Directorate Air Force Research Laboratory, 2004.

［14］National Research Council. Accelerating Technology Transition: Bridging the Valley of Death for Materials and Processes in Defense Systems. Washington D C: The National Academies Press, 2004.

［15］Aoki K, Izumi O. Improvement of room temperature ductility of the LI_2 intermetallic compound Ni_3Al by boron addition. Nippon Kinzoku Gakkaishi, 1979, 43: 1190-1196.

［16］Liu C T, White C L, Horton J A. Effect of Boron on grain-boundaries in Ni_3Al. Acta Metallurgica, 1985, 33: 213-229.

［17］Djanarthany S, Viala J C, Bouix J. An overview of monolithic titanium aluminides based on Ti$_3$Al and TiAl. Materials Chemistry and Physics，2001，72：301-319.

[18] Kim Y W，Wagner R，Yamaguchi M. Gamma Titanium Aluminides. Warrendale，PA：TMS，1995.

[19] Kim Y W. Intermetallic alloys based on gamma titanium aluminide. Journal of Metals，1989，41（7）：24-30.

[20] Kim Y W，Dimiduk D M. Progress in the understanding of gamma titanium aluminides. Journal of Metals，1991，43（8）：40-47.

[21] Kim Y W. Ordered intermetallic alloys，part Ⅲ：gamma titanium aluminides. Journal of Metals，1994，46（7）：30-39.

[22] Kim Y W. Gamma titanium aluminides：Their status and future. Journal of Metals，1995，47（7）：39-42.

[23] Larsen D E. Status of investment cast gamma titanium aluminides in the USA. Materials Science and Engineering A，1996，213：128-133.

[24] National Materials and Manufacturing Board. Materials Needs and Research and Development Strategy for Future Military Aerospace Propulsion Systems. Washington DC：National Academies Press，2011：188-193.

[25] Sadler P，Kumar K S，Green J A S. Applicability and performance benefits of XD titanium aluminides to expendable gas turbine engines. Technical Report MML-TR-93-09. Baltimore：Martin Marietta Laboratories，1993.

[26] Pollock T M，Steif P S. A university-industry partnership for research and transition of gamma titanium aluminides：Final report. AFRL-SR-BL-TR-01-0633. Dayton：Air Force Research Laboratory，1999.

[27] Draper S L，Lerch B A，Pereira M，et al. Durability assessment of gamma TiAl：Final report. NASA/TM-2004-212303. Washington D C：NASA，2004.

[28] Murtagian G R. Surface integrity on grinding of gamma titanium aluminide intermetallic compounds. Atlanta：PhD Thesis，Georgia Institute of Technology，2004.

[29] Tetsui T. The effect of composition on the endurance of TiAl alloys in turbocharger applications//Kim Y W，Dimiduk D M，Loretto M H. Gamma Titanium Aluminides. Warrendale，PA：TMS，1999：15-23.

[30] Wu X. Review of alloy and process development of TiAl alloys. Intermetallics，2006，14：1114-1122.

[31] Gebauer K. Performance，tolerance and cost of TiAl passenger car valves. Intermetallics，2006，14：355-360.

［32］Livalves. Light-weight valves for high-efficiency engines, 2000—2004. http://ec.europa. eu/research/transport/projects/items/_livalves_european_and_chinese_collaboration_leads_ to_possible_breakthrough_en.htm#content［2014-06-22］.

［33］Appel F, Paul D H, Oehring M. Gamma Titanium Aluminide Alloys: Science and Technology. Weinheim: Wiley, 2011.

［34］Chen G L, Sun Z Q, Zhou X. Oxidation and mechanical behavior of intermetallic alloys in the Ti-Nb-Al ternary system. Materials Science and Engineering A, 1992, 153: 597-602.

［35］Oehring M, Appel F, Lorenz U. Wrought processing of γ-TiAl alloys. Transactions of Nonferrous Mtal Society of China, 2002, 12: 569-576.

［36］Xu X J, Lin J P, Zhang L Q, et al. Recent development and optimization process of high Nb-TiAl alloy// Kim Y W, Smarsly W, Lin J P, et al. Gamma Titanium Aluminide. Warrendale, PA: TMS, 2014: 71-76.

［37］Hu D, Huang A J, Gregoire A, et al. Determining continuous cooling transformation behaviour in Ti-46Al-8Nb using Jominy end quenching. Materials Science Forum, 2005, 29: 172-175.

［38］Blackburn M J. Some aspects of phase transformations in titanium alloys//Jaffee R, Promisel N. The Science, Technology and Applications of Titanium. London: Pergamon, 1970: 633-643.

［39］Kumagai T, Abe E, Takeyama M, et al. Microstructural evolution of massively transformed γ-TiAl during isothermal aging. Scripta Materialia, 1997, 36: 523-529.

［40］Hu D, Huang A J, Novovic D, et al. The effect of boron and alpha grain size on the massive transformation in Ti-46Al-8Nb-xB alloys. Intermetallics, 2006, 14: 818-825.

［41］Huang A J, Loretto M H, Hu D, et al. The role of oxygen content and cooling rate on transformations in TiAl-based alloys. Intermetallics, 2006, 14: 838-847.

［42］Naka S, Thomas M, Sanchez C, et al. Development of third generation castable gamma titanium aluminides: Role of solidification path// Nathal M V, Darolia R, Liu C T, et al. Structural Intermetallics, Warrendale, PA: TMS, 1997: 13-322.

［43］Burgers W G. On the process of transition of the cubic body-centered modication into the hexagonal-close packed modification of zirconium. Physica, 1934, 1: 561-586.

［44］Kim Y W, Kim S L, Dimiduk D, et al. Development of beta-gamma alloys: Opening robust processing and greater application potential for TiAl-base alloys// Kim Y W, Morris D, Yang R, et al. Structrural Applications for High Temperatures. Warrendale,

PA：TMS，2008：215.

［45］Clemens H，Chladil H F，Wallgram W，et al. In and ex situ investigations of the β phase in a Nb and Mo containing γ-TiAl based alloy. Intermetallics，2008，16：827-833.

［46］Wallgram W，Schmölzer T，Cha L M，et al. Technology and mechanical properties of advanced γ-TiAl based alloy. International Journal of Materials Research，2009，100：1021-1030.

［47］Huang Z W，Cong T. Microstructural instability and embrittlement behaviour of an Al-lean，high-Nb γ-TiAl-based alloy subjected to a long-term thermal exposure in air. Intermetallics，2010，18：161-172.

［48］Norris G. Power house. https://www.flightglobal.com/power-house/67846. article ［2006-06-13］.

［49］Bewlay B P，Weimer M，Kelly T，et al. The science，technology，and implementation of TiAl alloys in commercial aircraft engines// Baker I，Heilmaier M，Kuma S，et al. Intermetallic-Based Alloys-Science，Technology and Applications. Warrendale，PA：MRS，2013：49-58.

［50］McQuay P. The industrialization of near-net shape titanium aluminide investment castings// Kim Y W，Smarsly W，Lin J P，et al. Gamma Titanium Aluminide. Warrendale，PA：TMS，2014.

［51］Javis D J，Voss D. IMPRESS integrated project：An overview paper. Materials Science and Engineering A，2005，413-414：583-591.

［52］Heppener M，Minster O，Jarvis D J. First results of ESA's IMPRESS project. Acta Astronautica，2008，63：20-23.

［53］European Space Agency. Final Report of IMPRESS Project：Publishable executive summary. Amsterdam：ESA，2009.

［54］Kim Y W，Dimiduk D M，Loretto M H. Gamma Titanium Aluminides. Warrendale，PA：TMS，1999.

［55］Kim Y W，Clemens H，Rosenberger A H. Gamma Titanium Aluminide. Warrendale，PA：TMS，2003.

［56］Kim Y W，Morris D，Yang R，et al. Structural Aluminides for Elevated Temperatures. Warrendale，PA：TMS，2008.

［57］Kim Y W，Smarsly W，Lin J P，et al. Gamma Titanium Aluminide. Warrendale，PA：TMS，2014.

［58］Hanamura T，Uemori R，Tanino M. Mechanism of plastic deformation of Mn-added

TiAl L1$_0$-type intermetallic compound. Journal of Materials Research, 1988, 3: 656-664.

[59] Huang S C, Hall E L. The effects of Cr additions to binary TiAl-base alloys. Metallurgical Transactions A, 1991, 22: 2619-2627.

[60] Kawabata T, Tamura T, Izumi O. Effect of Ti/Al ratio and Cr, Nb, and Hf additions on material factors and mechanical properties in TiAl. Metallurgical Transactions A, 1993, 24: 141-150.

[61] Sun F S, Cao C X, Kim S E, et al. Alloying mechanism of beta stabilisers in a TiAl alloy. Metallurgical and Materials Transactions A, 2001, 32A: 1573-1589.

[62] Beddoes J, Seo D Y, Chen W R, et al. Relationship between tensile and primary creep properties of near γ-TiAl intermetallics. Intermetallics, 2001, 9: 915-922.

[63] Huang Z W, Voice W, Bowen P. Thermal stability of a fine-grained fully lamellar TiAl-based alloy//Hemker K J, Dimiduk D M, Clemens H, et al. Structural Intermetallics. Warrendale, PA: TMS, 2001: 551-560.

[64] Stark A, Oehring M, Pyczak F, et al. In situ observation of various phase transformation paths in Nb-rich TiAl alloys during quenching with different rates. Advanced Engineering Materials, 2011, 13: 700-704.

[65] Yu R, He L L, Cheng Z Y, et al. B2 precipitates and distribution of W in a Ti-47Al-2W-0.5Si alloy. Intermetallics, 2002, 10: 661-665.

[66] Paul J D H, Appel F, Wagner R. The compression behavior of niobium alloyed -titanium aluminides.Acta Materialia, 1998, 46: 1075-1085.

[67] Zhang W J, Deevi S C, Chen G L. On the origin of superior high strength of Ti-45Al-10Nb alloys. Intermetallics, 2002, 10: 403-406.

[68] Fröbel U, Appel F. Strain ageing in (TiAl) -based titanium aluminides due to antisite atoms. Acta Materialia, 2002, 50: 3693-3707.

[69] Woodward C, Kajihara S A, Rao S I, et al. The influence of solid solutions on ow behavior in γ-TiAl//George E P, Mills M J, Yamaguchi M. High-Temperature Ordered Intermetallic Alloys VIII. Warrendale, PA: MRS, 1999: 281-286.

[70] Li Y J, Hu Q M, Xu D S, et al. Strengthening of γ-TiAl-Nb by short range ordering of point defects. Intermetallics, 2011, 19: 793-796.

[71] Hao Y L, Xu D S, Cui Y Y, et al. The site occupancies of alloying elements in TiAl and Ti$_3$Al alloys. Acta Materialia, 1999, 47: 1129-1139.

[72] Yang R. Fundamental and application-oriented research on gamma alloys//Kim Y W,

Smarsly W, Lin J P, et al. Gamma Titanium Aluminide. Warrendale, PA: TMS, 2014: 123-134.

[73] Bryant J D, Christodoulou L, Maisano J R. Effect of TiB$_2$ additions on the colony size of near gamma titanium aluminides. Scripta Metallurgica et Materialia, 1990, 24: 33-38.

[74] Cheng T T. The mechanism of grain refinement in TiAl alloys by boron addition-an alternative hypothesis. Intermetallics, 2000, 8: 29-37.

[75] Hu D. Effect of composition on grain refinement in TiAl-based alloys. Intermetallics, 2001, 9: 1037-1043.

[76] Hecht U, Witusiewicz V, Drevermann A, et al. Grain refinement by low boron additions in niobium-rich TiAl based alloys. Intermetallics, 2008, 16: 969-978.

[77] Kitkamthorn U, Zhang L C, Aindow M. The structure of ribbon borides in a Ti-44Al-4Nb-4Zr-1B alloy. Intermetallics, 2006, 14: 759-769.

[78] Lindemann J, Glavatskikh M, Leyens C, et al. Effect of small boron and carbon additions on the mechanical properties of a novel high niobium-containing gamma titanium aluminide alloy// Kim Y W, Morris D, Yang R, et al. Structural Aluminides for Elevated Temperatures. Warrendale, PA: TMS, 2008: 257-264.

[79] Chen S, Beaven P A, Wagner R. Carbide precipitation in γ-TiAl alloys. Scripta Metallurgica et Materialia, 1992, 26: 1205-1210.

[80] Tian W H, Sano T, Nemoto M. Structure of perovskite carbide and nitride precipitates in L1$_0$-ordered TiAl. Philosophical Magazine A, 1993, 68: 965-976.

[81] Appel F, Fischer F D, Clemens H. Precipitation twinning. Acta Materialia, 2007, 55: 4915-4923.

[82] Tsuyama S, Mitao S, Minakawa K N. Alloy modification of γ-base titanium aluminide for improved oxidation resistance, creep strength and fracture toughness. Materials Science and Engineering A, 1992, 153: 451-456.

[83] Noda T, Okabe M, Isobe S, et al. Silicide precipitation strengthened TiAl. Materials Science and Engineering A, 1995, 192-193: 774-779.

[84] Yu R, He L L, Guo J T, et al. Orientation relationship and interfacial structure between ξ-Ti$_5$Si$_3$ precipitates and γ-TiAl intermetallics. Acta Materialia, 2000, 48: 3701-3710.

[85] Huguet A, Menand A. Atom-probe determination of interstitial element concentration in two-phase and single-phase TiAl-based alloys. Applied Surface Science, 1994, 76-77: 191-197.

[86] Neroc-Partaix A, Menand A. Atom probe analysis of oxygen in ternary TiAl alloys.

Scripta Materialia, 1996, 35: 199-203.

[87] Kawabata T, Tadano M, Izumi O. Effect of purity and second phase on ductility of TiAl. Scripta Metallurgica, 1988, 22: 1725-1730.

[88] Kawabata T, Abumiya T, Izumi O. Effect of oxygen addition on mechanical properties of TiAl at 293—1273 K.Acta Metallurgica et Materialia, 1992, 40: 2557-2567.

[89] Ponchel A. Champs de deformation locaux autour d'elements d'addition en solution solide dans les alliages ordonnes TiAl+X (X=Cr, Mn, Ni, Zr, Nb)//Determinations experimentales et theoriques: Application a l'etude de l'interaction solute-dislocation. Paris: PhD Thesis, Universite Pierre et Marie Curie Paris Ⅵ, 2001.

[90] Thomas M, Bacos M P. Processing and characterization of TiAl-based alloys: Towards an industrial scale. Aerospace Lab Journal, 2011, 3: 1-11.

[91] Grange M, Raiart J L, Thomas M. Influence of microstructure on tensile and creep properties of a new castable TiAl-based alloy. Metallurgical and Materials Transactions A, 2004, 35: 2087-2102.

[92] Clemens D R. Gamma TiAl meltstock technology: Development of plasma arc melting and controlling aluminum content//Hemker K J, Dimiduk D M, Clemens H, et al. Structrual Intermetallics. Warrendale, PA: TMS, 2001: 217-224.

[93] de Graef M, Biery N, Rishel L, et al. On the relation between cooling rate and solidification microstructure in as-cast titanium aluminides//Kim Y W, Dimiduk D M, Loretto M H. Gamma Titanium Aluminides. Warrendale, TMS: PA, 1999: 247-254.

[94] Johnson D R, Inui H, Yamaguchi M. Crystal growth of TiAl alloys. Intermetallics, 1998, 6: 647-652.

[95] Küstner V, Oehring M, Chatterjee A, et al. An investigation of microstructure formation during solidification of gamma titanium aluminide alloys//Kim Y W, Clemens H, Rosenberger A H. Gamma Titanium Aluminides. Warrendale, PA: TMS, 2003: 89-96.

[96] Hecht U, Daloz D, Lapin J, et al. Solidification of TiAl-based alloys//Palm M, Bewlay P B, He Y H, et al. Advanced Intermetallic-based Alloys for Extreme Environment and Energy Applications. Warrendale, PA: MRS, 2009: 1128-U03-01.

[97] Jung J Y, Park J K, Chun C H. Influence of Al content on cast microstructures of Ti-Al intermetallic compounds. Intermetallics, 1999, 7: 1033-1041.

[98] Eiken J, Appel M, Witsuiewicz V T, et al. Interplay between α (Ti) nucleation and growth during peritectic solidification investigated by phase-field simulations. Journal of

Physics: Condensed Matter, 2009, 21: 464104.

[99] Kim J H, Shin D H, Semiatin S L, et al. High temperature deformation behavior of a γ-TiAl alloy determined using the load-relaxation test. Materials Science and Engineering A, 2003, 344: 146-157.

[100] Seetharaman V, Semiatin S L. Effect of the lamellar grain size on plastic flow behavior and microstructure evolution during hot working of a gamma titanium aluminide alloy. Metallurgical and Materials Transactions A, 2002, 33A: 3817-3830.

[101] Cahn R W, Takeyama M, Horton J A, et al. Recovery and recrystallization of the deformed, orderable alloy ($Co_{78}Fe_{22}$)$_3$V. Journal of Materials Research, 1991, 6: 57-70.

[102] Yang R, Botton G A, Cahn R W. The role of grain-boundary disorder in the generation and growth of antiphase domains during recrystallization of cold-rolled Cu_3Au. Acta Materialia, 1996, 44: 3869-3880.

[103] Semiatin S L, Chesnutt J C, Austin C, et al. Processing of intermetallic alloys// Nathal M V, Darolia R, Liu C T, et al. Structural Intermetallics. Warrendale, PA: TMS, 1997: 263-276.

[104] Fukutomi H, Nomoto A, Osuga Y, et al. Analysis of dynamic recrystallization mechanism in γ-TiAl intermetallic compound based on texture measurement. Intermetallics, 1996, 4: S49-S55.

[105] Salishchev G A, Imayev R M, Senkov O N, et al. Formation of a submicrocrystalline structure in TiAl and Ti_3Al intermetallics by hot working. Materials Science and Engineering A, 2000, 286: 236-243.

[106] Imayev R M, Salishchev G A, Imayev V M, et al. Hot deformation of gamma TiAl alloys: Fundamentals and application//Kim Y W, Dimiduk D M, Loretto M H. Gamma titanium aluminides. Warrendale, PA: TMS, 1999: 565-572.

[107] Imayev R M, Imayev V M, Oehring M, et al. Microstructural evolution during hot working of Ti aluminide alloys: Influence of phase composition and initial casting texture. Metallurgical and Materials Transactions A, 2005, 36A: 859-867.

[108] Fröbel U, Appel F. Hot-workability of gamma-based TiAl-alloys during severe torsional deformation. Metallurgical and Materials Transactions A, 2007, 38A: 1817-1832.

[109] 孙伟. γ-TiAl合金的热变形、组织演化和包覆轧制. 沈阳: 中国科学院金属研究所博士学位论文, 2009.

[110] Oehring M, Lorenz U, Niefanger R, et al. Effect of hot extrusion on microstructure an

mechanical properties of a gamma titanium aluminide alloy//Kim Y W, Dimiduk D M, Loretto M H. Gamma Titanium Aluminides. Warrendale, TMS: PA, 1999: 439-446.

[111] Oehring M, Lorenz U, Appel F, et al. Microstructure and mechanical properties of a boron containing gamma titanium aluminide alloy in different hot working stages// Hemker K J, Dimiduk D M, Clemens H, et al. Structural Intermetallics. Warrendale, PA: TMS, 2001: 157-166.

[112] Liu R C, Liu D, Tan J, et al. Textures of rectangular extusions and their effects on the mechanical properties of thermo-mechanically treated, lamellar microstructure, Ti-47Al-2Cr-2Nb-0.15B. Intermetallics, 2014, 52: 110-123.

[113] Doherty R, Hughes D, Humphreys F, et al. Current issues in recrystallization: A review. Materials Science and Engineering A, 1997, 238: 219-274.

[114] Brokmeier H G, Oehring M, Lorenz U, et al. Neutron diffraction study of texture development during hot working of different gamma-titanium aluminide alloys. Metallurgical and Materials Transactions A, 2004, 35: 3563-3579.

[115] Zhang W J, Deevi S C. An overview on the rate limiting factors in the creep of TiAl// Hemker K J, Dimiduk D M, Clemens H, et al. Structural Intermetallics. Warrendale, PA: TMS, 2001: 699-708.

[116] Veyssière P. Yield stress anomalies in ordered alloys: A review of microstructural findings and related hypotheses. Materials Science and Engineering A, 2001, 309-310: 44-48.

[117] Es-Souni M, Bartels A, Wagner R. Creep behaviour of near γ-TiAl base alloys: Effects of microstructure and alloy composition. Materials Science and Engineering A, 1995, 192-193: 698-706.

[118] Worth D B, Jones J W, Allison J E. Creep deformation in near-γ TiAl: Part 1. The influence of microstructure on creep deformation in Ti-49Al-1V. Metallurgical Transactions A, 1995, 26: 2947-2959.

[119] Morris M A, Leboeuf T. Deformed microstructures during creep of TiAl alloys: Role of mechanical twinning. Intermetallics, 1997, 5: 339-354.

[120] Wang J G, Hsiung L M, Nieh T G. Formation of deformation twins in a crept lamellar TiAl alloy. Scripta Materialia, 1998, 39: 957-962.

[121] Maruyama K, Yamamoto R, Nakakuki H, et al. Effects of lamellar spacing, volume fraction and grain size on creep strength of fully lamellar TiAl alloys. Materials Science and Engineering A, 1997, 239-240: 419-428.

[122] Parthasarathy T A, Subramanian P R, Mendiratta M G, et al. Phenomenological observations of lamellar orientation effects on the creep behavior of Ti-48at.%Al PST crystals. Acta Materialia, 2000, 48: 541-551.

[123] Hayes R W, Martin P L. Tension creep of wrought single phase γ-TiAl. Acta Metallurgica et Materialia, 1995, 43: 2761-2772.

[124] Zhang W J, Spigarelli S, Cerri E, et al. Effect of heterogeneous deformation on the creep behaviour of a near-fully lamellar TiAl-base alloy at 750℃. Materials Science and Engineering A, 1996, 211: 15-22.

[125] Du X W, Zhu J, Kim Y W. Microstructural characterization of creep cavitation in a fully-lamellar TiAl alloy. Intermetallics, 2001, 9: 137-146.

[126] Appel F. Mechanistic understanding of creep in gamma-base titanium aluminide alloys. Intermetallics, 2001, 9: 907-914.

[127] Es-Souni M, Bartels A, Wagner R. Creep behaviour of a fully transformed near γ-TiAl alloy Ti-48Al-2Cr. Acta Metallurgica et Materialia, 1995, 43: 153-161.

[128] Zhang W J, Deevi S C. The controlling factors in primary creep of TiAl-base alloys. Intermetallics, 2003, 11: 177-185.

[129] Taniguchi S, Hongawara N, Shibata T. Influence of water vapour on the isothermal oxidation behaviour of TiAl at high temperatures. Materials Science and Engineering A, 2001, 307: 107-112.

[130] Brady M P, Smialek J L, Humphrey D L, et al. The role of Cr in promoting protective alumina scale formation by γ-based Ti-Al-Cr alloys—Ⅱ. Oxidation behavior in air. Acta Materialia, 1997, 45: 2371-2382.

[131] Zeller A, Dettenwanger F, Schütze M. Influence of water vapour on the oxidation behaviour of titanium aluminides. Intermetallics, 2002, 10: 59-72.

[132] Rahmel A, Quadakkers W J, Schütze M. Fundamentals of TiAl oxidation: A critical review. Materials Corrosion, 1995, 46: 271-285.

[133] Quadakkers W J, Schaaf P, Zheng N, et al. Beneficial and detrimental effects of nitrogen on the oxidation behaviour of TiAl-based intermetallics. Materials Corrosion, 1997, 48: 28-34.

[134] Zhu L G, Hu Q M, Yang R, et al. Atomic-scale modeling of the dynamics of titanium oxidation. Journal of Physical Chemistry C, 2012, 116: 24201-24205.

[135] Schmiedgen M, Graat P C J, Baretzky B, et al. The initial stages of oxidation of gamma-TiAl: An X-ray photoelectron study. Thin Solid Films, 2002, 415: 114-122.

［136］Song Y，Dai J H，Yang R. Mechanism of oxygen adsorption on surfaces of γ-TiAl. Surface Science，2012，606：852-857.

［137］Song Y，Xing F J，Dai J H，et al. First principles study of influence of Ti vacancy and Nb dopant on the bonding of TiAl-TiO$_2$ interface. Intermetallics，2014，49：1-6.

［138］Lang C，Schutze M. TEM investigations of the early stages of TiAl oxidation. Oxidation of Metals，1996，46：284-289.

［139］Ping F P，Hu Q M，Yang R. Investigation of effects of alloying on oxidation resistance of γ-TiAl by using first principles. Acta Metallurgica Sinica，2013，49：385-390.

［140］Li X Y，Taniguchi S. Oxidation behavior of TiAl based alloys in a simulated combustion atmosphere. Intermetallics，2004，12：11-21.

［141］Kumagai M，Shibue K，Kim M S，et al. Product of a halogen containing Ti-Al system intermetallic compound having a superior oxidation and wear resistance：US，5451366. 1995-09.

［142］Masset P J，Neve S，Zschau H E，et al. Influence of alloy compositions on the halogen effect in TiAl alloys. Materials Corrosion，2008，59：609-618.

［143］Deve H E，Evans A G. Twin toughening in titanium aluminide. Acta Metallurgica et Materialia，1991，39：1171-1176.

［144］Mitao S，Tsuyama S，Minakawa K. Effects of microstructure on the mechanical properties and fracture of γ-base titanium aluminides. Materials Science and Engineering A，1991，143：51-62.

［145］Chan K S，Kim Y W. Effects of lamellae spacing and colony size on the fracture resistance of a fully-lamellar TiAl alloy. Acta Metallurgica et Materialia，1995，43：439-451.

［146］Song Y，Xu D S，Yang R，et al. Theoretical investigation of ductilizing effects of alloying elements on TiAl. Intermetallics，1998，6：157-165.

［147］Song Y，Yang R，Li D，et al. A first principles study of the influence of alloying elements on TiAl：Site preference. Intermetallics，2000，8：563-568.

［148］Song Y，Guo Z X，Yang R，et al. First principles study of influence of alloying elements on TiAl：Cleavage strength and deformability. Computational Materials Science，2002，23：55-61.

［149］Yoo M H，Fu C L. Cleavage fracture of ordered intermetallic alloys. Materials Science and Engineering A，1992，153：470-478.

［150］Yoo M H，Zou J，Fu C L. Mechanistic modeling of deformation and fracture behavior in TiAl and Ti$_3$Al. Materials Science and Engineering A, 1995, 192-193: 14-23.

[151] Nakano T, Kawanaka T, Yasuda H Y, et al. Effect of lamellar structure on fracture behavior of TiAl polysynthetically twinned crystals. Materials Science and Engineering A, 1995, 194: 43-51.

[152] Yokoshima S, Yamaguchi M. Fracture behavior and toughness of PST crystals of TiAl. Acta Materialia, 1996, 44: 873-883.

[153] Appel F. An electron microscope study of mechanical twinning and fracture in TiAl alloys. Philosophical Magazine, 2005, 85: 205-231.

[154] Lorenz U, Appel F, Wagner R. Dislocation dynamics and fracture processes in two-phase titanium aluminide alloy. Materials Science and Engineering A, 1997, 234-236: 846-849.

[155] Sastry S M L, Lipsitt H A. Fatigue deformation of TiAl base alloys. Metallurgical Transactions A, 1977, 8A: 299-308.

[156] Larsen J M. Assuring reliability of gamma titanium aluminides in long-term service// Kim Y W, Dimiduck D M, Loretto M. Gamma Titanium Aluminides. Warrendal, PA: TMS, 1999: 463-472.

[157] Vaidya W V, Schwalbe K H, Wagner R. Understanding the fatigue resistance of gamma titanium aluminide//Kim Y W, Wagner R, Yamaguchi M. Gamma Titanium Aluminides. Warrendale, PA: TMS, 1995: 867-874.

[158] Trail S J, Bowen P. Effects of stress concentrations on the fatigue life of a gamma-based titanium aluminide. Materials Science and Engineering A, 1995, 193: 427-434.

[159] Harding T S, Jones J W. Fatigue thresholds of cracks resulting from impact damage to gamma-TiAl. Scripta Materialia, 2000, 43: 623-629.

[160] Draper S L, Lerch B A, Pereira J M, et al. Effect of impact damage on the fatigue response of TiAl alloy-ABB-2//Hemker K J, Dimiduk D M, Clemens H, et al. Structural Intermetallics. Warrendale, PA: TMS, 2001: 295-304.

[161] Harding T S, Jones J W. Evaluation of a threshold-based model of the elevated-temperature fatigue of impact-damaged γ-TiAl. Metallurgical Transactions A, 2001, 32: 2975-2984.

[162] Umakoshi Y, Yasuda H Y, Nakano T. Plastic anisotropy and fatigue of TiAl PST crystals: A review. Intermetallics, 1996, 4: S65-S75.

[163] Recina V. High temperature low cycle fatigue properties of two cast gamma titanium aluminide alloys with refined microstructures. Materials Science and Technology,

2000，16：333-340.

[164] Gloanec A L, Bertheau D, Jouiad M, et al. Fatigue properties of a Ti-48Al-2Cr-2Nb alloy produced by casting and powder metallurgy//Kim Y W, Rosenberger A H, Clemens H. Gamma Titanium Aluminides. Warrendale, PA: TMS, 2003: 485-492.

[165] Park Y S, Nam S W, Hwang S K. Intergranular cracking under creep-fatigue deformationin lamellar TiAl alloy. Materials Letters, 2002, 53: 392-399.

[166] Appel F, Heckel T H, Christ H J. Electron microscope characterization of low cycle fatigue in a high-strength multiphase titanium aluminide alloy. International Journal of Fatigue, 2010, 32: 792-798.

[167] Hénaff G, Gloanec A L. Fatigue properties of TiAl alloys. Intermetallics, 2005, 13: 543-558.

[168] Hénaff G, Tonneau A, Mabru C. Near-threshold fatigue crack growth mechanisms in TiAl alloys//Hemker K J, Dimiduk D M, Clemens H, et al. Structural Intermetallics. Warrendale, PA: TMS, 2001: 571-580.

[169] Kruzic J J, Campbell J P, McKelvey A L, et al. The contrasting role of microstructure in influencing fracture and fatigue-crack growth in γ-based titanium aluminide at large and small crack sizes//Kim Y W, Dimiduk D M, Loretto M H. Gamma Titanium Aluminides. Warrendale, PA: TMS, 1999: 495-507.

[170] Campbell J P, Kruzic J J, Lillibridge S, et al. On the growth of small fatigue cracks in γ-based titanium aluminides. Scripta Materialia, 1997, 37: 707-712.

[171] McQuay P A, Sikka V K. Casting//Westbrook J H, Fleischer R L. Intermetallic Compounds-Principles and Practice Volume 3: Progress. London: Wiley, 2002: 591-616.

[172] Harding R A, Wickins M, Wang H, et al. Development of a turbulence-free casting technique for titanium aluminides. Intermetallics, 2011, 19: 805-813.

[173] Aguilar J, Schievenbusch A, Kättlitz O. Investment casting technology for production of TiAl low pressure turbine blades: Process engineering and parameter analysis. Intermetallics, 2011, 19: 757-761.

[174] Oehring M, Appel F, Paul J D H, et al. Microstructure Formation in Cast β-Solidifying γ-Titanium Aluminide Alloys. Materials Science Forum, 2010, 638-642: 1394-1399.

[175] Hu D, Jiang H, Wu X. Microstructure and tensile properties of cast Ti-44Al-4Nb-4Hf-0.1Si-0.1B alloy with refined lamellar microstructures. Intermetallics, 2009, 17: 744-748.

[176] Imayev R M, Imayev V M, Oehring M, et al. Alloy design concepts for refined gamma titanium aluminide based alloys. Intermetallics, 2007, 15: 451-460.

[177] Thomas M, Raviart J L, Popoff F. Cast and PM processing development in gamma aluminides. Intermetallics, 2005, 13: 944-951.

[178] Clemens H, Kestler H, Eberhardt N, et al. Processing of γ-TiAl based alloys on an industrial scale//Kim Y W, Dimiduk D M, Loretto M H. Gamma Titanium Aluminides. Warrendale, PA: TMS, 1999: 209-223.

[179] Gerling R, Clemens H, Schimansky F P. Powder metallurgical processing of intermetallic gamma titanium aluminides. Advanced Engineering Materials, 2004, 6: 23-38.

[180] Graves J A, Perepezko J H, Ward C H, et al. Microstructural development in rapidly solidified TiAl. Scripta Metallurgica, 1987, 21: 567-572.

[181] Huang A, Hu D, Loretto M H, et al. The influence of pressure on solid-state transformations in Ti-46Al-8Nb. Scripta Materialia, 2007, 56: 253-256.

[182] Xu L, Bai C G, Liu D, et al. Processing and properties of gamma TiAl sheet from atomized powder//Kim Y W, Morris D, Yang R, et al. Structural Aluminides for Elevated Temperatures. Warrendale, PA: TMS, 2008: 179-188.

[183] Xu L, Wu J, Cui Y Y, et al. Effect of powder pre-treatment on the mechanical properties of powder metallurgy Ti-47Al-2Cr-2Nb-0.15B// Kim Y W, Smarsly W, Lin J P, et al. Gamma Titanium Aluminide. Warrendale, PA: TMS, 2014: 195-202.

[184] Integrated Computational Materials Engineering. Implementing ICME in the Aerospace, Automotive, and Maritime Industries. Warrendale, PA: TMS, 2013.

[185] Lasalmonie A. Intermetallics: Why is it so difficult to introduce them in gas turbine engines? Intermetallics, 2006, 14: 1123-1129.

[186] Inui H, Oh M H, Nakamura A, et al. Room-temperature tensile deformation of polysynthetically twinned (PST) crystals of TiAl. Acta Metallurgica et Materialia, 1992, 40: 3095-3104.

[187] Jin H, Liu R H, Cui Y Y, et al. Seeded growth of Ti-47Al-2Cr-2Nb PST crystals//Kim Y W, Smarsly W, Lin J P, et al. Gamma Titanium Aluminide. Warrendale, PA: TMS, 2014: 143-147.

[188] Couret A, Molenat G, Galy J, et al. Microstructures and mechanical properties of TiAl alloys consolidated by spark plasma sintering. Intermetallics, 2008, 16: 1134-1141.

[189] Moll J H, Whitney E, Yolton C F, et al. Laser forming of gamma titanium aluminide// Kim Y W, Dimiduk D M, Loretto M H. Gamma Titanium Aluminides. Warrendale, PA:

TMS，1999：255-263.

[190] Srivastava D，Chang I T H，Loretto M H. Microstructural studies on direct laser fabricated TiAl//Kim Y W，Dimiduk D M，Loretto M H. Gamma Titanium Aluminides. Warrendale，PA：TMS，1999：265-272.

[191] Murr L E，Gaytan S M，Ceylan A，et al. Characterization of titanium aluminide alloy components fabricated by additive manufacturing using electron beam melting. Acta Materialia，2010，58：1887-1894.

[192] Porter J，Wooten J，Harrysson O，et al. Digital manufacturing of gamma-TiAl by electron beam melting//Materials Science and Technology. vol. 2. Warrendal，PA：Association for Iron & Steel Technology，2011，1434-1441.

[193] Franzén S F，Karlsson J. γ-Titanium aluminide manufactured by electron beam melting. Diploma work No. 37/2010. Gothenburg：Chalmers University of Technology，2010.

[194] Terner M，Biamino S，Epicoco P，et al. Electron beam belting of high niobium containing TiAl alloy：Feasibility investigation. Steel Research International，2012，83：943-949.

[195] Biamino S，Klöden B，Weissgärber T，et al. Properties of a TiAl turbocharger wheel produced by electron beam melting//Fraunhofer Direct Digital Manufacturing Conference. Berlin，2014：1-4.

[196] Leyens C，Frückner F，Nowotny S. Laser-based additive manufacturing of titanium aluminides//Kim Y W，Smarsly W，Lin J P，et al. Gamma Titanium Aluminide. Warrendale，PA：TMS，2014.

[197] Jüchter V，Schwerdtfeger J，Körner C. Microstructure and properties of gamma-TiAl （48-2-2）produced by selective electron beam melting//Kim Y W，Smarsly W，Lin J P，et al. Gamma Titanium Aluminide. Warrendale，PA：TMS，2014.

[198] European Science Foundation. Materials Science and Engineering Expert Committee （MatSEEC）. Materials Science and Engineering in Europe：Challengers and Opportunities. Science Position Paper. Strasbourg：ESF，2013.

第五章
有机发光材料

　　早在 20 世纪 60 年代，Pope 等[1]就发现了有机半导体材料的电致发光现象，但因为采用单晶蒽作为发光层，器件驱动电压高，亮度低，并没有引起人们的重视。1987 年，美国柯达公司的 Tang 和 van Slyke[2]采用有机小分子半导体材料研制成功低电压、高亮度的 OLED，第一次展示了有机发光器件广泛的应用前景。此后，OLED 成为学术界和产业界的研究热点，OLED 的出现和发展带动了有机发光材料与器件的迅速发展。目前，OLED 的发光效率和稳定性已满足中小尺寸显示器的要求，并广泛应用在仪器仪表和高端智能手机上，大尺寸 OLED 电视机已经开始进入市场。今后一段时期里，OLED 大尺寸技术将不断完善，同时 OLED 照明产品也将逐步进入人们的日常生活。

　　作为一种新型的平板显示技术，OLED 具有宽视角、超薄、响应快、发光效率高、可实现柔性显示等优点，被业内人士称为"梦幻般的显示器"，是全球公认的液晶后的新一代主流显示器。同时由于具有可大面积成膜、功耗低等特性，OLED 还是一种理想的平面光源，在未来的节能环保型照明领域具有广阔的应用前景。国际上很多研究机构和跨国公司都投入巨大力量来发展 OLED 技术。OLED 技术的出现为我国在平板显示领域实现跨越式发展提供了宝贵的机遇。《国家中长期科学和技术发展规划纲要（2006—2020年）》中明确指出"开发有机发光显示……各种平板和投影显示技术"为优先主题。多年来的技术积累及国家产业政策的支持，将进一步推动有机发光产业的蓬勃兴起。

　　OLED 属于载流子双注入型发光器件，发光机理为：在外界电场的驱动下，电子和空穴分别由阴极和阳极注入有机电子传输层和空穴传输层，并在有机发光层中复合生成激子，激子辐射跃迁回到基态并发光。OLED 要走向实用化，必须解决 OLED 的发光效率、发光寿命等问题。

OLED 技术的发展史是与 OLED 材料和器件的发展密不可分的。荧光材料为第一代 OLED 材料。此类材料受自旋禁阻的限制，只能利用 25% 的单线态激子发光，限制了器件的效率。1998 年，Baldo 等[3]报道了磷光材料发光，通过旋轨耦合使得材料的三线态激子能够辐射跃迁发出磷光。器件达到了 100% 的内量子效率。目前效率最高的报道都是基于磷光材料，但是磷光材料价格比较高，器件的稳定性也比荧光的差，且蓝色磷光材料的效率和寿命一直达不到产业的要求。Adachi[4]于 2013 年提出了称为第三代 OLED 材料的热活化延迟荧光材料。这种材料属于荧光材料，但可以通过三线态激子的反转换实现 100% 的发光效率。随着有机发光材料和器件的发展，近年来关于有机半导体基础理论方面的研究也越来越受到科学界的重视。

第一节　有机发光材料与器件技术新进展

一、磷光材料

磷光材料通常采用主体掺杂磷光染料的结构。器件结构中主体材料必须具备以下条件：①具有适当的最高占据分子轨道（highest occupied molecular orbital，HOMO）及最低未占分子轨道（lowest unoccupied molecular orbital，LUMO），以利于载流子在电极/有机、有机/有机界面的注入，同时可形成固定的载流子复合区；②具有载流子迁移率较高且匹配的空穴传输材料和电子传输材料；③可形成无针孔的均匀薄膜；④形貌稳定；⑤热力学稳定；⑥电化学稳定；⑦对于磷光掺杂材料，其主体材料的三线态能级应高于掺杂磷光材料的三线态能级，以避免逆向能量转移；⑧面向企业的器件材料还应该具有可以接受的价格、经受得住器件的连续制备，如材料可以承受长时间在真空环境下连续加热、材料所制备的器件性能重复性好等。这些问题在材料和器件的表征中都应该加以关注。

当前主体材料通常采用双极性材料以提高器件稳定性，即在分子结构中同时引入传输空穴和传输电子的基团，最常用的空穴传输类基团是咔唑或三苯胺类，而电子传输类基团较多，下面以电子传输类基团进行分类阐述。

（一）二苯基磷氧

基团在不扩大分子共轭的前提下，能有效地提高分子的电子传输性能。马於光等[5]报道了一系列的宽带隙深蓝光主体［结构见图 5-1（a）］。该类材料以四苯基硅烷作为桥联中心，通过调节咔唑和二苯基磷氧的数目对材料的传输性能进行调节。利用 FIrpic①作为蓝光染料的器件获得了 27.5% 的外量子效率。

马东阁等[6]提出了三元双极主体的概念，并设计合成了 3 种主体材料［结构见图 5-1（b）］，利用螺芴来桥联咔唑（二苯胺）和二苯基磷氧，材料具有很高的三线态（3.0eV）并且具有小的单线态和三线态分裂能（<0.5eV）。基于此主体的 FIrpic 器件具有较低的驱动电压，同时具有 14.4% 的外量子效率。

杨楚罗等[7]设计合成了基于磷氧/三苯胺的蓝光主体［结构见图 5-1（c）］，尽管材料的三线态能级要低于所选用的客体材料，能量也可以有效地通过主体传递给客体发光，最大电流效率为 37cd/A，最高功率效率为 40lm/W。

将二苯磷酰基与高三线态的给电子基团（如咔唑和氧芴）相连，可以获得高三线态的双极性材料。Kido 等[8]以 PO9 作为主体材料制备了高效的深蓝色磷光器件，其色坐标为（0.15，0.19），最大外量子效率为 18.6%。Chou 和 Cheng[9]合成的 BCPO②三线态能级为 3.01eV，可以作为一种通用型的磷光主体材料，用于蓝光、绿光和红光器件，并实现低驱动电压和高发光效率。

（二）含氮芳杂环类

吕正红等[10]在 CBP③分子中二联苯上的一个苯环中引入氮原子，有效地降低了分子的 LUMO 能级，同时保持了 HOMO 能级，成为一种很好的双极材料［结构见图 5-2（a）］。基于此主体材料的 Ir(ppy)$_2$(acac) 器件获得了 26.8% 的外量子效率。

邱勇等[11]设计合成了一系列基于吲哚咔唑和三嗪的磷光主体。通过引入不同电负性的基团，调节材料的 HOMO 能级与 LUMO 能级，以及材料的单线态和三线态能级差。将此类材料作为黄光染料的主体材料，实现了 24.5% 的外量子效率，同时器件的功率效率达到 64lm/W。另外，器件的效率滚降特别小，在 10000cd/m^2 的亮度下外量子效率仍可达到 23.8%。这是目前性能

---

① FIrpic 指双（4,6-二氟苯基吡啶-N,C2'）吡啶甲酰合铱，bis［（4,6-difluorophenyl）pyridinato-N，C2'］（picolinato）iridium（Ⅲ）。

② BCPO 指双-4-（N-咔唑基苯基）苯基氧化膦，bis-4-（N-carbazolyl）phenylphosphine oxide。

③ CBP 指 4,4'-二（9-咔唑）联苯，4,4'-bis（9H-carbazol-9-yl）biphenyl。

最高的黄光器件。苏仕建等[12]制备了一系列具有不同杂环的分子 [结构见图 5-2 (b)]，均展示了良好的双极传输特性。量化计算表明，它们的 HOMO 和 LUMO 分布在不同的基团上。这些材料的 HOMO 能级为 5.69～5.78eV，LUMO 能级为 1.6～2.42eV。

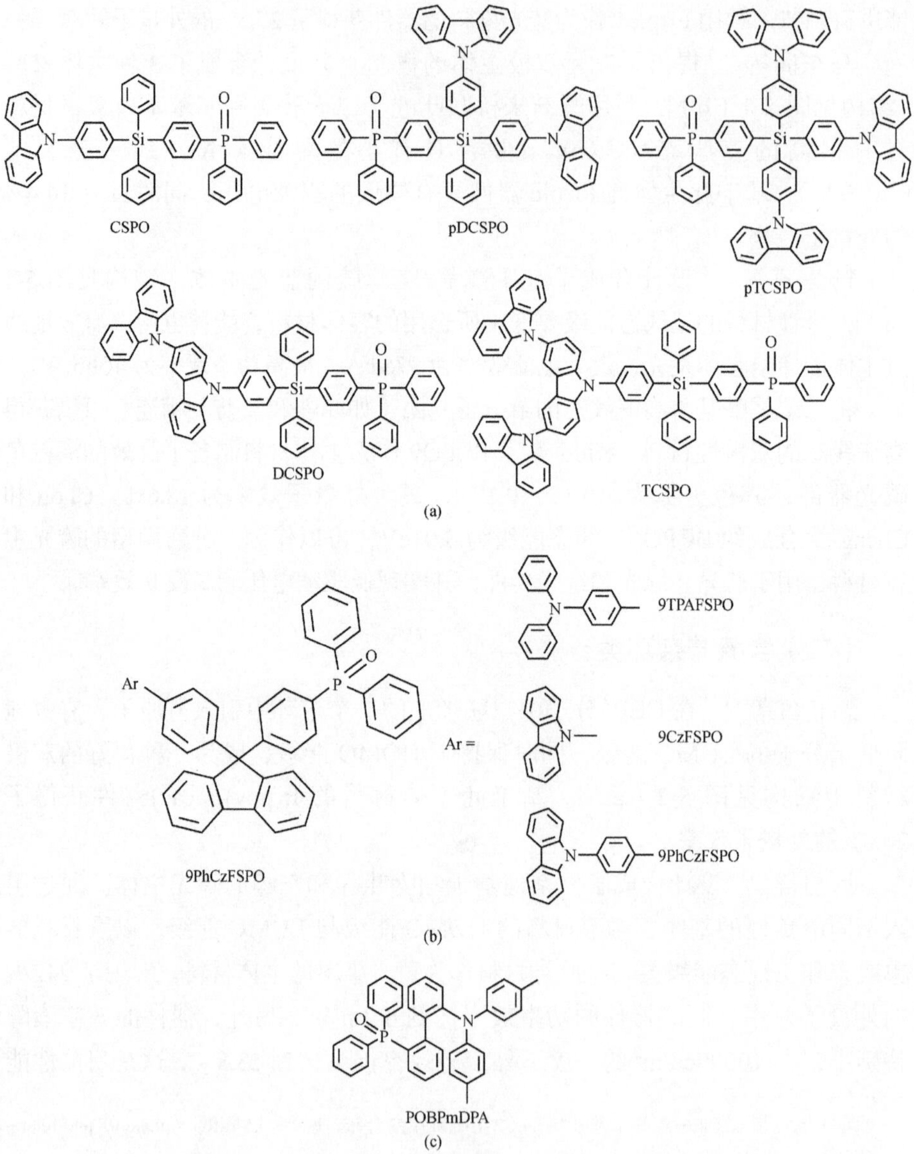

(a)

(b)

POBPmDPA

(c)

图 5-1 文献报道的二苯基磷氧类磷光主体材料的结构[5-9]

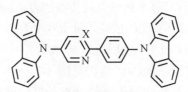

CPPY: X=CH, 89%
CPHP: X=N, 93%
(a)

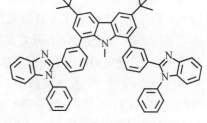

1   2   3   4   5   6   7

(b)

1,8-OXDCz   1,8-mBICz

(c)

Be(PPI)₂   Zn(PPI)₂

(d)

图 5-2 报道的含氮芳杂环类磷光主体材料的结构[10-15]

Wong 等[13]设计合成了两种包含空穴传输的咔唑和电子传输的氰基或二唑的取代的螺芴双极性主体。螺芴的饱和碳原子有效地阻碍了给体和受体之间的电荷相互作用，使得材料具有平衡的电荷传输能力，同时保持高的三线态。基于该主体的红绿蓝器件分别实现的最高外量子效率为 20%、17.9% 和 15.1%。

杨楚罗等[14]将咔唑的 1,8 位用噁二唑或苯并咪唑取代，合成了两个分子——1, 8-OXDCz 和 1,8-mBICz，结构见图 5-2（c）。材料有很好的热稳定性，基于该两个主体的蓝光和绿光器件都有较好的性能。王悦等[15]设计合成了两种配合物主体材料——Be(PPI)$_2$ 和 Zn(PPI)$_2$，结构见图 5-2（d）。材料中引入的供电子基团苯氧基使得材料的发光蓝移，发光都在 429.8nm。这种分子的设计使得分子的 HOMO 和 LUMO 分布在不同的分子片段上，材料具有双极性的同时具有小的单线态和三线态分裂能（0.35eV 和 0.21eV）。利用这两种主体材料的绿光和红光器件实现了较好的性能，最高功率效率对绿光和红光分别是 67.5lm/W 和 21.7lm/W。

（三）铱和铂金属配合物

在磷光染料方面，铱（Ir）配合物是最有潜力的电致发光材料，红、绿光 Ir 配合物已在 OLED 产品中得到广泛应用，但蓝光 Ir 配合物的稳定性还有待提高。因此，近期关于 Ir 配合物的研究主要集中在蓝光材料方面。除 Ir 配合物外，近年来，铂（Pt）配合物等其他重原子金属配合物也得到广泛的研究。

王利祥等[16]报道了一种蓝光 Ir 配合物［结构见图 5-3（a）］。该材料具有较大的侧链基团，使材料可以不使用主体材料，不掺杂的器件外量子效率高达 15.3%。

Fukagawa 等[17]合成了新型 Pt 配合物染料——TLEC-025 和 TLEC-027，结构见图 5-3（b）。与 Ir 配合物相比，这两种材料都具有较高的发光效率。选用不同的主体与染料的组合，实现了高效的稳定的红光器件。器件的最高外量子效率为 20%，并且在 1000 cd/m^2 的亮度下具有 10 000h 的较长寿命。

Wang 等[18]第一次合成了 BMes2 功能化的 NHC 配体①，并合成以此为配体的 Pt 配合物。这些 NHC 配位的 Pt 配合物具有高的发光效率，在溶液中达到 0.41～0.87 而在固体状态下有 0.86～0.90 的效率。基于这些染料的器件也有较高的效率，对 BC1 最高可达到 17.9%。

Li 等[19]合成了一组 Pt 配合物 Pt-16［结构见图 5-3（c）］，单分子的白光器件最高外量子效率达到 20%，色坐标为（0.33，0.33），同时显色指数（color-rendering index，CRI）为 80，性能接近多掺杂的器件。

---

① NHC 配体指氮杂环卡宾（N-heterocyclic carbene）配体。

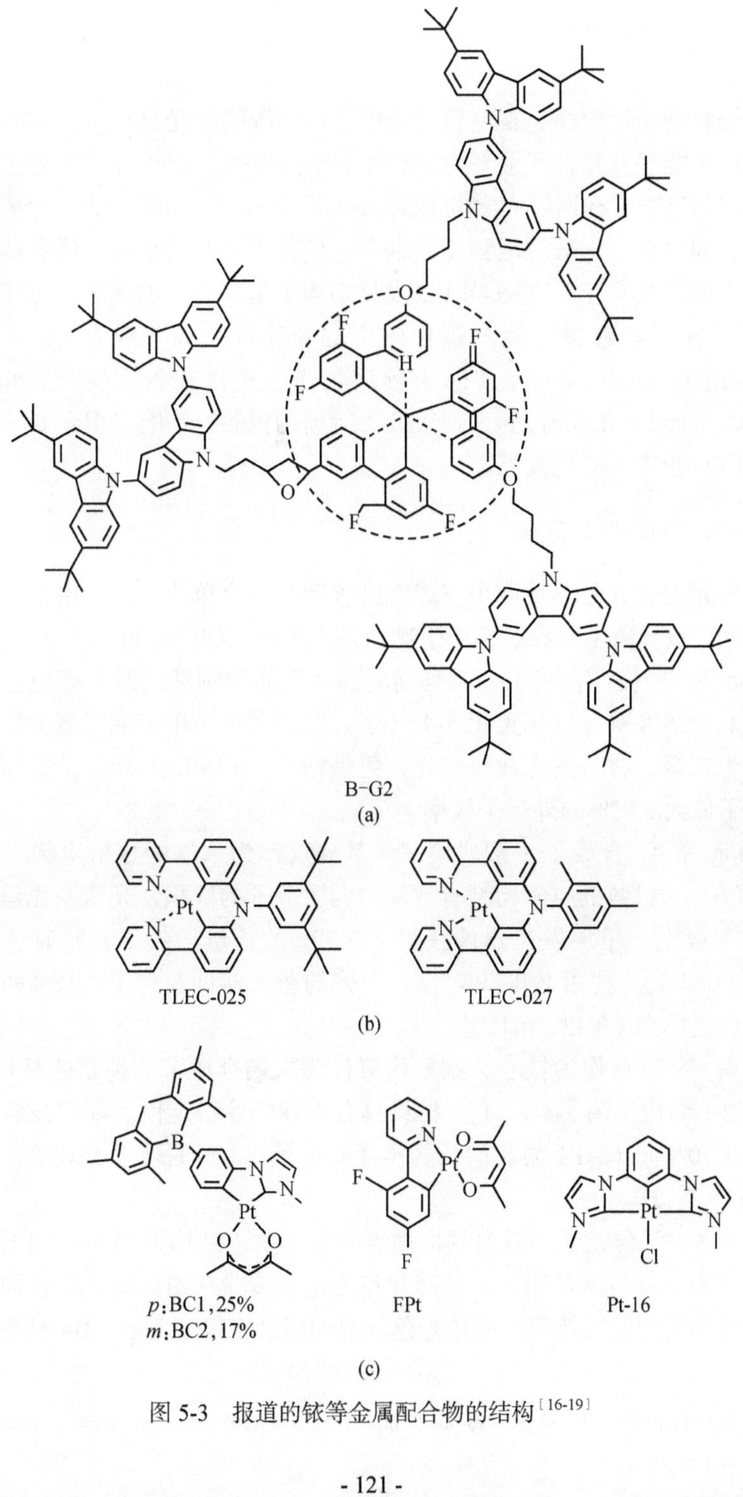

B-G2
(a)

TLEC-025   TLEC-027
(b)

p：BC1，25%   FPt   Pt-16
m：BC2，17%
(c)

图 5-3　报道的铱等金属配合物的结构[16-19]

二、荧光材料

根据自旋统计规律，在电致发光中采用传统的荧光材料时，仅有 25% 的单线态激子能够发光，严重制约了器件效率的提高。1998 年，吉林大学的马於光教授和美国普林斯顿大学的 Forrest 先后提出[3]，可采用含重金属原子的配合物，通过重原子效应增强旋轨耦合，使得原本被禁阻的三线态能量能够通过磷光的形式发光。这是 OLED 发展历史上里程碑式的突破。近年来，人们也不断探索能够提高荧光器件效率的新途径，如三线态-三线态湮灭（triplet-triplet annihilation，TTA）延迟荧光、热活化延迟荧光（thermally activated delayed fluorescence，TADF）等新的机制也不断应用到 OLED 中，荧光 OLED 也有了新的发展。

（一）TTA 延迟荧光

TTA 延迟荧光是利用两个三线态湮灭产生一个单线态，再由单线态发光产生荧光。该现象主要在蒽类衍生物和并四苯衍生物中得到。

Cho 等[20]设计合成了一系列新的高度扭曲和刚性的蓝光蒽衍生物，如 BDNA 和 BDPA 等［结构见图 5-4（a）］。材料利用二甲苯取代蒽为核、萘或苯基作为末端，材料发光在深蓝光，色坐标为（0.149，0.106）。非掺杂的器件获得了最大 5.97% 的外量子效率。

Yoon 等[21]合成了一系列用三苯基硅烷作为末端的蒽衍生物［结构见图 5-4（b）］，材料的空间构型有效地减弱了分子的堆积，光致发光量子效率都在 60% 以上，单层发光器件获得了 2.32% 的外量子效率，同时色坐标为（0.155，0.076）。利用 PAFTPS①作为主体的蓝光器件获得了 4.18% 的外量子效率，色坐标为（0.43，0.41）。

Li 等[22]以芴作为核心、萘取代蒽作为末端合成了 2 种新的材料 NAF1 和 NAF2［结构见图 5-4（c）］。材料具有很好的热稳定性及高的光致发光量子效率（70%）。NAF1 的非掺杂的器件获得了 4.04% 的外量子效率，色坐标为（0.15，0.13）。

田禾等[23]合成了一系列双极性蒽类衍生物［结构见图 5-4（d）］，利用三苯胺作为空穴传输基团，苯并咪唑作为电子传输基团。这些化合物有好的热稳定性和高的发光效率，但是光色与溶剂极性有很大关系。B4 材料的单层

---

① PAFTPS 指（9,9-dimethyl-2-(10-phenylanthracen-9-yl)-9H-fluoren-7-yl）triphenylsilane。

器件有一个纯蓝的色坐标（0.16，0.16），电流效率为3.33cd/A。

Kang 等[24]合成了一系列大基团取代的非对称蒽类衍生物［结构见图5-4（e）］。材料有很高的玻璃化转变温度。研究发现，蒽的10位取代不会影响发光位置和HOMO能级及LUMO能级。但是，取代基的大小会影响材料在固态下的发光波长。图5-4（e）中5a材料用作蓝光主体可以得到9.9cd/A的电流效率和（0.14，0.18）的色坐标，并且器件在3000cd/m^{2}亮度下的寿命为932h。

蒽类材料作为主体材料的TTA延迟荧光机制也得到深入研究。

Monkman 等[25]合成了一组新的蒽类材料DF［结构见图5-4（f）］，并深入研究了发光机制。发现在这些材料中$2T_1<T_n$[①]，这样使得三线态的湮灭产生单线态的产率可以达到50%。整个器件产生的单线态有59%来自三线态的湮灭。这证明了通过材料能级的调节可以有效地提高单线态的产率。

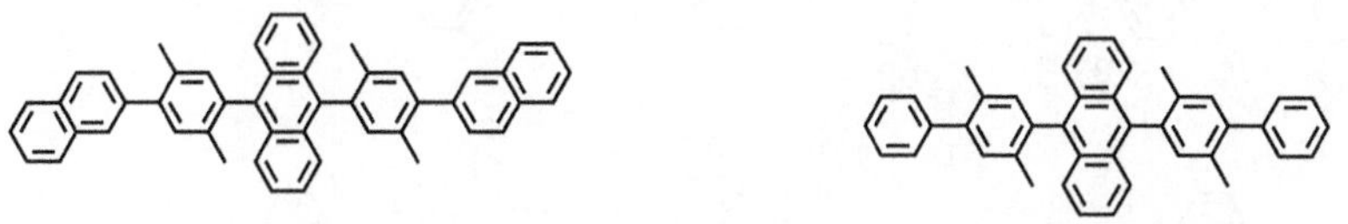

BDNA(71.6%)　　　　　　　　　　BDPA(42.4%)

(a)

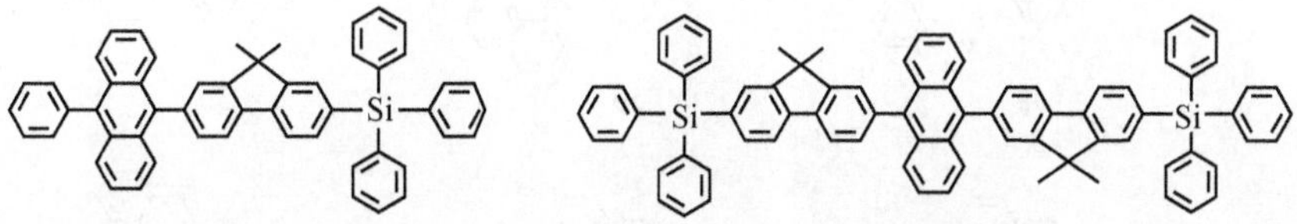

PAFTPS　　　　　　　　　　BFTPSA

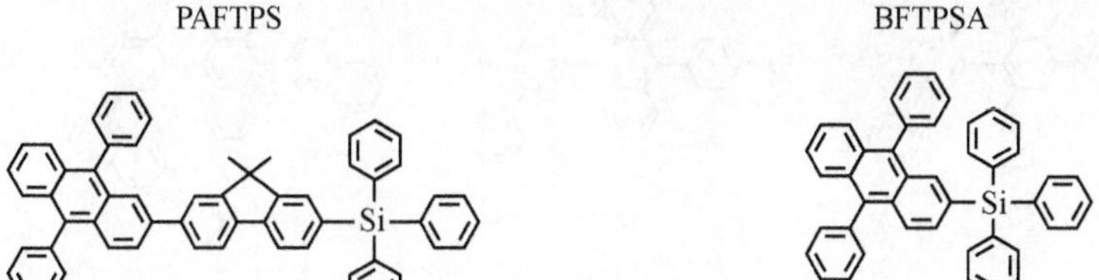

DPA-2FTPS　　　　　　　　　　DPA-2TPS

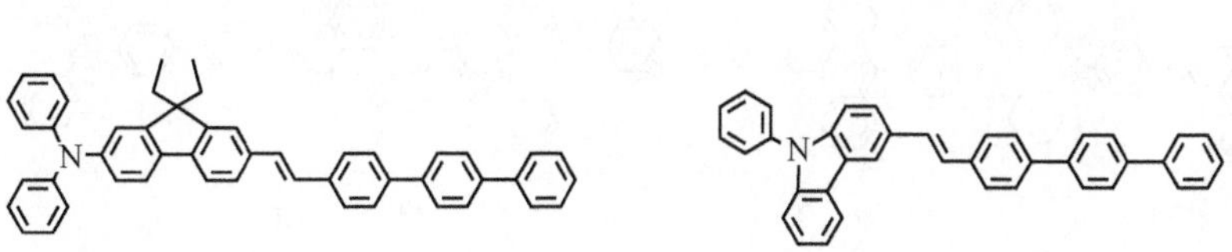

PFVtPh　　　　　　　　　　PCVtPh

(b)

---

① T_1指材料的最低三线态能级，T_n指材料的高三线态能级（$n>1$）。

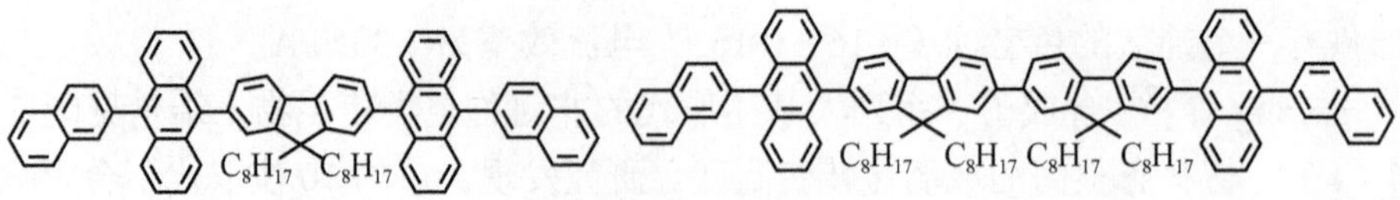

NAF1   NAF2

(c)

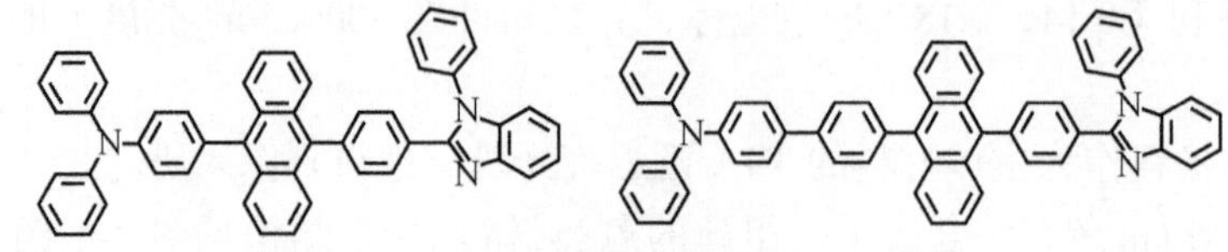

B1   B2

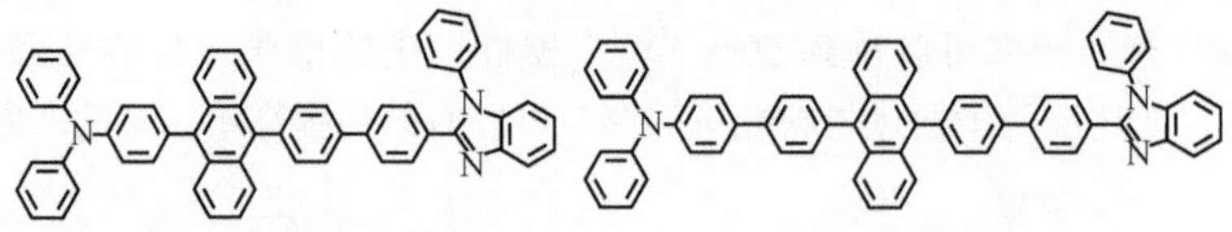

B3   B4

(d)

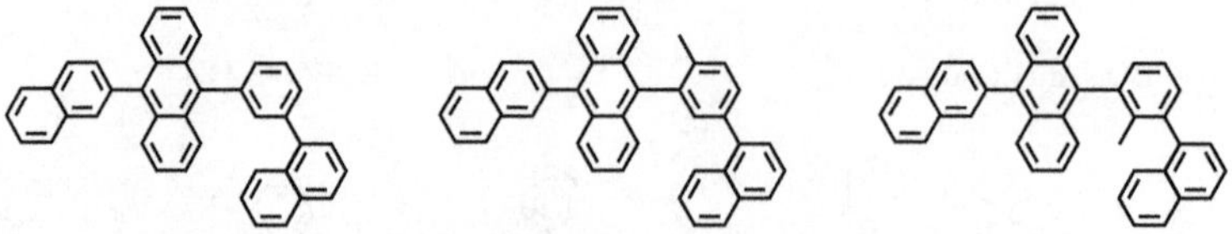

5a   5b   5c

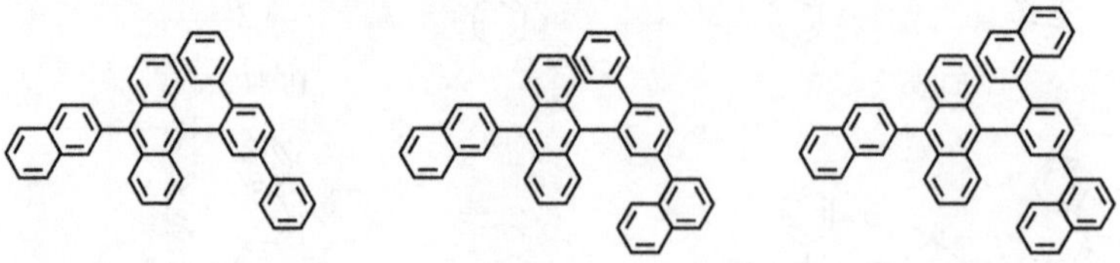

5d   5e   5f

(e)

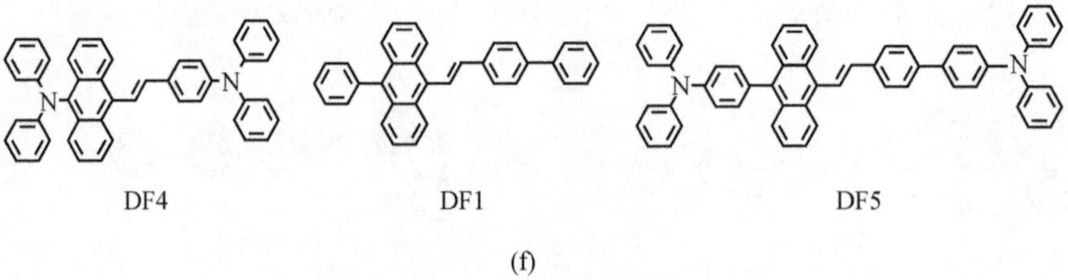

DF4   DF1   DF5

(f)

图 5-4 TTA 延迟荧光材料的结构[20-25]

（二）TADF

TADF 是通过吸收环境中的热量使得材料的三线态转换为单线态而发光的。材料的设计关键在于获得较小的单线态和三线态能级差 ΔE_{ST}。通过设计 D-π-A 结构的分子可以有效地将 HOMO 与 LUMO 分开，从而获得较小的 ΔE_{ST}。

Adachi 等[26]设计合成了包含吲哚咔唑和三嗪基团的材料 PIC-TRZ［结构见图 5-5（a）］。该材料利用较大的吲哚咔唑基团使得分子呈现显著的扭曲，材料的 HOMO 与 LUMO 有效地分离，使得材料的 ΔE_{ST} 仅有 0.11eV。材料有 32% 的三线态可以转化为单线态。构筑的器件最大外量子效率达到 5.3%，超过了荧光理论值（5%）。为了获得深蓝光的 TADF 材料，合成了一系列砜衍生物[27]。尽管这些材料的 ΔE_{ST} 较大（在 0.3eV 左右），但材料依然具有很强的 TADF 性质，材料的光致发光量子效率都在 50% 以上。基于此，材料的蓝光器件得到了 10% 的最高外量子效率。2012 年，又报道了一系列的咔唑/二氰基苯衍生物［结构见图 5-5（b）］[28]。通过对 HOMO 与 LUMO 的调节，材料在保持小的 ΔE_{ST}（0.08eV）的同时具有很高的光致发光量子效率，达到了 90%。这其中，氰基在材料的性能上起到了很大的作用。构筑的绿光器件达到了 19.3% 的外量子效率，可以与磷光材料相媲美。2013 年，在传统的理论计算方法 TD-DFT 和 TD-HF[①]的基础上，根据分子中基团不同的吸电子和给电子性，引入参数 q，按照一定比例结合两种计算方法，更准确地计算出分子的定域激发（local excited，LE）态能级和电荷转移激发（charge transfer，CT）态能级，并且发现当 LE 态能量高于 CT 态时，分子的 TADF 发光效率更高[29]。根据这种方法指导设计出蓝光材料 DMAC-DPS，构筑的蓝光器件最大外量子效率达到了 19.5%[30]。

根据费米黄金规则，材料的辐射跃迁速率与轨道之间的重叠成正比。而为了降低 ΔE_{ST}，材料的 HOMO 和 LUMO 要尽可能地分离。因此，小的 ΔE_{ST} 和高的发光效率相互矛盾。为了解决这一矛盾，邱勇课题组[31]提出了一种新的热活化敏化荧光机制：利用 ΔE_{ST} 小的材料作为主体，敏化传统荧光染料（图 5-6）。这样，一方面可以利用 TADF 材料的热活化激子上转化的功能，另一方面可以利用传统荧光材料自身高的发光效率。采用 ΔE_{ST} 为 0.06eV 的 TADF 材料（DIC-TRZ）作为主体、高发光效率的黄光客体（DDAF）作为染料，在荧光 OLED 中实现了超过 12% 的高外量子效率。

---

① TD-DFT 指时间相关密度泛函理论（time-dependent density functional theory），TD-HF 指时间相关哈特里-福克（time-dependent Hartree-Fock）方法。

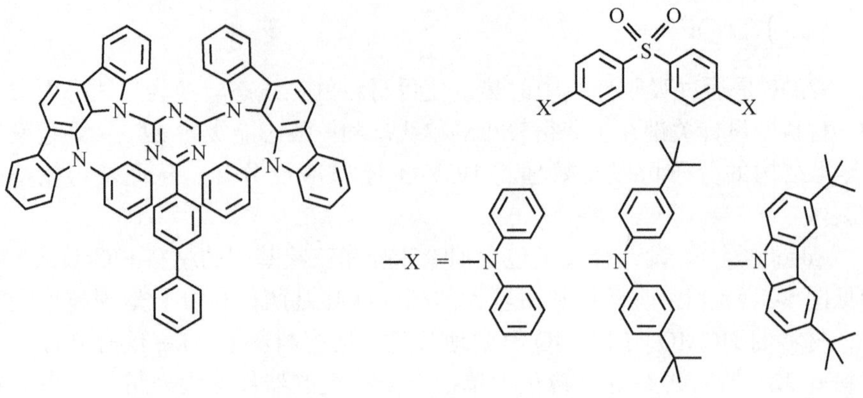

PIC-TRZ   1   2   3

(a)

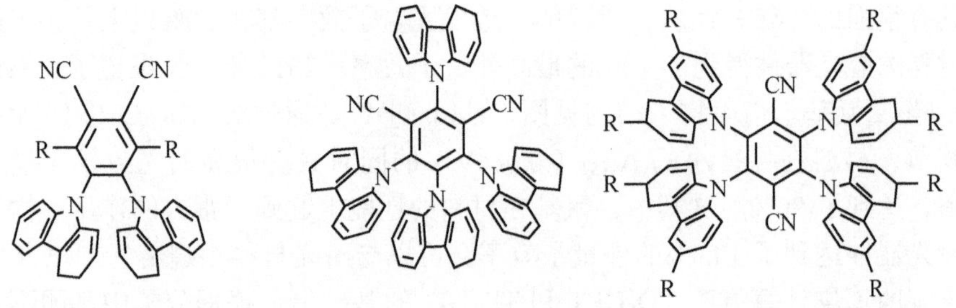

4CzPN: R = carbazolyl   4CzIPN   4CzTPN: R = H
2CzPN: R = H   4CzTPN-Me: R = Me
                                               4CzTPN-Ph: R = Ph

(b)

图 5-5　文献报道的 TADF 材料[26-28]

　　不仅单分子，双分子体系也可以给出 TADF。Adachi 等[32]发现，激基复合物体系也可以给出 TADF。这是因为激基复合物体系可以将 HOMO 与 LUMO 分布在两个分子上，从而得到很小的三线态。利用 m-MTDATA/3TPYMB 构筑的激基复合物器件可以得到 5.4% 的外量子效率。

　　然而，对于激基复合物的发光，Monkman 等[33]发现，在 NPB:TPBI 体系中，激基复合物的延迟荧光来自 TTA 延迟荧光而非 TADF。原因在于，组成激基复合物体系的材料之一 NPB[①]的三线态太小，激基复合物的三线态激子会向 NPB 转移，因此只能通过 TTA 实现三线态的上转换形成单线态。

----

　　① NPB 指 N, N'-二苯基-N, N'-（1-萘基）-1, 1'-联苯-4, 4'-二胺（N, N'-bis（naphthalen-1-yl）-N,N'-bis（phenyl）benzidine）。

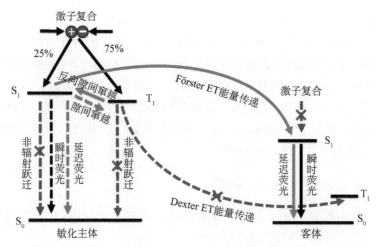

图 5-6　低单-三线态能隙材料作为主体实现热活化敏化荧光示意图[31]

（三）其他方法

马於光课题组[5]于 2012 年报道了一种非共平面的 D-π-A 型无金属、非掺杂有机蓝光电致发光材料，其外量子效率达到了 5.02%，最大电流效率为 5.66cd/A。研究发现，如此高的效率可能是由于同时利用材料的 CT 态和 LE 态而引起的。该结果为研究具有实际应用价值的高效率荧光蓝光器件开辟了新的途径。2014 年报道了一种红光电致发光材料 TPA-NZP，其外量子效率达到了 14%[34]。此外，Kondakov 等[35]利用 TTA 也实现了 11.3% 的外量子效率，接近 TTA 外量子效率的极限值（12.5%）。

三、白光 OLED 器件

白光 OLED（WOLED）作为一种新型的固态光源，在照明和平板显示背光源等方面有着良好的应用前景，吸引了学术界和产业界的广泛关注。根据材料发光过程的不同，WOLED 的实现具体可分为全荧光 WOLED、全磷光 WOLED 及混合型 WOLED；根据材料属性的不同，具体可分为小分子 WOLED 和聚合物 WOLED。

（一）全荧光 WOLED 器件

全荧光 WOLED 器件是研究得较多的一类器件，其工艺也较成熟，并已实现产业化。

为了提高 WOLED 器件的寿命，邱勇等[36]构建了新型双发光层器件结构以调节复合区域，同一发光染料掺杂在具有不同传输特性的发光层中。其中，采用双极性主体的发光层拓宽了载流子复合区域，减少了发光淬灭；而电子传输性的主体能阻挡空穴和激子，有利于效率的提高。双发光层显著提高了 OLED 器件的稳定性，采用该结构的全荧光 WOLED 器件的寿命在 $1000cd/m^2$ 超过 150 000h。不过，全荧光 WOLED 器件的内量子效率通常<25%，难以满足高效率照明的需求。

（二）全磷光 WOLED 器件

磷光发射充分利用了激发三重态 T_1 向 S_0 的跃迁，使得有机电致磷光器件的最高内量子效率可达 100%。

蓝色磷光材料由于其磷光寿命短和三线态能级要求较高，容易造成器件色稳定性差且影响器件寿命，尤其是在高工作电压下，三线态激子的淬灭使得器件效率衰减得较快，仍是制约 WOLED 发展的主要因素。Kido 等[8]研发出新型蓝色磷光材料 Ir(dbfmi)，利用红绿蓝三原色原理，采用绿色磷光材料 Ir(ppy)₃和橘红色磷光材料 PQ₂Ir(dpm)，制备多发光层的全磷光 WOLED 器件，最大功率效率为 59.9lm/W，CRI 超过 80，在亮度为 $1000cd/m^2$ 时，功率效率衰减到 43.3lm/W，器件效率衰减减缓。

性能优异的新型主体材料应用于磷光器件中可有效地提高器件的性能。杨楚罗和马东阁等[37]合成了新型四芳基硅类有机双极主体材料，并利用材料 *p*-OXDSiTPA 制备了单一发光层的全磷光 WOLED 器件，电流效率高达 51.4cd/A，最高功率效率为 51.9lm/W。由于此类主体材料有双极传输性能，器件表现出较低效率滚降现象。黄维等[38]合成了新型膦氧基主体材料 *o*-DBFPPO，分别掺杂蓝色磷光材料 FIrpic 和红色磷光材料 Ir(bt)₂(acac)制备单一主体多发光层的全磷光 WOLED 器件。该材料具备较高的三线态能级（3.15eV）和良好的电子传输能力，因此器件表现出极低的驱动电压，在亮度为 $1000cd/m^2$ 时，驱动电压低于 3.4V，功率效率为 30.51lm/W，表现出较低的效率滚降现象。

缺乏高稳定性的蓝色磷光染料仍是制约全磷光 WOLED 发展的重要因素。

（三）混合型 WOLED 器件

蓝色磷光材料由于其磷光寿命短和三线态能级要求较高，容易造成 WOLED 器件色稳定性差且影响器件寿命；采用蓝色荧光材料，混掺到黄色、红色、绿色磷光材料中，不仅可以避免 TTA，还可以提高 WOLED 器件的寿命。中国科学院化学研究所张晓宏等[39]通过将蓝色荧光材料 DADBT 与橘色磷光染料 Ir(2-phq)₃ 进行混掺，制备单发光层的混合型 WOLED 器件，最高功率效率为 67.2lm/W，内量子效率为 26.6%。马东阁等[40]采用了橙色磷光/蓝色荧光的多层混合型结构制备 WOLED 器件。在高亮度下，该器件表现出较低的效率滚降现象，最高电流效率为 42.5cd/A，在亮度为 1000cd/m² 的情况下，器件的电流效率仅衰减到 40cd/A。

相对于多层混合型 WOLED 器件而言，单发光层 WOLED 器件可有效降低制备工艺和生产成本。张晓宏等[41]采用 D-π-A 体系合成了新型蓝色荧光材料 DPMC 和 DAPSF，其具有双极传输性能，而且具有较高的三线态能级。通过掺杂绿色磷光材料 Ir(ppy)₃ 和红色磷光材料 Ir(2-phq)₃ 制备了单发光层的混合型 WOLED 器件。该器件最高功率效率为 57.3lm/W，全内量子效率为 21.8%，驱动电压为 2.4V。

结合优异的光取出技术，混合型 WOLED 器件将会在照片领域取得长足的发展。

（四）包括小分子和聚合物的湿法 WOLED 器件

相对于真空蒸镀的 WOLED 器件而言，通过湿法制备 WOLED 器件，可以有效缩减制备工艺和降低生产成本，且可以精确控制薄膜中材料掺杂比例，有效地提高材料的利用率。

利用不同基团之间的不完全能量传递，单个聚合物发光材料也可以实现白光，通过控制单个聚合物链段上不同基团的比例，控制不同发光基团之间的不完全能量传递，从而实现单一聚合物产生白光。陈军武等[42]合成了新型共轭聚合物 PF-DTBTA，通过 Suzuki 偶联反应将蓝光基团 2,7-芴和橙光基团 4,7-二噻吩基苯并三唑（DTBTA）进行共聚，调节 DTBTA 的比例可获得一系列的共轭聚合物 PF-DTBTA。其中，当 DTBTA 浓度很低时，可以得到 PF-DTBTA₀.₀₃~₀.₁ 的系列共聚物。由于基团芴到单元 DTBTA 存在部分能量转移，该系列共聚物的电致发光谱为白光。通过制备单一组分聚合物 WOLED 器件，最高电流效率为 11cd/A，内量子效率为 5.09%，而且在高电流 5～60mA 下，白光光谱表现非常稳定，CIE 值维持在（0.33，0.43）。吴宏斌等[43]研发出新型黄色磷光材料，并采用红色磷光材料 Ir-G2、蓝色磷光材料 FIrpic、绿色磷光材料 Ir(mppy)₃ 共掺杂到主体材料 PVK①中，湿法制备了单发

---

① PVK 指聚乙烯咔唑，poly（9-vinylcarbazole）。

光层聚合物磷光 WOLED 器件，最高电流效率达到 60.1cd/A，最大功率效率为 37.4lm/W，内量子效率为 28.8%，可与传统的磷光 WOLED 蒸镀器件相媲美，极大地缩小了与多层 WOLED 器件的差距。

相对于聚合物，采用湿法制膜的有机小分子电致发光器件能够结合小分子和聚合物的优点，同时具备材料易于合成和提纯、制备工艺简单及成本较低的特点。中国科学院长春应用化学研究所谢志元等[44]采用树枝状主体材料 H2（三线态能级为 2.89eV）合成了新型橙色磷光染料 Ir(Flpy-CF3)3，与传统蓝色磷光染料 FIrpic 溶于氯苯溶液中混掺到主体材料 H2 中，制备了小分子湿法全磷光 WOLED 器件。该 WOLED 器件性能较高，最高电流效率为 70.6cd/A，功率效率为 47.6lm/W，内量子效率为 26.0%，与传统照明的荧光灯管功率不相上下。

四、湿法制备工艺

打印与印刷制备小分子 OLED 器件近年来受到广泛关注。荷兰研究机构 Holst Centre 的 Gorter 等[45]研究了喷墨打印制备小分子电致发光器件及其影响因素，器件结构为 ITO/PEDOT:PSS/NPB/Alq$_3$/LiF/Al[①]。他们对比研究了蒸镀或打印方法制备的 NPB/Alq$_3$ 功能层对器件性能的影响，并指出喷墨打印的有机薄膜形貌均一性差是制约器件功率效率低于 0.1lm/W 的重要因素。Tekoglu 等[46]通过凹版印刷方法制备了柔性小分子 OLED 器件，器件结构为 PET/ITO/PEDOT:PSS/发光层/Ca/Ag[②]，发光层中加入超高分子量聚苯乙烯（ultra-high molecular weight polyethylene，UHMW-PS）起到调控黏度作用，并不影响器件电学性能。凹版印刷的绿光小分子 OLED 器件最高电流效率为 7.7cd/A，器件亮度高于 850cd/m^2，驱动电压为 3.5V[46]。

近年来，多个课题组报道了基于湿法工艺制备的过渡金属氧化物空穴注入层及其在有机发光器件中的应用。Höfle 等[47]使用乙氧基钨类化合物为前驱体，经旋涂、水解后得到室温制备的 WO$_3$ 空穴注入层。他们制备了结构为 ITO/HIL/TCTA:FIrpic/TPBi/LiF/Al[③]的有机电致发光器件（图 5-7），测试结果

---

① ITO 指氧化铟锡，indium tin oxide；PEDOT 指聚 3,4-乙烯二氧噻吩，poly（3,4-ethylenedioxythiophene）；PSS 指聚苯乙烯磺酸盐，polys（tyrene sulfonate）。

② PET 指聚对苯二甲酸乙二醇酯，polyethylene terephthalate。

③ HIL 指空穴注入层（hole injection layer），TCTA 指 4,4′,4″-三（咔唑-9-基）三苯胺，4,4′,4″-tris（carbazol-9-yl）-triphenylamine；TPBi 指 1,3,5-三（1-苯基-1H-苯并咪唑-2-基）苯，1,3,5-tris（1-phenyl-1H-benzimidazol-2-yl）benzene。

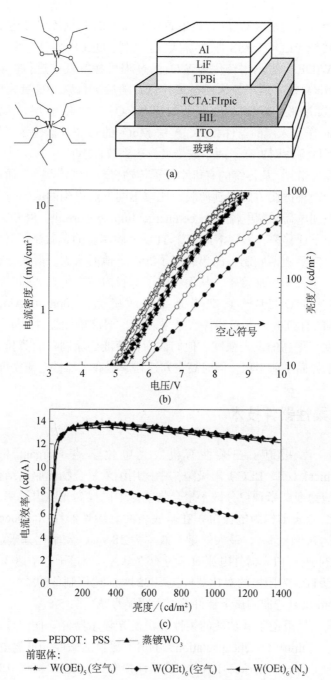

图 5-7 湿法制备 WO₃ 空穴传输层的有机电致发光器件及其与 PEDOT:PSS 器件性能对比[47]

表明，基于这类湿法 WO_3 的有机电致发光器件的电流效率可达 14cd/A，显著高于以传统 PEDOT:PSS 作为空穴注入层的 OLED 器件（8cd/A）。他们也指出，$W(OEt)_6$ 前驱体转化为 WO_3 的过程可在空气中进行。马东阁课题组[48]将 MoO_3 粉末溶于氨水或过氧化氢，随后进行紫外臭氧处理，从而在室温下通过溶胶-凝胶方法制备得到 MoO_3 空穴传输层。他们发现与 PEDOT:PSS 作注入层的器件相比，湿法 MoO_3 的 OLED 器件效率与之相当或更好，而器件寿命则提高了两个数量级，达到数百小时。

邱勇课题组[49]从传统的有机小分子传输材料 TPD①入手，通过真空蒸镀和溶液旋涂两种镀膜方式得到薄膜，比较不同方法得到的薄膜与器件性质差异。通过空间电荷限制电流（space-charge limited current，SCLC）法来测试薄膜的载流子迁移率，表明溶液旋涂 TPD 薄膜制备的单载流子器件空穴迁移率略高于真空蒸镀薄膜制备的单载流子器件。他们认为，溶液旋涂薄膜密度增加，小分子堆积更加致密，从而影响了薄膜内空穴传输。同时，他们也制备了结构为 ITO/TPD（真空蒸镀或溶液旋涂，70nm）/Alq$_3$(70nm)/LiF (0.5nm)/Al 的有机电致发光器件。结果表明，溶液旋涂器件显示了更高的注入电流密度和更高的发光强度。他们认为，溶液旋涂制备的薄膜表面更加平整，有利于界面电荷累积，同时高空穴迁移率提高了器件电流密度。

五、柔性器件技术

Pei 等[50]报道了在柔性有机发光电化学池（organic light-emitting electrochemical cell，LEC）阳极结构中使用纳米复合物光驱出结构提高器件效率。钛酸锶钡纳米颗粒分散于聚合物基体中以提高光驱出效率，单壁碳纳米管和银纳米线则作为电极沉积在基底表面。绿光器件 10 000cd/m^2 亮度下电流效率达到 118cd/A，最大外量子效率为 38.9%，效率比基于玻璃/ITO 的器件提高 246%；白光器件电流效率为 46.7cd/A，外量子效率达 30.5%，外量子效率比以 ITO 为阳极的对比器件提高 224%。他们制备的柔性 LEC 在曲率半径为 3mm 反复弯曲测试下器件性能无明显衰减（图 5-8）。

Kim 等[51]报道了低功耗的柔性有机发光显示器件。他们首次制备了含薄膜封装层（thin-film encapsulation，TFE）覆盖的微腔和低温滤光片（low temperature co-fired ferrite，LTCF）的柔性顶发光 OLED 器件。LTCF 和微腔用于减少光反射，从而提高效率。通过这种新型光学结构设计，器件对比度

---

① TPD 指 N, N'-di(3-methylphenyl)-N, N'-diphenyl-(1, 1'-biphenyl)-4, 4-diamine。

在500lx下达到14:1，暗室中达到150000:1。这种结构的柔性OLED器件功耗比目前普遍使用的基于极化膜的OLED器件降低了30%。

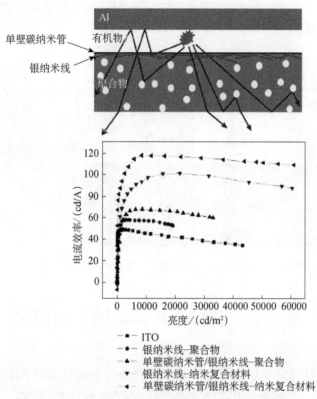

图5-8　柔性阳极纳米复合物光驱出LEC器件及效率[50]

Pei等[52]近年多次报道了可拉伸柔性LEC器件。2011年，他们制备了低电阻、高透明度和低表面粗糙度的碳纳米管聚合物复合电极结构。这种复合电极在拉伸50%以内电阻变化不大。他们制备的发光器件可被拉伸45%而无显著性能下降。这是世界上第一个电极、半导体和电介质层均可被拉伸的有机发光器件。2012年，Pei等[53]又使用了银纳米线聚合物复合材料制备了可拉伸的透明电极。当拉伸50%时，电极方块电阻仅升高了2.3倍，即使在往复拉伸600次后方块电阻也只升高为8.5倍。

Edman等[54]使用狭缝涂布（slot-die coating）方式印刷制备柔性LEC器件。器件结构为PET/PEDOT:PSS/发光层/ZnO纳米颗粒，发光层为商品化的共轭聚合物superyellow，掺杂KCF₃SO₃和聚氧化乙烯（polyethylene oxide，PEO）。他们首先在柔性PET衬底上通过滚筒卷涂ZnO纳米颗粒作阴极，再滚筒卷涂有机功能层，最后以同样的方法制备阳极，器件制备过程完全在空气中进行。该方法制备的黄绿光 LEC 器件的电流效率为 0.6cd/A，10V 下亮度为 150cd/m^2。这种方法为连续滚筒式（roll-to-roll）制备廉价柔性有机电致发光器件提供了思路（图 5-9）。

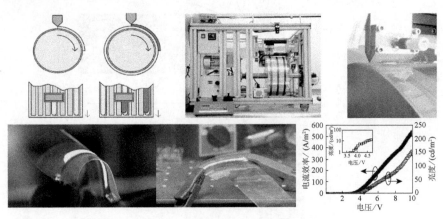

图 5-9　狭缝涂布方式印刷制备柔性有机电致发光器件[54]

第二节　有机半导体传输机制研究

有机材料的分子排布取向对 OLED 性能的影响日益得到重视。Kido 和 Yokoyama 等[55]制备了 B2PyMPM、B3PyMPM 和 B4PyMPM 三种材料，他们发现，B4PyMPM 和 B3PyMPM 基本上与基板平行排列的程度较好，B2PyMPM 与基板平行排列的程度较差。B3PyMPM 和 B4PyMPM 的迁移率之所以比 B2PyMPM 高，是由于 CH-N 氢键使得分子之间的堆积更加有序，而 B4PyMPM 由于偶极矩较小，能量无序度较低，有利于电子传输，所以迁移率比 B3PyMPM 高[56]。他们同时发现，分子排布不仅影响材料中载流子的迁移率，具有水平取向的染料分子还有利于提高器件的光取出效率[57]。

Kim 等[58]对染料分子 Ir(ppy)$_2$(acac)进行了理论研究。他们发现，该 Ir 配合物掺杂到 TCTA:B3PyMPM 中的水平为垂直偶极矩倾向 0.77：0.23。在这种情况下，器件的外量子效率为 30%，与文献中报道的实验值非常接近。他们的模拟结果同时表明，当该染料分子完全处于水平取向时，器件的外量子效率可以提高到 46%。

如何理解和预测有机无定形材料的载流子传输特性一直是一个难题。很多传统的方法在很大程度上依赖于经验参数，不利于进一步了解有机半导体内部的载流子传输过程。邱勇课题组[59]利用波恩-奥本海默分子动力学模拟了有机小分子ADN①的无定形堆积状态，在此基础上利用非绝热的分子动力学计算了不同分子之间的载流子传输速率。计算结果表明，空穴迁移率为电子迁移率的 1.4～1.8 倍，且都在 $10^{-3}cm^2/(V \cdot s)$ 数量级。计算出的空穴迁移率与文献报道的实验数据十分接近。这种计算方法有希望用来预测有机无定形材料的载流子迁移率。

近年来，高迁移率的聚合物材料被逐渐研发出来。2012 年，Lu 等[60]研发出迁移率超过 $10cm^2/(V \cdot s)$ 的聚合物。2013 年，Kang 等[61]制备的聚合物迁移率达到 $12cm^2/(V \cdot s)$。而 2014 年，Tseng 等[62]通过基板图案化，使 PCDTPT②的迁移率达到 $23.7cm^2/(V \cdot s)$。这些值已经接近有机单晶的迁移率。新型高迁移率的聚合物材料具有较低的活化能。在高迁移率的聚合物体系中，载流子主要在刚性的链内和晶区构成的网络中进行传输。宏观的无序不会对传输造成太大影响。在聚合物链和晶区中，载流子的传输都较快，所以材料可以体现出较高的迁移率[63]。

对无定形材料而言，了解分子结构与宏观性质的关系最大的障碍是未知的堆积方式。在广泛使用的高斯无序模型（Gauss disorder model，GDM）中，把分子看作规整排列的点，并没有考虑聚合物中的链段与构象，这样就难以与实际的材料对应。Noriega 等[64]建立了更真实的模型，通过考虑聚合物中的链段排列和可能的构型来更好地描述高分子材料中的载流子传输。

飞行时间（time of flight，TOF）法和暗注入空间电荷限制电流（dark injection-space charge limited current，DI-SCLC）法是测试有机半导体迁移率的常用的方法。但实际上，我们对于这些测试的物理过程并不了解。在 TOF 测试中，当载流子浓度较高时，电流会受到空间电荷扰动（space charge perturbation，SCP）。在 SCP 作用下 TOF 测试对于迁移率的影响还不清楚。在 DI-SCLC 测试中，通常假设电流中峰时间对应 TOF 测试中渡越时间的 78.7%。然而，这是在忽略扩散和恒定迁移率的假设下得到的，对于有机半导体并不适用。邱勇等用蒙特卡罗模拟研究了从不受空间电荷影响（space charge filed，SCF）到空间电荷限制（space charge limitation，SCL）作用下的电流特性。结果表明，在 TOF 测试中，SCP 作用会导致电流的平台区变为

① ADN 指 9, 10-di-(2′-naphthyl)anthracene。

② PCDTPT 指 poly[4-（4,4-dihexadecyl-4H-cyclopenta[1,2-b:5,4-b′]dithiophen-2-yl）-alt-[1,2,5]thiadiazolo[3,4-c]pyridine]。

尖峰，并且峰时间随 SCP 作用的增强而变小。同时，由于载流子波包后端的电场强度很弱，载流子到达另一侧电极的平均时间会变长，结果就是测试得到的迁移率变小[65]。这些模拟的结果已经在 NPB 和 TPD 的测试中得到实验验证[66]。对于 SCL 电流，如果体系的无序度较大或温度较低，峰时间与 TOF 测试中渡越时间的比值会远远小于 0.787[67]。这很好地解释了 Abkowitz 等的变温测试结果[68]。之所以会出现这样的结果，一方面是因为在较高的无序度或低温下，载流子波包前端较强的电场对传输的促进作用加强；另一方面是因为在这种情况下，DI-SCLC 中较高的载流子浓度大大促进载流子的运输。

薄膜场效应晶体管（thin film transistor，TFT）法也是常用的测试有机半导体迁移率的方法。苏树江等[69]对小分子材料 2TNATA、TPD、NPB、TCTA 和 Spiro-TPD 进行了系统研究。他们发现，采用 SiO_2 或极性较强的材料作为绝缘层，用 TFT 法测试得到的迁移率比 TOF 法低 1～2 个数量级。用 GDM 分析表明，在这样的器件结构中，能量无序度较高。另外，非极性的绝缘层对于有机半导体薄膜的能量无序度影响较小，得到的迁移率与 TOF 法十分接近。

近年来，有机半导体的掺杂在有机光电技术中得到越来越重要的应用。研究掺杂对于半导体材料迁移率的影响的基础理论，对有机发光乃至有机电子领域的发展具有重要的指导意义。掺杂物在有机半导体中通常分为陷阱和散射。由于从主体到散射的跳跃传输存在势垒，通常认为散射对迁移率的影响不大。对陷阱而言，由于载流子在陷阱中会经历一个捕获-释放的过程，因而较高程度地降低迁移率。苏树江等[70, 71]用渡越时间法研究了 NPB 和 TPD 主体中陷阱对迁移率的影响。研究结果表明，随陷阱深度的增加（0.1～0.2eV），材料的能量无序度增大，因而迁移率降低从 1 个数量级增加到 2 个数量级。马东阁等[72]用导纳谱法对 NPB 主体的陷阱行为进行研究，也得到类似的结论。邱勇等[73, 74]在多个主体中研究了不同陷阱深度（0.1～0.6eV）对迁移率的影响，结合蒙特卡罗模拟，表明浅陷阱由于能较高程度地参与载流子传输，对迁移率的降低明显，而深陷阱由于载流子居留时间太长，主要起减少电流的作用，对迁移率的影响较小。通过建立捕获-逃逸模型，定量地表明有机小分子的深浅陷阱的过渡区域为 0.2～0.3eV。

在有机半导体掺杂时，常常涉及最优化掺杂浓度的问题。这对研究迁移率随掺杂浓度的变化提出了要求。在无机半导体中，掺杂体系的迁移率随传输介质浓度的变化存在一个阈值，超过阈值，迁移率与浓度呈幂次关系，这一现象称为"渗透传输"。近年来，有机材料中的渗透传输逐渐受到重视。Dikin 等[75]在聚苯乙烯中掺杂石墨烯，材料电导率在0.4%的阈值浓度下就可实现显著提升。Gomez 等[76]研究了电子传输材料 PCBM 掺杂于 P3HT 的渗透传输现象。邱勇等[77]研究了蒸镀法制备的小分子半导体薄膜中的渗透传输现象，发现当 CBP 在 Alq_3 中的掺杂浓度达到9%以后，材料的本征迁移率随浓度增大呈幂次增加，并通过量子化学计算表明其渗透传输的机制。渗透传输在有机半导体中的适用性为发展低成本的高迁移率有机半导体提供了新的思路。

第三节　有机发光产业现状及技术发展方向

一、有机发光显示

有机发光显示根据驱动方式不同分为两种：一种是无源驱动型 OLED（passive matrix OLED，PMOLED），采用行扫描的方式来实现图像显示；另一种是有源驱动型 OLED（active-matrix OLED，AMOLED），采用薄膜晶体管阵列来驱动。目前全球 PMOLED 的发展状况如下。

日本 PMOLED 主要的生产厂家是 TDK 与 Pineer。TDK 除了生产传统小尺寸 PMOLED 显示屏，还于2011年推出透明的 PMOLED 显示屏。另外，Futaba 购买了 TDK 的 TDK Micro Device Corporation，建立了自己的 PMOLED 生产线，除进行常规 PMOLED 产品的生产，还推出了可弯曲的 PMOLED 样品。三菱通过拼接的方式，实现了155in[①]的大屏幕 OLED 显示。

与韩国多条 PMOLED 生产线停产或倒闭相比，中国 PMOLED 产业逆势而上。中国台湾地区，早期 PMOLED 生产厂家包括联宗光电、奇美、铼宝等。目前 PMOLED 的厂商主要是智晶光电与铼宝。智晶光电成立于2005年，产品包括单色 OLED、区彩 OLED、全彩 OLED、绘图型 OLED、字符型 OLED 及订制化设计等产品。铼宝是台湾地区第一家投入 PMOLED 研发及生产的厂家，拥有多条 PMOLED 产线。基于清华大学技术创建的维信诺

---

① 1in=0.0254m。

科技股份有限公司（简称"维信诺"）建成了中国大陆第一条 OLED 中试线和第一条大规模 PMOLED 生产线。维信诺生产的单色、多色、彩色 OLED 显示屏已广泛应用于仪器、仪表、消费电子等显示产品领域，2012 年产量居世界第一位。

有机发光显示的发展方向是 AMOLED。近年来，业界各大企业纷纷投入大量资源进行 AMOLED 相关技术的开发和产业化，主要产品应用领域包括智能手机、手持游戏机和数码相机等高端产品，2015 年前后 AMOLED 电视机产品也大规模进入市场。AMOLED 产业在国际范围内的竞争体现为国家和地区之间的竞争，其未来成败将主要取决于中小尺寸生产良率和大型化技术能否获得大幅突破。

目前，全球仅有韩国三星已实现中小尺寸 AMOLED 产品大规模量产，约占全球 99% 的市场份额。在大尺寸 AMOLED 产品方面，日本索尼于 2007 年推出 11in OLED 电视机，韩国 LG 于 2009 年推出 15in OLED 电视机，但都未能实现大规模生产；2012 年索尼推出 17in 和 25in BVM-E 监视器。

在 AMOLED 领域，AMOLED 显示屏已被韩国三星大规模应用于中小尺寸高端智能手机市场，并逐步朝中大尺寸、高分辨率的应用方向发展。虽然 AMOLED 显示屏目前的成本仍相对较高，但由于其具备更优异的性能，代表了中高端显示屏的发展趋势，三星、诺基亚等国际手机大厂对其产品应用态度非常积极。

在大尺寸 AMOLED 样品方面，韩国三星与 LG 在 CES①2012 上展示了 55in AMOLED 电视机，同时 2013 年 LG 开始对外接受 55in AMOLED 电视机的预订。日本的东芝、日立和索尼于 2012 年 4 月宣布合并中小型液晶面板业务，成立新公司日本显示器，以加快在 OLED 领域的研发进程，应对韩国企业的竞争。索尼和松下在 CES2013 上同时对外展示了 56in AMOLED 电视机样机。

中国对 AMOLED 产业高度重视，已有加强 AMOLED 产业扶持政策的出台。在《"十二五"产业技术创新规划》《国家"十二五"科学和技术发展规划》等多个规划中，AMOLED 显示被列入重点技术发展方向。各地方政府也积极出台了扶持 AMOLED 产业发展的专项规划，并给予相关资金和税收等方面的扶持政策。经过多年发展，中国的 AMOLED 生产线建设已全面铺开。维信诺、天马微电子股份有限公司（简称"天马微电子"）、上海和辉光电有限公司（简称"和辉光电"）、京东方科技集团股份有限公司（简称

---

① CES 指国际消费电子展览会。

"京东方"）等企业的多条 AMOLED 量产线也已开始进入项目建设的关键时期。

维信诺基于 10 余年 OLED 技术积累和 PMOLED 大规模量产的经验，于 2009 年与昆山工业技术研究院和昆山经济技术开发区一同投资成立了昆山工研院新型平板显示技术中心，并于 2010 年建成国内首条 AMOLED 中试生产线。经过三年多的努力，在国内率先全线打通 AMOLED 显示屏制造工艺，成功突破 AMOLED 核心技术，先后开发出 2.8in、3.5in、4.6in 和 7.6 in 等多款中小尺寸全彩 AMOLED 显示屏，并在 2011 年研制成功 12in AMOLED 电视机样机，实现了国内大尺寸 AMOLED 技术的重大突破。2011 年 8 月，维信诺开始筹建 5.5 代 AMOLED 大规模量产线，并已经投入量产。

天马微电子于 2010 年在 4.5 代 LCD 生产线的基础上进行了改造，完成 AMOLED 中试线的建设，已先后成功开发出 3.2in、4.3in 和 12in 样品。同时，在厦门投资建设的 5.5 代 LTPS-LCD[①] 生产线中也将部分产能用于 AMOLED 生产。

和辉光电成立于 2012 年 10 月，项目建成 4.5 代 AMOLED 量产线，将主要提供移动设备使用的中小尺寸显示器，阵列玻璃基板投片量为 1.5 万片/月，彩膜玻璃基板投片量为 0.75 万片/月，年产 AMOLED 显示模组为 1059.2 万片。

京东方在 AMOLED 技术领域也已进行了较多技术开发和产业化积累。目前，已开发出 3.7in 和 2.8in 全彩 AMOLED 显示屏，并成功点亮基于氧化物半导体的 17in 全彩 AMOLED 显示屏。另外，京东方的 5.5 代产线基于 LTPS TFT 背板技术，可用来生产 TFT-LCD 和 AMOLED 面板，玻璃基板尺寸为 1300mm×1500mm，阵列玻璃基板投片量为 5.4 万片/月。

华南理工大学在国际上最先开展了含镧系金属氧化物 TFT 的研究。2013 年 9 月，华南理工大学和广州新视界光电科技有限公司合作，研制成功了采用 Ln-IZO 驱动的彩色柔性 AMOLED 显示屏。

目前，国内在 AMOLED 相关技术领域与国际上仍有一定差距，在 AMOLED 显示产业上也仍面临诸多问题：OLED 产业整体规模不大；资金投入相对缺乏；基础研究不足；产业配套不完善。然而，由于目前国际上也只有韩国三星一家厂商可以大批量生产 AMOLED 显示屏，国内厂商急需抓住机遇，加快 AMOLED 量产线建设速度，以尽快缩小差距。

① LTPS 指低温多晶硅，low temperature poly-silicon。

二、有机发光照明

作为照明光源，以平面发光为特点的 OLED 具有更容易实现白光、超薄光源和任意形状光源的优点，同时具有高效、环保、安全等优势。在照明领域中，OLED 不仅可以作为室内外通用照明、背光源和装饰照明等，而且可以制备富有艺术性的柔性发光墙纸、可单色或彩色发光的窗户、可穿戴的发光警示牌等梦幻般的产品。

由于看到了 OLED 在照明领域的巨大潜力，很多 OLED 公司和国际上知名的照明产品公司（如美国 GE、德国欧司朗、荷兰飞利浦和日本松下电工等）都已经开展 OLED 照明器件的研究开发，已经有小批量产品上市。在 2013 年日本东京的照明展上，多家日本公司推出了 OLED 照明屏体及应用灯具产品/样品，将 OLED 照明的市场化又向前推进了一步。

未来，OLED 照明产品在外观上将向大尺寸、透明化、柔性化、可任意造型的方向发展，不断提高光效、延长寿命，价格也将迅速降低，不断缩小与现有照明技术的差距。未来 3～5 年是 OLED 照明技术、产业、市场发展的关键时期，美国、欧洲、日本等国家和地区的政府与企业纷纷在 OLED 照明上加大投资和研发力度，力争在未来的 OLED 照明产业中占据有利的地位。

基于 WOLED 在照明领域的巨大潜力，国外多家大公司和研究机构也在广泛致力于高效率、长寿命的 WOLED 照明技术的研发，全球有 160 家左右的厂家和研发机构等致力于 WOLED 照明技术的相关研究及产业化推广。

WOLED 器件的发展目标是使之真正成为具有低成本、高效率、长寿命的平面光源。其技术发展趋势是在高亮度下实现大面积、高效率、高稳定性和高 CRI，同时力求降低器件成本。在世界各国政府的大力支持及产业界的高度重视下，WOLED 的研发已经取得了显著进展。早在 2008 年，美国 UDC 就开发出了功率效率达到 103lm/W 的 WOLED 器件，但是寿命不够理想，离实用化的距离较远；在随后几年中，各国 WOLED 照明技术的研发致力于同时提高效率和寿命两个指标。如表 5-1 所示，2012 年，松下和出光开发的 WOLED 器件达到 142lm/W 的高功率效率，寿命在 5 万 h 以上；2013 年，NEC 和山形大学开发的 WOLED 器件更达到 156lm/W 的功率效率，是当时全球报道的 WOLED 照明最高功率效率，同时在器件的寿命上也有了较大的提高。

尽管中小尺寸的 OLED 照明器件的功率效率普遍达到 100lm/W 以上，但随着 OLED 发光面积的增大，还需要解决一系列新产生的相关技术问题，才能将屏体的技术指标相应地提高。从各个厂家的研发数据来看，屏体的功率效率普遍为 40～80lm/W。

表 5-1 WOLED 器件和屏体水平性能

分类	公司/研究所	年份	尺寸/cm²	功率效率/（lm/W）	寿命/h	CRI
器件（<4mm²）	维信诺	2013	—	99	>50 000	87
	NEC/山形大学	2013	—	156	—	—
	松下/出光	2012	—	142	50 000	85
	松下/出光	2011	—	128	30 000	83
	UDC	2010	—	113	30 000	—
面板	LG 化学	2013	81	80	>100 000	84
	维信诺	2013	41	40	10 000	87
	NEC/山形大学	2013	20	75	—	—
	松下/出光	2012	25	87	100 000	82
	飞利浦/ 柯尼卡-美能达	2011	37	45	10 000	85

测试条件：1000cd/m²

在 OLED 照明技术稳步提升的同时，厂家也在积极推进 OLED 照明产品的市场化进度。自 2008 年 3 月欧司朗首次在全球推出第一款 OLED 照明产品以来，全球各个厂家也陆续推出了 OLED 照明产品，推动着 OLED 照明从研发向市场转化。从 2009 年开始，飞利浦、欧司朗、Lumiotec、维信诺也都在市场上相继推出了 OLED 照明屏体产品。2010 年，LG、柯尼卡-美能达、东芝等公司也在市场上推出了 OLED 照明屏体产品。南京第壹有机光电有限公司相继成功制备出磷荧光混合功率效率分别为 73lm/W 外光提取 EES-OLED 和 112lm/W 内光提取 IES-OLED 白光照明器件，并于 2013 年实现了中国线性 OLED 照明生产线的首产。与此同时，Acuity-Brands、瑞高等灯具下游公司也都开发出了基于 OLED 照明屏体的下游应用灯具。

在 2013 年日本的 LED/OLED 照明展中，维信诺集中展示了批量生产的尺寸为 85mm×85mm 的 OLED 照明屏体，松下、Lumiotec 等日本公司也同时展示了批量生产的类似规格的 OLED 照明屏体；在随后举办的日本东京照明展中，除继 2012 年之后连续参展的 NEC、KANEKA、柯尼卡-美能达、东芝、松下、三菱之外，岩崎电气、ODELIC、小泉照明、日立制作所、山田照明、DN LIGHTING、日本精机、山形县产业技术振兴机构等也首次展出了OLED 照明及面板。特别值得注意的是，日本精机供应 3 种规格（90mm×

90mm、125mm×125mm 和 280mm×37mm）的 OLED 照明屏体产品。三款产品已于 2013 年 4 月上市，同时提出了非常有竞争性的价格：90mm×90mm（45lm）为 6000 日元，125mm×125mm（70lm）为 9000 日元。76.2mm×76.2mm（14lm）的彩色 OLED 照明也在开发之中。从厂商端来看，OLED 照明向市场上的全面普及发起了挑战。

第四节　有机发光材料的展望

从下游市场来看，OLED 材料面向的下游应用涵盖了显示和照明。图 5-10 为 2016～2025 年全球 OLED 市场规模及预测。

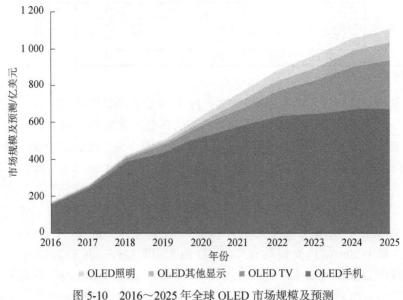

图 5-10　2016～2025 年全球 OLED 市场规模及预测

在显示应用方面，目前 OLED 显示屏已成为众多手机品牌的标配。据市场调研机构 IHS Markit 分析，2019 年智能手机显示屏中 OLED 的渗透率首度超越 LCD 达到 50.7%，市值约 207 亿美元；2025 年 OLED 的渗透率更将进一步提升至 73%。当前 OLED 折叠屏、卷曲屏的开发正处于关键时刻，柔性 OLED 产品的成熟将进一步拓展 OLED 显示应用的范围，带动整个产业链的飞速发展。

在照明应用方面，汽车成为 OLED 照明应用的率先切入市场。OLED 光源为发光均匀、光照柔和的平面光源，无眩光、不刺眼，对行车环境友好；OLED 器件散热好，不需要额外的散热装置，也不需要外加反射结构来保证灯光效果，而且具有轻薄、透明、可柔可弯曲的特点，可以实现更加灵活的车灯造型，使车灯更具"轻快感"，丰富汽车外观设计的造型，提升汽车品牌辨识度。国际上汽车大厂奥迪（TTRS、A8）、宝马（M4 GTS）、奔驰（S Coupe）均在其尾灯中采用 OLED 光源，收获了众多汽车消费者的好评。国内企业（如北京塑光科技有限公司）已将自主开发的 OLED 车灯屏体用于一汽集团红旗新款汽车 H9 上。

根据市场预测，在显示领域，OLED 将会逐步蚕食 LCD 的市场；而在照明领域，OLED 也将会发挥自己的独特优势，与 LED 长期共存互补。显示和照明均是万亿元级市场，长期来看，OLED 下游应用将是万亿元级大市场，未来 OLED 产业的发展光明可期。

参 考 文 献

［1］Pope M, Kallmann H P, Magnante P J. Electroluminescence in organic crystals. The Journal of Chemical Physics，1963，38（8）: 2042-2043.

［2］Tang C W, van Slyke S A. Organic electroluminescent diodes. Applied Physics Letters，1987，51（12）: 913-915.

［3］Baldo M A, O'brien D F, You Y, et al. Highly efficient phosphorescent emission from organic electroluminescent devices. Nature，1998，395（6698）: 151-154.

［4］Adachi C. Third generation OLED by hyperfluorescence. SID Symposium Digest of Technical Papers，2013，44（1）: 513-514.

［5］Liu H, Cheng G, Hu D, et al. A highly efficient, blue-phosphorescent device based on a wide-bandgap host/FIrpic: Rational design of the carbazole and phosphine oxide moieties on tetraphenylsilane. Advanced Functional Materials，2012，22（13）: 2830-2836.

［6］Yu D, Zhao F, Han C, et al. Ternary ambipolar phosphine oxide hosts based on indirect linkage for highly efficient blue electrophosphorescence: Towards high triplet energy, low driving voltage and stable efficiencies. Advanced Materials，2012，24（4）: 509-514.

［7］Fan C, Zhu L, Liu T, et al. Using an organic molecule with low triplet energy as a host in a highly efficient blue electrophosphorescent device. Angewandte Chemie International Edition，2014，53（8）: 2147-2151.

［8］Sasabe H, Takamatsu J, Motoyama T, et al. High-efficiency blue and white organic light-emitting devices incorporating a blue iridium carbene complex. Advanced Materials, 2010, 22（44）: 5003-5007.

[9] Chou H H, Cheng C H. A highly efficient universal bipolar host for blue, green, and red phosphorescent OLEDs. Advanced Materials, 2010, 22（22）: 2468-2471.

[10] Hudson Z M, Wang Z, Helander M G, et al. N-heterocyclic carbazole-based hosts for simplified single-layer phosphorescent OLEDs with high efficiencies. Advanced Materials, 2012, 24（21）: 2922-2928.

[11] Zhang D, Duan L, Li Y, et al. Towards high efficiency and low roll-off orange electrophosphorescent devices by fine tuning singlet and triplet energies of bipolar hosts based on indolocarbazole/1, 3, 5-triazine hybrids. Advanced Functional Materials, 2014, 24（23）: 3551-3561.

[12] Su S J, Cai C, Kido J. RGB phosphorescent organic light-emitting diodes by using host materials with heterocyclic cores: Effect of nitrogen atom orientations. Chemistry of Materials, 2011, 23（2）: 274-284.

[13] Mondal E, Hung W Y, Dai H C, et al. Fluorene-based asymmetric bipolar universal hosts for white organic light emitting devices. Advanced Functional Materials, 2013, 23（24）: 3096-3105.

[14] Huang H, Wang Y, Pan B, et al. Simple bipolar hosts with high glass transition temperatures based on 1, 8-disubstituted carbazole for efficient blue and green electrophosphorescent devices with "Ideal" turn-on voltage. Chemistry-A European Journal, 2013, 19（5）: 1828-1834.

[15] Wang K, Zhao F, Wang C, et al. High-performance red, green, and blue electroluminescent devices based on blue emitters with small singlet-triplet splitting and ambipolar transport property. Advanced Functional Materials, 2013, 23（21）: 2672-2680.

[16] Xia D, Wang B, Chen B, et al. Self-host blue-emitting iridium dendrimer with carbazole dendrons: Nondoped phosphorescent organic light-emitting diodes. Angewandte Chemie International Edition, 2014, 53（4）: 1048-1052.

[17] Fukagawa H, Shimizu T, Hanashima H, et al. Highly efficient and stable red phosphorescent organic light-emitting diodes using platinum complexes. Advanced Materials, 2012, 24（37）: 5099-5103.

[18] Hudson Z M, Sun C, Helander M G, et al. Highly efficient blue phosphorescence from triarylboron-functionalized platinum（Ⅱ）complexes of N-heterocyclic carbenes. Journal of the American Chemical Society, 2012, 134（34）: 13930-13933.

[19] Fleetham T, Ecton J, Wang Z, et al. Single-doped white organic light-emitting device with an external quantum efficiency over 20%. Advanced Materials, 2013, 25（18）: 2573-2576.

[20] Cho I, Kim S H, Kim J H, et al. Highly efficient and stable deep-blue emitting anthracene-derived molecular glass for versatile types of non-doped OLED applications. Journal of Materials Chemistry, 2012, 22（1）: 123-129.

[21] Lee K H, Park J K, Seo J H, et al. Efficient deep-blue and white organic light-emitting diodes based on triphenylsilane-substituted anthracene derivatives. Journal of Materials Chemistry, 2011, 21（35）: 13640-13648.

[22] Zhang T, Liu D, Wang Q, et al. Deep-blue and white organic light-emitting diodes based on novel fluorene-cored derivatives with naphthylanthracene endcaps. Journal of Materials Chemistry, 2011, 21（34）: 12969-12976.

[23] Huang J, Su J H, Li X, et al. Bipolar anthracene derivatives containing hole-and electron-transporting moieties for highly efficient blue electroluminescence devices. Journal of Materials Chemistry, 2011, 21（9）: 2957-2964.

[24] Wee K R, Han W S, Kim J E, et al. Asymmetric anthracene-based blue host materials: Synthesis and electroluminescence properties of 9-(2-naphthyl)-10-arylanthracenes. Journal of Materials Chemistry, 2011, 21（4）: 1115-1123.

[25] Chiang C J, Kimyonok A, Etherington M K, et al. Ultrahigh efficiency fluorescent single and bi-layer organic light emitting diodes: The key role of triplet fusion. Advanced Functional Materials, 2013, 23（6）: 739-746.

[26] Endo A, Sato K, Yoshimura K, et al. Efficient up-conversion of triplet excitons into a singlet state and its application for organic light emitting diodes. Applied Physics Letters, 2011, 98（8）: 083302.

[27] Zhang Q, Li J, Shizu K, et al. Design of efficient thermally activated delayed fluorescence materials for pure blue organic light emitting diodes. Journal of the American Chemical Society, 2012, 134（36）: 14706-14709.

[28] Uoyama H, Goushi K, Shizu K, et al. Highly efficient organic light-emitting diodes from delayed fluorescence. Nature, 2012, 492（7428）: 234-238.

[29] Huang S, Zhang Q, Shiota Y, et al. Computational prediction for singlet-and triplet-transition energies of charge-transfer compounds. Journal of chemical theory and computation, 2013, 9（9）: 3872-3877.

[30] Zhang Q, Li B, Huang S, et al. Efficient blue organic light-emitting diodes employing

thermally activated delayed fluorescence. Nature Photonics, 2014, 8（4）: 326-332.

［31］Zhang D, Duan L, Li C, et al. High-efficiency fluorescent organic light-emitting devices using sensitizing hosts with a small singlet-triplet exchange energy. Advanced Materials, 2014, 26（29）: 5050-5055.

［32］Goushi K, Yoshida K, Sato K, et al. Organic light-emitting diodes employing efficient reverse intersystem crossing for triplet-to-singlet state conversion. Nature Photonics, 2012, 6（4）: 253-258.

［33］Jankus V, Chiang C J, Dias F, et al. Deep blue exciplex organic light-emitting diodes with enhanced efficiency: P-type or E-type triplet conversion to singlet excitons?. Advanced Materials, 2013, 25（10）: 1455-1459.

［34］Li W, Pan Y, Xiao R, et al. Employing ~ 100% excitons in OLEDs by utilizing a fluorescent molecule with hybridized local and charge-transfer excited state. Advanced Functional Materials, 2014, 24（11）: 1609-1614.

［35］Kondakov D Y, Pawlik T D, Hatwar T K, et al. Triplet annihilation exceeding spin statistical limit in highly efficient fluorescent organic light-emitting diodes. Journal of Applied Physics, 2009, 106（12）: 124510.

［36］Duan L, Zhang D, Wu K, et al. Controlling the recombination zone of white organic light-emitting diodes with extremely long lifetimes. Advanced Functional Materials, 2011, 21（18）: 3540-3545.

［37］Gong S, Chen Y, Luo J, et al. Bipolar tetraarylsilanes as universal hosts for blue, green, orange, and white electrophosphorescence with high efficiency and low efficiency roll-off. Advanced Functional Materials, 2011, 21（6）: 1168-1178.

［38］Han C, Xie G, Xu H, et al. A single phosphine oxide host for high-efficiency white organic light-emitting diodes with extremely low operating voltages and reduced efficiency roll-off. Advanced Materials, 2011, 23（21）: 2491-2496.

［39］Ye J, Zheng C J, Ou X M, et al. Management of singlet and triplet excitons in a single emission layer: A simple approach for a high-efficiency fluorescence/phosphorescence hybrid white organic light-emitting device. Advanced Materials, 2012, 24（25）: 3410-3414.

［40］Wang Q, Ho C L, Zhao Y, et al. Reduced efficiency roll-off in highly efficient and color-stable hybrid WOLEDs: The influence of triplet transfer and charge-transport behavior on enhancing device performance. Organic Electronics, 2010, 11（2）: 238-246.

[41] Zheng C J, Wang J, Ye J, et al. Novel efficient blue fluorophors with small singlet-triplet splitting: Hosts for highly efficient fluorescence and phosphorescence hybrid WOLEDs with simplified structure. Advanced Materials, 2013, 25 (15): 2205-2211.

[42] Zhang L, Hu S, Chen J, et al. A series of energy-transfer copolymers derived from fluorene and 4, 7-dithienylbenzotriazole for high efficiency yellow, orange, and white light-emitting diodes. Advanced Functional Materials, 2011, 21 (19): 3760-3769.

[43] Zou J, Wu H, Lam C S, et al. Simultaneous optimization of charge-carrier balance and luminous efficacy in highly efficient white polymer light-emitting devices. Advanced Materials, 2011, 23 (26): 2976-2980.

[44] Zhang B, Tan G, Lam C S, et al. High-efficiency single emissive layer white organic light-emitting diodes based on solution-processed dendritic host and new orange-emitting iridium complex. Advanced Materials, 2012, 24 (14): 1873-1877.

[45] Gorter H, Coenen M J J, Slaats M W L, et al. Toward inkjet printing of small molecule organic light emitting diodes. Thin Solid Films, 2013, 532: 11-15.

[46] Tekoglu S, Hernandez-Sosa G, Kluge E, et al. Gravure printed flexible small-molecule organic light emitting diodes. Organic Electronics, 2013, 14 (12): 3493-3499.

[47] Höfle S, Bruns M, Strässle S, et al. Tungsten oxide buffer layers fabricated in an inert sol-gel process at room-temperature for blue organic light-emitting diodes. Advanced Materials, 2013, 25 (30): 4113-4116.

[48] Fu Q, Chen J, Shi C, et al. Room-temperature sol-gel derived molybdenum oxide thin films for efficient and stable solution-processed organic light-emitting diodes. ACS Applied Materials & Interfaces, 2013, 5 (13): 6024-6029.

[49] Feng S, Duan L, Hou L, et al. A comparison study of the organic small molecular thin films prepared by solution process and vacuum deposition: Roughness, hydrophilicity, absorption, photoluminescence, density, mobility, and electroluminescence. The Journal of Physical Chemistry C, 2011, 115 (29): 14278-14284.

[50] Li L, Liang J, Chou S Y, et al. A solution processed flexible nanocomposite electrode with efficient light extraction for organic light emitting diodes. Scientific Reports, 2014, 4 (1): 1-8.

[51] Kim S, Kwon H J, Lee S, et al. Low-power flexible organic light-emitting diode display device. Advanced Materials, 2011, 23 (31): 3511-3516.

[52] Yu Z, Niu X, Liu Z, et al. Intrinsically stretchable polymer light-emitting devices using

carbon nanotube-polymer composite electrodes. Advanced Materials, 2011, 23（34）: 3989-3994.

［53］Hu W, Niu X, Li L, et al. Intrinsically stretchable transparent electrodes based on silver-nanowire-crosslinked-polyacrylate composites. Nanotechnology, 2012, 23（34）: 344002.

［54］Sandström A, Dam H F, Krebs F C, et al. Ambient fabrication of flexible and large-area organic light-emitting devices using slot-die coating. Nature Communications, 2012, 3（1）: 1-5.

［55］Yokoyama D, Sasabe H, Furukawa Y, et al. Molecular stacking induced by intermolecular C–H⋯N hydrogen bonds leading to high carrier mobility in vacuum-deposited organic films. Advanced Functional Materials, 2011, 21（8）: 1375-1382.

［56］Li N, Wang P, Lai S L, et al. Synthesis of multiaryl-substituted pyridine derivatives and applications in non-doped deep-blue OLEDs as electron-transporting layer with high hole-blocking ability. Advanced Materials, 2010, 22（4）: 527-530.

［57］Kim S Y, Jeong W I, Mayr C, et al. Organic light-emitting diodes with 30% external quantum efficiency based on a horizontally oriented emitter. Advanced Functional Materials, 2013, 23（31）: 3896-3900.

［58］Park H, Lee J, Kang I, et al. Highly rigid and twisted anthracene derivatives: A strategy for deep blue OLED materials with theoretical limit efficiency. Journal of Materials Chemistry, 2012, 22（6）: 2695-2700.

［59］Li H, Duan L, Sun Y, et al. Study of the hole and electron transport in amorphous 9, 10-di-（2′-naphthyl）anthracene: The first-principles approach. The Journal of Physical Chemistry C, 2013, 117（32）: 16336-16342.

［60］Li J, Zhao Y, Tan H S, et al. A stable solution-processed polymer semiconductor with record high-mobility for printed transistors. Scientific Reports, 2012, 2（1）: 1-9.

［61］Kang I L, Yun H J, Chung D S, et al. Record high hole mobility in polymer semiconductors via side-chain engineering. Journal of the American Chemical Society, 2013, 135（40）: 14896-14899.

［62］Tseng H R, Phan H, Luo C, et al. High-mobility field-effect transistors fabricated with macroscopic aligned semiconducting polymers. Advanced Materials, 2014, 26（19）: 2993-2998.

［63］Noriega R, Rivnay J, Vandewal K, et al. A general relationship between disorder, aggregation and charge transport in conjugated polymers. Nature Materials, 2013, 12

（11）：1038-1044.

［64］Noriega R, Salleo A, Spakowitz A J. Chain conformations dictate multiscale charge transport phenomena in disordered semiconducting polymers. Proceedings of the National Academy of Sciences, 2013, 110（41）: 16315-16320.

［65］Li H, Duan L, Li C, et al. Transient space-charge-perturbed currents in organic materials: A Monte Carlo study. Organic Electronics, 2014, 15（2）: 524-530.

［66］Li H, Duan L, Zhang D, et al. Transient space-charge-perturbed currents of N, N'-diphenyl-N, N'-bis（1-naphthyl）-1, 1'-biphenyl-4, 4'-diamine and N, N'-diphenyl-N, N'-bis（3-methylphenyl）-1, 1'-biphenyl-4, 4'-diamine in diode structures. Applied Physics Letters, 2014, 104: 183301.

［67］Li H, Duan L, Zhang D, et al. Relationship between mobilities from time-of-flight and dark-injection space-charge-limited current measurements for organic semiconductors: A Monte Carlo study. The Journal of Physical Chemistry C, 2014, 118（12）: 6052-6058.

［68］Abkowitz M, Facci J S, Stolka M. Time-resolved space charge-limited injection in a trap-free glassy polymer. Chemical Physics, 1993, 177（3）: 783-792.

［69］Chan C Y H, Tsung K K, Choi W H, et al. Achieving time-of-flight mobilities for amorphous organic semiconductors in a thin film transistor configuration. Organic Electronics, 2013, 14（5）: 1351-1358.

［70］Fong H H, Lun K C, So S K. Hole transports in molecularly doped triphenylamine derivative. Chemical Physics Letters, 2002, 353（5-6）: 407-413.

［71］Tsung K K, So S K. Carrier trapping and scattering in amorphous organic hole transporter. Applied Physics Letters, 2008, 92: 103315.

［72］Li B, Chen J, Zhao Y, et al. Effects of carrier trapping and scattering on hole transport properties of N, N'-diphenyl-N, N'-bis(1-naphthyl)-1, 1'-biphenyl-4, 4'-diamine thin films. Organic Electronics, 2011, 12（6）: 974-979.

［73］Li C, Duan L, Sun Y, et al. Charge transport in mixed organic disorder semiconductors: Trapping, scattering, and effective energetic disorder. The Journal of Physical Chemistry C, 2012, 116（37）: 19748-19754.

［74］Li C, Duan L, Li H, et al. Universal trap effect in carrier transport of disordered organic semiconductors: Transition from shallow trapping to deep trapping. The Journal of Physical Chemistry C, 2014, 118（20）: 10651-10660.

［75］Stankovich S, Dikin D A, Dommett G H B, et al. Graphene-based composite materials. Nature, 2006, 442（7100）: 282-286.

[76] Vakhshouri K, Kozub D R, Wang C, et al. Effect of miscibility and percolation on electron transport in amorphous poly (3-hexylthiophene) /phenyl-C 61-butyric acid methyl ester blends. Physical Review Letters, 2012, 108 (2): 026601.

[77] Li C, Duan L, Li H, et al. Percolative charge transport in a co-evaporated organic molecular mixture. Organic Electronics, 2013, 14 (12): 3312-3317.

第六章
新型高温超导材料[①]

超导现象自 1911 年被发现以来，就以其独特的魅力持续不断地吸引着广大科学家的关注。它不仅展示了量子力学在凝聚态物质中的一些美妙而重要的规律，而且具有很多潜在的应用。实现室温超导是我们梦寐以求的事情。超导实际上是电子系统在凝聚态物质中发生量子凝聚以后的现象，表现出很多奇异的性质，如有限温度下的零电阻和完全抗磁特性等。基于这些奇特的性质，可以开发出很多不可替代的应用。超导在能源、医疗、交通、国防和大科学工程等方面有许多应用，因此被世界上发达国家和地区所重视。以美国、日本和欧盟为代表的发达国家和地区均在超导材料、超导物理和技术方面大量投入，争取在未来的大规模应用中占得先机。

超导体工作在其临界温度之下。空气中有丰富的氮气资源，人们可以生产最廉价的低温冷质（cryogent），即液氮，其沸点为 77.3K（约为-196℃）。因此发现临界温度高于 77.3K 的超导体是非常重要的。高温超导体一般界定为临界温度超过 40K 的超导体，因为通常的电子-声子机制下临界温度的上限是 40K 左右，即麦克米兰极限。因此，临界温度突破 40K 的超导体的发现是极其重要的。目前临界温度突破 40K 的超导系列包括铜氧化物超导体、铁基超导体，而二硼化镁超导体的临界温度在 40K 左右。本章将简单介绍此三类高温超导体的发展现状，并对未来超导材料发展提出一些展望。另外，还

①　本工作得到国家自然科学基金委员会（基金号：11034011/A0402），国家重点研发计划"量子调控与量子信息"专项项目"新型高温超导材料和非常规机理研究"（项目编号：2016 YFA0300400），科技部 973 计划（基金号：2011CBA00102，2012CB821403）和 985 工程的支持，在此一并表示感谢。

将对如何获得新型高温超导体提出一些思路。

第一节 追求具有更高超导温度材料的努力

1986 年底之前，人们在超导材料的探索方面做出了大量的工作，发现了很多新超导体。这些材料包括单元素、多元合金、氧化物、有机材料等多种材料形式，一共有数百种材料被发现具有超导性质。有兴趣的读者可以阅读超导材料方面的参考书[1]。1930 年以前以研究单元素超导体为主。20 世纪 30～50 年代，发现了很多合金超导体及氮化物和碳化物超导体，这些超导体中的氮和碳原子提供了很强的键合作用，同时具有较合适的声子模提供电-声子耦合，形成超导。50～70 年代，人们合成出很多 A15 型超导体（具有 β-W 结构），如 Nb_3Sn、$Nb_3(Al_{0.75}Ge_{0.25})$、V_3Si 等，其中 Nb_3Ge 的临界温度可以高达 23.2K。这些新超导体的发现直接带动了超导大规模应用的发展。例如，人们利用 NbTi 合金超导线制成超导磁体，在液氦温度产生几特斯拉的磁场，生产出市场大量需求的核磁共振成像（nuclear magnetic resonance imaging, NMRI）磁体和核聚变研究之用的超导托卡马克超导磁体。利用 Nb_3Sn 超导材料，人们可以制备出新一代超导磁体，在液氦温度可以产生高达 18T 的磁场，满足高场核磁共振成像和科学实验方面的需要。70～80 年代，人们对一大类层状化合物超导体（S、Se、Te 的化合物）产生了浓厚的兴趣。这些超导体具有很强的二维特征，往往超导和电荷密度波序（charge-density-wave, CDW）共存，相互竞争。最典型的材料有 $2H\text{-}NbSe_2$、$2H\text{-}TaSe_2$、$2H\text{-}TaS_2$ 等。目前这个系统中的很多问题仍然没有弄清楚，如电荷密度波序的形成机制、与超导的竞争关系等问题非常值得研究。与之相类似的还有自旋密度波（spin density wave, SDW）超导体，如 $CeRu_2$、$LnNi_2B_2C$ 等。这里 Ln 代表 Y 及 La 系的稀土元素，如 Lu、Er、Ho、Sm 等。70 年代中后期，人们注意到一大类超导体，它们在正常态的电子有效质量为自由电子的 100 倍以上，因此该类材料称为"重费米子超导体"。这些材料包括 $CeCu_2Si_2$、UPt_3 等 f 轨道电子元素的化合物和重元素金属化合物。重费米子系统中的库珀对（Cooper pair）有效质量很重，根据玻色-爱因斯坦凝聚的一般知识，我们知道其临界温度可能并不高。然而，该类系统中富含新的物理现象，甚至有可能其配对是由于反铁磁涨落所致，其波函数具有 d 波和 p 波对称性。重费米子系统近年来又在相图和电子基态特性研究方面有重要进展，如会出现量子临界点

（quantum critical point，QCP）。这是目前凝聚态物理学研究中的一个重要方向。同样是在 70 年代中期，有机导体被发现。在这些材料中经常观察到因为低维特性而导致的各种相变，造成结构失稳，在电输运测量中观察到很多奇异现象。1980 年，法国科学家 Denis Jerome 发现了第一种有机超导体 $(TMTSF)_2X$ 族化合物。1987 年，Urayama 等发现 $(BEDT\text{-}TTF)_2Cu(SCN)_2$ 中具有临界温度为 11K 的超导电性。最近发现有机超导体具有很多与高温氧化物超导体类似的性质，如自旋涨落在该类材料中扮演很重要的角色。有关有机超导体的研究潜力很大，无论是在材料方面还是在超导科学研究方面均可能取得重大突破。1986 年发现的铜氧化物超导体和 2008 年发现的临界温度达到 55K 的铁基超导体翻开了高温超导材料和非常规超导机理研究的新篇章。图 6-1 显示了一些典型超导体被发现的时间和临界温度。表 6-1 列举了一些超导体的种类及每个系列中目前最高的临界温度。

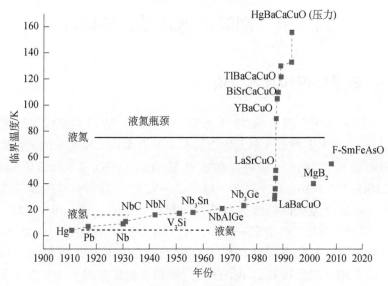

图 6-1　超导体的临界温度随被发现时间的关系

表 6-1　超导体的简单分类和每个系列的最高临界温度

超导材料系列	代表超导体	最高临界温度	备注
金属和合金超导体	Pb、Nb、Nb_3Sn、Nb_3Ge、V_3Si、$NbTi$ 等	Nb_3Ge（$T_c=23.2K$）	多种结构 电-声子耦合配对为主
中间金属化合物超导体	MgB_2、Mo_3S_4、$PbMo_6S_8$、$SmRh_4B_4$、YNi_2B_2C 等	MgB_2（$T_c=40K$）	多种结构 电-声子耦合配对为主

续表

超导材料系列	代表超导体	最高临界温度	备注
重费米子超导体	$CeCu_2Si_2$、UBe_{13}、UPt_3、$CeNi_2Ge_2$、$CeCoIn_5$、Pu 基	Pu 基（T_c=20K）	多与反铁磁毗邻，有 f 轨道电子参与，强关联
铜氧化物超导体	$La_{2-x}Sr_xCuO_4$、$YBa_2Cu_3O_7$、$Bi_2Sr_2CaCu_2O_8$、$Bi_2Sr_2Ca_2Cu_3O_{12}$、$HgBa_2Ca_3Cu_4O_{12}$ 等	四方和正交结构，层状，$HgBa_2Ca_2Cu_3O_{9-\delta}$（高压下 T_c=164K）	超导态与反铁磁毗邻，莫特（Mott）绝缘性母体，正常态的非费米液体行为
铁基超导体	FeAs 基和 FeSe 基	四方和正交结构，层状，$SmFeAsO_{1-x}F_x$（T_c=55K）	超导态与反铁磁毗邻，有一定关联性，多带和多轨道特征
有机超导体	κ-(BEDT-TTF)$_2$Cu(NCS)$_3$等	κ-(BEDT-TTF)$_2$Cu(NCS)$_3$（T_c=10.4K）	超导态与反铁磁毗邻，有一定关联性

第二节　铜氧化物高温超导材料

一、背景知识和基本结构

在超导现象被发现后的 75 年（即 1986 年），临界温度仅仅被提高到 23.2K 左右，基本上都是在单元素金属和多元合金中实现超导的。在氧化物材料中也曾经发现过一些超导体，如缺氧的 $SrTiO_3$（T_c=0.2～0.4K）、$Ba_{1-x}K_xBiO_3$（$T_c\approx30K$）、$Li_{1+x}Ti_{2-x}O_4$（$T_c\approx12K$）。这些材料的超流密度普遍较低，超导物理也许仍然是声子作为配对媒介的。1986 年 10 月，IBM 公司瑞士苏黎世分部的科学家缪勒（K. A. Müller）和柏诺兹（J. G. Bednorz）在研究氧化物导电陶瓷材料 LaBaCuO 时发现在 30K 以下有可能的超导迹象[2]，后来超导现象被其他小组证实。缪勒和柏诺兹因为这个重要发现而获得 1988 年的诺贝尔物理学奖。随后，在世界上展开的对高温超导体的追逐中，科学家已经制备出多系列近百种超导体。中国科学家（赵忠贤、陈立泉等）[3]和美国科学家（朱经武、吴茂昆等）[4]同时独立地发现了液氮温度（77.3K）以上工作的钇钡铜氧（$YBa_2Cu_3O_{7-\delta}$）超导体。目前，铜氧化物超导体 $HgBa_2Ca_2Cu_3O_{9-\delta}$的临界温度在常压下已经高达 130K 以上，高压下可达 164K。铜氧化物超导体在某些方面的应用已经崭露头角。基于不同的化学组成和结构，铜氧化物超导体被划分成镧系超导体（典型分子式为

La$_{2-x}$Sr$_x$CuO$_4$ 或 La$_{2-x}$Ba$_x$CuO$_4$,简称为 214 结构)、钇钡铜氧超导体(或钇系超导体,典型分子式为 YBa$_2$Cu$_3$O$_7$ 或 YBa$_2$Cu$_4$O$_8$,简称为 123 或 124 结构,也有 247 结构报道)、铋系超导体(Bi$_2$Sr$_2$CuO$_6$ 或简称为 Bi-2201、Bi$_2$Sr$_2$CaCu$_2$O$_8$ 或简称为 Bi-2212、Bi$_2$Sr$_2$Ca$_2$Cu$_3$O$_{10}$ 或简称为 Bi-2223)、铊系超导体(Tl$_2$Ba$_2$CuO$_6$ 或简称为 Tl-2201、Tl$_2$Ba$_2$CaCu$_2$O$_8$ 或简称为 Tl-2212、Tl$_2$Ba$_2$Ca$_2$Cu$_3$O$_{10}$ 或简称为 Tl-2223)、汞系超导体 HgBa$_2$Ca$_{n-1}$Cu$_n$O$_{2(n+1)+\delta}$(n=1～3)结构等。图 6-2 显示了几种典型的铜氧化物超导体的原子结构。可以看出,所有铜氧化物超导体的主体结构是 CuO$_2$ 平面,其 Cu^{2+} 和 O^{2-} 相互间隔,形成四方格子。超导电性基本被认定来源于这个 CuO$_2$ 平面。CuO$_2$ 平面可以是单层的(如 La$_{2-x}$Sr$_x$CuO$_4$),也可以是双层邻近的(如 YBa$_2$Cu$_3$O$_7$)或者三层邻近的(如 HgBa$_2$Ca$_2$Cu$_3$O$_{9-\delta}$)。图 6-3 是汞系超导体中以分子式 HgBa$_2$Ca$_{n-1}$Cu$_n$O$_{2(n+1)+\delta}$(n=1～3)展开的多层化合物结构。它们的结构中的 CuO$_2$ 平面层数逐次增多。人们发现,随着层数增加,临界温度也增加,到一定层数以后才开始下降。一种可能的解释是多层 CuO$_2$ 材料中超流电子数目较高。如果临界温度由超流密度(相位刚度)决定,那么这个图像是很有道理的。在其他参考书中,大家会看见有关这些材料具体的结构和特性[5],这里不再赘述。

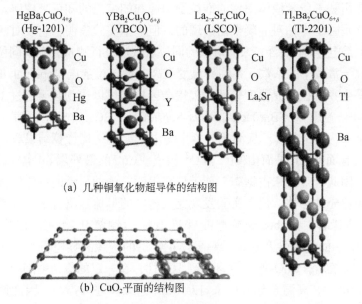

HgBa$_2$CuO$_{4+\delta}$
(Hg-1201)

YBa$_2$Cu$_3$O$_{6+\delta}$
(YBCO)

La$_{2-x}$Sr$_x$CuO$_4$
(LSCO)

Tl$_2$Ba$_2$CuO$_{6+\delta}$
(Tl-2201)

(a) 几种铜氧化物超导体的结构图

(b) CuO$_2$ 平面的结构图

图 6-2 几种铜氧化物超导体的结构图和 CuO$_2$ 平面的结构图[6]

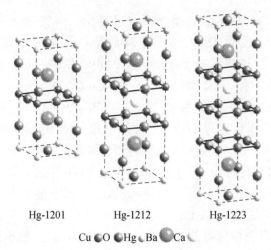

Hg-1201   Hg-1212   Hg-1223

Cu ⬤O ⬤Hg ⬤Ba ⬤Ca

图6-3　每个晶胞中含有1层、2层和3层CuO₂平面的三种汞系超导体结构图[6]

二、铜氧化物超导机理

氧化物超导体的超导机制是摆在凝聚态物理学家面前的最重要课题之一。这是由于此类材料中电子之间的相互作用很强，其正常态电子运动行为似乎不能用基于费米液体图像的准粒子图像和能带论的知识来理解。超导态尽管仍然是由于库珀对的凝聚而出现的，但众多实验表明，它成对的主要诱因可能不是电-声子耦合。人们对氧的同位素效应进行测量，发现同位素效应公式 T_cM^α=常数中的系数 α 在临界温度最高的最佳掺杂点（optimal doping）附近几乎为零，在临界温度较低的欠掺杂区域却可以达到甚至超过 1[7]，而巴丁-库珀-施里弗（Bardeen-Cooper-Schrieffer，BCS）理论预言，在弱耦合极限下 α 为 0.5 左右。从简单的紧束缚电子能带结构计算结果看，铜氧化物中的公有面 CuO₂ 平面由 Cu²⁺ 和 O²⁻ 构成。Cu²⁺的最外层 3d 电子轨道有 9个电子，因此有空的未占据态。能带计算表明，这种材料的母体应该是一个能带半满填充的导体，但是实验发现此类材料的母体是具有长程反铁磁特性的 Mott 绝缘体。Hubbard 模型能够近似描述铜氧化物材料在母体（如 La₂CuO₄）中的绝缘性及掺杂后超导体正常态的绝缘和导电行为。将空穴或电子引入系统后，CuO₂平面逐渐出现金属性，在一定的掺杂范围内出现超导电性（图6-4）。高温超导电性来自对 Mott 绝缘体进行掺杂，因此该系统同时会出现众多其他竞争相，如电子条纹相（stripe phase）、电子晶体相、电荷密度波序、自旋密度波、反铁磁序。高温超导体与常规超导体有一个显著的差别：前者在正常态，随着温度的变化，费米面会不断演变，而费米面上在倒空间的（±π，0）或（0，±π）附近部分的态密度会逐渐被压制，出现赝能隙[7]。中子散射等手段测量发现，在赝能隙区域有一些新的电子有序相（如电子条纹相）出现[8]。有理论模型认为，这种费米面附近电子态密度的压制是由于电子的预配对而造成的，预先配好的库珀对在温度降低到一定的值后发生凝聚而出现超导[9-11]。这种预配对的图像尽管很直观形象，但是还缺乏直接的实验证据。关于高温超导机理，普遍的观点认为是电子系统在磁涨落背景的作用下而出现电子配对，然后发生超导凝聚，最具有代表性的理论模型就是 Anderson 的共振价键（resonating-valence-bond，RVB）模型[11]和反铁磁自旋涨落作为配对媒介的模型[6]。RVB 模型认为，在自旋为 1/2 的系统中，邻近反向自旋形成自旋单态，而基态为这种自旋单态的量子叠加态，形成量子涨落液态（spin liquid）。这些邻近的反方向排列的自旋对处于量子涨落中，因此它比纯粹的顺磁态多了一种约束，而描述这种相反排列自旋对的波函数与自旋单态配对的超导波函数的自旋部分类似[11]。当系统中有电荷移动时，这种 RVB 基态的自旋单态配对电子的相位就会逐渐关联。当温度降到临界温度以下时，体系中的巡游电子会建立起相位相干。Anderson 对于这个模型有一个较全面的诠释，有兴趣的读者可以参考文献［12］～［15］。这个大胆的图像需要实验的验证。目前已经有一些实验证据说明赝能隙区域具有自旋单态配对[16]。正常态测量到很强的能斯特信号[9]和与超导有关的熵变[10]都支持这种超导预配对的物理图像。实验直接验证 RVB 模型的困难是测量在 RVB 基态时的量子涨落导致新一类的元激发：自旋子（spinon，不带电荷但是带 1/2 自旋）和空穴子（holon，一个电子电荷，但是无自旋）。目前实验物理学家正努力探寻是否存在这两类新的元激发。

另外一大类基于交换配对媒介而发生配对的图像是反铁磁交换[6]，即动量 k 和 $-k$ 的两个初始电子通过交换一个或一组玻色子，如反铁磁涨落，而被散射到 k' 和 $-k'$ 两个动量态。这种交换散射配对的模式是 BCS 理论的精髓，因此这里仍然借助了 BCS 电-声子耦合配对的图像。由于交换的是反铁磁涨落，其基本作用来源于电子-电子相互作用，所以配对相互作用势 $V_{k,k'}$ 是正值。而在 BCS 最初的交换声子的图像中，$V_{k,k'}$ 是负值。根据 Eliashberg 理论的理解，费米面上 k 点的超导配对能隙可以写为

$$\Delta(k) = -\sum V_{k,k'} \frac{\Delta(k')}{2E(k')} \tanh\left[\frac{1}{2}\beta E(k')\right] \qquad （6-1）$$

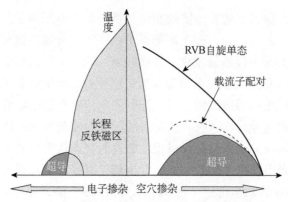

图 6-4　铜氧化物高温超导体电子态相图

未掺杂的母体为 Mott 绝缘体,具有长程反铁磁特性。随着往系统中掺入空穴或电子,系统逐渐变成导电,在低温下出现超导。在空穴掺杂一边,超导出现在 $0.05 < p < 0.28$(p 为空穴浓度)区域的一个倒扣的抛物线下面。其临界温度可以用经验公式:$T_c / T_c^{max} = 1 - 82.6\,(p - 0.16)^2$ 加以描述,这里 T_c^{max} 是在最佳掺杂点 $p = 0.16$ 时的临界温度。空穴掺杂区域的超导配对对称性已经被确认为 d 波形式。当温度低于一定值 T^* 后,在正常态的电子能量谱上看见费米面处存在一个赝能隙,其出现的具体温度随标定的物性不同而变化,但是其对称性与超导对称性相似。在另外一个较低的温度 T_v 观察到很强的能斯特信号,此处可能对应运动载流子的预配对。在左边的电子型掺杂一边,反铁磁区域维持的掺杂范围较宽,超导在 0.10 电子/Cu^{2+}左右才开始出现。在电子型掺杂一边,其超导对称性是否为 d 波形式和正常态是否存在赝能隙仍然没有定论

这个配对图像描述在图 6-5 中。大家可以看见,初态动量为(k,$-k$)自旋方向相反的两个电子,通过交换反铁磁自旋涨落而跃迁到终态(k',$-k'$)。这个物理图像很容易给出超导配对的序参量为 d_{x2-y2} 的形式,即 $\Delta_s \propto \cos k_x - \cos k_y$。支持磁配对机制实验证据包括超导能隙对称性与赝能隙相类似,即都具有 d 波型的对称性[17];在非弹性中子散射实验中测得的自旋极化率的虚部 χ''(在扣除声子背景之后)在 41meV 能量显示一个(π,π)共振峰[18],而此现象显著发生在超导态。与此形成对比的是,角分辨光电子能谱上所看见的电子能量色散关系曲线上的强烈扭折(kink)说明电子系统与声子模的耦合也是非常强的[19, 20],因此有人提出电-声子耦合导致配对的假说。也不排除电子通过铜氧化物中的杨-特勒效应(Jahn-Teller effect)而出现强极化导致配对。由此可见,铜氧化物超导体的机理尚远没有得到解决。随着实验和理论工作不断地深入,人们终究判明其超导机制,并可能导致更高临界温度超导体的出现。铜氧化物超导体正常态也表现出很多新奇的现象,如赝能隙现象构成了凝聚态物理学领域的一个核心问题。这种正常态的反常金属性质由电子关联效应所致。电子强关联效应在其他过渡金属化合物系统中也广泛存在,已经逐渐形成一个全新的前沿领域——关联电子态领域。

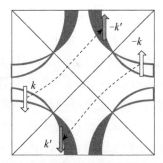

图 6-5　巡游电子通过交换反铁磁涨落形成配对的物理图像

正方形的框显示铜氧化物超导体的布里渊区。黑色实线和涂黑的区域分别表示局域密度近似图像下的费米面和 d 波能隙的大小；空心箭头表示配对跃迁前的两个电子，自旋和动量相反，实心箭头表示配对跃迁后的两个电子，弯曲的虚线示意电子跃迁的过程。对角的直线代表能隙为零的地方，即节点（nodal points）位置

三、高温超导体磁通动力学和混合态物理研究

超导体在进入超导态后，由于载流子之间相位相干，对外界磁场具有一个排斥作用。当外磁场超过一定值（称为下临界磁场 H_{c1}）后，由于表面处的超导屏蔽电流很大，借助热激活或量子过程，磁力线可以进入超导体中而成核。由于超导体具有电子相干性的要求，超导体环绕的任何面积内的磁通量必须是量子化的。根据超导和正常态之间的界面能的正负性（比较磁场穿透深度内的磁能和相干长度深度内的凝聚能的大小），把超导体分为第 I 类超导体（正界面能）和第 II 类超导体（负界面能）。由于第 II 类超导体的界面能为负，超导体内部的磁通量会是一个磁通量子 $\Phi_0 = h/2e = 2.07 \times 10^{-15} V \cdot s$。这样一根由超导电流环绕的、磁通量为一个磁通量子的特殊结构的线称为磁通线或量子涡旋线。这种由超导区和磁通线所构成的态称为混合态。大部分超导体都是第 II 类超导体，具有混合态。在混合态，如果磁通线能够被有效地钉扎住，则可以承载很大的超导电流。金兹堡（Ginzburg）和朗道（Landau）从描述二级相变的 Landau 理论出发，建立了超导体的金兹堡-朗道方程（Ginzburg-Landau，equation，G-L 方程），很好地描述了超导体中配对波函数和磁场的变化行为，给出了涡旋线结构及表征超导混合态的一些重要参量，如超导配对相干长度 ξ、磁场对超导体的穿透深度 λ_{G-L}（为了与 London 表面穿透深度相区别，称为 G-L 穿透深度）、超导体的 G-L 参量 κ（$\approx \lambda_{G-L}/\xi$）等。当外磁场继续增加到一定值（$H_{c2}$）后，超导体就变成了完全正常态，因此 H_{c2} 称为超导体的上临界磁场。磁通线之间具有相互排斥的作用，距离越近，排斥力越大，因此在热涨落较弱和样品中缺陷较少时，磁通

线会形成一定的周期排布（一般是三角格子形式），很像原子晶体中的周期格子。后来 Abrikosov 利用 G-L 方程仔细计算了 S 波超导体的磁通格子，发现在上临界磁场 H_{c2} 附近磁通格子应该是一种周期点阵。这些由磁通线所组成的状态称为磁通物质（vortex matter）。庆幸的是，材料中一般都是有缺陷的。这些缺陷在超导体中就构成了磁通线的势阱。磁通线会被这些势阱钉扎住，因而超导体即便在混合态也可以承载大的超导电流。这是第Ⅱ类超导体可以被制备成产生强大磁场的超导磁体的原因。由于磁通物质态的性质直接关系到一些基本的超导物理和超导体的强电应用，研究磁通动力学和混合态相图就变得非常重要。

自从 1986 年底高温超导体被发现以来，磁通动力学作为超导物理研究的一个重要分支得到迅速发展，提出来一些新的物理模型，观察到很多新的现象，这些都大大丰富了超导物理的内容，同时也为高温超导体在强电方面的应用奠定了一个很好的理论基础。纵观磁通动力学在过去 30 余年里的发展，可以用"热闹非凡"几个字来形容。尽管这门学科仍然在向纵深发展，但是它的大致轮廓已经形成。超导体中的磁通动、静力学在较早的教科书中仅仅作为配合解释 G-L 方程的一章，但是经过过去 30 余年的研究，它已经变成了一个庞大的学科分支，是超导物理中不可或缺的重要部分。

我们先看看高温超导体与常规超导体的哪些本征特点决定了它们在磁通动力学方面的异同。第一，高温超导体相干长度 ξ 约为 10Å，比常规超导体要小 1~2 个量级，而单元钉扎中心对磁通线的钉扎能与 ξ^n（$n=1\sim3$）成正比，因此高温超导体的单元钉扎能比常规超导体要低得多，这就需要集体钉扎来起作用。第二，很多高温超导体具有极强的各向异性，这样一个体系可以用准二维的超导平面和面间的 Josephson 耦合来描述，而磁通线也可以用超导平面上的涡旋饼（vortex pancake）加上其间的约瑟夫森涡旋链（Josephson vortex string）的图像来描述。这样一个图像对极度各向异性的体系（如 Bi、Tl 或 Hg 的 2212 和 2223 体系，或 $YBa_2Cu_3O_7/PrBa_2Cu_3O_7$ 多层膜）非常适合。但值得注意的是，人们对于各向异性不是很高的 Bi、Tl 或 Hg 的 1212 和 1223 体系及 $YBa_2Cu_3O_7$ 体系仍然用具有各向异性的三维连续模型来描述。正由于这些各向异性，高温超导体的混合态相图表现出非常复杂而有趣的精细结构，这其中包括很多以前人们没有发现的相变线。第三，高温超导体的工作温度可以很高，这就意味着可以有很强的热涨落，而强的热涨落会降低集体钉扎势 U_c，同时大大增强热激活磁通蠕动过程。第四，高温超导体具有较大的比值 ρ_n/ξ，大的 ρ_n 对应小的阻尼常数 η（Bardeen-

Stephen 常数），小的 ξ 使得最可几磁通跳跃（或隧穿）的体积大大减小，这些都有利于量子隧穿过程，从而导致很大的量子隧穿率和量子涨落的幅度，这里 ρ_n 代表正常态的电阻。以上四个基本特点中的任何两个或三个结合在一起就会构成高温超导体的一个新的特点。由于以上特点，高温超导体磁通动力学和混合态相图异常丰富。高温超导体中的缺陷形式是小尺度缺陷，因此磁通钉扎是以集体钉扎模式进行的。在小电流极限下，这样的系统磁通运动的激活能会发散，因此理论上预言可能存在无序的磁通固态（涡旋玻璃态），耗散为零。有关高温超导体磁通动力学方面的综述文章见文献［21］、［22］及所引文献。

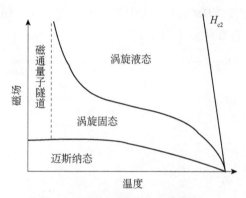

图 6-6　高温超导体混合态相图图示

在很高的温度磁通系统会出现液态向固态的转变。低磁场下是迈斯纳态。低温区域会出现磁通线（饼）的量子隧道效应

四、铜氧化物超导应用

铜氧化物超导体在常压下的临界温度可以高达 130 多 K，但是由于其自身的很多缺点，还没有带来大规模的强电应用。第一个缺点是极强的层状结构，YBaCuO 的电子有效质量比 m_c/m_{ab}[①]可以达到 50～100，Bi-2212 甚至高达 10 000。极强的层状结构决定了极大的各向异性，因此在磁通混合态的时候会出现涡旋饼，磁通线的弹性能很小，导致非常强的磁通位置涨落效应，因此很难在高磁场下承载超导临界电流。第二个缺点是非常短的超导相干长度 ξ。据测量数据加上理论模型分析，人们发现铜氧化物超导体面内相干长度为 10～20Å，而 c 轴方向的相干长度仅为 2～5Å。以上这两个缺点就

---

① m_c 和 m_{ab} 分别是电子沿 c 方向和 ab 面运动的质量矩阵元。

决定了工业界常用的粉末套管（powder-in tube）方法制备导线的技术无法实施。Bi-2223 材料由于具有极强的各向异性，利用粉末套管技术结合压制烧结技术，可以制备出有取向的千米级的导线，单根导线在高压氧中处理以后，临界电流可以达到 200A 左右。这些导线的包套材料都必须是银，因此价格很难降到很低，如通常铜导线的价格为 2～5 美元/（kA·m）；而银包套材料的目标价格为 50～100 美元/（kA·m）。此外，此种材料最大的缺点是在磁场稍微增加以后，由极强的各向异性带来的涡旋饼极易运动，因此临界电流很快消失。图 6-7 为 Bi-2212、Bi-2223 和 YBaCuO 材料的温度-磁场相图。可以看出它们之间有很大区别，YBaCuO 在外磁场中的行为要好得多。但毋庸置疑，在制备 YBaCuO 二代带材技术成熟之前，Bi-2223 导线在较短距离的电缆应用中存在优势（图 6-8）。

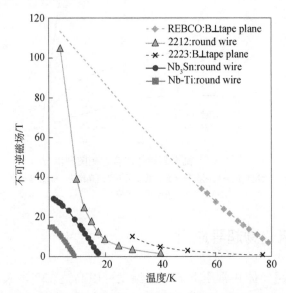

图 6-7　$REBa_2Cu_3O_{7-\delta}$（REBCO，RE 为 Y 或者稀土元素）、$Bi_2Sr_2CaCu_2O_8$（Bi-2212）、$Bi_2Sr_2Ca_2Cu_3O_{10}$（Bi-2223）材料本征不可逆磁场随温度的变化[23, 24]

可见在液氮温区，REBCO 仍然能够有效承载超导电流

　　铜氧化物超导体的应用表现在以下几个重要方面：①YBaCuO 二代带材（也称涂层导体，coating conductor）；②基于 YBaCuO 或 Tl-2212 薄膜超导体的高温超导滤波器；③基于 YBaCuO 或其他系统的超导量子干涉仪；④基于 YBaCuO 材料制备的大块块材。下面作简略描述。

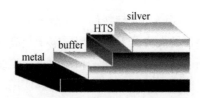

图 6-8　以 $REBa_2Cu_3O_{7-\delta}$（RE=Y 和 Gd、Sm、Nd 等稀土元素）
为基础的二代带材制备示意图

metal 一般为高度织构的 Ni-W 基带；阻挡（buffer）层为 CeO_2、MgO 或 $SrTiO_3$ 等氧化物材料；
HTS 为超导薄膜层；表层一般用蒸镀方法制备银（silver）或铜膜，对超导层加以保护

（一）YBaCuO 涂层导体

利用高度织构取向的 Ni-W 基带，在其上镀制阻挡层（如 CeO_2），然后利用 MOCVD 方法或脉冲激光沉积（pulsed laser deposition，PLD）方法制备 YBaCuO 外延超导薄膜，已经取得较大进展。美国超导公司和美国 Super Power 公司利用 IBAD+MOCVD[①] 技术已经制备出来 1500m、电流为 200A/（cm·W）和 1000m、电流为 300A/（cm·W）的导线。日本 Fujikura 公司利用化学气相沉积方法，制备出 1000m 长、电流达到 572A/（cm·W）的导线。日本 Sumimoto 公司利用化学方法，制备出 500m、电流达到 700A/（cm·W）的导线。最近韩国公司也取得很大进展，制备出 1000m、电流达到 420A/(cm·W)的导线。由于此项技术难度很高，做出完整的千米级高临界电流的带材仍然面临很大挑战。主要困难包括：①Ni-W 基带、多种阻挡层和最后 YBaCuO 薄膜的优良织构性很难保证；②超导导体层不能有任何裂纹，如果有裂纹，库珀对的相干长度很短，无法使得超导电流导通；③随超导层薄膜厚度的增加，到 1 μm 以后，织构很难维持，缺陷增多，因此最后单根导线总的超导电流也很难提高。最近国际上使用 $GdBa_2Cu_3O_7$ 体系似乎使此问题有所改善，单根超导电流有较大提高。我国对此问题开展系统性研究的有苏州新材料研究所、上海交通大学和上海大学，其中短样导线的临界电流达到国际先进水平。

（二）弱信号产生和探测的超导电子学研究

由于超导电子器件在国防、医疗、环境监测、射电天文、量子信息等许多前沿领域的不断开发及其应用的不可替代性，超导电子材料正在发挥越来越重要的作用，受到国际上的高度关注。超导量子干涉器件（superconducting quantum interference device，SQUID）在探潜方面、超导滤波器在通信方面、

---

① IBAD 指离子束辅助沉积，ion beam assisted deposition。

超导热电子器件在单光子探测和太赫兹信号探测方面有明显优势。美国超导全数字射频系统等国防项目的大力开发，使超导电子超高速、低损耗的性能得以充分发挥。欧洲、美国、日本等发达国家和地区近年组织的一系列高灵敏超导检测系统的攻关项目，使这一技术得以大力开发和使用，并向着更高灵敏度的方向快速发展。同时随着制冷技术的迅速发展，超导电子材料与器件的开发和应用步伐不断加快。在高温超导 SQUID 应用方面，我国北京大学和南京大学均开展了有特色的研究，部分指标达到国际先进水平。

（三）高温超导滤波器应用

高温超导滤波器具有带外抑制高、带内插损极小、带边陡峭度高的特点，达到几乎理想的滤波性能。因此超导滤波器系统在滤波性能、频率资源使用效率等方面具有其他滤波器所无法比拟的优点。当前移动通信中存在频率资源紧张、抗射频干扰能力低、基站覆盖面积小、通话质量差等问题，而高温超导技术恰好是解决这一矛盾的有效手段。因此，随着移动通信的发展，对超导滤波器的需要将越来越迫切。高温超导滤波器系统在移动通信基站的应用不仅将成为高温超导技术实际应用和产业化的一个突破口，而且对人们的日常生活有重要的影响，具有重要的社会意义。另外在国防的通信滤波方面，超导滤波器也具有绝对优势，如在导弹制导、卫星返回通信等方面。因此需要发展超导特种滤波器，如窄带滤波器、大功率滤波器、频率可调谐滤波器等。我国清华大学、中国科学院物理研究所、电子科技大学等单位在高温超导滤波器方面有很好的工作积累。

（四）Bi-2212 线（带）材

Bi-2212 带（线）材具有高场下的应用前景。在 4.2K、高达 45T 的高场下，它依然能够承载具有实际应用意义的工程电流密度。由于 Bi-2212 材料在高场和超高场磁体制备中的优势，欧洲、美国、日本对该材料的研究极为重视并取得了显著进展，已经完成了 30T 全超导磁体的试验。Bi-2212 材料在高场磁体系统、高分辨率的核磁共振谱仪磁体和要求高磁场的储能磁体与加速器磁体中具有明确的应用前景。我国西北有色金属研究院和西部超导材料科技股份有限公司正在开展此项研究。

（五）YBaCuO 大块材料

因为可以冻结很高的磁场，Y（Gd、Sm）BaCuO 大块材料有一些特殊的应用前景，如磁悬浮、飞轮储能和污水处理等。因此，此方向仍然被国际上一些重要研究机构所关注。当前的最高水平是在 4.2K 获得了 25T 的冻结磁场，在 25K 获得了 17T 的冻结磁场，直径可以做到 20cm 左右。当前发展出一些新的制备方法，如利用薄膜作为籽晶，可以制备优质大块单畴的 Y（Gd、Sm）BaCuO 材料，磁悬浮力也有较大提高。我国在 YBaCuO 大块熔融织构材料方面取得了一些较好的成绩，北京有色金属研究总院、陕西师范大学、上海交通大学等单位仍在进行研究，部分指标达到国际先进水平。

第三节 铁基超导体材料和物理研究

铁基超导体研究的突破发生在 2008 年 2 月末，当时日本东京工业大学 Hosono 小组发现在母体材料 LaFeAsO 中掺杂 F 元素可以实现 26K 的超导电性[25]。这个发现翻开了高温超导研究的新篇章。

一、铁基超导体结构类型和基本特征

铁砷基母体材料 ROFeAs（R=稀土元素，La、Pr、Ce、Nd、Sm 等）的研究历史可以追溯到 1974 年美国杜邦公司的 Jeitschko 等在寻找新的功能材料中的工作。随后德国的研究组合成了系列的具有同样 ZrCuSiAs 结构的此类新材料。这些新材料被取名为四元磷氧化物 LnOMPn（Ln=La、Ce、Pr、Nd、Sm、Eu 和 Gd；M=Mn、Fe、Co 和 Ni；Pn=P 和 As）。这个体系空间群为 P4/nmm，具有层状四方结构，在 c 方向上以 $\text{-(LnO)}_2\text{-(MPn)}_2\text{-(LnO)}_2\text{-}$ 形式交替堆砌，一个单胞中有两个分子 LnOMPn。对于母体材料而言，层和层之间电荷是平衡的，如 $(\text{LnO})^{+1}$ 和 $(\text{MPn})^{-1}$ 的电荷是平衡的。由于四元磷氧化物 LnOMPn（1111 结构）中的一些材料在低温下是超导体，这个体系构建了铜氧化物外的另一个层状超导体家族。图 6-9 为 LaFeAsO（1111）和 BaFe_2As_2（122）的结构图。

在 Hosono 小组发现 $\text{LaFeAsO}_{1-x}\text{F}_x$（$x$=0.05～0.12）具有 26K 的临界温度后，新的一轮寻找高温超导材料的浪潮再次到来。在短短的一年中，科学家发现了 7 种以上典型结构，分别称为 11（FeSe）、111（LiFeAs、NaFeAs）、122（(Ba、Sr、Ca)Fe_2As_2）、1111（REFeAsO，RE=稀土元素）、32522（$\text{Sr}_3\text{Sc}_2\text{O}_5\text{Fe}_2\text{As}_2$）、

42622（$Sr_4V_2O_6Fe_2As_2$）和 43822（$Ca_4Mg_3O_8Fe_2As_2$）等。这些具体的结构和临界温度在后面章节有专门的叙述。在这次全球超导研究者对铁基超导体的竞争中，中国科学家由于多年的积累，马上认识到该系统的重要性，因此反应迅速，开展了一大批重要的工作，发现和合成了一些重要的超导体系，第一次利用化学掺杂，在常压下测量到 40K 以上的超导电性[26]，并迅速提升到 55K[22]。另外通过合作发现其母体的反铁磁特性，确认了铁基超导体的非常规特性，在国际学术界引起极大的反响。图 6-10 为目前铁基超导体的几个主要的结构和相应的临界温度等。

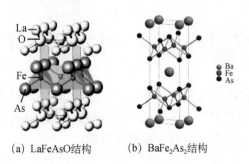

(a) LaFeAsO结构   (b) $BaFe_2As_2$结构

图 6-9   LaFeAsO（1111）和 $BaFe_2As_2$（122）的结构图

LaFeAsO 结构在 O 位置掺入 F 可以产生超导；$BaFe_2As_2$ 结构在 Ba 位置掺入 K，或者在 Fe 位置带入其他过渡金属离子如 Co、Ni、Ir、Rh、Pt 等都会出现超导

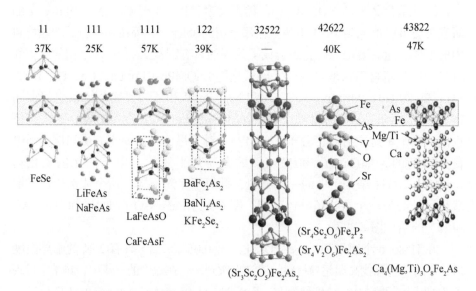

图 6-10   铁基超导体所发现的几个主要结构体系和相应的临界温度

二、铁基超导体机制

铁基超导体是目前凝聚态物理学研究的核心问题之一。在铁基超导体中对超导起到关键作用的是 FeAs 所构成的平面。简单的能带计算表明，铁 3d 轨道的 6 个电子参与导电，形成多能带和多费米面的情况。根据早期在 LaFeAsO 中开展的中子衍射实验[28, 29]，母体的反铁磁波矢刚好连接空穴和电子口袋，因此，Mazin 等[30]和 Kuroki 等[31]想到电子通过交换反铁磁涨落，在空穴和电子口袋间跃迁而产生配对。基于前面所述的同样理由，在跃迁前后的动量点的能隙符号必须相反，因此他们提出来了 S±配对方式，即在空穴和电子费米面上面的能隙都是接近各向同性的，但是符号相反。较早期的角分辨光电子能谱实验[31]发现能隙在电子和空穴费米面上面确实比较各向同性。这样一个格局下，原来在铜氧化物超导体中的相位敏感试验很难在实空间实现，因为每个费米面上的费米速度几乎是各向同性的，只能通过准粒子量子相干试验[32]和中子散射实验[33]间接得到。2008 年，通过引入无磁性杂质并研究杂质周围的杂质态，发现了 S±配对的强烈实验证据[34]。

对于铁基超导体的机理，还有另外的物理图像，即基于局域自旋交换的配对方式。此类图像建立的背景是假设铁基超导体与铜氧化物超导体一样，具有很强的电子关联特性[35]。因此，电子可以通过局域的反铁磁作用而配对，从维像的角度可以写出能隙函数为 $\Delta_s \propto \cos k_x + \cos k_y$ 或 $\Delta_s \propto \cos k_x \cos k_y$。另外，也有提议认为铁基超导体中的配对是由于剧烈的轨道涨落（主要是 d_{xz} 和 d_{yz}）而出现的，能隙是 S++形式[36]。2008 年，通过在 NaFeAs 超导体中掺入无磁或弱磁性的 Cu 杂质，成功观测到能隙内部的拆对所造成的准粒子态密度[34]。铁基超导体的配对机理研究也正在深入中，达到彻底的理解还需要时日。对铁基超导材料和物理进展感兴趣的读者可以参考最近的一些综述文献［37］～［43］。在铁基超导机制研究方面，目前中国已经处于世界先进行列。

三、铁基超导体混合态特性和应用展望

铁基超导体表现出非常高的磁场温度比，即 dH_{c2}/dT，可以达到 -10T/K。直接的测量已经揭示 1111 系统的低温上临界磁场可接近 100T，122 系统和 11 系统的低温上临界磁场都可以达到 50T 以上。几种高温超导体系的上临界磁场的数据如图 6-11 所示，可见 $Ba_{0.6}K_{0.4}Fe_2As_2$ 超导体的

上临界磁场在低温端非常高，超出其他很多超导体系。因此铁基超导体在强磁场磁体方面有非常好的应用预期。最近的研究结果表明，在 $FeSe_{0.5}Te_{0.5}$ 超导薄膜中，尽管临界温度只有 18K 左右，但是在 4.2K 和 30T 下，超导电流密度[44]可以达到 $10^5A/cm^2$。这是一个非常高的指标，已经初步满足一些应用的需求，而且采用比较成熟的 PLD 技术制备。利用粉末套管和轧制技术，中国科学院电工研究所利用 $Sr_{1-x}K_xFe_2As_2$ 材料制备出的导线在 4.2K 临界电流密度已经达到 100 000A/cm^2，处于国际领先水平[45]。图 6-11 给出了铁基超导体和其他一些超导体上临界磁场随温度的变化。可以看出，铁基超导体具有很高的上临界磁场，在液氦温度可以达到 100T 的量级。

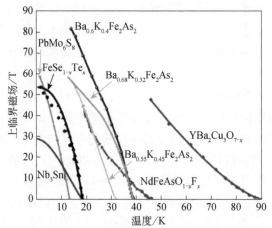

图 6-11　铁基超导体与其他超导体系上临界磁场的比较[46]

第四节　二硼化镁超导体

一、二硼化镁超导体的背景和基本结构

二硼化镁超导体是日本科学家在 2001 年偶然发现的[47]，由镁所构成的三角格子和硼所构成的蜂窝六角结构平面交错堆砌而成（图 6-12）。它的临界温度高达 40K。它是结构非常简单的二元中间金属化合物，因此可以说是超导体探索中的"漏网之鱼"。它具有较长的相干长度、较弱的层状特性，而且化学分子构成只有二元，因此利用粉末套管轧制和原位反应技术很容易制备出千米

级的导线，利用气相沉积技术可以制备出优质薄膜，在应用上有一定潜力。

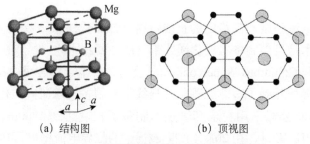

(a) 结构图　　　　　(b) 顶视图

图 6-12　二硼化镁超导体的结构图和顶视图

二、二硼化镁超导体的超导机制问题

人们通过能带计算发现，二硼化镁超导体中主要是硼原子的 p 轨道的电子参与导电。而 p 轨道又会形成成键带和反键带，即σ带和π带，因此形成较复杂的费米面，包括二维性很强的由σ带构成的桶状的费米面，以及由π带构成的具有三维特性的扁平状的费米面，如图 6-13 所示。进一步的理论计算表明，σ带的电子与硼原子在面内的呼吸模强烈耦合，形成极强的电-声子耦合，导致配对，而π带的电子可能通过邻近效应产生电子配对。实验确实已经测量到两个能隙，约为 7mV 和 2mV，分别对应σ带和π带的能隙值[48]。尽管能带计算已经很成熟，但是通过计算一般很难得出临界温度，而基于电-声子耦合的图像，在二硼化镁中很好地计算了超导能隙。这一结果鼓励更多的计算物理学家通过电子结构的计算来预言一些新超导体，当然都是基于电-声子耦合的。图 6-13 为二硼化镁超导体的费米面。

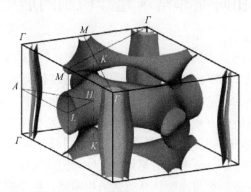

图 6-13　二硼化镁超导体的费米面，包括围绕Γ点的桶状费米面和具有三维特性的费米面
图中所标出的大写字母是动量空间特有的标示符号

三、二硼化镁超导体的应用预期

高临界电流密度、高稳定的长线带材是二硼化镁超导磁体应用的基础，粉末套管技术是目前制备二硼化镁线带材的主要技术之一。美国 Hyper Tech 公司、意大利 Columbus Superconductor 公司、日本日立公司、我国西北有色金属研究院等均开展了多芯二硼化镁长线带材制备技术研究工作。Columbus Superconductor 公司采用粉末套管技术制备了长度达到 1800m、14 芯的 Cu 基二硼化镁多芯带材，在 20K、1.2T 磁场下的临界电流密度可达 $10^5 A/cm^2$。西北有色金属研究院也制备出千米级多芯二硼化镁超导线材，电流密度达到 $5 \times 10^4 A/cm^2$（20K、2T），基本满足了新一代核磁共振成像磁体绕制的需求。他们正在利用自己生产的二硼化镁超导线材，制备开放式的 0.6T 医用核磁共振成像系统。在 3～5 年之内，我们应该看见商业化的、基于二硼化镁超导线带材制备的开放式医用核磁共振成像系统投入使用。

二硼化镁超导薄膜是物理研究和发展新型超导器件的基础。美国宾夕法尼亚州立大学小组和北京大学小组合作开发了混合物理化学气相沉积技术，通过使用有机镁（$(MeCp)_2Mg$）和 BH_6 为原料，在 SiC 衬底上成功制备出高质量二硼化镁超导薄膜，极大地提高了二硼化镁超导薄膜的上临界磁场 H_{c2}，使之达到 60T 以上。基于二硼化镁薄膜的新型超导量子干涉器件研制工作，以及在高能加速器的谐振腔内腔超导层的制备方面也取得了进展。

第五节　探索新型高温超导材料和研究非常规超导机制的展望

通过以上的描述，大家可以看出二硼化镁属于常规的电-声子耦合导致超导的，然而铜氧化物和铁基超导体极有可能是通过其他原因导致超导的。目前，没有完全成功的理论能够解释铜氧化物和铁基超导体高温超导现象。但是非常规超导机制的研究方兴未艾，很多新奇的物理现象呈现在我们面前。如图 6-14 所示，它们都有一个共同的电子态特性，即超导态都与一个反铁磁相毗邻，通过压制反铁磁相，逐渐产生超导。此外人们还发现，这些材料在超导消失的状态，即正常态，都与能带计算的结果相偏离，甚至相违背，出现非费米液体图像，因此其低温下的基态就可能表现出量子相变。这些效应被归结为关联电子特性，是凝聚态物质研究的前沿领域。因此，如果要寻找到新型高温超导体，适度的电子关联似乎是必需的。在探寻高温超导体的征程中，还没有现成的规律可循，但是有些经验也许可以借鉴。

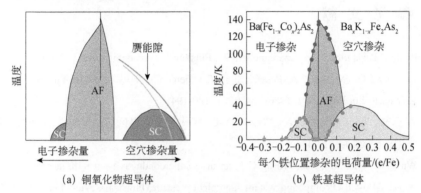

(a) 铜氧化物超导体　　　　(b) 铁基超导体

图 6-14　铜氧化物和铁基超导体电子态相图的比较

超导相都与反铁磁毗邻。在重费米子超导体和有机超导体中也有类似现象。

AF 表示反铁磁，SC 表示超导区域

（1）具有适度关联特性的材料，特别是一些 3d 和 4d 电子为主的过渡金属化合物。

（2）具有高对称性的结构，如四方相。

（3）具有反铁磁特性，而电子又有适度巡游特性。

（4）层状结构、二维性较强的平面，有强的磁涨落和可能的态密度奇异。

正如上所叙述，非常规超导机制目前还没有完全理解，因此这些经验规律可能部分或完全是错误的。探寻新型高温超导体的魅力也许就表现在没有任何现有理论能够预言或者解释高温超导现象。探寻新型高温超导体是极具挑战性的。我国在新型超导材料和应用超导基础研究方面已经有了一些投入与积累，如科技部成立了目标导向型 973 计划项目"高温超导材料和物理研究"，国家自然科学基金委员会也成立了重大项目"非常规超导材料和机理研究"。我国大部分活跃的课题组都在这些项目中开展工作。目前已经看见一些探索新型超导材料的苗头和趋势，然而与日本和欧洲的探索力度相比还远远不够。在非常规超导机制研究方面，国内已经拥有比较完善的谱学测量手段。非常规超导机制研究的大部分谱学手段，如角分辨光电子谱、非弹性中子散射、低温强磁场扫描隧道谱、核磁共振、各种输运测量等，我国均已经具备，并且在设备使用和数据解释方面已经建立一支较好的队伍。我们相信，只要坚持不懈，放开手脚，勇于创新，国家继续予以后续支持，中国一定会在新型更实用的超导体的发现和非常规超导机制这两个重大科学问题方面出现重大原创性突破。

参 考 文 献

［1］Poole C P. Handbook of Superconductivity. Pittsburgh：Academic Press，2000.

［2］Bednorz J G，Müller K A. Possible high T_c superconductivity in the Ba-La-Cu-O system. Zeitschrift Fur Physik B，1986，64（2）：189-194.

［3］赵忠贤，陈立泉，杨乾声，等. Ba-Y-Cu 氧化物液氮温区的超导电性. 科学通报，1987，6（32）：412-414.

［4］Wu M K，Ashburn J R，Torng C J，et al. Superconductivity at 93K in a new mixed-phase Y-Ba-Cu-O compound system at ambient pressure. Physical Review Letters，1987，58（9）：908-910.

［5］周午纵，梁维耀. 高温超导基础研究. 上海：上海科学技术出版社，1996.

［6］Scalapino D J. A common thread：The pairing interaction for unconventional superconductors. Reviews of Modern Physics，2001，84（4）：1383-1417.

［7］Newns D M，Tsuei C C. Fluctuating Cu-O-Cu bond model of high-temperature superconductivity. Nature Physics，2007，3（3）：184-191.

［8］Timusk T，Statt B. The pseudogap in high-temperature superconductors：An experimental survey. Reports on Progress in Physics，1999，62（1）：61-122.

［9］Emery V J，Kivelson S A. Importance of phase fluctuations in superconductors with small superfluid density. Nature，1995，374：434-437.

［10］Xu Z A，Ong N P，Wang Y，et al. Vortex-like excitations and the onset of superconducting phase fluctuation in underdoped $La_{2-x}Sr_xCuO_4$. Nature，2000，406（6795）：486-488.

［11］Wen H H，Mu G，Luo H，et al. Specific-Heat measurement of a residual superconducting state in the normal state of underdoped $Bi_2Sr_{2-x}La_xCuO_{6+\delta}$ cuprate superconductors. Physical Review Letters，2009，103：067002.

［12］Lee P A，Nagaosa N，Wen X G. Doping a Mott insulator：physics of high-temperature superconductivity. Reviews of Modern Physics，2006，78（1）：17-85.

［13］Anderson P W，Lee P A，Randeria M，et al. The physics behind high-temperature superconducting cuprates：the plain vanilla version of RVB. Journal of Physics Condensed Matter，2004，16（24）：R755.

［14］Anderson P W，Baskaran G，Zou Z，et al. Resonating-valence-bond theory of phase transitions and superconductivity in La_2CuO_4-based compounds. Physical Review Letters, 58（26）: 2790-2793.

［15］Anderson P W. The resonating valence bond state in La_2CuO_4 and superconductivity. Science, 1987, 235（4793）: 1196.

［16］Anderson P W. Personal history of my engagement with cuprate superconductivity, 1986—2010. International Journal of Modern Physics B, 2011, 25（1）: 1-39.

［17］Kawakami T, Shibauchi T, Terao Y, et al. Evidence for universal signatures of Zeeman-splitting-limited pseudogaps in superconducting electron-and hole-doped cuprates. Physical Review Letters, 2005, 95（1）: 017001.

［18］Tsuei C C, Kirtley J R. Pairing symmetry in cuprate superconductors. Reviews of Modern Physics, 2000, 72: 969.

［19］Fong H F, Keimer B, Anderson P W, et al. Phonon and magnetic neutron scattering at 41 meV in $YBa_2Cu_3O_7$. Physical Review Letters, 75（2）: 316-319.

［20］Dai P C, Mook H A, Hayden S M, et al. The magnetic excitation spectrum and thermodynamics of high-T_c superconductors. Science, 1999, 284（5418）: 1344-1347.

［21］Lanzara A, Bogdanov P V, Zhou X J, et al. Evidence for ubiquitous strong electron-phonon coupling in high-temperature superconductors. Nature, 2001, 412: 510-514.

［22］Blatter G, Feigel'man V M, Geshkenbein V B, et al. Vortices in high-temperature superconductors. Reviews of Modern Physics, 1994, 66: 1125-1388.

［23］闻海虎. 高温超导体磁通动力学和混合态相图（Ⅰ）. 物理, 2006, 35: 16-26.

［24］闻海虎. 高温超导体磁通动力学和混合态相图（Ⅱ）. 物理, 2006, 35: 111-124.

［25］Larbalestier D C, Jiang J, Trociewitz U P, et al. Isotropic round-wire multifilament cuprate superconductor for generation of magnetic fields above 30 T. Nature Materials, 2014, 13（4）: 375-381.

［26］Kamihara Y, Watanabe T, Hirano M, et al. Iron-based layered superconductor La[$O_{1-x}F_x$] FeAs(x=0.05-0.12)with T_c=26K. Journal of the American Chemical Society, 2008, 130（11）: 3296-3297.

［27］Chen X H, Wu T, Wu G, et al. Superconductivity at 43 K in $SmFeAsO_{1-x}F_x$. Nature, 2008, 453（7196）: 761-762.

［28］Ren Z A, Lu W, Yang J, et al. Superconductivity at 55K in iron-based F-doped layered quaternary compound Sm[$O_{1-x}F_x$]FeAs. Chinese Physics Letters, 2008, 82（6）: 2215-2216.

［29］de La Cruz C, Huang Q, Lynn J W, et al. Magnetic order close to superconductivity in the iron-based layered LaO$_{1-x}$F$_x$FeAs systems. Nature, 2008, 453 (7197): 899-902.

[30] Mazin I I, Singh D J, Johannes M D, et al. Unconventional superconductivity with a sign reversal in the order parameter of LaFeAsO$_{1-x}$F$_x$. Physical Review Letters, 2008, 101 (5): 057003.

[31] Kuroki K, Onari S, Arita R, et al. Unconventional pairing originating from the disconnected fermi surfaces of superconducting LaFeAsO$_{1-x}$F$_x$. Physical Review Letters, 2008, 101 (8): 087004.

[32] Ding H, Richard P, Nakayama K, et al. Observation of Fermi-surface dependent nodeless superconducting gaps in Ba$_{0.6}$K$_{0.4}$Fe$_2$As$_2$. Europhysics Letters, 2008, 83 (4): 47001.

[33] Hanaguri T, Niitaka S, Kuroki K, et al. Unconventional s-wave superconductivity in Fe (Se, Te). Science, 2010, 328 (5977): 474-476.

[34] Christianson A D, Goremychkin E A, Osborn R, et al. Unconventional-superconductivity in Ba$_{0.6}$K$_{0.4}$Fe$_2$As$_2$ from inelastic neutron scattering. Nature, 2008, 456 (7224): 930-932.

[35] Yang H, Wang Z, Fang D, et al. In-gap quasiparticle excitations induced by non-magnetic Cu impurities in Na(Fe$_{0.96}$Co$_{0.03}$Cu$_{0.01}$)As revealed by scanning tunnelling spectroscopy. Nature Communications, 2013, 4: 2749.

[36] Hu J P, Ding H. Local antiferromagnetic exchange and collaborative Fermi surface as key ingredients of high temperature superconductors. Scientific Reports, 2012, 2: 381.

[37] Onari S, Kontani H. Violation of anderson's theorem for the sign-reversing s-wave state of iron-pnictide superconductors. Physical Review Letters, 2009, 103: 177001.

[38] Wen H H. Developments and perspectives of iron-based high-temperature superconductors. Advanced Materials, 2008, 20 (19): 3764-3769.

[39] Chu C W. High-temperature superconductivity: Alive and kicking. Nature Physics, 2009, 5 (11): 787-789.

[40] Ren Z A, Zhao Z X. Research and prospects of iron-based superconductors. Advanced Materials, 2009, 21 (45): 4584-4592.

[41] Wen H H, Li S L. Materials and novel superconductivity in iron pnictide superconductors. Annual Review of Condensed Matter Physics, 2011, 2: 121-140.

[42] Stewart G R. Superconductivity in iron compounds. Reviews of Modern Physics, 2011, 83 (4): 1589-1652.

[43] Hirschfeld P J, Korshunov M M, Mazin I I. Gap symmetry and structure of Fe-based

superconductors. Reports on Progress in Physics, 2011, 74 (12): 124508.

[44] Si W, Han S J, Shi X, et al. High current superconductivity in $FeSe_{0.5}Te_{0.5}$ -coated conductors at 30 tesla. Nature Communications, 2013, 4: 1347.

[45] Zhang X P, Yao C, Lin H, et al. Realization of practical level current densities in $Sr_{0.6}K_{0.4}Fe_2As_2$ tape conductors for high-field applications. Applied Physics Letters, 2014, 104 (20): 202601.

[46] Tarantini C, Gurevich A, Jaroszynski J, et al. Significant enhancement of upper critical fields by doping and strain in iron-based superconductors. Physical Review B, 2011, 84 (18): 3239-3247.

[47] Nagamatsu J, Nakagawa N, Muranaka T, et al. Superconductivity at 39 K in magnesium diboride. Nature, 2001, 410 (6824): 63-64.

[48] Choi H J, Roundy D, Sun H, et al. The origin of the anomalous superconducting properties of MgB_2. Nature, 2002, 418: 758-760.

第七章
多铁性材料

第一节　多铁性材料简介与研究历史

一、多铁性材料与磁电效应

铁电/压电材料是一类电介质功能材料，在传感、驱动、信息存储等领域占据重要地位，形成铁电物理学等学科。磁性材料更是涉及面广，特别是在信息存储中仍占主导地位。磁存储技术的发展产生了自旋电子学等新兴学科。铁电/压电材料通常是电绝缘的，而磁性材料通常是导电的，因而两类材料通常是不兼容的，分属两个独立领域。多铁性材料则是将这两类不同的特性汇集于一身，同时具有铁电性和磁性。多铁性材料呈现铁电、（反）铁磁、铁弹等两种或两种以上铁性有序共存，更重要的是，多种序参量之间的相互耦合作用会产生新的效应。例如，铁电/压电与磁性耦合产生磁电效应，即材料在外磁场作用下产生电极化或外电场调控磁性能。

在铁电材料中，电荷有序产生铁电性，自发电极化 P 可由电场 E 来调控；在铁磁材料中，自旋有序产生铁磁性，磁化 M 可由磁场 H 来调控。而在多铁性材料中，不仅同时具备 $P\text{-}E$ 和 $M\text{-}H$ 特性，而且存在磁-电交叉调控效应，即可以通过磁场 H 调控电极化 P 或者通过电场 E 调控磁化 M（图 7-1）。

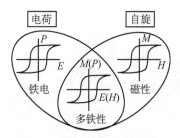

图 7-1　多铁性材料磁电效应

多铁性（磁电）材料是一种新型的多功能材料，不但能用于单一铁性材料领域，更是在新型磁-电传感器件、自旋电子器件、新型信息存储器件等领域展现出巨大的应用前景。此外，多铁性磁电耦合的物理含义涉及电荷、自旋、轨道、晶格等凝聚态物理学多个范畴，因而已成为国际上一个新的前沿研究领域[1,2]。从学科内涵看，多铁性材料将传统上缺乏内禀联系的铁电材料与磁性材料两大类与电子、信息和能源产业密切联系的学科领域有机结合起来，并赋予其新的学科内容。

二、研究历史

1894 年，居里（Curie）通过对称性分析指出，在一些晶体中可能存在本征的磁电耦合效应。1961 年，美国科学家首先报道在 Cr_2O_3 中低温下观测到本征磁电效应，使早期磁电效应的研究在 20 世纪 70 年代达到一个小高潮，在一些硼酸盐、磷酸盐和锰酸盐晶体中观察到低温磁电效应。同时期，复合磁电的概念与材料也首次出现。但随后由于实际应用驱动缺乏、低温条件限制、所涉及的耦合机制复杂等缘故，所有相关研究随后步入近 30 年的低谷"冰期"。直到 21 世纪初，多铁性磁电材料的研究才开始复兴（图 7-2）。

从材料组成的角度，多铁性材料可以分为单相化合物和复合材料两类。在两类材料中，磁电效应具有不同的起源。

对于单相多铁性化合物，铁电与磁性共存的机制目前可归结为顺磁离子掺杂、结构各向异性、非对称孤对电子、几何和静电力驱动的铁电性、微观磁电相互作用等。迄今已在 10 余种体系化合物中发现了磁电效应，包括被广泛研究的铁酸铋（$BiFeO_3$）和稀土锰氧化物等。尽管单相多铁性化合物具有本征磁电效应，但多数材料的居里温度很低，很难在室温下观测到强磁电耦合效应。$BiFeO_3$ 是目前单相多铁性化合物中唯一具有高于室温的居里温度

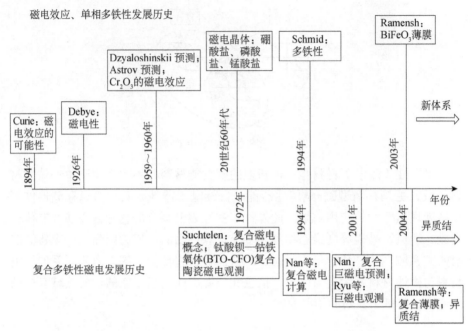

图 7-2　磁电效应、单相多铁性、复合多铁性磁电的发展

和奈尔温度的材料，因此受到了广泛的研究，但 $BiFeO_3$ 为 G 型反铁磁或弱铁磁性，磁电耦合效应较弱，这在一定程度上限制了单相多铁性化合物的实际应用。然而，单相多铁性化合物的本征磁电效应以其丰富的物理内涵及在自旋电子学、多态存储等领域的应用前景，近年来仍在材料和物理学领域引起了研究的热潮，寻找在室温具有强磁电耦合效应的单相多铁性化合物，并探索其物理机制成为多铁性研究领域的一个重要方向。

复合多铁性材料则完全不同。构成复合多铁性材料的铁电相和磁性相本身都不具有磁电效应，但两者之间的耦合可使铁电-铁磁共存体系在室温下产生显著的磁电效应。在经典块体复合多铁性材料中，磁电效应为磁性相磁致伸缩效应（或压磁效应）与铁电相压电效应（或逆压电效应）的乘积，表明复合多铁性材料中两相之间通过力学应变/应力传递实现电与磁的耦合。这样，当复合多铁性材料置于磁场中时，磁性相因磁致伸缩效应产生应变，应变传递到压电相上，由压电效应产生电极化。这就是正磁电效应，它的大小一般用磁电系数 α（或磁电电压系数 α_E）表示，α_E 一般以伏/（厘米·奥斯特）［$V/(cm \cdot Oe)$］为单位[①]。组成相材料自身的性能、复合后形成的显微

---

① 1Oe=1Gb/cm。

结构及界面耦合系数是影响复合多铁性材料性能的重要因素。通过调控相组成和显微结构，可以实现磁电效应的优化，并为复合多铁性材料的设计提供了灵活性。

下面分别对单相和复合多铁性材料及相关元器件的发展现状及趋势进行简单总结，以提出对多铁性材料的发展重点及未来发展战略的预测。本章内容主要基于 2011～2013 年由我国该领域近 20 位专家研讨形成的中国科学院学部学科发展战略研究报告"多铁性磁电材料"。

第二节　多铁性材料的发展现状与主要趋势

近十多年来，随着材料制备技术、表征手段和理论计算的进步，以及现代信息社会对新型信息功能器件的迫切需求，多铁性材料及其器件的研究得到了前所未有的快速发展。国际著名的 *Nature*、*Science* 等期刊相继报道了多铁性材料中丰富的物理内涵和新颖的实验现象，在世界范围内掀起对多铁性的极大关注，以论文形式发表的研究成果呈指数性增长。2005 年以来，在素有材料研究领域"风向标"之称的美国材料研究学会（Materials Research Society，MRS）系列会议上，每年都将"多铁性与磁电"列为大会的分会之一，吸引了众多研究者参与和关注。2007 年底，*Science* 的"Areas to Watch"更是将多铁性材料列为未来世界范围内最值得关注的七大前沿热点研究领域（欧洲大型强子对撞机、微核糖核酸、人造微生物、古基因组学、多铁性、人类微生物组、大脑神经回路）之一，这是近十多年来整个材料领域的唯一入选项。目前，美国、德国、法国、日本等纷纷投入大量资源开展有关多铁性材料的研究，我国的多铁性材料研究也在蓬勃发展，在部分研究领域处于国际领先地位。

多铁性材料的研究范围主要包括：

（1）电/磁功能材料科学（从铁电材料、磁性材料到多铁性磁电材料）。

（2）凝聚态物理学（强关联凝聚态体系、自旋-轨道-电荷-晶格相互作用）。

（3）自旋电子学（从自旋电子学、磁电子学到多铁性磁电子学）。

（4）电子器件物理与技术。

一、单相多铁性

2000 年，美国科学家 Hill 从理论上讨论了氧化物中铁电和铁磁共存所需条件[3]。与此同时，薄膜制备技术和先进表征手段的发展（如对电畴和磁畴的同时观测）推动了单相多铁性材料的实验研究。近年来，已有多篇综述评论文章总结讨论单相多铁性材料的研究[1-7]。其中，2009 年南京大学刘俊明研究小组在《物理学进展》（*Advances in Physics*）发表了一篇评述文章[5]，首次较全面详细地总结了该领域的研究进展等。

研究最多、用途最广的铁电材料是 ABO_3 钙钛矿结构氧化物。在具有这种结构的铁电材料中，铁电性多数来源于位于氧八面体中心的 B 位离子，在居里温度以下偏离了氧八面体中心，降低了晶体结构的对称性，使正负电荷中心分离，形成电偶极矩。ABO_3 钙钛矿结构的铁电体通常需要 B 位离子的 d 轨道上没有电子占据而呈 d^0 态。但是，如果 d 轨道上没有电子，则无法形成局域磁矩，也就无法产生任何种类的磁有序结构（包括铁磁、亚铁磁和反铁磁）。在绝大多数情况下，一旦 B 位离子 d 轨道被电子部分占据，其偏离对称中心的倾向就被排除了。可见，在原子尺度上常规的铁电性和磁有序产生的机制是相互排斥的，大部分磁性钙钛矿是中心对称的立方或正交结构，而钙钛矿结构的铁电体必须是非中心对称的。因此，要使铁电性和磁性共存于一种单相材料中，必须有一个既能满足铁电性的晶体结构对称性条件，又能满足磁性的电子壳层结构条件的额外驱动力。

目前，通过第一性原理计算与精细实验观测，已有许多单相多铁性体系被不断提出。研究较多的体系包括钙钛矿类化合物（化学式形如 ABO_3 或 $A_2B'B''O_6$，如 $BiFeO_3$、$BiMnO_3$、$PbFe_{1/2}Nb_{1/2}O_3$）、稀土锰氧化物［如六方 $RMnO_3$（R＝Sc、Y、In、Ho、Er、Tm、Yb、Lu）及正交 RMn_2O_5（R＝Y、Tb、Dy、Ho）］、方硼石［化学式为 $M_3B_7O_{13}X$（M＝Cr、Mn、Fe、Co、Cu、Ni；X＝Cl、Br）］、$BaMF_4$ 化合物（M＝Mg、Mn、Fe、Co、Ni）等。

在这些多铁性化合物中，铁电性与磁性共存的机制可能如下。

（1）顺磁离子掺杂。用顺磁离子部分取代外层电子排布如惰性气体的过渡金属离子，可能产生"传统"的铁电性和磁性。例如，在固溶体 $PbFe_{1/2}Nb_{1/2}O_3$ 和 $[PbFe_{2/3}W_{1/3}O_3]_{1-x}[PbMg_{1/2}W_{1/2}O_3]_x$ 中观测到的多铁性。

（2）结构各向异性。利用导致结构各向异性的因素可在顺磁离子中实现静电双势阱，如八面体对角顶点处由不同离子占据，$M_3B_7O_{13}X$ 类方硼石便是这种机制。

（3）非对称孤对电子。s 孤对电子与空的 p 轨道杂化形成局域化的电子云而导致结构畸变引发铁电性，化合物 $BiRO_3$（R=Fe、Mn、Cr）的铁电性即来源于此，B 位磁性离子贡献磁性。

（4）几何和静电力驱动的铁电性。在六方亚锰酸盐中由几何和静电力驱动产生铁电性。

（5）微观磁电相互作用。轨道有序、几何的磁性受抑、Jahn-Teller 形变、超交换和双交换作用可产生显著的电、磁、应力调制的微观磁电效应，如在 $TbMnO_3$ 和 $TbMn_2O_5$ 中的多铁性。

（6）失挫磁体体系。在实验中，研究者陆续在多种化合物中观察到低温下铁电性与磁性共存的性质。例如，在 $YMnO_3$ 单晶中，德国 Fiebig 小组用二次谐波法首次观测到反铁磁畴和铁电畴畴壁的相互作用形成的由磁、电序参量乘积决定的畴结构，从而揭示了其中磁电耦合的机制。而 $DyMnO_3$ 单晶在低温下由强磁场可诱导产生高达 500% 的介电常数变化，称为庞磁介电效应。在 $TbMn_2O_5$ 单晶中同样观测到低温下磁场对介电、铁电性能的调控，在磁场作用下，电极化方向出现 180° 翻转，且这种翻转可多次重复。这种来源于磁诱导相变的现象极可能与磁诱导 Tb 磁性变化相关。我国南京大学研究小组从锰氧化物相图出发，预言了具有强反铁磁交互作用和弱 Jahn-Teller 畸变模式的体系中可能存在巨大铁电性；在此基础上合成了性能优异的新型 $CaMn_7O_{12}$ 多铁性体系。

在单相多铁性材料研究中，最引人瞩目的是关于 $BiFeO_3$ 的研究[7]，它的铁电相变居里温度为 850℃，反铁磁相变奈尔温度为 310℃，最有可能在室温下得到多铁性耦合效应，因而在近几年受到最广泛的关注。

$BiFeO_3$ 研究热潮的突发点起源于 2003 年美国 Ramesh 小组在 *Science* 上报道用 PLD 方法在（001）$SrTiO_3$ 单晶基片上外延生长 $BiFeO_3$ 薄膜的研究[8]。他们第一次观察到了显著的铁电性能，其饱和电极化强度 P_s=50～60$\mu C/cm^2$，同时测得磁化强度 M_s=150emu/cm^3（但磁化强度的结果有疑问），由此掀起了 $BiFeO_3$ 薄膜研究的热潮。此后，国内外许多研究小组对 $BiFeO_3$ 薄膜的生长控制、掺杂改性、$BiFeO_3$ 陶瓷与单晶的各个方面展开了广泛的研究，对 $BiFeO_3$ 的晶体结构、电畴结构、磁结构，以及宏观本征磁、电性能有了较为全面的认识。

尽管 $BiFeO_3$ 的带隙不宽（约 2.5eV），同时易于出现氧空位及 Fe 离子变价，而易于出现漏电/半导体化，但通过严格控制材料质量，目前已能够在

$BiFeO_3$ 薄膜、陶瓷与单晶中获得优异的铁电性能，使之成为一种无铅铁电材料。另外，尽管已有许多工作试图打破 $BiFeO_3$ 中的反铁磁序使之变成铁磁，例如，通过调节 $BiFeO_3$ 薄膜中的应力状态调整薄膜的磁结构，但至今仍未取得成功，$BiFeO_3$ 仍呈现室温反铁磁序或微弱的铁磁性。已有结果表明，只有在很薄的 $BiFeO_3$ 薄膜中才观察到增强的磁性，但是薄膜厚度的减小又会使铁电性能因其电绝缘性降低、退极化场等因素的影响而变差，无法同时保持优良的铁电性能和增强的磁性能。

$BiFeO_3$ 中铁电有序和磁有序分别来源于不同离子的贡献，即 Bi 离子和 Fe 离子，这导致两者的本征耦合会很弱，因此，关于 $BiFeO_3$ 的磁电耦合观察鲜有报道。自美国 Ramesh 小组 2003 年在 *Science* 上发表的结果以来，直至 2007 年，清华大学姜庆辉等[9] 在 La、Tb 共掺的 $BiFeO_3$ 陶瓷中直接观测到几十微伏/（厘米·奥斯特）量级的微小磁电耦合效应；2008 年，韩国 Jang 等[10] 通过测试高频下的磁介电效应推算出 La 掺杂 $BiFeO_3$ 薄膜的磁电电压系数约为 $10\mu V/(cm \cdot Oe)$，这仍然是一个较小的磁电耦合效应。

由于打破 $BiFeO_3$ 中的反铁磁序以增强其铁磁性及磁电耦合显得十分困难，关于 $BiFeO_3$ 中磁电耦合的研究更主要集中在如何发挥 $BiFeO_3$ 中固有铁电序与反铁磁序之间的耦合。法国 Lebeugle 等[11] 通过中子衍射分析高质量的 $BiFeO_3$ 单晶样品，发现单晶中倾斜的反铁磁亚晶格存在一种独特的摆线排列结构，在电场极化作用下，电极化反向会引起自旋排列由反平行变成垂直。美国 Ramesh 小组[12] 则对 $BiFeO_3$ 外延薄膜施加不同方向的电压使电畴翻转，然后通过光发射电子显微镜观测到电畴翻转影响薄膜中反铁磁畴的变化，其中 109°铁电畴翻转时伴随着铁弹畴的变化，进而改变了磁畴的变化，建立了 $BiFeO_3$ 薄膜中的铁电序与反铁磁序之间的耦合机制。目前，Ramesh 小组对多铁性 $BiFeO_3$ 外延薄膜的研究处于领先地位，他们已利用 $BiFeO_3$ 薄膜中的铁电序与反铁磁序之间的耦合，进一步将 $BiFeO_3$ 薄膜与铁磁薄膜复合构成叠层异质结构[13, 14]，$BiFeO_3$ 在电场作用下产生铁电极化翻转，并通过 $BiFeO_3$ 中铁电-反铁磁耦合改变其中的反铁磁序，再由量子力学交换偏置作用使邻近铁磁薄膜中的磁化发生翻转，从而实现电场调控磁极化，这为新型"电场写"磁存储器提供了新的思路。

近几年来，单相多铁性新体系的研究现状和发展趋势可归纳分为如下几个方面。

（1）单相多铁性材料的合成、磁电耦合机理与应用：主要目标是探寻具有铁电性、磁性与显著磁电耦合的新材料体系。主要包括第 I 类多铁性材料与第Ⅱ类多铁性材料：第Ⅰ类多铁性材料主要归类于钙钛矿氧化物（如$BiFeO_3$等），也包含一些氟化物和硫化物，通常具有较高的铁电居里温度、极化强度、磁性居里温度。第Ⅱ类多铁性材料主要归类于自旋失挫氧化物体系，其优点在于铁电性源于特定自旋构型及与自旋关联的自旋-轨道和自旋-晶格耦合，因此具有内禀而显著的磁电交叉调控效应。但自旋失挫的本质决定了其磁矩较小，且铁电居里温度较低、电极化强度小。

（2）多铁性材料的关联电子新效应研究。多铁性材料属于典型的强关联电子系统，探索与挖掘多铁性材料中源于关联电子物理的相关新效应也是多铁性研究的重要内容。首先，多铁性材料综合了铁电体和磁性材料的特性，其能隙介于典型铁电体的宽带隙（$2.5 \sim 5.0 eV$）与自旋系统的窄带隙（约$1.0 eV$）之间，因此对外部激励表现出巨大响应。典型的效应包括磁致电阻效应、电致电阻效应和阻变效应。这些效应是关联电子物理内涵的重要结果。其次，多铁性材料复杂的能带结构使得其对光子激发有很强的响应。多铁性体系能隙更贴近可见光和红外光光子能量，同时可以通过自旋和极化来调控能带，而反过来，自旋和极化序参量也可以通过光子激发来调控，因此，其对研制新的光电功能材料有巨大价值。最后，多铁性材料与半导体材料的界面也值得关注。

（3）在多铁性新材料研发中，除了大规模的实验探索，多尺度模拟计算与第一性原理计算扮演着不可或缺的角色，为多铁性新材料电子结构设计与合成提供了有利的分析指导工具：①理论计算为多铁性新材料的实验现象做出合理解释，例如，对$BiFeO_3$的电极化，理论计算，特别是第一性原理计算已经做到定量与实测吻合，这是难能可贵的。②理论计算为实验研究提供参考数据，例如，第一性原理计算实现了对$HoMn_2O_5$铁电极化双重起源的计算，以及对$TbMnO_3$中极化产生的微观机制的模拟。③跨尺度相场计算为新型多铁性异质结器件设计提供了理论基础。

（4）从科学兴趣的角度上讲，未来越来越多的研究将着重于关注电子关联体系中新材料、新结构及纳米尺度新奇量子效应的探测等方面。而针对未来电子器件的应用，如何面对高密度、低能耗、高读写速度等方面的挑战是目前的核心问题。随着更先进材料制备设备的诞生，人们开始越来越多地关注极端条件下高质量晶体的制备（超高压单晶生长等），以及从原子层面上对薄膜材料的生长控制（激光分子束外延等）。只有这样才能够为研究关联体系尤其是多铁性材料中可能出现的电荷、轨道、晶格等自由度的相互耦合作用提供良好的模型体系，进而探索小尺度畴壁、异质结界面处衍生的奇异物理特性。同时,越来越多更先进的测试手段的出现也丰富了多铁性体系的研究。尤其是过去几十年应用于凝聚态领域中强关联电子体系的高等实验手段。在特定条件下对材料原位生长测量也将成为未来科研的发展趋势之一,如与激光分子束外延或分子束外延结合使用的角分辨光电子谱、同步辐射 X 射线等。除了对根本科学问题的探索,器件的微纳加工技术也将成为研究以 $BiFeO_3$ 为基础的多铁性材料的必要手段。目前国外的很多研究组在充分获得高质量晶体及材料结构的基础上,已经开始着眼于将微加工技术应用于多铁性体系,并研究其潜在的器件应用。

二、宏观复合多铁性

目前,单相多铁性材料仍然不能实现在室温的明显铁电-铁磁共存与强耦合。实际上,实现这种室温共存与耦合的一种直接途径是通过构造铁电材料与铁磁材料的复合。

1972 年,荷兰飞利浦研究实验室的 van Suchtelen[15]率先提出复合材料磁电耦合效应,并与同事很快就在实验中实现了这种磁电效应。他们采用定向凝固方法制备了 $BaTiO_3$-$CoFeO_4$ 复合陶瓷,室温下观测到磁电电压系数达 130mV/(cm·Oe)、远大于单相多铁性化合物的磁电耦合效应。但定向凝固方法非常复杂,需要严格控制成分和工艺参数,并且难以避免高温下的杂相,因此并没有受到广泛关注。此后,受实验技术及人们对磁电效应的认识的限制,磁电复合材料的研究陷入了 20 年的停滞。到 20 世纪 90 年代,俄罗斯和美国科学家又利用传统的固相烧结方法制备了磁电复合陶瓷。相比于定向凝固方法,固相烧结技术更加简单和有效,并为选择多种相成分进行复合提供了可能。但是,也由于陶瓷高温共烧固有的问题——两陶瓷相之间共烧失配、原子互扩散与反应等,高温共烧的复合陶瓷的磁电电压系数并没有定向凝固的高,致使磁电复合材料的实验研究一直未取得进展。

磁电复合陶瓷的实验研究受制,使人们转而深入思考复合材料中磁电耦合机制的基础问题。在磁电复合材料中,宏观上体现为磁-电之间的相互转换,微观上则体现为磁有序与电有序状态的改变,是一个复杂的物理过程,包括磁学、力学、电学及它们之间的交叉耦合作用。对磁电复合材料这种复杂多场耦合现象的理论研究,有助于理解磁电效应的实验现象和物理基础,并对磁电复合材料及器件的设计提供预测和指导。1994 年,Nan 提出了第一种描述复合材料磁电耦合效应的严格物理方法[16]——格林函数方法(或称为有效介质理论方法），给出了复合材料显微结构因素对其磁电效应的定量影响。同时，细观力学方法、针对叠层复合材料的弹性力学方法也用于定量理解磁电复合材料中两相间耦合作用和磁电效应。理论研究为随后的实验研究的发展奠定了基础。

磁电复合材料研究的高潮开始于 2001 年，具有里程碑意义的工作是将巨磁致伸缩稀土合金 $Tb_{1-x}Dy_xFe_2$（Terfenol-D）作为磁性相引入磁电复合材料中。Nan 等[17]利用有效介质方法计算预测了 Terfenol-D 与铁电高分子聚四氟乙烯偏氟乙烯［P(VDF-TrFE)］，或与锆钛酸铅（PZT）陶瓷的复合材料中会产生巨大的磁电效应，并率先提出了复合巨磁电效应。紧接着，美国研究者就在 Terfenol-D/PZT、Terfenol-D/PVDF 体系中观察到这种预测的磁电电压系数大于 $1V/(cm \cdot Oe)$ 的巨磁电效应。特别是 2003 年以来，美国弗吉尼亚理工大学研究小组[18]在实验中制备了多种结构的 Terfenol-D/PZT 叠层复合材料。室温巨磁电效应为磁电复合材料的实用化研究带来强大的吸引力。自此，磁电复合材料及其应用研究得到迅速发展。至今，研究者已报道了多种组成成分（如陶瓷基复合材料、铁磁金属/合金基复合材料、高分子基复合材料等）、多种连通型结构（如 0-3 型颗粒复合材料、2-2 型叠层复合材料、1-3 型纤维复合材料等）的磁电复合材料，获得了显著的室温磁电效应，并推动了应用研究的发展。2008 年，《应用物理学杂志》（*Journal of Applied Physics*）发表了多铁性磁电复合材料的第一篇专题评述文章[19]，较全面详细地总结了该领域的发展历史、研究进展等。

（一）复合陶瓷材料

通过高温共烧方法可以制备出多种铁电氧化物与磁性氧化物共存的复合陶瓷材料，但迄今通过高温共烧方法得到的复合陶瓷的磁电电压系数低于理论计算值，这主要是由于前面提到的高温共烧过程中固有的问题所致。

降低陶瓷烧结温度是缓解这一问题的途径之一，但较低的烧结温度又会带来烧结不完全、致密度低的缺点，也会影响材料的性能。近年来，为了在避免元素互扩散的同时提高烧结密度，新的烧结技术（如放电等离子烧结、微波烧结等）被用来制备复合陶瓷。其中，放电等离子烧结具有烧结时间短、温度低、烧结过程中可施加压力等优点，可以避免第三相的产生，在一定程度上抑制铁电、铁磁两相之间的互扩散，实现比较致密的烧结，使复合陶瓷的磁电耦合效应得到一定程度的提高。清华大学研究小组[19]率先采用放电等离子烧结方法制备了颗粒复合陶瓷，通过调节烧结工艺使两相之间不发生反应和明显的互扩散，使其磁电电压系数较常规烧结的复合陶瓷提高了约 25%。

对 0-3 型颗粒复合陶瓷，由于铁氧体颗粒一般为导体或半导体，高含量填充的铁氧体颗粒会由于渗流效应使复合陶瓷难以极化，使得该体系的压电、铁电性不高，并产生漏电流，降低材料的磁电效应。因此，将铁氧体颗粒在压电陶瓷基体中均匀分散并保持相互绝缘就成为这类简单复合陶瓷研究的关键性问题。一种有效的方法是通过化学方法，在铁氧体颗粒外包覆铁电层形成核-壳结构，以避免导电颗粒在烧结过程中的直接接触。然而，由于制备过程难以控制，仍不易得到具有较完美微结构的（铁磁）核-（铁电）壳复合陶瓷。

相比于颗粒复合陶瓷，2-2 型叠层复合陶瓷中将压电层与铁氧体叠层共烧，避免了铁氧体高电导率带来的漏电流，使复合材料能够显示出更大的磁电效应。但是，在 2-2 型叠层复合陶瓷中铁氧体作为电极层，其导电率又不足够高，使磁电信号产生衰减。为了降低信号的衰减，可以在压电层和铁氧体叠层之间引入内电极（如 Ag、Ni、Ag-Pd）直接收集磁电信号。美国弗吉尼亚理工大学研究小组[20]在镍铁氧体/PZT/镍铁氧体三层复合陶瓷中引入 Ag-Pd 内电极，使陶瓷的磁电电压输出得到显著提高。事实上，在电子工业中广泛使用的片式多层陶瓷电容器（multi-layer ceramic capacitors，MLCC）本身就是一种设计精巧的多层磁电复合材料，其中 $BaTiO_3$ 电介质作为铁电相，Ni 金属内电极具有铁磁性，多层结构增大了界面面积，使 MLCC 在室温下显示出磁电效应。这种已商品化的元件成本非常低廉，而且具有良好的耐疲劳性和温度稳定性，英国剑桥大学研究小组的研究[21]显示 MLCC 有望在多个领域中作为磁场传感器使用。

然而，2-2 型叠层复合陶瓷同样存在高温共烧带来的问题。为了解决陶瓷高温共烧带来的系列问题，同时保持两种陶瓷相之间的良好生长结合界面，近年来清华大学研究小组[22]提出在一种致密的陶瓷基片上直接低温生长另一种陶瓷膜以制备叠层陶瓷磁电复合材料的思路。例如，利用溶胶-凝胶方法于 650℃快速退火，在铁氧体陶瓷片上直接生长了 PZT 陶瓷膜，从而实现了叠层复合陶瓷的低温（远低于传统在 1200℃以上的共烧温度）制备。

（二）铁磁合金基巨磁电复合材料

2001 年提出的 Terfenol-D 基巨磁电复合材料完全突破了自 1972 年提出的经典磁电复合陶瓷体系，并迅速引发了磁电复合材料领域的研究高潮。合金基巨磁电复合材料由合金与铁电材料直接粘接而成，制备非常简单。国内外多个研究小组在 Terfenol-D 基叠层磁电复合材料的实验中观察到计算预测的大于 1V/（cm·Oe）的巨磁电效应。突出的是，为了优化 Terfenol-D/铁电体叠层复合材料的磁电性能，弗吉尼亚理工大学研究小组[19]根据 Terfenol-D 和铁电体的不同极化方向对叠层复合材料进行组合，并按照等效电路方法模拟设计了不同的叠层复合结构，系统地研究了 Terfenol-D 基叠层复合体系的磁电性能。我国多家单位，如中国科学院上海硅酸盐研究所、香港理工大学、南京大学、南京师范大学、陕西师范大学、重庆大学等，也对 Terfenol-D 基叠层磁电复合体系开展了卓有成效的研究工作。

由于 Terfenol-D 材料的起始磁导率相对较低，而磁化饱和场强较高，Terfenol-D 基磁电复合材料不适合在低强磁场中使用。选用一些软磁合金，如 Ni(Mn-Ga)、Ni、非晶态合金、波明德合金等，可以显著改善复合材料在低磁场下的性能。例如，将具有高起始磁导率、高压磁系数的非晶态合金与 PZT 纤维驱动器层复合，复合材料在 5Oe 偏置磁场中的磁电电压系数在低频下可达 10V/（cm·Oe），谐振频率下达到数百伏/（厘米·奥斯特）[19]。进一步优化材料结构和几何参数（如非晶带形状、尺寸、非晶带与压电层的厚度比等），还可以提高材料的磁电电压系数。例如，利用非晶态合金高磁导率对磁力线的汇聚作用，采用平面内长径比更大的非晶带可以增强材料中心的磁通密度，将 PVDF/非晶合金叠层材料中的低频磁电电压系数由 7.2V/（cm·Oe）提高到 21.5 V/（cm·Oe），进而提高材料的磁场灵敏度。

近年来，为了避免两相之间有机粘接层对材料性能的影响，可以将磁性金属通过磁控溅射或电化学方法直接沉积在压电材料表面，以消除两相之间的额外的粘接层。例如，北京科技大学研究小组[23]采用电镀方法，将 Ni 沉积在 PZT 陶瓷表面，两相之间的直接接触耦合可有效改善叠层复合材料的磁电性能。德国科学家[24]则采用磁控溅射方法，将微米级厚的压电 AlN 和 FeCoSiB 直接沉积在 Si 表面，制备成尺寸为 20mm × 2mm × 140μm 的悬臂梁结构，在低频下磁电电压系数约为 3V/（cm·Oe），谐振频率下的磁电电压系数则高于 700 V/（cm·Oe），这是一个非常大的巨磁电效应。

（三）高分子基复合材料

在合金基叠层复合材料中，导电合金在高频下具有较大的涡流损耗。以绝缘高分子作为基体可降低复合材料的高频涡流损耗，同时高分子既作为基体又作为黏结剂。尽管高分子相作为基体会降低压电和/或铁磁相的含量而影响复合材料的磁电性能，但相比于陶瓷基磁电复合材料和合金基磁电复合材料，高分子基磁电复合材料仍具有独特的优势。采用高分子作为基体固化，避免了陶瓷材料的高温烧结，其低温制备工艺简单，成本较低；同时具有出色的工艺性能，能够根据需要方便地加工成各种特定形状。

清华大学、南京大学和香港理工大学的研究组率先提出了高分子基三相磁电复合材料[19]。例如，以 PVDF 作为基体，通过热压方法在实验中制备了 0-3 型、2-2 型高分子基三相磁电复合材料。随后，又以树脂为基体，采用简单的切割-室温固化方法制备了具有更优磁电性能的 1-3 型高分子基三相磁电复合材料。在高分子基磁电复合材料中也获得了高于复合陶瓷体系的显著磁电响应[19]。

三、复合多铁性薄膜/异质结构

元器件的微型化、集成化、低功耗的需求也促使多铁性磁电复合材料的研究从块体材料向薄膜发展。同时，由于现代薄膜制备技术（如 PLD、分子束外延、磁控溅射等）的发展使生长高质量的薄膜成为可能，多铁性磁电复合薄膜的研究近年来迅速成为众多研究者关注的热点。

多铁性磁电复合薄膜的研究主要开始于由美国 Ramesh 研究组[25]于 2004 年在 *Science* 上报道的利用 PLD 方法在 $SrTiO_3$ 单晶基片外延生长 1-3 型 $BaTiO_3$-$CoFe_2O_4$ 复合薄膜，$CoFe_2O_4$ 纳米柱镶嵌在 $BaTiO_3$ 薄膜基体中。在 $BaTiO_3$ 居里温度附近，由铁电-顺电相变产生的应力通过弹性相互作用影响到 $CoFe_2O_4$ 的磁性，使其磁化-温度曲线中出现明显的转折，从而间接、定性地显示了复合薄膜中存在磁电耦合效应。随后，在该结构中利用磁力显微镜观察到了通过施加电场可以辅助磁畴翻转的现象，给出了复合薄膜中磁电耦合效应的直接证据。短短几年间关于多铁性磁电薄膜的研究已有大量的报道。最近也已有数篇关于多铁性磁电复合薄膜的专题评述文章[26-29]。

（一）正磁电效应

迄今，已在多种铁电相（如 $BaTiO_3$、PZT、$BiFeO_3$、$PbTiO_3$ 等）和铁磁相（如 $CoFe_2O_4$、$NiFe_2O_4$、Fe_3O_4、$La_{1-x}Sr_xMnO_3$ 等）组成的多种结构（如 0-3 型颗粒复合、2-2 型叠层异质结构、1-3 型垂直异质结构等）复合薄膜中观察到了铁电性与磁性共存的多铁性，在部分体系中得到了铁电性与磁性耦合的磁电效应，并基于此提出了微型磁传感器、读取磁头等全新的器件概念[29]。

为了更深入理解复合薄膜材料中的正磁电效应，研究中考虑了晶格不匹配或热膨胀导致的薄膜中残余应力，以及基片钳制、自发极化等材料性能的影响。在理论上，若仍以应力/应变为耦合方式，可以通过有效介质理论方法计算出复合薄膜材料中的磁电耦合效应，计算结果还显示了 1-3 型垂直异质结构复合薄膜比 2-2 型叠层异质结构复合薄膜具有更大的磁电响应。采用朗道-金斯堡唯象热动力学理论和相场模拟方法可以得到相似的结论。同时，理论研究还指出薄膜厚度、取向、基片约束、界面状态等都会影响复合薄膜的磁电耦合性能。这为多铁性磁电复合薄膜的研究提供了灵活度。

1-3 型垂直异质结构复合薄膜体系是指磁、电两相中的一相以一维柱状结构的形式镶嵌在另一相的基体中的异质结构复合薄膜体系。该结构的两相间具有较大的界面密度，有利于产生强的磁电耦合。但由于铁磁相漏电流限制，在 1-3 型垂直异质结构复合薄膜中难以直接观察到正磁电效应。直到 2009 年美国弗吉尼亚理工大学研究小组[30]通过增加薄膜厚度以减小漏电流，克服了 1-3 型垂直异质结构电性能测试的困难，直接测得了样品的磁电耦合系数，但磁电电压系数较小。另外，1-3 型垂直异质结构复合薄膜的生长条件比较苛刻（如对基片的种类、取向有要求，以及高的生长温度等），难以调节和控制，这都限制了对其进一步的深入研究。

0-3 型颗粒复合薄膜体系是指磁、电两相中的一相以颗粒形式镶嵌在另一相的基体中的复合薄膜体系。2005 年南京大学研究小组[31]报道了用溶胶-凝胶方法制备的 $CoFe_2O_4$/PZT 颗粒复合薄膜；2006 年，韩国研究小组[32]用 PLD 方法制备出了 $NiFe_2O_4$/PZT 颗粒复合薄膜；复合薄膜中，铁氧体形成纳米颗粒分散在 PZT 薄膜基体中。但两者报道了完全不同的磁电行为，使薄膜的磁电表征变得不确定。

2-2 型叠层异质结构复合薄膜体系是指磁、电两相以叠层形式堆积在一起的异质结构复合薄膜体系，这与目前半导体工业中多层膜制备工艺相同，因而引起了众多研究者的注意，已成为多铁性磁电薄膜的主要研究方向[29]。通常，2-2 型叠层异质结构复合薄膜有两种类型：①磁、电两相中的一相直接作为基片，再生长另一有序相的薄膜，形成铁性薄膜-铁性基片复合结构；②在基片上交替生长磁、电两相。

2-2 型叠层异质结构复合薄膜的耦合在很大程度上取决于基片对薄膜钳制作用的大小。若把磁、电两相中的一相直接作为基片使用，则可消除这一问题，这类结构一般称为准 2-2 型结构。美国阿贡国家实验室研究小组[33]在镧锶锰氧（LSMO）铁磁单晶基片上直接生长 PZT 薄膜，并观察到明显的正磁电响应，他们报道了不同温度和偏置磁场下该准 2-2 型结构磁电电压的响应，其低温磁电耦合系数最大可以达到约 600V/（cm·Oe）。由于这种结构具有良好的界面结合，并且没有基片约束的问题，实验结果和理论预测结果接近，达到了理论值的 87%。但这种铁磁单晶昂贵，同时铁磁单晶基片选择很有限。

在单晶基片上交替生长铁磁、铁电层是研究中最为常见的 2-2 型叠层异质结构复合薄膜，近年来，国际上已有许多研究小组相继介入了该方向。其中，清华大学研究小组的工作最为系统，研究报道了不同钙钛矿结构铁电体（PZT、BaTiO$_3$）与不同铁氧体复合的多铁性复合薄膜，并提出利用磁场诱导复合薄膜拉曼光谱变化来寻求磁电耦合机制的直接证据。以溶胶-凝胶方法制备的 PZT/CoFe$_2$O$_4$ 复合薄膜为例，利用拉曼光谱方法对复合薄膜和相应单相薄膜的声子振动模式进行比较，利用相同模式的振动频率随外磁场变化来直接反映复合薄膜中的应变/应力调制的磁电耦合机制。为了提高正磁电效应，不仅从材料结构本身进行改进（如生长外延薄膜、控制薄膜取向、控制两相膜层、改变叠层顺序），也从改进界面应力、减小基片的钳制作用等多个方面入手。在改进界面应力、减小基片钳制作用方面，目前主要有两种思路：①引入缓冲层，从而释放基片钳制作用同时诱导磁、电两相薄膜的取向生长；②减薄基片，可最有效地降低基片对薄膜的约束作用，增强磁电耦合输出[29]。

目前，多铁性复合薄膜正磁电效应的研究很有限，特别是在硅衬底上集成复合薄膜，其中复合薄膜的可控制备、弹性应变在界面传递的机制和效率及在薄膜中的分布、界面特性（如结晶性能、厚度、取向、界面氧化、界面原子扩散情况、界面原子缺陷、界面原子无序等）对铁磁性能及磁-力-电耦合性能的影响规律、磁电耦合系数对温度/频率/偏置磁场/失配应变/薄膜取向/厚度的依赖性等都尚不清楚。这些是未来研究的重点，特别是基于微型传感器的应用导向研究。

（二）逆磁电效应

与正磁电效应相对应，磁电复合材料的逆磁电效应（即电场诱导磁极化变化）同样具有丰富的物理内涵和重要的技术应用价值。相比于通过施加外磁场或以电流产生磁场来改变铁磁材料磁化状态的传统方法，通过电场调控多铁性磁电的磁极化状态避免了因焦耳热产生的能量损失，具有超低损耗，同时具有方便可控、低噪声、易集成等优点。近年来，随着信息产业中对于更加快速、节能的电写磁读方式的需求越来越强烈，以电场直接控制磁化方向、磁各向异性成为多铁性材料研究的一个主要目标。

逆磁电效应的实验研究起步较晚，最初主要集中在已有的磁电复合材料体系中。近年来，在多种磁电薄膜异质结构中也观测到了电场调控磁性能的现象。一般认为，块体磁电复合材料中的逆磁电效应同样来源于铁电性与磁性两相间的应变/应力耦合，即压电相在电场下由逆压电效应产生的应变传递到磁性相上，磁性相因逆磁致伸缩效应（压磁效应）导致磁性能的改变，包括材料的磁导率、磁感应强度、饱和/剩余磁化强度、矫顽场、饱和场等。与块体磁电复合材料中确定的应力/应变耦合机制不同，在复合薄膜体系中，多铁性耦合的机制仍存在争议，除了经典的应变/应力耦合机制，还提出了界面电荷调制机制、交换偏置作用机制等[29]。

1. 界面电荷调制机制

在含有超薄铁磁层的 2-2 型叠层异质结构中，电场会导致电荷（自旋极化电子或空穴）在界面处的积累，从而导致界面磁化的改变。对单独的超薄铁磁层，德国和法国的研究小组在 2nm 的 FePt 合金膜中观察到施加电压时磁矫顽场出现 4.5% 的变化[34]，他们将这种磁晶各向异性的变化归结为未成对 d 电子数量的改变。但是，在这个系统中需要液态电解质和很高的电场。随后，2009 年日本大阪大学 Maruyama 等[35] 在全固态超薄 Fe（001）/MgO（001）中，当在 MgO 层上施加 100mV/nm 电场时，观察到 Fe 超薄膜磁各向异性 40% 的变化，他们也将其归结为靠近 MgO 层的 Fe 原子中 3d 轨道占据情况的改变。

对铁电-铁磁异质结构，理论上，华东师范大学 Duan 等[36] 利用第一性原理计算研究了由电场影响超薄磁性膜的界面磁电效应。计算显示电场引起了界面处多余电荷的自旋不平衡，从而导致界面磁性能和磁晶各向异性的改变。例如，在 Fe/BaTiO$_3$/Fe 异质结中，界面处的耦合及电荷交换导致界面 Fe 原子磁矩的增加，同时 Ti 和 O 原子也由于电荷交换产生诱导磁矩。在外加电场下，BaTiO$_3$ 被极化而出现铁电位移，特别是 Ti 原子的位移，打破了上下两个界面以中间 TiO$_2$ 层为参考面的对称状态，使得上下两个界面处的原子磁矩发生了变化，从而改变了界面处的磁化，使这种结构实现了电性能和磁性能之间的耦合。实验上，美国耶鲁大学研究小组[37] 在 PZT（250nm）/LSMO（4nm）异质结构中观察到了明显的电场调控磁极化的现象（温度为 100K），并通过近边 X 射线吸收谱显示了界面处 Mn 元素价态随外加电场的变化，且变化趋势与 PZT 的极化状态相同，表明静电场产生的电荷积聚使 LSMO 的界面磁状态发生了改变。

2014 年，欧洲科学家在 Fe/BaTiO$_3$ 界面处通过 X 射线、磁圆二色谱观察到，不同的极化状态下的 BaTiO$_3$ 会导致与其近邻的 Fe 原子层出现铁磁和反铁磁两种状态，这与第一性原理计算吻合，表明静电场产生的电荷积聚使 Fe 原子之间的交换作用发生变化，其磁化状态也相应发生了改变[38]。

2. 交换偏置作用机制

反铁磁与铁磁层之间的交换偏置作用也可以用来在多铁性复合薄膜中产生磁电耦合效应。美国 Ramesh 小组[13]将多铁性薄膜 BiFeO$_3$ 与铁磁金属（如 Co$_{0.9}$Fe$_{0.1}$、CoFeB）复合构成叠层异质结构，在电场作用下，通过 BiFeO$_3$ 中的铁电-反铁磁耦合改变其反铁磁序，再由量子力学交换作用使邻近的铁磁层中的磁化发生转动。另外，BiFeO$_3$ 的铁弹性也会产生应变，并传递到邻近的铁磁层中，因此在这种异质结构中也不能排除应力/应变耦合机制的共同作用。

2010 年，Ramesh 小组在 BiFeO$_3$/LSMO 外延异质结构中通过控制 BiFeO$_3$ 的极化方向，也实现了电压可逆调控的交换偏置作用[14]。他们认为在这种结构中，交换偏置作用起源于 BiFeO$_3$/LSMO 界面处由于电子轨道重构而导致的在 BiFeO$_3$ 层几纳米厚度内的界面磁化。半金属 LSMO 的磁性受到界面自旋极化载流子的影响，因此电场可以引起磁性能的改变。在 BiFeO$_3$/LSMO 外延异质结构中，LSMO 的磁矫顽场随电压呈滞回变化。

最后，器件应用始终是多铁性研究的重要导向，在 BiFeO$_3$ 基薄膜体系中尤为如此。在多铁性体系中实现纳米尺度室温电场对磁性的调控是开发高密度、低能耗数据存储的有效手段。BiFeO$_3$ 是目前为数不多的铁电、磁序参量远高于室温的多铁性材料，在磁电耦合领域具有重要的应用价值。针对以 BiFeO$_3$ 为代表的单相多铁性材料研究的重点之一在于如何构筑新型结构，并通过微纳加工来实现模型器件的探索性制备，进而摸索出室温电场调控磁性的有效途径。目前比较流行的思路是通过 BiFeO$_3$ 与铁磁性金属或氧化物形成异质结界面，制备成模型器件，通过输运、磁性等测量手段来决定电场对界面磁交换偏置的调控。然而尚待解决的科学问题是：全氧化物界面调控温度较低，而氧化物与金属界面耦合机制尚未弄清楚。通过微加工手段将多铁性 BiFeO$_3$ 与磁自旋输运体系结合构筑多自由度调控器件也是相对重要的科学问题。

3. 应力/应变耦合机制

同块体磁电复合材料一样，在多铁性复合薄膜体系中，由于铁电相都具有压电性，在电场作用下不可避免地会产生应力/应变，进而影响邻近的铁磁层。目前，更多的研究仍然展示了应力/应变耦合机制，已有来自中国（清华大学、南京大学、中国科学技术大学、香港理工大学等）、美国、德国、英国、日本、韩国、新加坡等的许多研究小组的报道。其多数研究都是将铁磁薄膜（如 Fe_3O_4、$CoFe_2O_4$、$NiFe_2O_4$、LSMO、磁性金属或合金）直接生长在铁电单晶或陶瓷（如 $BaTiO_3$、PMN-PT[①]、PZN-PT[②]、PZT 等）上，观测到在电压加载条件下磁性能的变化、不同电压加载下磁易轴的变化、不同电压加载条件下磁性薄膜磁光效应的变化、铁磁共振谱峰位的移动等[29]。

清华大学研究小组提出了一个基于 Landau 铁磁自由能和磁-力-电耦合的唯象模型，模拟了这种铁电-铁磁异质结中的电场调控磁性能的机制，给出了规律性的定量结果。以生长在不同铁电氧化物（如 PZN-PT、PZT、$BaTiO_3$）层上的（001）外延或多晶的 Fe、Ni、$CoFe_2O_4$、Fe_3O_4 薄膜为例，考虑到残余应变等的影响，利用该模型计算了在这些铁电-铁磁异质结构中，在铁电层上外加纵向和横向两种方式电场的情况下导致的磁性薄膜中磁易轴的转动。这种唯象模型及计算为铁电-铁磁异质结构的优化设计提供了理论参考[29]。

四、新型多铁性磁电子器件

多铁性磁电复合材料在室温下的显著磁电效应推动了其在技术领域中的应用研究，目前已提出并演示了磁电复合材料在传感器、换能器、滤波器、振荡器、移相器、存储器等方面潜在的应用可能。

特别引人注意的是，利用多铁性材料中各种序的竞争和共存对材料的行为进行调控是一种不同于传统半导体微电子学的全新方案，是"后摩尔时代"新型电子技术的发展方向之一。例如，在信息存储领域，磁存储技术仍是大容量数据存储（如个人计算机、超级计算机）的主导技术，但磁写速度慢、能耗高是其突出的瓶颈问题。此外，自 20 世纪 90 年代中期提出的基于磁存储技术的磁阻随机存取存储器（magnetic random access memory,

① PMN-PT 指铌镁酸铅-钛酸铅。
② PZN-PT 指铌锌酸铅-钛酸铅。

MRAM），更被认为有希望取代目前其他所有随机存储器件，成为可适应所有电子设备中信息存储需要的"通用存储器"，具有巨大的商业应用潜力。然而，MRAM 迄今仍未得到大规模应用，其主要瓶颈也在于数据写入过程中电流产生的大量焦耳热耗散。多铁性磁电材料使用电压而非电流来调控磁化方向的特性，将焦耳热耗散量降至最低，可从根本上解决高能耗问题，实现新一代超低功耗、快速的磁信息存储、处理等，与当前基于电流驱动的磁存储技术相比，将具有重大突破甚至颠覆性意义。

下面列举其中几个代表性正在研究的磁电元器件。

（一）磁传感器

将磁电复合材料用于磁场探测的原理简单而直接。在磁电系数测试中需要施加直流偏置磁场 H_{dc} 和交流微扰磁场 H_{ac}，这样，对于磁电系数确定的磁电复合材料，已知 H_{dc} 或 H_{ac} 即可探测出另外一个磁场分量。因此，磁电复合材料可以用作磁传感器的探头，以探测交流或直流磁场或其他改变磁场的变化量，如电流、速度等。

在交流磁场探测方面，弗吉尼亚理工大学研究小组[39]以高品质因子的 PMN-PT 单晶与 Terfenol-D 粘接制得三层磁电复合材料，在一定偏置磁场下对样品施加微弱的交变磁场，使用锁相放大器测试样品两端产生的磁电电压。材料磁电电压响应与交流磁场幅值基本呈线性关系，经良好的屏蔽处理，材料在谐振频率下可以探测到 1.2×10^{-10} T 的交流磁场，仅次于目前最好的超导量子干涉器件的灵敏度。若提高磁电复合材料的电容量，从而增加测试回路的时间常数，则可以降低最低测试频率。Terfenol-D/PMN-PT 多层结构磁电复合材料在频率为 5m～100Hz 内对 1Oe 交流磁场的响应随频率变化非常平坦，在 5mHz 的极低频下，磁电电压仍高于测试电路和环境带来的干扰信号。这种磁电复合材料对极低频交流微弱磁场具有稳定响应，可以用于探测磁场异常变化的磁传感器中。

在直流磁场探测方面，由于磁电复合材料的磁电响应会随着直流磁场的变化而发生改变，当给材料施加固定频率和幅值的交流磁场时，即可探测出直流磁场沿材料测试方向的大小。若将三个相同的磁电复合材料正交排列，还可以标定出空间磁场的方向。以 Terfenol-D/PZT 叠层复合材料为例，通过绕在复合材料外的线圈对复合材料施加 0.1Oe 的交流磁场，从而测试了其对直流磁场的响应。在低频下复合材料对直流磁场的灵敏度为 10^{-7}T；而在谐振频率下灵敏度达到 10^{-8}T。进一步，采用非晶合金/PZT 纤维阵列叠层复合材料，利用非晶层的高磁导率和强磁性各向异性，仅在样品外线圈中通入 10mA 的交流驱动电流，即可使复合材料对直流磁场具有 10^{-9}T 的灵敏度及 10^{-5}° 的角度灵敏度，展示了将磁电复合材料用于地球磁场探测的可行性[19]。

对于基于磁电复合材料的磁传感器，一般来说，材料的磁电系数越大，器件的灵敏度就越高。但是，仅具有较大的磁电系数并不足以满足实际应用的需要，这是因为无处不在的噪声信号会显著降低器件的灵敏度，因此提高器件的信噪比（signal-noise ratio，SNR）就显得更为重要。

对于多铁性磁电复合薄膜，材料尺度的减小使其更有可能应用于集成或微小磁传感元件[40]，如用作磁硬盘中的读取磁头。传统的磁阻效应磁头在工作时需要通入一个恒定电流，通过探测磁头电阻的变化表征磁盘上的数据状态。而基于磁电效应的读取磁头不需要额外通入电流即可感知磁盘上不同位置的磁化状态，输出响应电信号，从而避免电流通过磁头时产生的热效应及磁头工作时所需要的外加电源，是一种无源磁头。除降低功耗外，以多铁性复合薄膜材料作为读取磁头还减小了磁头体积，从而可增大存储密度。但是，提高复合薄膜的磁电系数及信噪比是多铁性复合薄膜应用发展的关键。

由此可见，磁电复合材料用于磁场探测具有灵敏度高、成本低、功耗小的优点，在航海航空、医学检测、地质勘探、信息处理等方面具有应用前景。但是，尽管已提出了基于多种磁电复合材料的磁传感器原型，并演示了探测磁场的可行性，但将磁电传感器推向实用化仍有很多工作，如优化器件结构设计与系统集成、提高器件整体性能和信噪比等，这需要材料研究者与电子器件技术等其他领域研究者的共同努力。

（二）能量收集转换器件

磁电复合材料也可以用作能量收集和转换器件，将环境中通常被忽视的微弱能量收集转换为可以利用的电能。对于能量收集转换器件，无处不在的机械振动、生物运动及环境中充斥的大量电磁波等都可以作为能量源。压电效应作为一种将机械能转换为电能的有效方式，已经作为电源被设计集成在需要自供电的微系统中使用。磁致伸缩效应也为将磁场能转换为电场能提供了可行的途径。由压电相和磁致伸缩相组成的磁电复合材料具有两相各自的性能，可以通过压电效应将机械振动转换为电能。同时，磁电耦合效应又可以将磁场能直接转换为电场能。因此，理论上磁电复合材料能够同时对机械振动和杂散电磁场敏感，在能量收集转换器件方面具有集成化的优势。

近年来，已有学者开始关注磁电复合材料在能量收集转换方面的研究。例如，将非晶合金/PZT 叠层磁电复合材料固定在悬臂梁上，另一端放置一个 50mA 的重物产生频率为 20Hz 的机械振动，同时对材料施加相同频率、幅值为 2Oe 的交流磁场。系统在机械振动和交流磁场的共同作用下会产生 8V 的开路输出电压；如果两者单独作用，都只能产生约 4V 的输出电压。由此证明磁电复合材料可以同时对机械振动和磁场产生响应。

除了环境能量收集，磁电复合材料对磁-电能量的转换还有望应用于医疗领域。例如，对植入体内的心脏起搏器等器件配以磁电复合材料作为电源，当能量耗尽的时候，可以通过体外螺线管产生的磁场对磁电复合材料进行无线能量传输，磁电材料将收集到的磁场能转换为电能供给医疗器件持续工作，从而避免开创手术，减轻患者的痛苦。美国麻省理工学院研究者的初步研究表明，距离磁电复合材料 3cm 处的 20Oe 磁场源可以使材料收集到 160mW 能量，演示了这种利用磁电复合材料进行无线能量传输的可能[41]。

相比于传统的能量收集转换机理（如压电、静电、电磁等），利用磁电效应进行能量收集转换的研究还处于初级阶段。目前，磁电复合材料产生的能量密度较低，也很少报道磁-电能量之间的转换效率。同时，能量收集转换器件需要材料具有对各种环境良好的耐久性，并具有宽频带灵敏度以收集利用更宽频率范围内的能量。

（三）可调微波器件

在微波频段，电场诱导铁磁谐振峰的改变可以用来表征材料的逆磁电效应，这也使磁电复合材料具有用于电场可调微波器件的可能。传统微波器件的铁磁谐振峰一般通过外加磁场来调节，而磁电复合材料则可以通过静电场来方便地控制铁磁共振行为，由此产生了基于磁电复合材料的电场可调微波器件，如滤波器、谐振器、移相器等。美国、俄罗斯的多个研究小组在多个铁电-铁磁复合系统中都观测到施加电场可使铁磁共振峰发生显著的位移，演示了磁电复合体系作为电场可调微波器件应用的可能性[19, 29]。

（四）信息存储器件和逻辑器件

多铁性磁电材料的一个特别吸引人的潜在应用是在高密度信息存储和处理、自旋电子学领域，利用其电场调控磁极化的特性，即使用电压而非电流来调控磁化方向的特性，将焦耳热耗散量降至最低，可从根本上解决高能耗问题，实现全新的超低功耗、快速磁信息存储、处理等。这与目前基于电流驱动的磁存储技术相比，将具有重大突破甚至颠覆性意义。近几年，已提出了多种基于多铁性磁电复合异质结的概念器件，包括四态存储器、磁电随机存储器、磁电逻辑门等。

1. 多态存储器

铁电或铁磁材料由于存在两种电极化或磁化状态，可以分别用来作为铁电存储器和磁存储器储存二进制信息。集铁电性与铁磁性于一身的多铁性磁电材料就使在同一元件中实现四阻态存储成为可能。2007年法国Bibes研究小组[42]将同时具有铁磁性和铁电性的$La_{0.1}Bi_{0.9}MnO_3$（LBMO）超薄（2nm）多铁性薄膜作为自旋隧道结的阻挡层，LBMO和Au分别作为底电极和顶电极，在该隧道结观测到铁电性，以及因LBMO电极化状态改变而产生的可调电阻构成一种四阻态，但这只是在3~4K低温下才能观察到。2009年美国Velev等[43]利用第一性原理计算研究了复合多铁性隧道结（$SrRuO_3/BaTiO_3/SrRuO_3$），发现隧穿电阻在不同的铁电和铁磁组态下存在四个显著不同的值，在理论上展示了四阻态性质。由于$SrRuO_3$的居里温度为160K左右，该复合多铁性隧道结的工作温度比LBMO隧道结高出近70K。2010年，法国、德国、英国联合研究小组[44]在 *Science* 上报道了LSMO/$BaTiO_3$/Fe复合多铁性隧道结，在4.2K低温下观察到四阻态现象。目前，这些四阻态都是在远低于室温的温度下才观察到的。2011年，Yin等首次在$La_{0.7}Sr_{0.3}MnO_3/Ba_{0.95}Sr_{0.05}TiO_3/La_{0.7}Sr_{0.3}MnO_3$（LSMO/BST/LSMO）多铁性隧道结中获得了室温下的电阻四阻态行为，向多铁性隧道结在多态存储器中的应用迈出一大步。这些理论和实验进展为设计基于磁电复合薄膜材料的多态存储器打下了基础。

多铁性磁电复合薄膜中存在多种序参量的共存与耦合，研究多铁性磁电复合薄膜的电阻转换（resistive switching）效应有利于制备多态高密度存储器和电阻转换器。2012年，中国科学技术大学李晓光小组[45]研究了三明治结构的多铁性复合薄膜$Au/BiFe_{0.95}Mn_{0.05}O_3/La_{0.62}Ca_{0.38}MnO_3$（Au/BFMO/LCMO）中的单极性和双极性电阻转变行为。发现BFMO薄膜的极化态处于向上和向下时可出现三阻态，实现了具有三阻态的电阻转换行为，有助于提高相关器件的存储密度。他们设计了具有"电子水印"功能的信息保密存储原型器件。遵循这一设计思路，如果能进一步引入磁有关序参量或合理的结构优化，可以实现四阻态乃至更多的存储态以进一步提升单位面积上的存储密度。例如，可以进一步利用反铁磁层BFMO与铁磁层LCMO界面处存在的交换偏置效应,通过磁场来调控器件的电阻。

厦门大学和清华大学联合小组则报道了基于层状磁电复合材料的另一种类型的四态存储器概念原型,他们利用磁电输出信号随外磁场变化存在明显的滞回现象,提出了施加偏置磁场的读取原理,实际测试结果给出了差别明显的四种电信号,从另一方面演示了磁电复合材料用作四态存储器的可行性。

2. 电场辅助磁写存储器

近年来国内外多个小组报道了在多铁性复合异质结构中观察到室温下电场调控磁矫顽场可逆变化的现象。基于该现象,清华大学研究小组设计了一种电场辅助磁写存储器,即采用铁磁记录介质薄膜-铁电层复合薄膜作为磁存储器件的主要部分,通过电场控制铁电氧化物层与铁磁记录层之间的磁电耦合效应对磁性进行调制,采用加电场(电压)的方式来降低铁磁记录层的磁矫顽场 H_c,从而达到弱磁场写入信息的目的,即降低写入磁头的写入磁场,实现电场辅助数据磁写入,而数据的读出则仍采用现有的磁读写技术,从而实现低功耗、高密度、高速读写的电写磁读硬盘存储技术[29]。

3. "电写磁读"磁存储器

继电场辅助磁写存储器之后,清华大学研究组在一种多铁性复合异质结构中又发现铁磁薄膜磁矫顽场随电场变化呈现出具有双稳态的滞回线关系,当所加电压与铁电层的预极化方向相同(正电压)时,铁磁薄膜磁矫顽场发生可逆的增加;而当加载电压反平行于预极化方向(负电压,但略小于铁电层的矫顽电压)时,铁磁薄膜磁矫顽场会出现持久性不可逆减小,继续施加一个正电压,又可使铁磁薄膜回复到初始态[29]。基于该电场控制的双稳态磁矫顽场现象,进一步设计了一种新型、高安全性的"电写磁读"存储器原型[46],即利用正、负电场作用后产生的不同双稳态磁矫顽场进行"0""1"存储,从而实现信息的电写磁性存储。这样的磁硬盘仍采用磁阻方法来读取信息。该电写磁性存储器保持磁矫顽场大小的信息存储特征,特点在于不受外界磁场干扰,不需高矫顽场磁性材料用作记录介质,使磁性存储器件数据存储整体性能和安全性能提高,利用电压进行信息写入可以降低能耗,同时也提高了信息写入的速度。

4. ME-RAM[①]或多铁性内存[27, 29]

近年来，基于磁隧道结（tunnel junction，MTJ）的 MRAM 取得了飞速的发展，并被认为是未来内存发展的主要方向之一。它读数据很快，但写入过程相对较慢且耗能。基于铁电-反铁磁的与铁磁薄膜之间的电场控制交换偏置作用，美国和法国研究组提出将 $BiFeO_3$ 与 MTJ 相结合，设计了一种 MTJ/$BiFeO_3$ ME-RAM 原型，信息可以存储在 MTJ 的底铁磁层的磁极化方向上，在 $BiFeO_3$ 上施加电压改变其铁电极化状态，通过 $BiFeO_3$ 中的磁电耦合作用改变其反铁磁序，进而通过交换偏置作用改变与之近邻的信息记录层磁性材料的磁化方向，即实现写入过程；而信息的读取则可以简单地通过测 MTJ 隧穿电阻的方式实现。

清华大学研究小组将 MTJ 直接与铁电层相结合，设计了一种应变调制的 MTJ/铁电内存原型。在铁电层上施加电压，通过磁电耦合作用改变与之相连的 MTJ 中自由磁性层的磁极化不可逆转动，从而产生 MTJ 的两种非易失的电阻态，使得这种 MTJ/铁电异质结构可作为 ME-RAM。进一步，该小组又设计了一种简单的铁电-铁磁异质结 ME-RAM：具有斑纹状磁畴结构的铁磁薄膜外延生长在铁电层上，在铁电层上施加电压，通过耦合作用，使铁磁薄膜中斑纹状磁畴结构转变为单畴结构，这种转变是非易失的，产生双稳态的非易失电阻态，使得这种简单异质结也可作为 ME-RAM。

与传统的 MRAM 相比，由于利用电压直接对磁性层磁化方向进行调控进而实现数据写入的 ME-RAM 具有功耗低、数据写入快的特点，它在计算机内存和小型数字内存器件（如媒体播放器、数码相机、智能卡、便携存储器）上将具有得天独厚的优势。

5. 磁电逻辑门[29]

以 ME-RAM 为基本组成单元，通过与外电路结合，可设计新型磁电逻辑门（ME-logic）器件。通过适当的设计，这种磁电逻辑门不仅可以单独用来实现与非（NAND）、或非（NOR）等各种运算功能，还可以通过电压使其功能在与非和或非之间切换，实现运算功能的实时调控，因此可以用于可编程逻辑器件中。与常规的 CMOS 逻辑门相比，这种磁电逻辑门器件具有功耗低、非易失的优点。

---

① ME-RAM 指磁电随机存取存储器，magnetoelectric random access memory。

第三节　多铁性材料的未来发展战略方向

多铁性材料的未来发展战略方向主要有三个：新体系（包括室温多铁性新化合物、异质结构）发现、不同尺度上磁电耦合作用机制（如图 7-3 所示，包括不同先进表征手段和方法的运用）、新磁电器件的开发与应用。下面仍从单相多铁性、复合多铁性两方面来阐述。

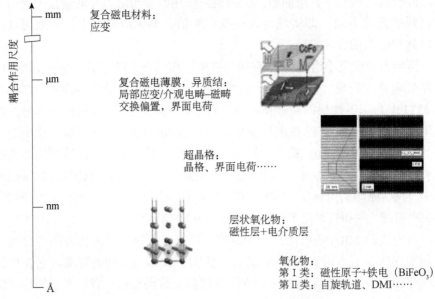

图 7-3　不同尺度上多铁性磁电耦合作用

一、单相多铁性

单相多铁性材料的研究主要集中在 Bi 基钙钛矿氧化物（如 $BiFeO_3$、$BiMnO_3$）、稀土锰氧化物（如 $YMnO_3$、$TbMnO_3$、$TbMn_2O_5$）及失措磁体体系等[5]。但是，人们仍然没有找到具有显著铁电-铁磁共存及耦合的本征室温多铁性材料，这阻碍了单相多铁性材料的实际应用。

当前已发现的室温多铁性化合物种类极其有限，而且磁电耦合弱、损耗大。第 II 类多铁性材料虽然被认为具有较大的本征磁电耦合效应，但其居里温度远低于室温且电极化强度太小（往往比第 I 类多铁性材料小几个数量级)。如何获得具有强磁电耦合的室温多铁性新化合物是一个重大挑战。

基于材料基因组的基本理念及基因设计开展新材料探索，以发现室温多铁性新化合物为其战略发展方向。目前，还没有一套严格统一的算法，往往同一个体系会算出不同的结果，而基于密度泛函理论的第一性原理计算在应用到多铁性材料的电子结构与性能预测上也有很多不足。其重点问题如下。

（1）基于材料基因组设计（即化学元素选择与结构单元构建）建立多铁性材料的高通量计算模型和方法。这些结构单元包括部分填充的 3d/4d/5d 磁性过渡金属氧八面体、五面体、四面体、三角晶格、Kagome 晶格、自旋冰单元等。针对这些结构单元，重点研究工作包括：①基于多铁性机制协同作用的理论，发展多铁性耦合与畴动力学的计算理论，指导合成具有磁性阳离子位移诱发大铁电性的新材料；建立类多铁性微观机制的定量理论模型，预言提高铁电、铁磁性能并增强磁电耦合的有效方法。②建立从大量铁磁、亚铁磁化合物材料中发展诱导铁电性的新理论、新思路。同时关注掺杂、界面态、微结构、晶格失配、应力及外场（电、磁、光等）等相关因素对量子层面上自旋、轨道、电荷有序-无序的影响，探索多重量子序共存和磁电耦合的物理根源。③从纳米、原子、电子等层次上循序渐进地研究影响材料磁电耦合效应的关键物理因素，并由此建立材料的成分-结构-性能关系。

（2）发展介观结构（包括电畴、磁畴结构）的相场模拟软件，包括多铁性材料对磁场、电场、光场、热场与应变场响应的相场计算方法；通过与高通量结构和物性表征、热力学/动力学计算、第一性原理计算相结合，建立相应的多铁性材料数据库。

（3）注重先进表征设备的运用，如具备空间分辨率的扫描探针显微镜及 X 射线磁圆二色谱（伴随着电子发射谱）等测量手段。这些设备可以从微观尺度上研究多铁性材料的电畴、磁畴、畴壁、磁电耦合等物理现象与机制，成为多铁性与磁电耦合领域发展必不可少的有力工具。同时，超高分辨透射电子显微镜在研究多铁性微观结构，以及宏观物性潜在机制方面是目前不可或缺的手段。若能结合力、热、光、电等参量对晶体微观结构的原位影响进行研究，从某种程度上说，就能够给出多铁性材料中许多新奇物理特性起源的直接证据。

图 7-4 显示了对单相多铁性预计的一个发展路线图。

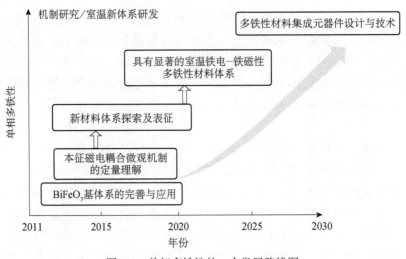

图 7-4　单相多铁性的一个发展路线图

　　近期（5～10 年内），预计将重点发展以下几个方面：①本征磁电耦合微观机制的深入定量理解及其微观过程的实时观察；②新材料体系探索及表征；③BiFeO$_3$ 基体系的完善与应用。

　　中长期（10～20 年内），预计将重点发展以下几个方面：①发展出室温本征多铁性材料体系，具有显著的室温铁电性（如剩余电极化强度在 10～10^2 μC/cm^2 量级）和室温铁磁性（如剩余磁极化强度在 10^{2}emu/cm^3 量级）及其强耦合效应；②发展多铁性材料集成元器件设计与技术；③BiFeO$_3$ 基体系的实际应用。

二、复合多铁性

　　复合多铁性包括宏观尺度的经典块体磁电复合材料、微尺度的复合薄膜及纳米尺度的异质结构。对经典块体复合多铁性的研究取得了很多重要成果，迄今已有许多块体磁电复合材料体系表现出室温巨磁电效应，使得巨磁电复合材料已具备实用化的潜力。但在元器件应用研究方面仍处于初级阶段，还有很多基础和技术问题没有解决，距广泛实用化还有一段距离。同时，元器件的发展又对材料提出了新的更高的要求和新问题。例如：

　　（1）磁电复合材料与元器件的耐久性、温度稳定性等，对于器件的设计、使用和可靠性至关重要，但是目前对这方面知之甚少。

（2）将基于巨磁电复合材料的器件推向实用化仍需大量工作，需要优化元器件结构设计与系统集成、提高元器件整体性能和信噪比等。这也需要在优化提高材料性能的基础上，与电子等其他领域研究者的密切合作。

微纳复合多铁性薄膜的硅基集成技术是目前的一个重要方向。现代微电子工业以硅材料为基础，如何将微纳复合多铁性薄膜集成在硅衬底上，并将其薄膜器件制备工艺与现在发展成熟的半导体工艺整合，制备出基于硅衬底的小型化、阵列化和多功能化的新型磁电子器件是微纳复合多铁性走向应用面临的问题之一。

相对于经典的块体磁电复合材料，对于近几年得到迅猛发展的复合多铁性薄膜/异质结构的研究仍处于初级阶段，其本身有更多的问题需要解决。例如：

（1）高质量的复合多铁性薄膜/异质结构的控制生长仍是基础和关键。特别地，由于磁电耦合是一个界面效应，精确控制界面处的结构十分关键，但目前这仍是未知的。这也急需对复合多铁性异质结构的精细表征。

（2）畴结构的控制。基于畴结构（包括畴壁）的控制将有可能引领磁电应用和自旋电子器件领域的新发展，然而迄今，畴结构的形成、相互作用机理、与磁电效应的关系等还不甚明了。

（3）复合薄膜/异质结构中磁电耦合效应的机制，特别是逆磁电效应的机制仍不明确。另外，目前尚不确定是否存在某个临界尺寸使低于该尺寸的异质结构失去磁电耦合效应，是否不同耦合机制作用的尺寸范围不同，以及不同耦合机制是否会共同作用等。电极化和磁极化对异质结构中电阻四阻态行为的影响，以及动态磁电效应同样也是非常重要的。

（4）磁电子元器件实用化。微纳复合多铁性薄膜/异质结构不仅具有块体体系在传感器、移相器等方面的特性，而且微纳化的特征使得其在高度集成的电子元器件领域存在潜在应用前景，如何不断提出并改进器件原型设计，最终将成熟的体系推向工业生产等都需要大量的工艺改进、技术开发和成本控制体系等。

图 7-5 显示了对复合多铁性预计的一个发展路线图。

近期（5～10 年内），预计将重点发展以下几个方面：①基于块体磁电复合材料的元器件应用及技术；②微纳复合多铁性薄膜/异质结构生长控制、精细表征及耦合机制；③存储器、可调微波器件等原型器件演示及技术基础研究。

中长期（10～20 年内），预计将重点发展以下几个方面：①巨磁电复合材料基磁电器件系统的实际应用；②集成元器件及技术开发与应用。

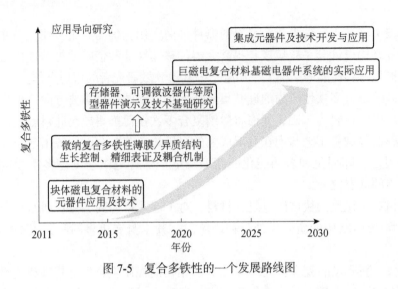

图 7-5　复合多铁性的一个发展路线图

第四节　我国研究多铁性材料存在的主要问题与建议

近年来，多铁性材料研究在我国蓬勃发展，在国家自然科学基金委员会、科技部、教育部、中国科学院的广泛支持下，已具备一定的研究条件。清华大学、中国科学技术大学、南京大学、浙江大学、中国科学院物理研究所与上海硅酸盐研究所、北京大学、华东师范大学、复旦大学、电子科技大学、四川大学、山东大学、北京师范大学、北京科技大学等许多单位已具有较强的实力和特色。

（1）在块体多铁性复合材料方面，清华大学、北京大学和南京大学等研究组在多种结构复合材料的磁电耦合效应理论与实验方面成绩卓著，特别是清华大学研究组在这一方向上享有国际声誉，引领块体多铁性复合材料的国际研究。北京大学研究组在动态磁电耦合探测器件研发上已获得初步成果。

（2）在单相多铁性方面，中国科学院物理研究所在多铁性锰氧化物、铁基电子铁电体和 $BiFeO_3$ 的光电性质研究上有很多建树，特别是在铁基电子铁电体微结构与相变研究上具有国际先进水平。南京大学在多铁性锰氧化物新材料和相共存机制方面有突出进展。中国科学技术大学对单相多铁性材料及其低温热输运行为的研究独具特色。浙江大学在铁磁体中诱导铁电性与钨青铜室温多铁性新体系探索方面开展了独特的工作。与此同时，中国科学技术大学、复旦大学和南京大学在磁电调控理论方面也取得了同行瞩目的成果。

（3）在复合多铁性薄膜/异质结构方面，清华大学、中国科学院物理研究所、中国科学技术大学和华东师范大学在过去几年均取得重要进展，涉及电控磁性机制、界面磁电激发、异质结光电新效应等领域，引起国内外同行瞩目。

国内对多铁性材料的支持主要源于国家自然科学基金委员会和科技部的相关学科与主题领域。早期侧重支持块体多铁性复合材料，近几年开始大规模支持单相多铁性化合物、复合多铁性薄膜/异质结构的研究探索。这些支持显著推动了国内在多铁性新材料研究中的进展，并诞生了一批突出的研究成果，但仍相对零散，并未形成整体效应，且有部分重复/重叠。我国在多铁性材料领域的自主创新方面还面临着很多问题，部分研究仍处于初级阶段，与国际先进水平存在相当大的差距。主要体现在以下几个方面。

（1）除少数研究方向外，整体而言，国内多铁性材料研究基础与发达国家差距较大。其中，研究队伍偏少、分散，表征技术欠缺是主要原因。特别是较缺乏理论与实验研究之间及不同小组之间的协同合作。这是我国与美国等国家之间的最大差距，国际上几个先进研究组（理论小组与实验小组）之间协同合作很密切，各自发挥所长，创新成果不断。

为了更进一步协同合作，美国 NSF 于 2012 年 9 月 10 日宣布在加利福尼亚大学洛杉矶分校建立纳米尺度多铁性系统的转移应用（Translational Applications of Nanoscale Multiferroic Systems，TANMS）工程研究中心，NSF 资助该中心 1850 万美元/5 年（2012 年 9 月～2017 年 9 月），中心成员还包括加利福尼亚大学伯克利分校、康奈尔大学等国际多铁性材料优势单位，目标是研发多铁性复合薄膜，并将具有显著磁电效应的薄膜集成到电磁器件，以简单施加电压就能调控纳米尺度的磁性能。这对我国多铁性的研究与发展又会形成巨大竞争压力。

（2）在多铁性材料新体系方面，主要是跟踪研究，原创性较少。在单相多铁性单晶、高质量外延薄膜生长等方面差距较显著。例如，以 $BiFeO_3$ 异质结构为基础的界面耦合特性的研究（如界面铁磁性、界面磁电耦合特性、界面电荷引起的极化调控等），以及超晶格等超结构的磁电耦合研究等都是当前的热点话题。然而由于 $BiFeO_3$ 薄膜生长窗口相对较窄，高质量 $BiFeO_3$ 薄膜的外延生长几乎被国际上少数几个研究组所垄断，大量原创性的研究工作也出自那些组。相比而言，我国对原创性的、根本的科学问题的探讨就相对缺乏。

（3）多铁性畴动力学的相场计算、第一性原理计算和唯象理论研究方面已经有很好的积累，但没有针对性的大规模计算研究平台。单相化合物合成、磁电响应与电控磁性实验方面侧重新材料探索与微结构表征研究，但在高水平微观机制研究方面十分缺乏。因此，可以依托当前积累，建立高水平硬件计算条件、材料制备，特别是单晶生长与高质量外延薄膜制备合作团队平台十分关键。同时，与高端光源、强磁场和中子源基地合作，建立专门化测试平台也很关键。但我国在电子自旋极化的表征设备明显落后于国际，从而影响我国多铁性向深层次方向发展。

（4）国际上已开始推进新型多铁性的应用研发，但我国尚无相关计划。

正如上面所分析的，预计在未来 10~20 年内多铁性新材料及其新一代磁电子器件将会取得重大突破，这将对目前的信息等技术带来重要的变革，但也存在一定的风险。针对其发展战略，提出以下几点建议。

（1）从国家发展的战略高度，关注、支持、加速我国多铁性磁电子学的发展，加大科研投资力度、重点发展、稳定支持、有选择突破，增强多铁性磁电子学材料及器件的自主创新和研发能力，实现科技创新和知识产权储备，加快科技成果转化。

（2）强化硬件建设。随着多铁性新材料复杂程度的不断增加和国际竞争的愈演愈烈，有必要在我国建立并实施多铁性新材料的高通量计算设计、制备与表征及器件制作的研发计划，建立起高水平的技术储备。

（3）注重学科交叉。增加跨学科的交流计划，建立更活跃的跨学科交流网络。制定相应的政策，保证研究人员的流动和互通性，以便充分利用国内深厚的技术基础和多样性的文化背景来产生新的想法。

（4）构建协同发展。研究计划应该强调合作，避免国内单位不同研究小组的重复工作，提高资源利用效率，实现协同发展。采用一种更加有效的组织结构代替原有分立零散的研究小组，对国内的研究工作进行整体协调。鼓励当前国内多铁性领域中的众多优秀实验、理论小组之间的合作交流；集中研究力量攻克具有重要物理意义的研究课题。因为高端实验手段及科学仪器相对贫乏，应充分整合当前各个单位的仪器资源，对国内的研究手段进行科学布局，建立资源共享平台等。

参 考 文 献

[1] Fiebig M. Revival of the magnetoelectric effect. Journal of Physics D-Applied Physics, 2005, 38（8）：R123-R152.

[2] Eerenstein W, Mathur N D, Scott J F. Multiferroic and magnetoelectric materials. Nature, 2006, 442（7104）: 759-765.

[3] Hill N A. Why are there so few magnetic ferroelectrics? Journal of Physical Chemistry B, 2000, 104（29）: 6694-6709.

[4] Cheong S W, Mostovoy M. Multiferroics: A magnetic twist for ferroelectricity. Nature Materials, 2007, 6（1）: 13-20.

[5] Wang K F, Liu J M, Ren Z F. Multiferroicity: The coupling between magnetic and polarization orders. Advances in Physics, 2009, 58（4）: 321-448.

[6] Tokura Y, Seki S. Multiferroics with spiral spin orders. Advanced Materials, 2010, 22（14）: 1554-1565.

[7] Catalan G, Scott J F. Physics and applications of bismuth ferrite. Advanced Materials, 2009, 21（24）: 2463-2485.

[8] Wang J, Neaton J B, Zheng H, et al. Epitaxial $BiFeO_3$ multiferroic thin film heterostructures. Science, 2003, 299（5613）: 1719-1722.

[9] Jiang Q H, Ma J, Lin Y H, et al. Multiferroic properties of $Bi_{0.87}La_{0.05}Tb_{0.08}FeO_3$ ceramics prepared by spark plasma sintering. Applied Physics Letters, 2007, 91（2）: 022914.

[10] Jang H M, Park J H, Ryu S W, et al. Magnetoelectric coupling susceptibility from magnetoelectric effect. Applied Physics Letters, 2008, 93（25）: 252904.

[11] Lebeugle D, Colson D, Forget A, et al. Electric-field-induced spin flop in $BiFeO_3$ single crystals at room temperature. Physical Review Letters, 2008, 100（22）: 227602.

[12] Zhao T, Scholl A, Zavaliche F, et al. Electrical control of antiferromagnetic domains in multiferroic $BiFeO_3$ films at room temperature. Nature Materials, 2006, 5（10）: 823-829.

[13] Chu Y H, Martin L W, Holcomb M B, et al. Electric-field control of local ferro-magnetism using a magnetoelectric multiferroic. Nature Materials, 2008, 7（6）: 478-482.

[14] Wu S M, Cybart S A, Yu P, et al. Reversible electric control of exchange bias in a multiferroic field-effect device. Nature Materials, 2010, 9（9）: 756-761.

[15] van Suchtelen J V. Product properties: A new application of composite materials. Philips Research Reports, 1972, 27（1）: 28-37.

[16] Nan C W. Magnetoelectric effect in composites of piezoelectric and piezomagnetic phases. Physical Review B, 1994, 50（9）: 6082-6088.

[17] Nan C W, Li M, Huang J H. Calculations of giant magnetoelectric effects in ferroic

composites of rare-earth-iron alloys and ferroelectric polymers. Physical Review B, 2001, 63 (14): 144415.

[18] Dong S X, Li J F, Viehland D. Longitudinal and transverse magnetoelectric voltage coefficients of magnetostrictive/piezoelectric laminate composite: Experiments. Ieee Transactions on Ultrasonics Ferroelectrics and Frequency Control, 2004, 51 (7): 794-799.

[19] Nan C W, Bichurin M I, Dong S X, et al. Multiferroic magnetoelectric composites: Historical perspective, status, and future directions. Journal of Applied Physics, 2008, 103 (3): 031101.

[20] Islam R A, Ni Y, Khachaturyan A G, et al. Giant magnetoelectric effect in sintered multilayered composite structures. Journal of Applied Physics, 2008, 104 (4): 044103.

[21] Israel C, Mathur N D, Scott J F. A one-cent room-temperature magnetoelectric sensor. Nature Materials, 2008, 7 (2): 93-94.

[22] Wang J, Wang L J, Liu G H, et al. Substrate effect on the magnetoelectric behavior of $Pb(Zr_{0.52}Ti_{0.48})O_3$ film-on-$CoFe_2O_4$ bulk ceramic composites prepared by direct solution spin coating. Journal of the American Ceramic Society, 2009, 92 (11): 2654-2660.

[23] Pan D A, Bai Y, Chu W Y, et al. Ni-PZT-Ni trilayered magnetoelectric composites synthesized by electro-deposition. Journal of Physics-Condensed Matter, 2008, 20 (2): 025203.

[24] Greve H, Woltermann E, Quenzer H J, et al. Giant magnetoelectric coefficients in $(Fe_{90}Co_{10})_{78}Si_{12}B_{10}$-AlN thin film composites. Applied Physics Letters, 2010, 96 (18): 182501.

[25] Zheng H, Wang J, Lofland S E, et al. Multiferroic $BaTiO_3$-$CoFe_2O_4$ nanostructures. Science, 2004, 303 (5658): 661-663.

[26] Ramesh R, Spaldin N A. Multiferroics: Progress and prospects in thin films. Nature Materials, 2007, 6 (1): 21-29.

[27] Wang Y, Hu J M, Lin Y H, et al. Multiferroic magnetoelectric composite nanostructures. NPG Asia Materials, 2010, 2 (2): 61-68.

[28] Vaz C A F, Hoffman J, Anh C H, et al. Magnetoelectric coupling effects in multiferroic complex oxide composite structures. Advanced Materials, 2010, 22 (26-27): 2900-2918.

[29] Ma J, Hu J M, Li Z, et al. Recent progress in multiferroic magnetoelectric composites: From bulk to thin films. Advanced Materials, 2011, 23 (9): 1062.

[30] Yan L, Xing Z P, Wang Z G, et al. Direct measurement of magnetoelectric exchange in self-assembled epitaxial $BiFeO_3$-$CoFe_2O_4$ nanocomposite thin films. Applied Physics Letters, 2009, 94 (19): 192902.

[31] Wan J G, Wang X W, Wu Y J, et al. Magnetoelectric $CoFe_2O_4$-Pb(Zr, Ti)O_3 composite thin films derived by a sol-gel process. Applied Physics Letters, 2005, 86 (12): 122501.

[32] Ryu H, Murugavel P, Lee J H, et al. Magnetoelectric effects of nanoparticulate Pb$(Zr_{0.52}Ti_{0.48})O_3$-$NiFe_2O_4$ composite films. Applied Physics Letters, 2006, 89 (10): 102907.

[33] Zurbuchen M A, Wu T, Saha S, et al. Multiferroic composite ferroelectric-ferromagnetic films. Applied Physics Letters, 2005, 87 (23): 232908.

[34] Weisheit M, Fahler S, Marty A, et al. Electric field-induced modification of magnetism in thin-film ferromagnets. Science, 2007, 315 (5810): 349-351.

[35] Maruyama T, Shiota Y, Nozaki T, et al. Large voltage-induced magnetic anisotropy change in a few atomic layers of iron. Nature Nanotechnology, 2009, 4 (3): 158-161.

[36] Duan C G, Velev J P, Sabirianov R F, et al. Surface magnetoelectric effect in ferromagnetic metal films. Physical Review Letters, 2008, 101 (13): 137201.

[37] Molegraaf H J A, Hoffman J, Vaz C A F, et al. Magnetoelectric effects in complex oxides with competing ground states. Advanced Materials, 2009, 21 (34): 3470-3474.

[38] Eadaelli G, Petti D, Plekhanov E, et al. Electric control of magnetism at the Fe/$BaTiO_3$ interface. Nature Communications, 2014, 5: 3404.

[39] Dong S, Zhai J, Bai F, et al. Push-pull mode magnetostrictive/piezoelectric laminate composite with an enhanced magnetoelectric voltage coefficient. Applied Physics Letters, 2005, 87 (6): 062502.

[40] Nan T, Hui Y, Rinaldi M, et al. Self-biased 215 MHz magnetoelectric NEMS resonator for ultra-sensitive DC magnetic field detection. Scientific Reports, 2013, 3: 1985.

[41] O'Handley R C, Huang J K, Bono D C, et al. Improved wireless, transcutaneous power transmission for in vivo applications. IEEE Sensors Journal, 2008, 8 (1-2): 57-62.

[42] Gajek M, Bibes M, Fusil S, et al. Tunnel junctions with multiferroic barriers. Nature Materials, 2007, 6 (4): 296-302.

[43] Velev J P, Duan C G, Burton J D, et al. Magnetic tunnel junctions with ferroelectric barriers: Prediction of four resistance states from first-principles. Nano Letters, 2009,

9：427.

[44] Garcia V，Bibes M，Bocher L，et al. Ferroelectric control of spin polarization. Science，2010，327（5969）：1106-1110.

[45] Yao Y P，Liu Y K，Dong S N，et al. Multi-state resistive switching memory with secure information storage in $Au/BiFe_{0.95}Mn_{0.05}O_3/La_{5/8}Ca_{3/8}MnO_3$ heterostructure. Applied Physics Letters，2012，100：193504

[46] Li Z，Wang J，Lin Y H，et al. A magnetoelectric memory cell with coercivity state as writing data bit. Applied Physics Letters，2010，96（16）：162505.

第八章
碳基纳电子材料和器件①

　　自 20 世纪 80 年代中期开始，富勒烯[1]、碳纳米管[2]、石墨烯[3]等一系列碳元素的新型同素异形体被陆续发现，从而掀起了纳米碳材料延续至今的研究热潮。毫无疑问，纳米碳材料是过去 30 年来材料科学领域最重要的科学发现，其中富勒烯的发现者被授予 2006 年的诺贝尔化学奖，石墨烯的发现者被授予 2010 年的诺贝尔物理学奖，碳纳米管的发现者被授予了包括沃尔夫（Wulf）奖和卡弗里（Kavli）奖在内的除诺贝尔奖以外的其他所有大奖。作为有可能主导未来高科技特别是信息产业竞争的超级材料，纳米碳材料自诞生之日起即迅速获得广泛关注，研究论文和专利数量持续高速增长（图 8-1）。进入 21 世纪以来，以碳纳米管和石墨烯为标志的纳米碳材料研究正逐步从基础研究走向应用[4, 5]，现代信息科技与产业的支撑材料也发生着从硅材料到碳材料的转变[4, 6]。可以预见，以纳米碳材料为源头的新兴电子产业链将在不远的将来形成。

　　对于纳米碳材料的学术兴趣可以追溯到 20 世纪 50 年代，但这种兴趣经久不衰，相关论文数量在 2004～2011 年增加了 4 倍，达到了每年 36 000 篇，充分表明这是一个非常活跃的方向。特别是全球纳米碳材料的生产能力近几年呈现爆发趋势。不同应用对于纳米碳材料的要求不同，很难用单一指标来衡量纳米碳材料的发展。但图 8-1 显示碳纳米管的年产量至 2011 年已达近 5000t。这些纳米碳材料广泛应用于复合材料、涂层和薄膜材料及储能和

　　① 本工作得到国家重大基础研究发展计划纳米研究基金（编号：2011CB933000）、国家自然科学基金创新研究群体基金（编号：61321001）、北京市科学技术委员会基金（编号：Z131100003213021）的支持。

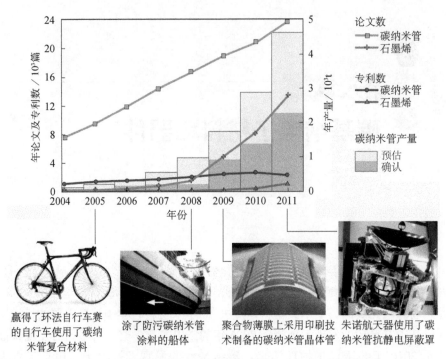

图 8-1　纳米碳材料研究论文发表、生产能力和商业化趋势[4]

环境净化材料。目前纳米碳材料在复合材料中的应用主要是将纳米碳结构的粉体材料与高分子材料相结合，利用碳纳米管材料大的纵横比，以极小的添加比例（如质量分数 0.01%）即可在复合材料中形成渗流网络。这类复合材料已广泛应用于汽车部件、电磁屏蔽及运动器械。在能源存储领域，纳米碳材料作为添加剂已广泛应用于锂离子电池、超级电容器及饮用水过滤器等[4]。这类纳米碳材料目前利用的仅是非完美纳米碳材料的部分宏观性能，远远没有达到纳米碳材料的本征优异性能。另一个极端则是高端的电子学应用。大规模集成电路要求特定性能的纳米碳材料，如手性确定的半导体碳纳米管需要被放在特定的位置[6]，这是对纳米碳材料可控生长的挑战，要求对纳米碳材料的生长机理有更深入的了解[7]。

硅基 CMOS 技术的发展将在 2020 年达到其性能极限[8]。对于中国信息产业而言是一个挑战，但更是一个机遇。在若干可能的硅基 CMOS 替代技术中，碳纳米管 CMOS 技术目前已被众多学者和包括 IBM 公司在内的大公司认为是最有可能成功的技术[9]。中国的研究人员已经在这个重要的领域走到了国际最前沿。特别是，中国发展了无掺杂碳纳米管集成电路技术[10]，成功地制备出中等规模的碳纳米管集成电路[11, 12]，实现了用 0.4V 电压来驱动这些电路[13]，并在实验室中完成了碳纳米管 12nm CMOS 技术的研发（图 8-2）。无掺杂碳纳米管集成电路技术完全不同于硅基集成电路技术，拥有自主知识产权。虽然碳纳米管材料的制备尚未达到大规模集成电路所需的要求，但是近期相关研究取得了很好的进展。碳基电子学的另一个根本性优势在于碳纳米管是直接带隙材料，具有优异的光电性能。采用无掺杂技术在半导体碳纳米管上可以简单地通过选用对称电极实现电子集成电路，通过非对称电极即可实现红外纳米光源和光探测器。碳基纳米 CMOS 器件和光电器件在无掺杂集成工艺中自然地结合，有望为纳米电子和光电子电路的开发提供统一的平台，而电子和光电子器件的集成，特别是光通信电路与高性能电子电路的集成有望极大地提高计算机系统的能力，为"后摩尔时代"的电子学带来新一轮的繁荣。

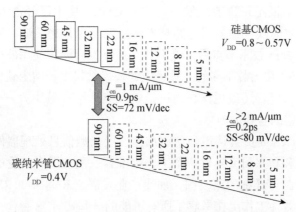

图 8-2　硅基和碳纳米管 CMOS 技术发展比较示意图

第一节　纳电子材料和器件的发展趋势与所面临的挑战

现代信息技术的基石是集成电路芯片，而组成集成电路芯片的器件中约 90% 都是源于硅基 CMOS 技术制造的。CMOS 技术的核心是高性能电子（n）型和空穴（p）型场效应晶体管（field effect transistor，FET）的制备，以及将这两种互补的场效应晶体管集成的技术。随着晶体管尺度的缩小，器件加工的均匀性问题变得越来越严重。其中最重要的是器件的加工精度和掺杂均匀性问题。采用传统的微电子加工技术，当前最好的加工精度约为5nm。随着器件尺度的不断缩小，对应的晶体管通道的物理长度仅为十几纳米。场效应晶体管源漏电极之间的载流子通道的长度的不确定性将不能忽略不计。半导体材料中的掺杂均匀性问题将是另一个难以克服的问题。微电子器件的电子学性能一般是控制通过向本征半导体材料中的掺杂来调制的。但是当器件尺度达到纳米量级时，器件中的杂质原子数将降到几十甚至十几个，其相应的统计误差可能高达百分之几十。此外，纳米尺度的通道中高密度的电子还非常容易诱发杂质原子的迁移，使得制备具有稳定电学特性的纳米场效应晶体管成为极具挑战性的课题。已有许多关于纳米尺度（甚至亚10nm）硅基场效应晶体管的报道[14]，但是制备出这些小尺度的晶体管并不表明小尺度器件加工的均匀性问题已经解决或原则上可能解决。纳米碳材料的发现为未来纳电子器件的发展提供了全新的可能性。

经过近半个世纪奇迹般地发展，硅基 CMOS 技术已经进入 7nm 技术节点。[15]"后摩尔时代"的集成电路技术的研究变得日趋急迫，很多人认为微电子工业走到 7nm 技术节点后可能不得不面临放弃继续使用硅材料作为晶体管导电沟道[16]。在为数不多的几种可能的替代材料中，纳米碳材料——特别是碳纳米管和石墨烯（或更严格地讲是单层或几层石墨片）——被公认为是硅材料最有希望的替代材料之一。

2007 年 ITRS 委员会认识到急需加速发展新型信息处理器件，因此要求新兴研究材料和新兴研究器件两个工作组推荐一两种最有前途的新兴研究器件技术，用以制订详细的路线图，加速产业发展。2008 年 ITRS 新兴研究材料和新兴研究器件工作组在考察了所有可能的硅基 CMOS 替代技术之后，明确向半导体行业推荐重点研究碳基电子学，作为可能在未来 5～10 年显现商业价值的新一代电子技术[17]。为此，美国 NSF 除了在执行了 10 余年的美国"国家纳米技术计划"（national nanotechnology initiative，NNI）中继续对纳米碳材料和相关器件予以重点支持外，2008 年还专门启动了"超越摩尔定律的科学与工程"（science and engineering beyond Moore's law，SEBML）项目[18]。这个项目与 NNI 并列为美国 NSF 的十大重点资助项目，专门资助可能替代当前硅技术的研究，其中碳基电子学研究被视为重中之重。项目 2008 年启动时年预算为 818 万美元，2009 年增加到 1568 万美元，2010 年继续增加到 4668 万美元，2011 年超过了 7000 万美元，2012 年达到 9619 万美元。美国 NNI 从 2010 年开始将"2020 年后的纳米电子学"（nanoelectronics for

2020 and beyond）设置为 3 个重中之重的成名计划（signature initiatives）之
一[19]，2011 年的预算为 5500 万美元，2012 年增至 10 400 万美元。除美国
外，欧盟各国政府和公司也都高度重视纳米碳材料与器件相关的研究开发和
应用，纷纷投入巨资设立相关研究计划，以推进其应用和产业化。例如，欧
盟 2013 年启动了石墨烯旗舰计划，包含欧盟各国的众多知名研究机构，10
年投资 10 亿欧元，以利用石墨烯及相关二维材料的独特性能推动信息通信等
领域的技术革命[20]。这些项目极高的支持强度和增长速度充分显示了美国与
欧盟等发达国家和地区要继续占据信息领域核心制高点的决心。

　　相较发达国家和地区在 2020 年之后的非硅基纳米电子学研究领域的巨额
投入，我国对非硅基技术尚无布局。由于碳基集成电路研制是涉及材料、微
纳加工、电子器件设计和制备、系统集成和工程化等多环节协同配合的综合
性工程，传统的大学和研究所课题组研究模式已经难以满足碳基集成电路技
术工程化目标的系统推进。为抢占新一代半导体技术战略制高点，需要尽快
启动推进碳基集成电路发展的国家战略计划，明确其技术发展目标和发展路
径，探索汇聚中国碳基集成电路领域优势资源，系统推进碳基集成电路技术
与未来产业发展的创新发展模式。

第二节　碳基纳电子材料和器件的发展历史与趋势

　　纳米碳材料，特别是石墨烯和碳纳米管，具有极其优异的电学、光学、
磁学、热学和力学性能，是理想的纳电子和光电子材料[21, 22]。石墨烯和碳
纳米管具有特殊的几何结构，使得费米面附近的电子态主要为扩展 π 态。由
于没有表面悬键，表面和纳米碳结构的缺陷对扩展 π 态的散射几乎不太影响
电子在这些材料中的传输，室温下电子和空穴在碳纳米管与石墨烯中均具有
极高的本征迁移率［大于 $100\,000\text{cm}^2/(\text{V}\cdot\text{s})$］，超出了最好的半导体材料
［典型的硅基场效应晶体管的电子迁移率为 $1000\text{cm}^2/(\text{V}\cdot\text{s})$］。作为电子材
料，可以通过控制碳纳米管结构得到金属和半导体碳纳米管。在小偏压的情
况下，电子的能量不足以激发碳纳米管中的光学声子，但和碳纳米管中的声
学声子的相互作用又很弱，其平均自由程可长达数微米，使得载流子在典型
的几百纳米长的碳纳米管器件中呈现完美的弹道输运特征。典型的金属碳纳
米管中电子的费米速度为 $v_F=8\times10^5\text{m/s}$，室温电阻率为 $\rho=10^{-6}\Omega\cdot\text{cm}$，性能
优于最好的金属导体，如其电导率超过铜。由于纳米碳结构中的 C—C 键是自

然界中最强的化学键之一，不但具有极佳的导电性能，其热导率也远超已知的最好的热导体，达到 6000W/mK。此外纳米碳结构没有金属中可以导致原子运动的低能缺陷或位错，因而可以承受超过 $10^9 A/cm^2$ 的电流，远远超过集成电路中铜互连线所能承受的 $10^6 A/cm^2$ 的上限，是理想的纳米尺度的导电材料。半导体碳纳米管属于直接带隙半导体，所有能带间的跃迁不需声子辅助，是很好的红外发光材料。理论分析表明，基于碳纳米结构的电子器件可以有非常好的高频响应。作为弹道输运的晶体管，其工作频率有望超过太赫兹，性能优于所有已知的半导体材料。

1998 年，第一个碳纳米管晶体管问世[23、24]。最初的碳纳米管晶体管由于接触不好，性能远不如相应的硅基器件。美国斯坦福大学的 Dai 研究组取得了一个非常重大的突破[25]。他们发现采用金属 Pd 作电极可以实现与碳纳米管价带的欧姆接触，得到了性能接近理论极限的弹道 p 型器件。在随后的几年里，这个领域的主流方向一直是沿用硅基技术的思路，即通过掺杂（如 K 掺杂）[26]来制备碳纳米管 n 型器件，但结果都不尽如人意。其中主要的问题是碳纳米管具有一个非常完美的结构，表面完全没有悬键，一般不和杂质原子成键，是自然的本征材料。采用和碳纳米管结合较弱的 K 原子掺杂，结果一是不稳定，二是很难控制，不大可能满足高性能集成电路的要求。2005 年，美国英特尔公司新器件实验室的 Chau 等对纳米电子学的发展状况进行了总结[27]。他们对碳纳米管器件的主要结论是：虽然 p 型碳纳米管晶体管的性能远优于相应的硅基器件，但 n 型碳纳米管晶体管的性能则远逊于相同尺寸的硅基器件。集成电路的发展要求性能匹配的 p 型和 n 型晶体管，n 型碳纳米管晶体管性能的落后严重制约了碳纳米管电子学的发展，发展稳定的高性能 n 型碳纳米管晶体管成了 2005 年之后碳纳米管 CMOS 电路研究领域最重要的课题之一。我国的研究人员经过 10 余年的努力，在这个重要的领域做出原创性的贡献。特别是发展了无掺杂碳纳米管集成电路技术，使得我国制备出的器件性能走到国际最前沿，接近了量子极限，这在 2009 年、2011 年、2013 年的 ITRS 中得到了充分的体现，特别是在 2011 年的"新兴研究器件报告"中和碳纳米管器件相关的 9 项进展中中国的研究进展占据了 4 项，2013 年的"新兴研究器件报告"中 11 项占据了 3 项[15]。

在过去的 19 年，基于碳纳米管的纳米电子学研究取得了飞速发展，在器件物理研究、器件加工及性能优化、集成电路的探索等方面都取得了一定的成就，这是基于其他材料的纳米电子学都没有达到过的高度。从碳纳米管电子学已经取得的进展来看，至少有两个重要的方面是可以确认的。第一是碳纳米管器件相对于硅基器件有更好的特性（速度、功耗、可缩减性），而且可以被推进到 8nm 甚至 5nm 技术节点，这正是 2020 年之后数字电路的目标；第二是碳纳米管的数字集成电路的方案是可行的[28]。在实验室，人们已经实现了各种功能的电路，原则上已经可以制备任意复杂的集成电路，特别是 2013 年 9 月 26 日美国斯坦福大学的研究人员在 *Nature* 上报道采用碳纳米管制造出由 178 个晶体管组成的计算机原型[29]。虽然这个原型机在功耗、速度方面尚不能和基于硅芯片模式的先进计算机比肩，但这项工作在国际上引起了巨大反响，使得人们看到了碳基电子学时代初露的曙光。IBM 公司最近发表的系统计算表明，碳纳米管芯片在性能和功耗方面都将比硅基芯片有大幅改善。例如，从硅基 7nm 到 5nm 技术节点，芯片速度大约有 20%的增加。碳纳米管 7nm 技术节点较硅基 7nm 技术节点速度的提高高达 300%，相当于 15 代硅基技术的改善[28]（图 8-3）。

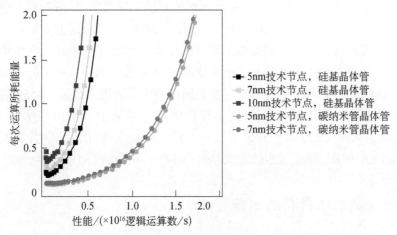

图 8-3　IBM 公司关于未来硅基和碳纳米管晶体管的性能比较[28]

　　当前纳米碳材料的主要挑战来自规模生产面临的高可控性材料加工问题，即必须在绝缘衬底上定位生长出所需管径的半导体碳纳米管[30]。但是，对碳纳米管生长进行严格的控制还是没有实现。网状薄膜的碳纳米管可以避免材料手性和位置控制问题，但是由于其性能的限制，只适合于柔性电子学等对器件和电路的速度与集成度要求不高的领域[31]，而基于平行碳纳米管阵列材料的电子学虽然可以避开位置控制的要求，但是如何生长致密、均匀的纯半导体型碳纳米管也面临着巨大挑战[30]。化学家在碳纳米管生长控制方面做出了大量初有成效的工作，使得碳纳米管生长出现了可以控制的迹象[7]。

当然，除了在生长时对碳纳米管进行控制，也可以考虑从电路设计方面增加一些容错设计，避开金属管对电路的影响。有理由相信，通过这两个方面的共同努力，完全有可能将碳纳米管电子学真正推向高性能数字集成电路应用的前沿，使其成为"后摩尔时代"的主流技术。

第三节　我国碳基纳电子材料和器件的研究现状

中国的纳米碳材料研究在国际上起步较早且拥有庞大的研究队伍，当前从事纳米碳材料研究的高校和科研院所超过 1000 家。据 Web of Science 统计，1991 年以来，发表在科学引文索引（Science Citation Index，SCI）期刊上的以碳纳米管和石墨烯为主题的论文总数为 113 094 篇，其中，中国科学家发表的论文为 30 217 篇，占全世界相关领域论文总数的 26.72%，已超越美国（发表论文为 27 485 篇，占论文总数的 24.30%），跃居世界第一位。相比材料研究而言，中国碳基纳电子器件研究队伍规模要小得多。1991 年全世界发表的和碳基纳电子器件相关的论文共 12 850 篇，其中，中国科学家发表论文 2441 篇（占 19.0%），远远落在美国科学家发表论文数量（4559 篇，占 35.5%）之后。中国的碳基纳电子器件研究主要集中在中国科学院（481 篇）、北京大学（237 篇）和清华大学（175 篇），三个单位的学者发表的论文数量约占中国科学家发表的论文总数的 37%，引用占总引用的 46%。

一、纳米碳材料的制备

中国在纳米碳材料的制备方法和批量生产方面具有显著优势，尤其在碳纳米管和石墨烯的精细结构控制、性能调控及宏量制备方面做出了一系列原创性和引领性工作，有力地推动了纳米碳材料领域的整体发展。例如，中国科学院物理研究所解思深团队[32]和清华大学范守善团队[33]在国际上率先提出并实现了碳纳米管定向阵列、超细碳纳米管、碳纳米管超顺排阵列的制备；北京大学刘忠范-张锦团队[34, 35]在国际上率先实现了碳纳米管的直径和手性调控，以及石墨烯和马赛克石墨烯的大面积层数可控生长；中国科学院金属研究所成会明团队[36-38]提出了浮动催化剂化学气相沉积法宏量制备单壁碳纳米管及其定向长绳和非金属催化剂制备单壁碳纳米管的方法，并制备出石墨烯三维网络结构材料，实现了毫米级高质量单晶石墨烯的制备与无损转移；清华大学魏飞团队[39]提出了规模制备碳纳米管的流化床方法等。我国在纳米碳材料的规模制备方面发展迅速，处于国际领先地位。例如，清华大学魏飞团队、中国科学院成都有机化学有限公司与其他企业合作实现了碳纳米管的规模制备，建成了世界上最大的碳纳米管生产线；清华大学范守善团队在碳纳米管阵列制备的基础上利用纺丝技术实现了碳纳米管透明导电薄膜的批量生产并大量应用于智能手机触摸屏；中国科学院金属研究所成会明团队、中国科学院宁波材料技术与工程研究所刘兆平团队与企业合作实现了高质量石墨烯的吨级规模制备等。

二、高性能碳基数字电路

相对纳米碳材料团队，中国的纳米碳电子研究团队人数要少了许多，其中比较集中的是北京大学彭练矛研究团队。2007 年以来该研究团队在碳纳米管晶体管和 CMOS 电路的研究方面取得了重要突破。在高性能碳纳米管晶体管的制备方面，先后发现利用金属 Sc 和 Y 可以和碳纳米管的导带形成理想欧姆接触，制备出了高性能弹道 n 型碳纳米管晶体管，器件性能接近理论极限[40, 41]。在 22nm 技术节点，碳纳米管器件的速度大概比硅基器件快 10 倍，功耗仅为硅基器件的 1/10[10]。在亚 10nm 技术节点，预计碳纳米管的速度优势还将有大幅提升（图 8-4）。

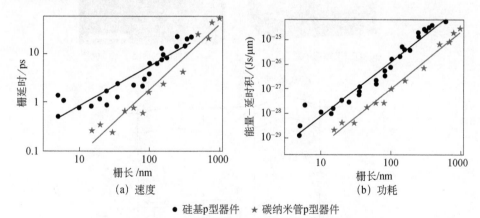

（a）速度   （b）功耗

● 硅基p型器件   ★ 碳纳米管p型器件

图 8-4 硅基晶体管和碳纳米管晶体管的速度（通过栅延时表征）
和功耗（通过能量-延时积表征）比较
在 22nm 技术节点，碳纳米管晶体管和硅基晶体管相比具有大于 10 倍的速度和功耗优势

纳米碳材料完美的晶格结构一方面保证了材料极高的迁移率，给电子学

带来了生机，另一方面却给可控掺杂带来了困难。北京大学碳电子研究团队
放弃了传统的掺杂方法，另辟蹊径，经过系统的探索，2007 年发现金属 Sc
可以与碳纳米管的导带形成完美的欧姆接触，并在这个基础上制备出了性能
接近理论极限的 n 型碳纳米管晶体管器件[40]。2008 年这个研究团队进一步
发展了一种对于规模制备高性能小尺寸碳纳米管晶体管至关重要的顶栅自对
准技术[42]，成功地制备出了栅长为 90nm 的高性能的弹道 n 型器件，其性能
优于相同尺寸的硅基器件，晶体管本征栅延时达到了 0.87ps，接近了英特尔
公司制备的硅基 32nm 器件的水平，比同尺寸的硅基 120nm 器件速度快了 5
倍多，功耗达到了英特尔公司制备的硅基 22nm 器件的水平（图 8-4），是硅基
120nm 器件的 1%[43]。这些工作为近乎完美的碳纳米管 n 型器件的制备奠定
了基础，但更重要的意义在于它揭示了一个无须掺杂的 CMOS 技术的可能性。

北京大学研究团队提出了通过控制电极材料来选择性地向晶体管导电沟
道注入电子或空穴，进而实现控制晶体管极性的理念（图 8-5），完全放弃了
传统半导体技术中通过掺杂来控制器件电学性能的最核心的技术基础，并在
实验室首次实现了碳纳米管"无掺杂"高性能完美对称的 CMOS 电路的制
备，在同一根碳纳米管上制备出了性能几近完美对称的 n 型和 p 型器

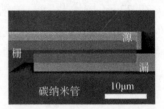

（a）自对准结构示意图　　　　（b）实验器件的扫描电子显微镜图

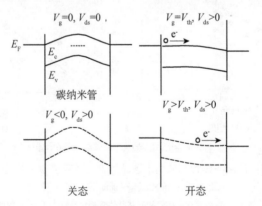

（c）n型器件在开态和关态时的能带示意图

图 8-5　碳纳米管晶体管结构和原理示意图

件，电子和空穴的迁移率都高于 3000cm^2/（V·s）[44]。2012 年，该团队实现了对碳纳米管晶体管阈值的精确控制，用比 CMOS 逻辑效率更高的传输晶体管逻辑（PTL）设计和实现了纳米运算器所需的全部电路，包括当时逻辑复杂度最高的全加器电路[11]，并且将电路的驱动电压降至 0.4V，远远低于硅基器件可能达到的水平[13]，近期又将驱动电压进一步降低到 0.2V，充分展示了碳纳米管在高性能低功耗纳电子器件应用方面的广阔前景。这项工作受到了国际同行的高度重视，在 2012 年美国国家标准局召开的"碳纳米管数字电路"专题讨论会上中被选为近年最重要的碳纳米管电路进展[45]。

与硅基 CMOS 技术相比，无须掺杂的碳纳米管 CMOS 技术的工艺复杂程度远远低于硅基 CMOS 技术（表 8-1）。但是碳纳米管材料的可控制备的水平尚远低于硅基工艺，目前无掺杂 CMOS 技术还局限于制备较为简单的电路，但这个领域发展迅速。2014 年，北京大学实验室制备出国际上首个碳纳米管 8 位双向总线电路[12]。这是计算机中重要的构成部分，用于计算机各模块之间的数据传输（图 8-6）。可以预计中等规模（集成 100～1000 个器件）碳基集成电路将出现，大规模（集成 10^3～10^5 个器件）和超大规模（集成大于 10^5 个器件）碳基集成电路将成为可能。

表 8-1 硅基 CMOS 工艺和碳纳米管无掺杂工艺比较：CMOS 反相器的制备

CMOS 反相器	工艺步骤	光刻	注入	膜生长	刻蚀
	32（Si CMOS）	10	8	8	6
	17（CNT CMOS）	5	0	7	5

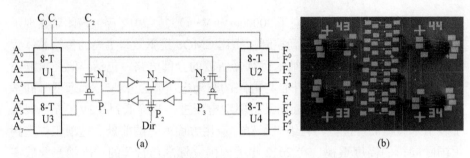

图 8-6　采用 6 根碳纳米管构建出的 8 位双向总线电路

　　碳基纳米器件的另外一个已经被发现的优势就在于温度稳定性和大的工作温度范围。碳纳米管和石墨烯器件都已经被证明可以工作在从液氦到 300℃的温度范围，这表明碳基器件将在恶劣环境应用中找到用武之地，如在航空航天、工业控制等应用领域。碳纳米管 CMOS 器件由于不依赖杂质的热激发来提供载流子，器件工作温度的下降会降低载流子在碳纳米管中已经很低的声子散射，器件的性能在低温情况下不降反升，是构建低温（特别是极低温）电子系统的理想元件。在高温区，由于碳纳米管器件最主要的构筑材料碳纳米管和金属电极的熔点都很高（如 Pd 的熔点为 1828K，Sc 的熔点为 1814K），预计碳纳米管器件工作的温度范围较硅基器件要大。此外半导体碳纳米管费米面附近的电子是非定域的 π 电子，器件性能对于单个晶体缺陷不是非常敏感，因此对高能粒子辐射的免疫力也要较硅基器件优异。这些性能使得碳纳米管集成电路有望更可靠地用于航天器等特殊环境下工作的电子系统中[46]。

三、碳基高频器件与电路

　　纳米碳材料具有超高的载流子迁移率和饱和速度，是构造新一代高频纳米电子器件的理想材料。理论早就预言碳纳米管器件的高频性能优于硅基器件且能够和最好的化合物半导体相比，其截止频率可以达到太赫兹频段[47]。

　　2019 年 IBM 公司研究组在美国国防部高等研究计划署（Defense Advanced Research Projects Agency，DARPA）"射频应用碳电子学"（carbon electronics for RF applications，CERA）项目的支持下成功获得了截止频率高达 100GHz 的射频石墨烯晶体管[48]。这种石墨烯晶体管的栅极宽度为 240nm，而同样尺度的硅基器件的截止频率仅为 40GHz。最新的研究表明，当把器件置于散射更小的类金刚石衬底且把栅极宽度降到 100nm 以下时，器件的截止频率可以达到 300GHz[49]。继续优化器件结构和材料有望将器件的高频性能进一步提高，最终进入太赫兹频段。

　　虽然理论预言碳纳米管具有与石墨烯相似或者更好的高频性能，但至今最好的直接实验结果只达到 158GHz，距离理论预言和石墨烯器件仍然有较大的差距。主要原因是碳纳米管器件不能像半导体器件那样通过增加导电沟道的宽度来增加电流、降低寄生电容的相对贡献。通过提高碳纳米管阵列密度可以相应地加大器件电流，降低寄生电容的相对贡献。北京大学研究团队利用基底的晶格诱导作用，在石英基底上通过化学气相沉积方法制备高密度定向排列的碳纳米管平行阵列。但是，目前的技术很难在生长时可靠地控制碳纳米管的手性，直接生长的碳纳米管阵列中一般含有约 1/3 的金属管，大大降低了晶体管的电流开关比，限制了碳纳米管阵列的应用。最近该研究团队发现，石英晶格与碳纳米管的强相互作用会造成碳纳米管的 C—C 对称性破缺，在金属碳纳米管中打开一个小的带隙，导致器件呈现双极输运性，从而使得金属碳纳米管对整个器件产生贡献，而不是传统晶体管中所起的负面影响。这种双极性器件是基于自然生长的碳纳米管阵列制备的，避免了选择性刻蚀金属碳纳米管的过程，从而保持了所有碳纳米管的完美晶格，保证了最终器件的速度。更为重要的是，整个工艺过程中无须选择碳纳米管种类，因此可以规模制备器件，而且批量制备的器件成品率高达 95%。通过精心设计器件可以增强这种双极性，制备出电子支和空穴支对称的双极晶体管，并且基于这种新的器件工作原理设计并制备出了高性能的射频集成电路，包括倍频器、混频器，其工作频率高达 40GHz，为目前碳基电路中最高水平（图 8-7）[50]。

(a) 晶体管结构示意图

(b) 石英基底上批量制备出的碳纳米管高频晶体管阵列的光学照片

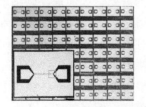

(c) 放大的碳纳米管晶体管阵列

(d) 单个晶体管的扫描电子显微镜图

图 8-7　采用碳纳米管阵列构筑的高频碳纳米管晶体管

四、碳基光电子器件

碳基光电子器件的优势源于碳纳米管和石墨烯材料是直接带隙材料，本质上讲是比硅材料更为优异的光学材料。这个领域开始的标志是 2003 年 IBM 公司研究组[51] 观察到单个双极性碳纳米管晶体管在合适的栅极电压下可以从一个电极通过隧穿注入电子，从另一个电极注入空穴，这些被注入的电子和空穴在碳纳米管中复合，可以发射出沿碳纳米管轴向偏振的红外线。2009 年 IBM 公司研究组[52] 采用更复杂的分离底栅结构制备出了阈值驱动电流几乎为零的单根碳纳米管 LED，并观察到所发射的谱线宽度较先前的双极性场效应晶体管的谱线大大降低。这是由于碳纳米管的小尺度限域效应导致了很强的电子-电子相互作用，加上特殊的（相当弱的）屏蔽（有效介电常数约为 3），使得碳纳米管的激子结合能达到了几百毫电子伏[53, 54]，自由激子主导了碳纳米管 LED 的发光过程。2009 年，美国康奈尔大学的 McEuen 研究组发现碳纳米管 LED 通过碰撞激发机制可以导致极其高效的电子-空穴对的产生及光探测效率的提升[55]。

北京大学研究组 2011 年的工作表明，通过将一根碳纳米管非对称地用 n 型（如 Sc）和 p 型（如 Pd）连接起来即可无须掺杂地形成一个有效的 LED[56]。对所发光谱的研究结果表明这种 LED 所发射的光谱的峰值半宽度仅为 30meV，是一个由激子发光主导的过程。这个相同结构的器件单元在外部红外线的照射下可以产生高达 0.23V 的光电压[57]。这个 LED 器件结构的另一个重要特征是这个结构实际就是碳纳米管 CMOS 电路（如反相器）中相邻的 n 型和 p 型晶体管的连接部分[58]。在传统硅基 CMOS 中需要特别地做一个隔离层，将 n 型和 p 型器件隔离开。但对于碳纳米管 CMOS 电路，这个在硅工艺中多余的部分（一段两端分别由非对称的 n 型和 p 型电极连接的碳纳米管）可以作为有效的红外纳米光源和光探测器（图 8-8）。

由于碳纳米管带隙较窄，大多数半导体碳纳米管光电器件所产生的光电压都小于 0.2V，难以满足多数实际应用的需要。如何提高碳纳米管太阳能电池的光电压输出，使之真正达到可以实用的水平，就成为碳纳米管光伏器件领域富有挑战性的工作之一。基于前期对碳纳米管接触长时间研究的积累，彭练矛研究组提出在碳纳米管 LED 器件中（图 8-9）引入一对 Pd/Sc 虚电极，即可有效地使器件的光电压产生倍增。传统的半导体级联电池一般采用重掺杂的隧穿结以实现不同电池之间的级联。但在如图 8-9 所示的器件结构中碳纳米管是本征的，没有进行掺杂处理。半导体碳纳米管材料的特殊性在

（a）非对称接触的碳纳米管LED结构

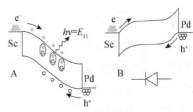

（b）能带示意图

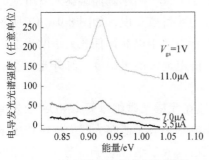

（c）不同电流下的发光光谱强度

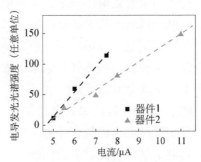

（d）总发光光谱强度随电流的依赖关系

图 8-8　非对称接触的碳纳米管发光二极管

（a）两个串联的电池模块示意图

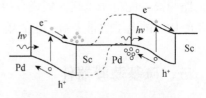

（b）光照情况下，电子和空穴在能带
结构图中的分布情况

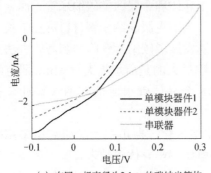

（c）在同一根直径为2.1nm的碳纳米管构
建的单模块和串联模块的电流-电压曲线，
开路光电压近似加倍

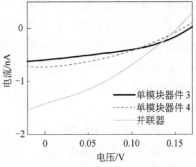

（d）在同一根直径为1.6nm的碳纳米管构建
的单模块和并联模块的电流-电压曲线，短
路光电流近似加倍

图 8-9　基于碳纳米管的级联电池

于金属 Sc 或 Y 可以自动在能量空间中找到碳纳米管的导带，而金属 Pd 可以自动找到碳纳米管的价带。虚电极的作用一方面在于提供了除碳纳米管之外的另一条从前级电池的阳极到下一个电池阴极的导电通道，另一方面其表面电荷的平衡分布导致了碳纳米管能带的弯曲，形成了一个类似传统半导体级联电池中的隧穿结。

对于如图 8-9（a）所示的碳纳米管级联电池，直接通过采用一对虚电极即可使碳纳米管光电压倍增，结果如图 8-9（c）所示。而碳纳米管电池的光电流则可通过增加作为沟道的碳纳米管的数目来实现，如图 8-9（d）所示。这个原理原则上可以推广到一般碳纳米管电池中以获得任意大小的光电压和光电流。这种新原理器件在未来的太阳能电池、高灵敏度的红外光探测器及光催化等领域均可能得到应用[59]。

纳米 CMOS 器件和光电器件自然地在无掺杂碳纳米管 CMOS 工艺中结合，进一步探索这种结合（电子与和光电子集成）能够为我们提供传统电子学和光电子学所不能提供的性能，自然也构成了纳米电子和光电子领域的一个重要的研究方向。这些前期的工作表明碳基材料可望为纳米电子和光电子电路的开发提供一个统一的平台，而电子和光电子器件的集成，特别是光通信电路与高性能电子电路的集成有望极大地提高计算机系统的能力，为"后摩尔时代"的电子学带来新一轮的繁荣[60]。

五、碳基薄膜器件

规模制备碳纳米管集成电路所面临的最大障碍来自材料方面。核心问题是直接生长的碳纳米管材料中随机存在半导体和金属两类碳纳米管，而金属碳纳米管是无法用于制备半导体器件的。为了克服碳纳米管材料可控生长目前所面临的问题，美国和日本科学家分别发展了碳纳米管阵列和薄膜方法来制备一定规模的碳纳米管电路。其中影响最大的是斯坦福大学 Mitra 研究组采用碳纳米管阵列方法制备出的由 178 个晶体管组成的碳纳米管计算机（图 8-10）。

为了去除碳纳米管阵列中的金属碳纳米管，斯坦福大学研究组采用了 IBM 公司研究组提出的电热法，通过栅电压将半导体碳纳米管置于关态，使得金属碳纳米管中的电流超过其阈值，最终被烧断。虽然这种办法可以有效地去除掉金属碳纳米管，但是对半导体碳纳米管也带来很大的伤害。此外目前这种电路的尺寸较大（典型的器件大于几十微米），驱动电压为

3V，较硅基微电子电路没有优势。但这类碳基电路的一个很大的特点在于可以和各类衬底兼容，例如，和柔性衬底结合有可能会在未来的柔性电子学领域找到应用优势。

图 8-10　斯坦福大学研究组采用碳纳米管阵列制备出的世界上第一个碳纳米管计算机

　　碳纳米管器件研究的另一个重要的发展趋势是采用碳纳米管网状薄膜来构建电子器件和集成电路，而这种器件就是碳纳米管网状薄膜晶体管。最近美国和日本在这个研究方向取得了非常好的进展，演示了中等规模的碳纳米管集成电路（图 8-11）[61, 62]。这类碳纳米管网状薄膜晶体管所采用的导电沟道一般比较长，至少长于所采用的单根碳纳米管的长度。这就意味着载流子从器件的源极到漏极需要经过多根碳纳米管，而只要中间有一段碳纳米管是半导体，这个器件就可以呈现明显的场效应。一般随机生长的碳纳米管中出现半导体碳纳米管的概率是 2/3，金属碳纳米管存在的概率是 1/3。如果一个器件沟道中平均由 n 段碳纳米管组成，那么整个器件完全是金属碳纳米管的概率为 $(1/3)^n$，当器件沟道增大或者单根碳纳米管长度缩短时，很容易将出现完全没有调制的器件概率降至几乎零。

　　2008 年，美国伊利诺伊大学 Rogers 研究组成功地在柔性基底上集成了 100 多个基于碳纳米管网状薄膜的 p 型晶体管器件，从而构成了中等规模的集成电路[61]，充分展示了碳纳米管薄膜器件在柔性薄膜电子学方面的潜力。但是，碳纳米管网状薄膜器件存在两个问题：第一个问题是载流子迁移率低。由于载流子从器件的源极到漏极要经过多个碳纳米管/碳纳米管的

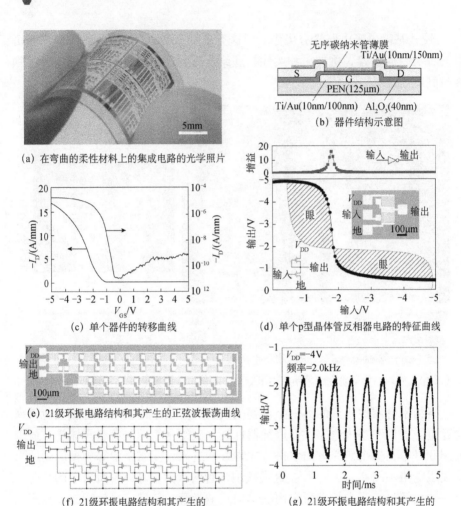

（a）在弯曲的柔性材料上的集成电路的光学照片

（b）器件结构示意图

（c）单个器件的转移曲线

（d）单个p型晶体管反相器电路的特征曲线

（e）21级环振电路结构和其产生的正弦波振荡曲线

（f）21级环振电路结构和其产生的
正弦波振荡曲线

（g）21级环振电路结构和其产生的
正弦波振荡曲线

图 8-11　制备在柔性基底上的基于碳纳米管网状薄膜器件的中等规模集成电路[62]

结，这会引入大量散射，从而极大地降低载流子迁移率。典型的碳纳米管薄膜器件的载流子迁移率都在 $100cm^2/(V \cdot s)$ 以下。第二个问题是器件尺寸无法缩小。这是因为碳纳米管薄膜器件的电流开关比随着沟道长度的缩短而降低，当器件栅长缩短到 $2\mu m$ 时，电流开关比小于 100，因此再无法进行缩短。这意味其器件速度和集成度都无法再提高。碳纳米管薄膜器件的这两个弱点决定了其在主流的高性能数字集成电路中不太可能成为未来延续摩尔定律的候选器件。需要注意到，这样的迁移率和器件尺寸虽然无法满足普通数字集成电路的要求，但是比起目前的用于柔性电子学的有机薄膜器件和电路，还是具有明显的优势[62]。此外，碳纳米管具有更好的柔性，整个工艺过程也很容易在柔性基底上完成。综上所述，基于碳纳米管薄膜的电子学将在柔性电子学领域具有很强的竞争力。

第四节 碳基纳电子材料和器件的发展前景

基于现有的硅基 CMOS 集成电路技术，摩尔定律预计硅基 CMOS 器件性能将在 5～10 年达到极限，"后摩尔时代"的纳电子科学与技术的研究变得日趋急迫。很多人认为微电子工业走到 7nm 技术节点后将不得不放弃继续使用硅材料作为晶体管导电沟道，之后非硅基纳电子技术的发展将可能从根本上影响未来芯片和相关产业的发展。IBM 公司研究人员系统层面的计算表明进一步缩减器件尺寸，漏电流所造成的系统性能下降将超过由缩减器件所带来的速度等红利，系统整体性能将不升反降。在不多的几种候选材料中，碳纳米管材料是唯一可以通过减小器件直至 5nm 技术节点而继续提高系统整体性能的材料，是"后摩尔时代"硅材料最有希望的替代材料。

2012 年 9 月 6 日，IBM 公司联合美国斯坦福大学、加利福尼亚大学伯克利分校等高校的顶级学者，在美国国家标准局召开了"碳纳米管数字电路"专题研讨会，邀请了大批美国政府、工业界及基金会的项目主管，共同探讨碳纳米管在未来数字电子学中的应用前景。会议最重要的结论是：①基于碳纳米管的技术目前已经达到计划系统演示的阶段，远远领先其他可能的替代技术；②碳纳米管晶体管在亚 10nm 尺度比硅和化合物半导体都有优势，最终可以比其他竞争技术提供多出几代技术的优势；③若能够启动一个专项，用协调的方式来支持包括器件、生长、模拟和系统设计方面的研究力量，碳纳米管技术最后是有相当可能性成功的。

2020 年将是一个非常重要的时间节点。一旦届时有迹象表明可能形成后硅时代技术，将会对整个芯片产业的格局和发展产生重大影响。2013 年 9 月，美国斯坦福大学研究组在 *Nature* 以封面文章的形式报道制造出了世界上首台碳纳米管计算机[29]。基于碳纳米管的集成电路技术不再是遥不可及的梦想，信息时代从硅到碳的过渡或许比许多人想象得更快。2014 年 7 月 1 日，*MIT Technology Review* 报道 IBM 公司宣布商业碳纳米管晶体管即将来临——由碳纳米管构成的比现有芯片快 5 倍的芯片将于 2020 年成型[9]。

第五节　我国发展碳基纳电子材料和器件的建议

经过 30 余年的研究，以富勒烯、碳纳米管和石墨烯为标志的纳米碳材料研究正逐步从基础研究走向应用，现代信息科技与产业的支撑材料也发生着从硅材料到碳材料的转变。中国在 50 年前没有机会把握硅基微电子技术的发展，现在在碳基技术来临之际应当把握机会，积极发展碳基技术，形成我国的碳基产业。

虽然中国的微电子产业近年得到了快速发展，但由于在微电子初步发展阶段我国没有做出多少原创性的贡献，微电子工业在中国的发展受到了极大的制约。中国许多高科技产业的发展，包括国防科技的发展，都在不同程度上受到了制约。

纳米碳材料的出现，给中国未来的电子产业的发展带来了新的希望。经过 10 余年的努力，中国已经在纳米碳材料的可控制备和相关器件研究方面走到了国际最前沿。特别是发展了无掺杂碳纳米管集成电路技术，成功地制备出了中等规模集成电路，实现了用 0.2V 电压来驱动这些电路[63]。无掺杂碳纳米管集成电路技术是完全不同于硅基技术的集成电路技术，具有完全的自主知识产权。

相较发达国家和地区在 2020 年之后的非硅基纳米电子学研究领域的巨额投入，我国对非硅基技术尚无布局，加快布局和推进碳基集成电路发展的紧迫性日益凸显。由于碳基集成电路研制是一项涉及物理、材料、微纳加工、模拟、系统集成和工程化等多环节协同配合的综合性工程，传统的课题组或研究团队模式已经难以满足碳基纳米电子学发展的需要，需要尽快推动国家战略协调国内优势力量，组织攻关。高度成熟的硅基 CMOS 技术的保障是近乎完美的硅单晶材料的规模制备技术和精准的基于掺杂的性能调控技术。虽然自 1992 年单壁碳纳米管发现以来，碳纳米管可控制备技术已有了极大的发展，但是无论在碳纳米管的半导体纯度控制方面还是碳纳米管阵列的密度控制方面，距离成为理想的大规模集成电路制备用电子材料尚有相当距离。各种基于新的物理和化学方法的奇思妙想不断涌现，但文献报道的实验结果往往不可重复，急需建设国家级的实验平台进行系统的工程化验证。碳纳米管 CMOS 技术与硅基 CMOS 技术无论加工、测试还是模拟均存在巨大差异，特别是在模拟平台建设方面国内几乎没有基础，需要在未来 10 年内在器件物理层面的建模方面加大投入，尽快和高度成熟的硅基芯片设计技术接轨。

碳纳米管 CMOS 技术属颠覆技术，未来 10 年的发展将可能影响我国上万亿元的芯片和上下游相关产业。为抢占这一未来半导体技术战略制高点，需要国家抓住机遇，尽快启动国家专项，用协调的方式来支持包括器件物理、生长、模拟和系统设计方面的研究力量，力争使碳基电子能够在中国开花、结果，形成中国的碳基纳电子产业。

参 考 文 献

［1］ Kroto H W，Heath J R，Obrien S C，et al. C_{60}：Buckminsterfulleren. Nature，1985，318（6042）：162-163.

［2］ Iijima S. Helical microtubules of graphitic carbon. Nature，1991，354：56-58.

［3］ Novoselov K S，Geim A K，Morozov S V，et al. Electric field effect in atomically thin carbon films. Science，2004，306：666-669.

［4］ De Volder M F L，Tawfick S H，Baughman R H，et al. Carbon nanotube：Present and future commercial applications. Science，2013，339：535-539.

［5］ Novoselov K S，Falko V I，Colombo L，et al. A roadmap for graphene. Nature，2012，490：192-200.

［6］ Qiu C，Zhang Z，Xiao M，et al. Scaling carbon nanotube complementary transistors to 5nm gate length. Science，2017，355：271-276.

［7］ Yang F，Wang X，Zhang D Q，et al. Chirality-specific growth of single-walled carbon nanotubes on solid alloy catalysts. Nature，2014，510：522-524.

［8］ Macilwain C. Silicon down to the wire. Nature，2005，436：22-23.

［9］ Tom S. IBM：Commercial nanotube transistors are coming soon. http:// www.technologyreview. com/news/528601/ibm-commercial-nanotube-transistors-are-coming- soon/ ［2014-07-01］.

［10］ Peng L M，Zhang Z Y，Wang S，et al. A doping-free approach to carbon nanotube electronics and optoelectronics. AIP Advances，2012，2：041403

［11］ Ding L，Zhang Z Y，Liang S B，et al. CMOS-based carbon nanotube pass-transistor logic Integrated circuits. Nature Communications，2012，3：677

［12］ Pei T，Zhang P，Zhang Z，et al. Modularized construction of general integrated circuits on individual carbon nanotubes. Nano Letters，2014，14：3102-3109

［13］ Ding L，Liang S B，Pei T，et al. Carbon nanotube based ultra-low voltage integrated circuits: Scaling down to 0.4V. Applied Physics Letters, 2012, 100: 263116

[14] Ieong M, Doris B, Kedzierski J, et al. Silicon device scaling to the sub-10-nm regime. Science, 2004, 306: 2057-2060.

[15] Semiconductor Industry Association. International technology roadmap for semiconductors. http://public.itrs.net [2016-01-17].

[16] Service R F. Is silicon's reign nearing its end? Science, 2009, 323: 1000-1002.

[17] Itrs.www.itrs.net/Links/2008Summer/Public%20Presentations/PDF/ERD. PDF

[18] NSF. NSF-wide investments. http://www.nsf.gov/news/priority_areas/ [2018-07-13].

[19] National Nanotechnology Initiative. http://www.nano.gov/sites/default/files/pub_resource/ nni_siginit_nanoelectronics_jul_2010.pdf [2016-08-19].

[20] Editorial. Graphene in the heart of Europe. Nature Nanotechnology, 2013, 8: 221

[21] Charlier J C, Blase X, Roche S. Electronic and transport properties of nanotubes. Reviews of Modern Physics, 2007, 79: 677-732.

[22] Neto A H C, Guinea F, Peres N M R, et al. The electronic properties of graphene. Reviews of Modern Physics, 2009, 81: 109-162

[23] Tan S J, Verschueren A R M, Dekker C. Room temperature transistor based on a single carbon nanotube. Nature, 1998, 393: 49-52.

[24] Martel R, Schmidt T, Hertel H R, et al. Single- and multi-wall carbon nanotube field-effect transistor. Applied Physics Letters, 1998, 73: 2447-2449.

[25] Javey A, Guo J, Wang Q, et al. Ballistic carbon nanotube field-effect transistors. Nature, 2003, 424: 654-657.

[26] Zhou C W, Kong J, Yenilmez E, et al. Modulated chemical doping of individual carbon nanotubes. Science, 2000, 290: 1552-1555.

[27] Chau R, Datta S, Doczy M, et al. IEEE Trans. Nanotechnology, 2005, 4: 153-158.

[28] Tulevski G, et al. Toward high-performance digital logic technology with carbon nanotubes. ACS Nano, 2014, 8: 8730-8745.

[29] Shulaker M M, Hills G, Patil N, et al. Carbon nanotube computer. Nature, 2013, 501: 526-530.

[30] Franklin A. The road to carbon nanotube transistors. Nature, 2013, 498: 443-444.

[31] Cao Q, Kim H S, Pimparkar N, et al. Medium-scale carbon nanotube thin-film integrated circuits on flexible plastic substrates. Nature, 2008, 454: 495-500.

[32] Pan Z W, Xie S S, Chang B H, et al. Very long carbon nanotubes. Nature, 1998, 394: 631-632.

[33] Jiang K L, Li Q Q, Fan S S. Nanotechnology: Spinning continuous carbon nanotube yarns. Nature, 2002, 419: 801.

[34] Yao Y G, Li Q W, Zhang J, et al. Temperature-mediated growth of single-walled carbon-nanotube intramolecular junctions. Nature Materials, 2007, 6: 283-286.

[35] Yan K, Wu D, Peng H L, et al. Modulation-doped growth of mosaic graphene with single-crystalline p-n junctions for efficient photocurrent generation. Nature Communications, 2012, 3: 1280.

[36] Cheng H M, Li F, Su G, et al. Large-scale and low-cost synthesis of single-walled carbon nanotubes by the catalytic pyrolysis of hydrocarbons. Applied Physics Letters, 1998, 77: 3282.

[37] Chen Z P, Ren W C, Gao L B, et al. Three-dimensional flexible and conductive interconnected graphene networks grown by chemical vapour deposition. Nature Materials, 2011, 10: 424-428.

[38] Gao L, Ren W C, Xu H L, et al. Repeated growth and bubbling transfer of graphene with millimeter-size single crystal grains using platinum. Nature Communications, 2012, 3: 699.

[39] Zhang R, Zhang Y, Zhang Q, et al. Growth of half-meter long carbon nanotubes based on Schulz-Flory distribution. ACS Nano, 2013, 7: 6156-6161.

[40] Zhang Z Y, Liang X L, Wang S, et al. Doping-free fabrication of carbon nanotube based ballistic CMOS devices and circuits. Nano Letters, 2007, 7: 3603-3607.

[41] Ding L, Wang S, Zhang Z Y, et al. Y-contacted high-performance n-type single-walled carbon nanotube field-effect transistors: Scaling and comparison with Sc-contacted devices. Nano Letters, 2009, 9: 4209-4214.

[42] Zhang Z Y, Wang S, Ding L, et al. Self-aligned ballistic n-type single-walled carbon nanotube field-effect transistors with adjustable threshold voltage. Nano Letters, 2008, 8: 3696-3701.

[43] Zhang Z Y, Wang S, Ding L, et al. High-performance n-type carbon nanotube field-effect transistors with estimated sub-10-ps gate delay. Applied Physics Letters, 2008, 92: 133117.

[44] Zhang Z Y, Wang S, Wang Z X, et al. Almost perfectly symmetric SWCNT-based CMOS devices and scaling. ACS Nano, 2009, 3: 3781-3787.

[45] Haensch W H, Wong H S P, Franklin A D. Carbon nanotube digital electronics. http://www.nist.gov/pml/div683/cnt_workshop.cfm [2014-05-14].

[46] Pei T, Zhang Z Y, Wang Z X, et al. Temperature performance of doping-free CNT

FETs: Potential for low- and high-temperature electronics. Advanced Functional Materials, 2011, 21: 1843-1849.

[47] Rutherglen C, Jain D, Burke P. Nanotube electronics for radiofrequency applications. Nature Nanotechnology, 2009, 4: 811-819.

[48] Lin Y M, Dimitrakopoulos C, Jenkins K A, et al. 100-GHz transistors from wafer-scale epitaxial graphene. Science, 2010, 327: 662.

[49] Wu Y Q, Lin Y M, Bol A A, et al. High-frequency, scaled graphene transistors on diamond-like carbon. Nature, 2011, 472: 74-78.

[50] Wang Z X, Liang S B, Zhang Z Y, et al. Scalable fabrication of ambipolar transistors and radio-frequency circuits using aligned carbon nanotube arrays. Advanced Materials, 2014, 26 (4): 645-652.

[51] Misewich J A, Martel R, Avouris P, et al. Electrically induced optical emission from a carbon nanotube FET. Science, 2003, 300: 783-786.

[52] Mueller T, Kinoshita M, Steiner M, et al. Efficient narrow-band light emission from a single carbon nanotube p-n diode. Nature Nanotechnology, 2010, 5: 27-31.

[53] Wang F, Dukovic, Brus L E, et al. The optical resonances in carbon nanotubes arise from excitons. Science, 2005, 308: 838-841.

[54] Brus L. Commentary: Carbon nanotubes, Colse nanocrystals, and electron-electron interaction. Nano Letters, 2010, 10: 362.

[55] Gabor N M, Zhong Z, Bosnick K, et al. Extremely efficient multiple electron-hole pair generation in carbon nanotube photodiodes. Science, 2009, 325: 1367-1371.

[56] Wang S, Zeng Q S, Yang L J, et al. High-performance carbon nanotube light-emitting diodes with asymmetric contacts. Nano Letters, 2011, 11: 23-29.

[57] Wang S, Zhang L H, Zhang Z Y, et al. Photovoltaic effects in asymmetrically contacted CNT barrier-free bipolar diode. Journal of Physical Chemistry C, 2009, 113: 6891-6893.

[58] Wang S, Zhang Z Y, Ding L, et al. A doping-free carbon nanotube CMOS inverter based bipolar diode and ambipolar transistor. Advanced Materials, 2008, 20: 3258.

[59] Yang L J, Wang S, Zeng Q S, et al. Efficient photovoltage multiplication in carbon nanotube. Nature Photonics, 2011, 5: 673-677.

[60] Assefa S, Xia F L, Vlasov Y. Reinventing germanium avalanche photodetector for nanophotonic on-chip optical interconnects. Nature, 2010, 464: 80-84.

[61] Cao Q, Kim H, Pimparkar N, et al. Medium-scale carbon nanotube thin-film integrated

circuits on flexible plastic substrates. Nature, 2008, 454: 495-500.

[62] Sun D M, Timmermans M Y, Tian Y, et al. Flexible high-performance carbon nanotube integrated circuits. Nature Nanotechnology, 2011, 6: 156-161.

[63] Liang S B, Zhang Z Y, Peng L M. High-performance carbon-nanotube-based complementary field-effect-transistors and integrated circuits with yttrium oxide. Applied Physics Letters, 2014, 105: 063101.

第九章
人工微结构与超构材料

第一节　概　　述

　　近年来超构材料（metamaterials）的研究发展迅速。这种以微结构为基本结构单元的人工材料具有自然材料所不具备的、可设计的超常物理特性。研究发现，超构材料可以调控的物理性质或物理量包括电磁波（微波与太赫兹波）、光波与光子、应力与应变、弹性波、声波与声子、热、静电、静磁等。也有观点认为，早先发展的光/声子晶体、光/声学超晶格等人工微结构材料广义的理解都可以包括在超构材料的"范式"中。

　　超构材料尽管具有超常宏观性质，但它的基本结构单元中的物理过程都是"寻常"的，可以用已建立的物理规律来描述。如果把这些微结构单元看作超构材料中的"人工原子（或结构基元/结构基因）"，这些微结构单元的集合及它们之间的关联与相互作用则是决定超构材料宏观超常特性的主要物理基础。

　　类比于对天然材料的研究，超构材料的基本物性取决于微结构单元特性，如形状因子与手性、共振与激发等，以及这些微结构单元在空间的分布，如间距、耦合、对称性等。因而超构材料"异常"物性是可被预言和人工设计的，相关的设计理论有人工带隙理论、有效介质理论、准相位匹配理论、变换光学理论等，涉及的计算方法有模拟退火、蒙特卡罗模拟、时域差分和遗传算法等优化搜寻方法。结合多尺度、多物理优化设计理论，从微观原子结构的分子动力学和第一性原理计算到介观、宏观体系的有限元模拟计算等，这些计算材料学的方法可大大缩短基于人工微结构超构材料的设计和制备时间周期，加快推进其在诸多领域的应用。

第二节 人工微结构材料与光和声的调控

一、研究起源和意义

信息技术的产生和发展是 20 世纪最伟大的创造之一。由于量子力学的诞生和固体物理学的发展，晶体管和集成电路的发明造就了微电子产业的蓬勃发展，人类由工业社会逐渐进入信息社会。半导体晶片上电子器件的集成数目按照摩尔定律指数地增长，已逼近摩尔定律的物理极限，这对信息科技的进一步发展提出了重大挑战，探索新一代信息载体正成为国际上最热门的前沿课题之一。

近年来，人们希望能够像控制固体中电子的传输行为一样来控制和利用光子，使得光子最终能成为一种有用的信息载体。光作为信息载体在传播速度、信息容量及能量损耗等方面优于电子，极有可能在信息技术和产业发展中起重要作用，因而如何实现对光子的调控变得尤为重要与紧迫。同时，相关研究也极大地促进了光子学、凝聚态物理学和材料科学的发展。在过去的30 年里，人们在对光子的调控方面进行着不懈的努力，取得了卓有成效的研究进展。其中突出的进展表现在以下三个方面：

（1）光子晶体和介电体超晶格的发展。1987 年，Yablonovitch 和 John 分别发现周期性介质结构对光子的调控[1, 2]，类似于半导体的周期结构对电子的调控，提出光子晶体的概念。利用光子晶体的光子带隙结构可有效地实现对光子的调控[3]。介电体超晶格是更早被关注的一种人工微结构晶体，研究表明它具有调控从激光到单光子不同能量水平的光信息的能力，包括调控光物理参数频率、位置、位相和纠缠等[4-7]。在光子晶体和光学超晶体中，微结构的特征长度正比于光的波长或半波长量级。由于光子晶体在光通信、光电集成和全光计算等领域具有应用前景，1999 年被美国 *Science* 评为年度十大科技成就之一。

（2）等离激元学和亚波长光子学（plasmonics and subwavelength optics）的发展。根据传统的观念，在操纵光子的传输过程中存在一个基本的约束即光的衍射极限。新近的研究发现，基于光激发的表面等离激元能够突破光的衍射极限的约束，有可能将光子学微观结构从光的波长量级（微米）压缩到亚波长（纳米）量级，相关的研究正逐渐发展为等离激元学和亚波长光子学，在光产生、光集成、数据存储、显微技术和纳米印刷技术等方面显示出重要的应用[8-10]。等离激元学和亚波长光子学实际上连接着电子学与光子学，将来有可能成为构筑既拥有纳电子学尺寸又拥有介电光子学速度的新一代信息材料和器件。

（3）超构材料的发展。1999 年 Pendry 等提出利用亚波长微结构共振单元作为"人工原子"（图 9-1），构造具有特殊介电常数和磁导率的超构材料，实现对电磁场调控效应[11-16]。超构材料可以产生传统光学材料所不具备的新奇电磁性质（图 9-2），如人工磁性、负折射现象、光学隐身等。超构

图 9-1　一些人工电磁材料的结构示意图

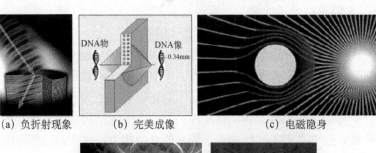

（a）负折射现象　　　（b）完美成像　　　　（c）电磁隐身

（d）人工旋光　　　　（e）人造黑洞

图 9-2　超构材料中一些新奇的电磁现象

DNA 指脱氧核糖核酸

材料在精密仪器、智能控制和通信系统等领域具有巨大的应用前景。"负折射率左手材料"和"超材料隐身斗篷"分别被 *Science* 评为 2003 年和 2006 年的十大科技突破之一。当前，超构材料研究已被拓展到实现对声和其他元激发的调控。毫无疑问，人工带隙材料、超构材料和亚波长微结构等为人们调控光和相关元激发的能带结构与传输性质提供了新的材料体系和物理原理。

二、研究现状和发展趋势

近年来，人们利用人工带隙材料[1-3, 17-24]、等离激元材料和超构材料[8-16, 25-70]等人工微结构材料来调控光子，取得了卓有成效的研究进展。当前超构材料和人工带隙材料的研究趋势大致如下：第一，从简单均匀体系向复杂耦合的非均匀体系发展；第二，从线性无源系统向非线性有源系统发展；第三，从电磁超构材料向声和其他元激发系统拓展；第四，从对称系统向对称性破缺系统发展。

（一）从简单均匀体系向复杂耦合的非均匀体系发展

自从英国物理学家 Pendry 等在 1999 年提出共振环结构能产生人工磁响应以来，人们迅速通过此类结构及其衍生结构制备了各个波段的"人工磁性材料"及负折射材料[25, 26]。2006 年，Pendry 等提出了一种非均匀的超构材料，预言通过材料空间折射率的调制可以实现电磁隐身，引起人们的极大关注并在实验上获得了验证[27-29]。进而，基于超构材料中电磁参数可进行人为设计的原理衍生出了一门新兴学科——变换光学。较之于早期的负折射材料，变换光学促使超构材料由初始的均匀系统演化成非均匀系统，从而可以任意引导光的传播。最近，利用超构材料引导光传播的研究又被拓展到利用超构材料控制散射效应。研究表明，通过对一种物体周围设计对应补偿结构可以改变整个物体的散射特性，进而使其等同于另一种物体。这种神奇的性质又称为幻象光学[30]。由此可以看出，超构材料正由简单系统向复杂系统发展。当然，前面的这些研究还都是基于几何光学宏观表现的外在形式，其等效的光学参数都是通过模拟设计得来的。其实，在复杂的超构材料体系内，组成单元内部及单元之间的相互作用已经不能忽略。人们在这方面已经有比较系统的研究，如利用固体物理学中的能带理论和元激发概念等对不同单元结构中的耦合效应进行描述[31-33]。同时，人们还开展了如电耦合和磁耦合方面的研究[34]。耦合效应不仅是对超构材料宏观电磁性质的一种微观描述,更是能实现原先不能实现的新物理效应,如慢光波导[35]、电磁共振转换[36]、空间对称性破缺与异构杂化[34]、电磁感应透明[37]、金属超宽带透明[38]、旋光性质[39,41]、等离激元力作用[42]和光束聚焦[52]。

(二) 从线性无源系统向非线性有源系统发展

对于大多数具有调控作用的功能材料或者人工结构来说,非线性响应是至关重要的一个性质。大多数超构材料含有金属微结构,在金属表面或者微纳结构中,对称性破缺使得这类超构材料能产生非线性,并且受到等离激元模式的局域场增强效应的影响,其非线性还可以获得增强[43]。超构材料中的磁共振出现较强的二阶非线性效应[44]。此外,在超构材料中引入非线性材料或增益介质也可能实现性能的可调控性和操纵性。初始的研究通常是将金属共振环与半导体材料结合,利用半导体在外部光场作用下载流子的变化来调节共振环的工作频率,从而达到动态调控超构材料电磁参数的目的[45,46]。随着微加工技术的进步,人们已经可以方便地制备各类掺杂增益介质(如掺钕玻璃)和PMMA①(掺入荧光分子或量子点)。利用泵浦光的激励,此类超构材料会表现出众多优异的性质,如损耗补偿、受激放大和受激辐射[47],以及动态调控[48]等。另外,与非线性材料的结合还可以利用超构材料中可控的电磁模式对非线性效应进一步拓宽,并对其光学性质进行动态调控[49]。2010年,美国*Science*发表评论,认为非线性超构材料是未来超构材料的研究重点之一[50]。

(三) 从电磁超构材料向声和其他元激发系统拓展

声学超构材料研究是近年在电磁超构材料启发下自然的拓展,已取得相当重要的研究进展。研究发现,如果微结构单元具有局域共振效应,其所构成的超构材料在共振频率附近会表现出负响应等独特性质[71]。当前,许多研究组正致力于共振声学超构材料的理论和实验研究,设计出多种具有不同结构和性能的声学超构材料,极大地拓展了对声波操控的能力[72]。例如,实验发现在普通声传输线上周期加载并联亥姆霍兹(Helmholtz)共鸣器构造的超构材料,具备相速度与群速度反向的新现象[73]。人们也曾提出用声传输线理论获得超构材料的传输谱、色散曲线和有效参数的新方法,并被实验验

---

① PMMA 指聚甲基丙烯酸甲酯(polymethyl methacrylate)。

证[74]。近年来,人们将声学超构材料的研究进一步拓展到非线性领域。人们尝试构造非谐振声传输线超构材料,发现其具有双负本构参数[75]。非谐振传输线超构材料不依赖于谐振微单元,具有宽频带和低损耗等优点。可以预期,非线性声学超构材料的研究必将进一步拓展超构材料在声波操控方面的应用。

值得一提的是,与电磁超构材料类似,声学超构材料具有众多超常规的奇异特性[71-85],如声负折射、声聚焦、声隐身、声定向传输等。如何利用这些特异声学效应发展新型声学原型器件目前备受关注。例如,声透镜具有超高分辨率,可实现亚波长声学信息处理、声学器件集成和声场微尺度调控,在分子医学超声成像、微纳结构无损检测等方面有很强的应用前景。研究发现,布拉格(Bragg)散射型超构材料的平板声聚焦现象可获得接近半工作波长的分辨率[76]。而局域共振型超构介质可将隐失波模式转化为传输波模式,使分辨率突破半工作波长[77, 78]。但是,当前工作大多基于有效介质近似理论,而通过对超构材料中声波的模式耦合等具体声学行为进行深入研究,可以阐明微观结构参数与成像性能之间的定量关系,为设计和制备具有可控全角度负折射效应的超构材料、调控声隐失波模式的传输行为、探索具有更高分辨率等优异性能的声透镜原型器件,打下坚实的物理基础。另外,超构材料还具有某些独特的声学性质,如调节声源辐射状态,获得高聚焦的准直声束[79-81]。这些研究进展为基于超构材料新原理声学器件的设计和制备提供了科学依据。

(四) 从对称系统向对称性破缺系统发展

在人工带隙晶体和亚波长微纳结构中考虑对称性问题,通过波动方程和微纳结构对称性设计,可以为调控光和声的能带结构与传输性质提供新的材料体系和物理原理。主要涉及的对称性有空间平移、空间反演、时间反演、旋转及规范变换等,无论是在宏观相对论体系还是在微观量子体系上它们都是关键性的科学问题。例如,在宇称-时间对称变换下,系统的哈密顿量通常是厄米的,其能量本征解是成对出现的实本征值,但在宇称或时间破缺的系统中,波动方程的解可能以非成对的形式出现,从而导致非互易单通现象。在时间和空间反演对称性方面,时间反演对称性破缺的光子晶体由于具有非零的量子几何相位和拓扑陈数,将导致一种可类比电子系统中整数量子霍尔效应的单通边界态[86],微波频段的实验已经证实该效应[87]。在宇称和时间同时破缺的光学复势系统(增益-损耗介质)中,一些具有宇称-时间对称性的非厄米哈密顿仍然有实本征值，也存在非对易传播现象[88,89]。在旋转对称性方面，一些具有手性及奇异的拓扑对称性（如莫比乌斯环）特征的微纳结构同样可以实现光传输的对称性破缺[90,91]，这在研究光子的量子几何相位和拓扑特性方面有重要的意义。在应用上，出于对全光器件设计的考虑，人们提出了一些方案来实现光波的非对易传播，如线性和非线性过程、模式转换、声光作用和衍射模型等方案[85,92-94]。以往的研究主要集中在微波波段，时间反演对称性破缺的形式也仅限于旋磁或者旋电材料，其需要强的外加磁场，不利于在光通信波段芯片集成。因此，人们期望探索新的时间反演破缺的物理机制，寻找新的拓扑序超构材料，研究可类比电子系统的光子宏观类量子效应，如单通边界态狄拉克点附近的颤动、经典波的反常量子、Rashba 效应及拓扑绝缘体等新的物理效应，期望探索基于对称破缺型人工微结构的光和声二极管与三极管、可控晶体管及光和声隔离器等原理型逻辑器件的研制和开发。

总而言之，超构材料等人工微结构材料正展示其对光和声的有效调控[95]。相信人们通过长期不懈的努力，会逐渐深入了解人工微纳结构与光和声的相互作用，解决等离激元材料中的损耗问题，突破超构材料中的窄带效应等，利用人工微结构材料最终实现对光和声的操纵，为信息科技的进一步发展提供科学依据和技术途径。

第三节　人工微结构材料与热的调控

热是生命的能量源泉，也是现代人类社会主要的能源基础。世界 90% 的电能是靠热电厂提供的。但是热电厂的发电效率最多只有 40%，大部分热被浪费了。汽车发动机只有 30% 左右的能量转变成机械能来驱动汽车，剩余的部分都转换成废热和废气；太阳能电池只能把光谱中可见光的一小部分转换成电能。而紫外、红外部分的太阳能都变成废热损失了。另外，随着现代半导体工业的进步，集成电路中的电子元件密度已经达到数十亿个晶体管/厘米^2。如此密集的晶体管在工作时会产生巨大的热量，如果这些热量不能及时散发出去，将会使电路过热并最终烧毁。人们面临两个热点问题急需解决：如何利用这些废热？如何尽快将这些废热散发出去？

如何利用废热？首先想到的是热电转换。人们对热电转换已经进行了 100 多年的研究，但是大规模的应用还没有实现，原因是人们还没有找到经济实惠且效率很高的材料。声子热能器件和热学超构材料是近些年才提出的新型热能利用和调控的方法。它出于完全崭新的概念和原理，有望在热能的利用上大展拳脚，为国民经济服务。

将微纳米结构材料用于热能的传输和转换虽然起步较晚但发展很快，是微结构材料功能化研究的重要部分。以下将分四部分来讨论其分类及应用原理：①微纳米结构的热电转换和散热材料；②声子热能材料和器件；③热超构材料概述；④热超构材料的基本科学问题；⑤我国研究热超构材料的现状和展望。

一、微纳米结构的热电转换和散热材料

热电材料（器件）能够实现热能与电能之间的直接转换，它的能量转换效率通常可以用热电优值（thermoelectric figure of merit，记作 ZT）来描述，热电优的值越大，能量转换效率就越高[96]。要提高热电优值必须提高材料的电导率和塞贝克系数（Seebeck coefficient），同时降低材料的电子热导率和晶格热导率。电导率、塞贝克系数和电子热导率这三个电子输运系数是相互耦合的，它们并不是相互独立的，改变其中一个系数将使其他系数也随之改变，只能找到最优的系数组合来尽可能地提高热电优值。因此，从 20 世纪 50 年代以来，最佳的块状热电材料的热电优值始终徘徊在 1 左右，数十年没有大的突破。

从 20 世纪 90 年代开始，微纳米结构广泛地引入热电领域。微纳米结构形成的量子约束效应及低能粒子过滤效应可以增大塞贝克系数，微纳米结构界面处提供的额外声子散射可以有效地降低晶格热导率[97, 98]，这些优点使得微纳米结构可以显著地提高热电优值。不过，微纳米结构有可能增加电子散射从而减小电导率，这对提高热电优值是不利的。

纳米混合（nanocomposites）材料是比较典型的微纳米热电材料，它通常由两种材料混合而成。纳米混合材料是将一种材料制备的纳米尺寸的颗粒镶嵌在另一种衬底材料中，纳米颗粒的分布可以是随机的，也可以是有序的，如图 9-3 所示。比较典型的纳米混合材料有 Bi_2Te_3/Sb_2Te_3 超晶格薄膜材料（热电优值约为 2.4）[99]、基于 PbSeTe 的量子点超晶格材料（热电优值约为 1.6）[100]、图 9-4 中基于 $Bi_{0.5}Sb_{1.5}Te_3$ 的纳米混合材料（热电优值约为 1.4）[98, 101]，以及基于 $PbTe\text{-}AgSbTe_2$ 的纳米混合材料（热电优值约为 2.2）[102]。嵌有碳纳米管、C_{60}、金属的纳米颗粒的纳米混合物材料的热电性质也得到广泛研究。

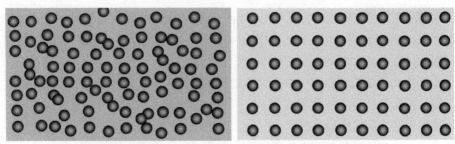

(a) 纳米颗粒随机分布　　　　　　　　(b) 纳米颗粒有序分布

图 9-3　二元纳米混合热电材料示意图

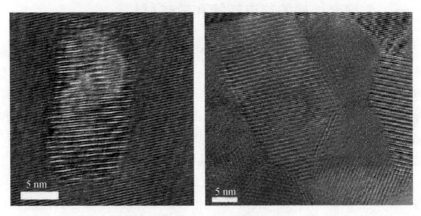

图 9-4　透射电子显微镜拍摄的热压技术制造的基于 $Bi_{0.5}Sb_{1.5}Te_3$ 合金的
纳米混合热电材料的微结构图片

声子晶体是一种新型的人工结构功能材料,通过人为设计由两种或以上材料构成的周期性结构 [图 9-5(a)和(b)],可以导致波的禁带。随着微纳加工技术的不断发展,声子晶体的尺寸向微米至纳米量级发展,可调控的频段拓展至太赫兹。参与导热的声子主要集中在太赫兹频段,因此将声子晶体应用于热能控制这一崭新的课题,逐渐吸引了人们的广泛关注。美国加州理工学院的科学家制备并测量到二维纳米结构的硅声子晶体具有较低热导率 [约 6W/(m·K)],比体块硅小两个量级。李保文小组利用模拟计算发现三维纳米结构的硅声子晶体具有超低热导率,最低可至 0.02W/(m·K) [图 9-5(d)],比体块硅小了四个量级。通过理论分析发现,热导率的降低源自三维声子晶体结构不仅可以降低声子群速度,而且可以使大部分声子局域化 [图 9-5(c)],从而不对热传导产生贡献。其他微纳米材料如纳米线[103-106]和量子阱[107]的热电性质也是一个研究方向。

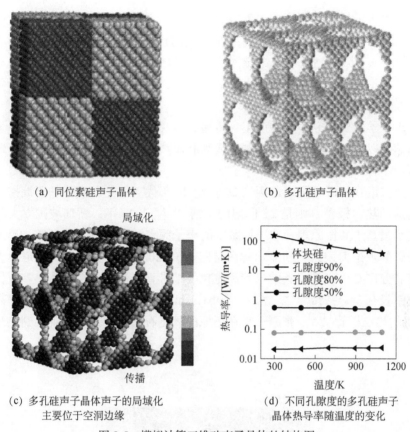

(a) 同位素硅声子晶体　　　　　(b) 多孔硅声子晶体

(c) 多孔硅声子晶体声子的局域化　(d) 不同孔隙度的多孔硅声子
　　主要位于空洞边缘　　　　　　　晶体热导率随温度的变化

图 9-5　模拟计算三维硅声子晶体的结构图

　　要解决微纳米结构的散热问题通常可以从两个方面入手：一是寻找高性能的微纳米导热材料；二是减小微纳米结构界面处的界面热阻。比较有前景的高性能导热材料有碳基材料如碳纳米管、石墨烯，其热导率比常见的铜导热材料要大近一个量级[108]；单根高分子有机材料，其热导率要比绞在一起的块状有机材料大数百倍，可以和金属材料相比较[109]。

　　界面热阻的减小也可以通过加入热界面材料来实现，比较常见的热界面材料有导热脂、导热胶黏剂、导热橡胶等。不过对于微纳米结构，如何将上述热界面材料注入如此微小的界面中在技术上仍然是一个挑战。

二、声子热能材料和器件

　　在半导体材料里，热主要是靠声子来传输的。因此，如果能像微电子器件控制电子一样来控制声子，就能够自如地控制半导体材料中的热流。在过去的二十多年，科学家提出了各种各样的声子热能器件模型，如热二极管[109,110]、热三极管[111]、热逻辑门[112]和热存储器[113,114]等。随着这些元器件理论模型的提出和实验上的成功验证，一门新兴的学科——声子学，正在逐步形成[115]。

声子学主要研究声子的产生、传输，以及存储的微观机制和调控原理，从而达到以下两个目的：①控制热流和利用热能；②用声子进行信息传输和处理。

热二极管的研究可以追溯到20世纪30年代。但是，真正基于调控声子而构造的热二极管，则是21世纪的事情[109]。2004年，新加坡国立大学李保文小组基于共振原理和非线性系统的声子频率随温度改变的事实，提出热二极管的理论模型，其功能示意图见图9-6。2006年，美国加利福尼亚大学伯克利分校Chang等用碳纳米管和氮化硼纳米管研制了首个固体热整流器，但效率只有3%~7%[110]。之后，Kobayashi等用氧化物材料做出了效率高达100%的热二极管[116]。张刚小组在还原的氧化石墨烯纸片中也观察到热整流效应[117]。

热二极管

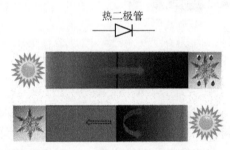

图 9-6　热二极管功能示意图[115]

当热流从左端高温区域流向右端低温区域时，热流容易通过，呈正向导通状态。当热流从右端高温区域流向左端低温区域时，热流不容易通过，呈反向截止状态

由于非线性特征，热二极管在适当的温度范围内还表现出一个有趣的现象——负微分热阻[110]。也就是说，二极管两端的温差越大，流过的热流越小。利用这一特征，人们就能够制作功能更强大的热三极管[111]。

热二极管和热三极管让人们能够自如地控制热流的流动，为人类利用和管理热能开启了崭新的空间。

热常被认为对信息传输有害。李保文小组从理论上证明[112]，将热三极管按照不同的方式组合，可以得到处理信息所需的各种逻辑门，包括"与"

门、"或"门和"非"门。此项工作为声子信息学奠定了理论基础。利用热三极管模型,李保文小组于 2008 年构造了热存储器模型[113],并于 2011 年在实验上实现了固态热存储器[114](图 9-7)。

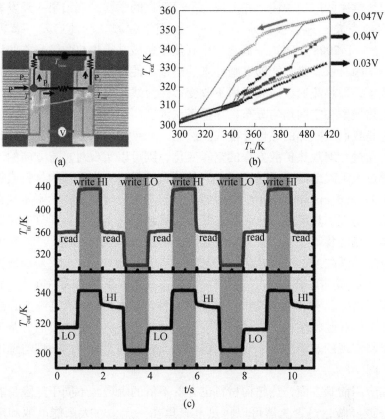

图 9-7 实验制备的单晶 VO_2 纳米梁固态热存储器[114]

T_{in} 为读入的温度信号,T_{out} 为输出的温度信号,write 为写入,read 为读出,HI 为高温态,LO 为低温态

上述的声子学器件的工作条件是稳定的温度差。其实还可以通过同时但不同步地让器件两端温度随时间变化,实现热流的动态调控。当器件两端平均温差为零时,就可以得到一个由几何相位——贝利相引起的热流,甚至还出现了分数声子的响应[118]。通过动态温差调控,人们还可以构建热泵和热棘轮效应[119-121]。对磁性材料,加上磁场后还可以观察到声子霍尔效应[122, 123]。

三、热超构材料概述

Leonhardt[124]和 Pendry 等[27]于 2006 年先后独立提出的光学隐身衣概念引起科学家的广泛关注，并已成为一门新兴的学科。其结果一经发表便广泛应用到声波、地震波及水波等各个物理学领域。受此启发，黄吉平小组[125, 126]于 2008 年将这一概念推广到热学领域并提出热学隐身衣的设计原理。热学隐身衣就是指能够屏蔽外来的热量，使得所隐藏物体不为外界所探测的装置，即热流通过该装置后不改变其热流线。对于自然界存在的传统材料，其热导率在空间均匀分布，热量将从温度高的一端直线流向温度低的一端。这是我们所熟知的热传导模式。然而，如果能实现空间热导率的非均匀分布，通过对宏观热扩散方程的空间变化，则可以实现对热流方向的调控。这种通过人工改造而实现热导率非均匀分布的材料称为热超构材料或热美特材料（thermal metamaterial）[127]。通过多年不懈的努力，科学家相继在理论和实验上实现了热屏蔽、热隐身衣等，并将超构材料应用到了热反转器、热聚集器及热伪装等[128-134]。在实验方面，哈佛大学 Sato 小组[128]、德国卡尔斯鲁厄理工学院 Wegner 小组[129]、浙江大学何赛灵小组[130]、新加坡国立大学李保文/仇成伟联合小组[132]、新加坡南洋理工大学张伯乐小组[133]先后独自实现了热屏蔽/热隐身衣功能。他们将两种热导率材料耦合在一起，制成洋葱状或旋转椭圆状结构，以达到在空间上对热流流向控制的目的。基于该种超构材料实现的热隐身衣、热聚集器和热反转器在实验中的表现与理论基本一致（图 9-8）。

在应用前景方面，热超构材料也有着不俗的表现。不同于热隐身衣将热流分开或屏蔽，热聚焦器可以将热量聚焦在一点，在太阳能电池和废热利用、国防和军事领域有非常广阔的应用前景。图 9-9 为新加坡国立大学李保文/仇成伟联合小组实现的三维热聚集器和热聚焦集成块[134]（或热收集单元），其不受材料形状和大小的限制，有效的热聚焦效率最高可达 100%。

在热隐身衣的设计基础上，新加坡国立大学李保文/仇成伟联合小组又设计了另一款有着广阔应用前景的热超构材料器件，即热伪装[135]。如图 9-10 所示，在热端和冷端间放一蓝色小人（实际实验中用铜圈来代替）。图 9-10（a）为正常的热隐身衣设计示意图及实验表现。图 9-10（b）在图 9-10（a）的基础上加两个用以伪装的红色小人。图 9-10（b）中观测到的两个红色小人和图 9-10（c）类似，换言之，从观察者的角度看无法分辨图 9-10（b）和（c），表明图 9-10（b）达到了伪装成图 9-10（c）的效果。

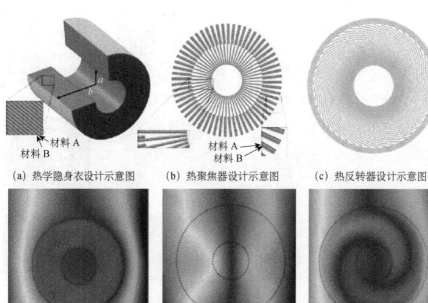

(a) 热学隐身衣设计示意图　　(b) 热聚焦器设计示意图　　(c) 热反转器设计示意图

材料 A
材料 B

材料 A
材料 B

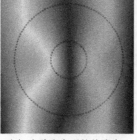
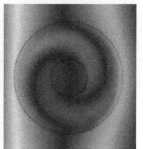

(d) 实验中实现的热隐身衣、热聚焦器和热反转器　(e) 实验中实现的热隐身衣、热聚焦器和热反转器　(f) 实验中实现的热隐身衣、热聚焦器和热反转器

图 9-8　实验中实现的热隐身衣、热聚焦器和热反转器（文后附彩图）[128]

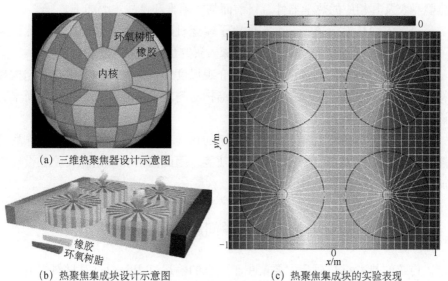

环氧树脂
橡胶
内核

(a) 三维热聚焦器设计示意图

橡胶
环氧树脂

(b) 热聚焦集成块设计示意图

(c) 热聚焦集成块的实验表现

图 9-9　三维热聚焦器和热聚焦集成块示意图（文后附彩图）[134]
不同的颜色代表不同的温度，红色为高温，蓝色为低温

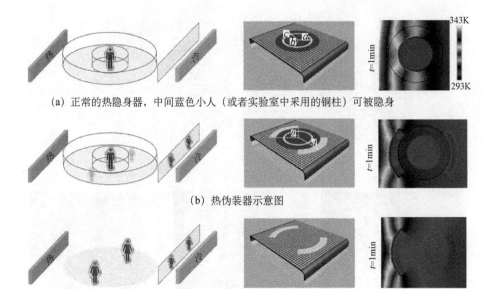

(a) 正常的热隐身器, 中间蓝色小人 (或者实验室中采用的铜柱) 可被隐身

(b) 热伪装器示意图

(c) 热伪装器示意图

图 9-10　热隐身器和热伪装器示意图 (文后附彩图)[135]

与符合波动方程的光波、声波等不同, 热传导遵守扩散方程, 因此热隐身衣在物理机制上和光隐身衣迥然不同, 也使得我们必须从原理上重新考虑热隐身衣及其相应的热学器件。目前面临的困难和挑战主要如下。

(1) 宏观热输运离不开微观的声子输运机制, 因此必须从微观上探讨声子动力学行为与热传导的联系, 从而深入研究更新颖的热超构材料。

(2) 现有的器件大多是在宏观或介观尺度体现出来的。要提高热超构材料的价值和实用性, 必须要进行微纳结构材料的设计和加工, 而目前尚未有该方面的实验报道。

(3) 由于热超构器件本身也有一定的热导率, 该器件在长时间工作后会逐渐发热而丧失隐身、反转及聚热等功能。因此需要在理论和实验上设计更加新颖的热超构材料和器件。

四、热超构材料的基本科学问题

传统的热电材料研究主要聚焦于电子的输运过程, 通过对材料中电子能带结构的调控来达到增大热电优值的目的。最近, 热电材料的一个新的研究领域就是利用各种方法来增强材料晶格中的声子散射强度, 在保持电导率变化不大的情况下，有效地减小材料的晶格热导率，进而增加材料的热电优值，也就是声子玻璃-电子晶格材料[136]。其中一种尝试就是制造表面极度粗糙的准一维硅纳米线[137]，由于表面/体积的比例很大，声子被粗糙表面的散射也就不能再忽略不计，而电子的输运却基本不受影响。相比于体硅材料，一维粗糙表面的硅纳米线的热电优值获得了极大的提高。但要从根本上解决热电材料的效率，最终还得从声子-声子相互作用、声子-电子相互作用、电子-电子相互作用出发。只有研究清楚它们的相互作用机制，才能够有效地控制它们。

界面热阻研究中，经典的声学不匹配模型和扩散不匹配模型在与实验结果比较时都存在较大的差异，而且它们无法满足对微纳米界面的界面热阻的计算。另外，电子-声子相互作用也对微纳米结构界面热阻有直接影响。新的理论需要考虑这些因素。

声子热器件/材料聚焦于材料的微观热输运性质，探讨非线性效应对声子输运的影响。与此不同的是，热超构材料致力于探讨宏观非均匀热输运介质的空间分布对热流方向的调控作用。借助目前已经成熟的热超构材料对光波的调控机理，基于对宏观热扩散方程的空间变换，热超构材料同样可以实现对热流的"空间压缩"。因此，构造不同空间分布的非均匀热输运介质可以实现对热流流向的精确控制，使得热流可以绕过目标物体或者聚焦于目标物体，产生热隐身、热反转、热汇聚，以及热伪装等奇特功能性热超构材料。如图 9-11（a）所示，热学隐身衣是将 $0<r<R_2$ 的空间压缩到了 $R_1<r<R_2$ 的空间里。而热学聚集器 [图 9-11（b）] 则是把 $0<r<R_2$ 的空间压缩到 $0<r<R_1$ 的空间，再把 $R_2<r<R_3$ 的空间拉伸到 $R_1<r<R_3$ 的空间。这里的空间指的是热导率的分布空间，原则上只要能把热导率的空间分布扭曲成相应的形状，就可以得到各种功能的热超构材料。

声子学热器件和热超构材料发展很快，但是两者都还仅仅处于起步阶段，还有很多基本问题需要研究。

五、我国研究热超构材料的现状和展望

在热超构材料的研究方面华裔科学家做出重要的贡献。新加坡国立大学李保文小组在国际上首次提出热二极管、热三极管、热逻辑门、热存储器等概念，奠定了声子学的理论基础。2007 年提出的热逻辑门工作被选为 2007 年美国物理学会（American Physics Society，APS）年度新闻。其小组在国际

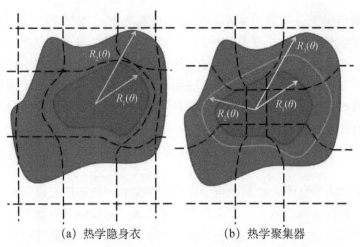

(a) 热学隐身衣　　　　　　(b) 热学聚集器

图 9-11　热学隐身衣和热学聚集器原理示意图[126]

上被公认为声子学的引领者。受热三极管工作的启发，2008 年复旦大学黄吉平小组第一次理论上提出可以通过改变材料结构来达到热能调控的目的。但是该工作一直没有受到重视，也没有继续深入下去。直到 2012 年法国科学家 Guenneau 等[127]在数学上把变换光学/声学（transforming optics/acoustics）的理论应用到热传导方程上后，该领域立刻引起了各国科学家广泛的兴趣，德国 Wegner 小组[129]和浙江大学何赛灵小组[130]用变换光学的方式实验上实现了热隐身。新加坡国立大学李保文/仇成伟联合小组[132]、新加坡南洋理工大学张伯乐小组[133]在 2014 年 2 月美国《物理评论快报》（*Physical Review Letters*）同一期同时发表两个小组独立完成的双层材料热隐身的文章，把这一领域推向了高潮。APS 的 *Physics* 专门请人撰文 *Thermal Cloaks Get Hot*（《热隐身很热》）[138]为该领域做了介绍。

热超构材料在很多领域有巨大的潜在用途：①建筑节能材料，②太阳热能利用，③新一代低能耗绿色微/纳米电子器件，④隔热保护，⑤热辐射伪装，⑥废热回收和应用。

热是无处不在的。热能调控的热超构材料如果能和其他功能材料组合可以同时调控多种能量和信息。例如，光子晶体和纳米声子晶体有机结合可以同时控制光能/光信息和热能/声信息，一方面可以大大提高太阳能的转换效率，另一方面可以同时处理光/声信息；采用多尺度结构可以同时调控热辐射和热传导；固态声子器件和微电子或纳米电子器件集成可以同时控制信息和热能耗散，这将是未来低能耗绿色电子器件的发展方向。

第四节　弹性力学超构材料

　　光子晶体[2]、电磁超构材料和变换光学等新材料和新方法的发现与发展给予了研究人员极大的启发。弹性波类似电磁波，能够用经典的波动方程来描述，其物理原理及数学方法上的相似性直接导致了声学超构材料、变换声学等概念相继出现。基于和光子晶体类似的原理，声子晶体是指体弹模量或质量密度等参数周期性调制的一类人工复合材料，该材料可以像光子晶体调控光波一样调控弹性波的激发、传输与耦合，进而调控整个人工复合材料宏观的力学、声学特性[139]。在声子晶体中，研究者不仅可以改变晶体中的人工点阵（也常称为超晶格），还能人为地设计每个格点位置上的"人工原子"。这就把声子晶体的概念进一步拓展到声学超构材料：在这类材料中，单体共振源自单个"人工原子"，它与源自晶格对称性的布拉格共振作用一起产生非常奇异的力学和声学特性。

　　目前，学界对于声学超构材料还没有一个公认的严格定义。一些研究人员认为声学超构材料是由有着超常规声学效应的、尺寸远小于波长的结构单元构成的人工复合结构材料，该材料可以在长波极限下反演得到相应的有效弹性参数。然而，另一些学者认为声学超构材料这一概念应当拓展到包含声子晶体在内的、所有具有奇异性能的人工复合结构材料[140]。与光学超构材料相类似，声学超构材料也展现了许多奇异的物理现象和效应，如声波的低频带隙[71]、负折射[141]、超透镜[142]、隐身[143]、波的局域[144]等。

　　弹性力学超构材料（mechanical metamaterials）在此泛指具有超常规力学性能的一类人工复合材料，该类材料的弹性力学性能不仅受限于构成该复合材料的组分，而且强烈依赖于它的结构。因此，弹性力学超构材料包含声学超构材料，它能够展示出均匀材料所不具备的、奇异的弹性力学性能（如负密度、负弹性模量、各向异性密度张量、负泊松比等），这类材料将在材料科学、声学、结构力学、建筑学、地震学等学科方面具有重要的研究价值，同时在新型材料、信息、能源技术方面会有重要应用。特别需要注意的是，由于服役环境和条件不同，针对弹性力学超构材料的研究不仅涉及静态的弹性力学问题，也会涉及流体中的声波传播问题，以及弹性体中的固体弹性波的传播问题。因此本节内容将按照如下规划来安排：①流体超构材料的异常特性；②弹性力学超构材料的奇异特性；③弹性力学超构材料中弹性波的传播特性；④变换声学和变换弹性力学；⑤我国弹性力学超构材料的研究现状；⑥弹性力学超构材料的展望及建议。

一、流体超构材料的异常特性

首先讨论没有剪切应变和横波传播的流体（包含气体和液体）中的声波传播问题。在流体介质中，声波散射体可以是传统的均匀介质声学材料或者人工设计的弹性力学超构材料。传统的均匀介质声学材料一般都没有负的密度，也没有负的弹性模量，在通常情况下，其弹性参数几乎没有色散效应，频率和波矢量的关系往往满足线性色散关系。而传统的人工复合材料的有效密度或者弹性模量往往用常规的 Berryman 公式[145]来描述，采用填充率来几何平均。这种方法仅仅适用于静态弹性力学或者满足低频近似条件的情形。但是针对高频动态声传播，共振效应会导致弹性参数的奇异色散行为及负的质量密度或弹性模量。

弹性固体的质量密度依赖于偏振方向及波的传播方向，需要通过严格的力矩阵形式来描述。理论上有两个较简单的模型，即谐振子系统中的洛伦兹（Lorentz）振荡模型和类似自由电子德鲁特（Drude）模型[146]。它们分别对应于不同的共振频率、共振吸收带宽和色散关系。其中共振频率由固有的弹性参数和固有的质量密度来决定。关于声学超构材料的洛伦兹振荡模型，香港科技大学沈平课题组利用由外部包裹软橡胶的铅球构成的简单立方晶体，在低频实现了全方向三维体带隙，对应负的质量密度。该带隙对应波长远大于结构周期，可见其并非源于布拉格散射机制，而是源于局域的Lorentz 共振[71]，它具有有限的负密度带宽。而基于德鲁特模型的弹性超构材料会在低于其固有频率时显示宽带的负质量密度，可用于抗震隔声。这种类似金属表面等离极化激元的负质量密度有利于在其结构表面激发声学表面波。

采用局域共振单元获得的负密度或负模量的带宽一般比较窄，所以研究人员考虑用其他方式来获得频率响应较宽的负参量。用侧壁开有小孔的管子可以实现负的模量，而用中间带有较大质量的小振子的薄膜的横振动可以获得负的有效密度，将这两种结构组合之后可以在一维上实现宽频响应的双负参数[75]。利用不同阶数的法布里-珀罗（Fabry-Perot，FP）共振，沿着波传播方向和垂直波传播方向的有限长狭缝的 FP 共振分别对应于密度和弹性模量共振，可以实现有效的零质量密度[147]。香港城市大学

Jensen Li 课题组采用迷宫结构（coiling space）在不增加结构整体尺寸的情况下增加了声的传播路径[148]，利用该结构调节传输波的透反射相位可以构建超构表面（metasurface）[149, 150]。

此外，将各向异性的单元引入声学超构材料后，能够使材料的有效密度或者有效弹性模量呈现各向异性[151]，这有助于利用变换声学方法实现声的隐身[152]，并且利用宽频响应单元能够很好地实现声超透镜[142]或者双曲透镜[77]。通常有效弹性参数都是通过局域共振或者有效平均来实现的，采用的是等效媒质近似。此外，也可利用能带工程理论来分析声子晶体的色散、等频线、态密度，进而分析声波在其内部传播的规律。通过透反射系数的有效介质反演，可以得到长波近似下声子晶体的等效参数。一般声子晶体的带隙意味着存在单负的有效参数[153]——负的有效密度或者负的有效弹性模量。而布里渊区边界布拉格散射导致的强色散通常意味着各向异性的密度或者弹性模量，由能带折叠导致的负斜率色散则可能对应着双负的有效参数及负折射率。

上述流体声波超构材料都是被动式的，最近研究人员考虑利用压电材料主动地调制有效参数，在管子内部引入压电膜来实现反馈可控的有效密度[154]，在管子旁的亥姆霍兹腔内引入压电膜来实现可控的有效弹性模量，这种主动式超构材料对于声控微流芯片等新型超声器件的设计具有重要意义。

二、弹性力学超构材料的奇异特性

由于结构力学在国民经济生活中的重要性，弹性力学超构材料的另外一个研究趋势是研究静态的弹性力学超构材料。人们一般通过体积模量 B 和质量密度 ρ_0 来描述气体和液体中弹性波的传播行为。气体和液体只支持纵向偏振的压力波，而固体可以支持纵向和横向的弹性波。其中剪切模量 G 与横波模式密切相关，其在理想气体和液体中为零，而一般固体弹性模量为张量形式，往往用泊松矩阵来描述。对于各向同性介质来说，泊松矩阵可以退化为固体力学中的泊松比 v 形式。对于各向同性介质的特殊情况，有 $B/G=1/3(v+1)/(0.5-v)$。传统弹性力学材料的 B 和 G 均为正，这限定了泊松比的可能区间为 $[-1, 0.5]$。

从密尔顿图（图 9-12）中[155]可以看出，每种各向同性材料对应图 9-12 中的一个点。一般常见弹性固体的泊松比 v 为 0.3～0.5，$B/G≈2$，这意味着体积模量与剪切模量的数量级相同，即它们都位于图 9-12 中的对角线处。通常情况下，气体和液体具有有限的体积模量 B，但剪切模量 G 为零，等价于 $B/G \gg 1 \Leftrightarrow v \approx 0.5$。这意味着它们位于图 9-12 中的纵坐标轴上。那么是否还存在其他类型的弹性材料呢？通过人工超构材料的设计，人们发现一种 Pentamode 反胀超构材料[156]和拉胀材料（auxetics materials）[157,158]，具有奇异的泊松比。通常 $v < 0$ 或甚至在相对极限 $B/G \ll 1 \Leftrightarrow v \approx -1$ 下的弹性超构材料也称为拉胀材料。1987 年，研究人员提出了一种 $v < 0$ 的三维泡沫，称为拉胀材料，即表示一拉就胀[159]。活骨组织就是一种天然的各向异性拉胀材料实例。此外，英国科学家设计制备了泊松比为-0.7 的多孔聚四氟乙烯树脂，拉胀性显著。当前设计拉胀材料主要采用两种方法：一种是基于高分子结构的设计和合成，从分子水平上合成拉胀高分子网络；另一种是利用介观和宏观拉胀网络结构，通过筛选和成型工艺来设计制备拉胀材料。后一种方法还可以采用受拉力作用的主链棒状液晶高分子，令其发生翻转，使得链状体系胀开，形成拉胀性。最近，研究人员考虑利用超构材料的思想来设计制备拉胀材料。例如，德国 Martin Wegener 课题组设计一种特殊的凹型领结单元，当沿着 z 轴方向施加压力时，其将沿着 z 轴和 x 轴的方向收缩[160]。泊松比的符号和大小可以通过 α 角来控制，当 α 角为 90° 时泊松比为零；当 α 角小于 90° 时为负泊松比。因此，可以在制备过程中调控 α 角，进而调控材料的泊松比。通过调控 α 角，泊松比可以为正、负值，也可以趋近于零。这个基本的领结单元可以组合成二维模型系统和三维（各向异性）弹性力学超构材料。得益于材料增材制造及双光子吸收立体加工技术的发展，从宏观到介观尺度上可以利用这样的基元结构设计出一系列新型的弹性力学超构材料。通过调控 α 角，甚至可以构造出正负泊松比交替的新型宏观声子晶体或弹性超构材料，它们将展现特殊的性能，尤其可期待其界面处的弹性力学性能、动态响应下的界面波特性及奇特的非线性响应。此外，该组还设计了一种基于顶点相连的旋转结构单元的拉胀材料，探索 $v = -1$ 时的极端情况。正如该组数值计算而言，泊松比越接近-1 这个极限，其内连接面会越发趋近于零厚度[161]。对其一侧施加压力，其内部发生了旋转且沿两个正交方向均发生了结构收缩。而受拉胀球这一玩具启发［图 9-13（b）］，一个具有 24 个独立圆形孔槽的 Buckliball[162]也显示了奇特的拉胀特性，具有加压结构压缩的特征［图 9-13（a）］。

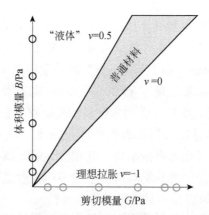

图 9-12 各向同性材料的体积模量 B 和剪切模量 G 对应于密尔顿图中的一个点[155]

绝大多数的普通材料分布在其对角线附近。理想液体、气体和 Pentamode 超构材料的 $G=0$，
分布于纵坐标轴上。理想临界流体和拉胀弹性超构材料的 $B=0$，分布于横坐标轴上

(a) Buckliball   (b) 拉胀球

图 9-13 受拉胀球启发制备的 Buckliball [162]

其顶点连接处可旋转

Pentamode 反胀超构材料是一种显示出理想流体行为的人工三维结构固体材料，它难以压缩却很容易变形。五模式是指该材料的六分量弹性张量中有五个为零的本征值（只有一个非零）。五模式材料最早由 G. W. Milton 于 1995 年在理论上提出，2012 年由德国 Martin Wegener 小组利用激光直写技术制备，即由点接触的双锥结构来构成。在长波极限下，该材料显示了明显的各向同性的流体性质，支持单模式的弹性压缩纵波，但同时具有超各向异性的弹性模量[156]。此外，沿着该材料的立方体对角线方向压缩时，其横向几乎无形变，即呈剪切模量为 0、泊松比基本接近 0.5 的理想流体。我们相信该类材料将会在流体声学及变换声学中具有重要的应用前景。

不仅如此，在很多实际应用中，我们希望材料具有高的杨氏模量 ε 和低的静态质量密度 ρ，但是 ρ 减小往往引起 ε 的大幅度减小。研究表明，一种光固化铜电镀机械网状材料并不满足 $\varepsilon \propto \rho^2$ 的普适关系，而是满足 $\varepsilon \propto \rho^2$ 的异常关系[163]。研究显示，该材料结构弹性骨架中含有大量的空气，它的过剩质量密度为 0.9mg/cm^3，小于室温下空气的质量密度（1.2mg/cm^3），表现出优异的隔热性能。后来，航空石墨[164]的过剩质量密度进一步降低至 0.2mg/cm^3。最近利用石墨烯、碳纳米管备气凝胶引起了广泛关注，该类材料具有较高的弹性模量，却具有较低的质量密度。当其在空气中振动的时候，由于大量的微型气孔和微纳结构，其和空气的摩擦损耗将远大于常规材料。一般而言，其黏滞阻性和局域微孔中的声压强度是正相关的，因此这将大大增加摩擦损耗，可能是一种理想的吸声材料。

总之，弹性力学超构材料的提出促使人们去设计各种具有奇异弹性参数的新型结构力学材料，如具有负泊松比的拉胀材料、具有接近零剪切模量的固体反胀材料、具有各向异性密度张量的超构流体，以及具有高弹性模量却极低质量密度的超轻材料等。这些新型的弹性力学超构材料将在复合材料工业应用、拉胀滤网、拉胀纤维、航空航海材料、深海抗压材料、新型吸声抗震材料、防弹衣等方面有应用前景。杜克大学 Smith 课题组[162]利用拉胀材料结合变换光学，提出了一种压力智能控制的微波隐身材料，也为超构材料的研究提供了一条新的思路。

三、弹性力学超构材料中弹性波的传播特性

（一）声波在流体声子晶体中的传输特性

声子晶体按弹性波种类可以分为两类：一类是用流体作为背景的流体波声子晶体；另一类是用弹性固体作为背景的弹性波声子晶体。从物理学上看，前者背景中不存在声波的剪切张量模式，仅支持纵声波；而后者背景是弹性固体，这种背景中不仅存在压缩的纵波，也存在剪切的横波。

声子晶体展现出一系列新奇的物理效应。例如，弹性波会局域在声子晶体的点缺陷中或在线缺陷中以缺陷模式传播；三维流体声子晶体带隙中存在隧穿现象[165]；二维流体波声子晶体中狄拉克点附近有颤动拍频效应[166, 167]：在频率为狄拉克点频率时，声波通过声子晶体的透射率反比于声子晶体的厚度。香港科技大学研究组和南京大学研究组还分别利用声子晶体的三重简并狄拉克点或者四重简并狄拉克点观测到了零折射率现象，并观测到了由零折射率引起的相速度无限大、声波隐身、声任意波导弯曲现象等奇异效应[168, 169]。

不仅如此，声子晶体带隙边也展示了许多新奇的物理效应，如声波传播路径的异常折射、强的群速度色散及超棱镜分频现象；研究者通过调节流体波声子晶体布里渊区的色散，同时从实验和理论上实现了声波负折射效应；南京大学研究人员还利用声子晶体中高能带不同布洛赫波模式的能带交叠，在流体波声子晶体中观测到声波的双折射，并且同时观测到声波的双负折射和单一点源的双成像干涉效应[141]。此外，流体波声子晶体可以看作一种新的奇异流体（metafluids），声波在其中的传播不同于传统的各向同性的流体[170]。2010年，研究人员利用声子晶体的带隙效应和各向异性能带，设计了基于非线性频率转换和波矢量跃迁的声单向传输整流器件及相应的二极管元件[84]。

（二） 负弹性参数超构材料界面的声表面波

声表面波由于具有亚波长色散关系，有效波长变短，因而空间分辨率提高，传播波速变慢，器件尺寸减小，对于亚波长成像、小型化亚波长器件集成等具有重要意义。传统的声表面波一般存在于流体/固体界面的瑞利表面波（Rayleigh surface wave）、兰姆波（Lamb wave），或者存在于固体/固体界面的斯通莱波（Stoneley wave）。但声学超构材料不同于传统的各向同性的流体，其可能具有负的有效质量或者负的有效弹性模量，在其界面处可能形成一种新的类似金属表面等离激元的声表面波[85]。虽然该声表面隐失波的元激发依然还不清晰，但两者均具有亚波长的色散特征和表面局域场增强效应。由于具有亚波长色散关系，如何激发声表面隐失波是需要考虑的重要问题。人们可以采用全反射或者声栅耦合，以及亚波长点声源等具有高波矢分量隐失波来激发声表面隐失波。例如，通过减小传统声子晶体的厚度到单个原子层，可利用单层声子晶体来实现二维波的束缚。声表面隐失波不仅能在声栅和空气的界面激发，也能够在声子晶体表面激发。在带隙中，声子晶体能够看作具有单负参数的有效介质。其表面共振态可以用超原胞或格林函数方法计算出来[171]。根据这种理论，声表面隐失波能够通过在声子晶体表面近场附近放置点源或者用大角度入射的平面波，在具有带隙的有限声子晶体的表面上激发。

声表面隐失波具有亚波长的色散关系，支持纵波模式，并且具有局域场增强效应，将会导致声波增强透射[172]、增强吸收、共振隧穿，以及声波自准直辐射等新颖的物理效应[81]（图9-14）。这些效应可应用于阵列换能器及相控声呐器件的小型化、盲点消除、提高辐射方向性等性能改进。

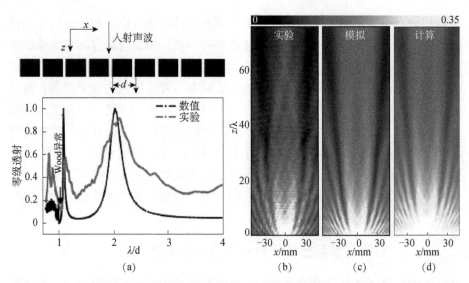

图 9-14 （a）声表面隐失波引起一维狭缝声栅的异常透射效应，在特定波长处其透射率接近于 1，大大增强于常规单缝衍射的透射率[172]。右侧由周期凹槽激发的声表面隐失波导致狭缝声波的自准直效应，超过 80 个周期。（b）、（c）、（d）三图分别为实验、数值模拟和动力学散射叠加模型计算的结果，三者非常吻合[81]

此外，声表面隐失波也在体块声学超构材料中起到重要作用，如负折射和亚波长聚焦。为了得到超过瑞利极限的分辨率，必须在成像过程中尽可能收集隐失波信息。由声学双负超构材料组成的超透镜中，声表面隐失波在空气-结构界面处激发，并被周期结构耦合到远场从而对远场成像有贡献。此外，利用声学超构材料的各向异性密度张量可以实现具有强各向异性的双曲型透镜，它可以在远场实现亚波长信息的放大和超分辨成像。因此，实现声波亚波长成像无论对于基本声成像理论的研究还是对于医学超声成像、HIFU超声诊断治疗、声呐指向性能的改进和扫描角度的提高等实际应用都具有重要意义。

（三） 弹性波在超构材料中的传播特性

对于超声检测、换能器、地震声波、通信用声表面波器件、声表面波传感器件等的应用，需要关注固体弹性波。弹性模量张量往往取决于固体材料的晶体对称性等，因此固体弹性波的激发、传播和耦合比流体复杂得多，但对于材料的超声无损检测、换能器的设计显得非常重要。

对于固体弹性波的激发，换能器背衬材料和阻抗匹配材料的设计与制备至关重要。关于阻抗匹配材料，过去使用钨粉微粒材料混合环氧树脂等聚合物，亚波长微粒可用几何平均近似方法来分析。现在可以采用超构材料思想来研究亚波长散射颗粒介质中超声波传播问题。微粒和聚合物的混合可以看作一种新型的复合微结构材料，考虑微粒的散射特性及其与周围固体的摩擦、黏滞阻性等相互作用，可为阻抗匹配材料提供新型的设计理论与方法。不仅如此，阻抗匹配材料过去主要采用 KLM 方法进行层状匹配层的设计，但是弹性波的变换声学将会为宽带阻抗匹配材料的设计提供新的思路。新的超声耗散机制，对于设计新型消声瓦结构、新型吸波抗噪材料、新型高强度高损耗的抗震材料及新型的宽带吸声材料等实际应用非常重要，尤其是低频、亚波长的吸收。而人工微结构的引入将有利于设计薄层、宽带的新型吸波材料。

固体声表面波对于叉指声表面波换能器和表面地震波都有重要的研究意义。在此侧重讨论将传统的叉指声表面波换能器结合新型的人工微结构材料的设计实现微波集成、声表面波[172]新型传感器等新型器件。例如，在压电晶体表面设计制备孔状或柱状结构的 2D 声子晶体，可以形成表面波的能带结构，操纵表面波的色散，轻易实现声表面波和体波的耦合，而且它可以形成各种声表面波带隙和波导、微腔结构，可以很好地操纵叉指声表面波的传播，实现分频、分束、干涉、慢声、延迟、空间频散等信号的处理功能。这将非常有利于与微波器件的集成。同样频率下，声波波长远小于微波波长，有利于微波的亚波长器件的集成及传输线网络尺寸的缩减。此外，使用声波能够降低器件的温度敏感性并且提高抗辐射性能。更重要的是，压电晶体材料表面的 2D 声子晶体等人工结构作为新的载体，将提供各种核酸抗体、蛋白质抗体、化学反应的微反应平台，而这些微反应平台的反应引起的结构变化，将引起叉指传输信号的变化，并且该结构将非常容易和微流体芯片集成，因此声表面波声子晶体器件可以作为化学反应和生物检测的新型传感器件。

最后讨论地震波的传播及操纵的问题。最近韩国和法国的一些研究工作表明，通过在地下打一些孔洞或制备类似亥姆霍兹共振腔的结构，构成一定阵列排布，或结合变换声学的设计，将可以有效地吸收地震波或者反射地震波。这种通过设计宏观尺度的结构来吸收地震波或反射地震波的方法，在一定程度上可以保护一些重要建筑、城市免受地震波的损害，可能具有非常重要的意义。地震可以通过纵向压缩（或"主"）波、横向剪切（或"次要"）波和瑞利波对地球表面造成破坏性的影响。其中瑞利波的波长（数米至数百米）与房屋等敏感基础设施的尺寸最接近，故具备更强的破坏能力。瑞利波的行为可以形象地用双调和方程来描述。因此从原则上讲，我们只需考虑其中涉及的斗篷隐身问题。当然，目前的实验还只是一定范围的演示实验，如果考虑更多的细节问题，土壤可以表现出内衰减性并有可能在地震条件下表现出非线性行为等，因此我们还需要结合地震学家、建筑学家等顶层的设计，从而推动这一研究领域的发展。

四、变换声学和变换弹性力学

基于声学和弹性力学超构材料的研究发展，变换声学在控制声波传播时所需要的苛刻的材料参数得到满足，这其中隐身受到了极大的关注。目前主要有两种方法设计流体声波隐身所需的超构材料。一种是设计声学电路网络结构，类比电路方程来设计声波的串联电感和并联电容，通过改变亥姆霍兹共振器[143]的尺寸来匹配理论计算的有效密度和弹性模量。另一种是结合变换声学和线性坐标变换设计出各向异性的材料参数，并通过在长波近似下调制多孔塑料板[152]的尺寸来实现所需的材料参数。随着在水和空气中的实验成功验证了声波的隐身效果，这种调节材料有效参数的方法可以应用到其他变换声学的领域，如设计声波全向吸收体、声全向偶极辐射、声波幻象或者在声波中实现类光的一些新奇效应等。此外，五模式反胀超构流体的强各向异性的弹性模量、各向同性的密度，将会使得声学变换的材料参数更容易设计和制备。而弹性力学的变换由于剪切横波和纵波的耦合，常使得其波动方程不满足形式不变性，为了解决这个问题，还需要考虑将偏振控制在纵波，而无剪切模量，这也正需要反胀超构材料。例如，美国华盛顿特区的国家研究中心 Layman 等从理论上说明了当 B/G 从较小的 100 增大至 1000 时，将从本质上导致弹性斗篷呈现完美的隐身性能[173, 174]。上述的变换都基于单纯的被动结构，而类似主动式消噪的方法，采用主动式超构材料也许也可以实现弹性体的隐身或者新的变换。

五、我国弹性力学超构材料的研究现状

虽然声子晶体和声学超构材料的研究源于欧洲，但是华裔科学家对弹性力学及声学超构材料的研究起着非常重要的推动作用。例如，香港科技大学的沈平、陈子亭等对声学超构材料的有效介质理论和实验设计工作进行了重

要的开创性的研究，提出了 CPA 方法构建固体多壳层结构和气泡结构的超构材料设计方法；沈平等还利用薄膜共振设计了低频宽带的强吸收，为低频消噪隔声提供了重要的应用基础；美国加利福尼亚大学伯克利分校的张翔研究组提出了利用亥姆霍兹腔阵列构造负弹性模量超构材料；香港城市大学的李赞桓提出了迷宫结构的亚波长共振的超构材料；在关于声子晶体能带计算和声波负折射的研究方面，南京大学的陈延峰、武汉大学的刘正猷等，以及国防科技大学、华南理工大学的相关课题组都做了重要的工作；而关于声波异常透射，声表面波的激发、传播等问题，南京大学、武汉大学、香港科技大学的相关课题组也做了许多重要的开创性工作；南京大学继续发挥其在声学研究方面的优势，在声单向传输、声整流效应、声非互易传播方面又做了许多开创性的工作，引起了国际学术界的广泛重视。其中南京大学声单向的工作获得了《科学》《自然材料》《今日材料》及美国《物理评论快报》的广泛报道，并推动了光波单向传输研究的又一轮热潮。

弹性力学超构材料和声学超构材料是一个跨学科的新兴研究领域。它不仅涉及材料固体力学、声学、超声内耗等学科和研究领域，更准确地说，它是一个由华裔科学家做出重要贡献和推动的新兴学科。希望该研究领域能够得到更多的重视，不仅仅得到材料科学研究的重视，也希望得到物理学、声学、力学、地震学、颗粒软凝聚态学研究的重视，重点研究这种非均匀人工复合结构材料体系的声、弹性波传播及应力应变分布的问题。目前国内从事声学研究的固定人员队伍规模偏小，大部分还是工程声学的研究人员，而新兴人工超构材料研究人员就更加少，将该人工超构材料用于声学或者结构力学工程应用研究的人员和财力投入也就更加不足，相应的组织和会议对此问题的关注也非常不足。由于固体力学、声子学，以及热学的相关性，同济大学李保文等举办了国际声子学和热能科学会议和国际声子学大会，以此推动声学超构材料、声子学与热能科学的发展。

六、弹性力学超构材料的展望及建议

（一）利用弹性力学超构材料和声波超构材料操纵声波与弹性波传播

基于人工结构的表面波是准二维波并且有复杂的本征模式，计算这些能带结构的方法还需要发展。同时，制造这些器件化的表面波声子晶体和声学超构材料也是一个具有挑战的研究课题，需要集成高频声源和电声探测技术，以及集成微加工的工艺。

太赫兹频率的声子带隙效应已经在胶体声子晶体中被观测到[175]，这个频率介于低频体振动和原子热振动，对应于纳米材料的集体振动。利用硅基高频声子晶体，可以调控硅基薄片的热导率，从而可以较大幅度地提高硅材料的热电系数。这对于研究纳米体系中的声子和其他电子、准粒子的相互作用具有重要意义。

生物界的一些结构具有无法比拟的优势，如人耳识别系统、果蝇定向系统、蝙蝠定位系统，人工声子带隙材料可以考虑与仿生学结合。利用声学超构材料并通过变换声学的方法将地震波牵引到人烟稀少区，从而降低地震灾害对于人类城市的打击。将声学超构材料应用到高铁、地铁，减小噪声，减轻高铁车轮对铁轨的破坏作用。

吸声材料无论对于音频声学还是对于水下超声的吸声层、消声瓦的设计与制备，以及最终应用都很重要。2014 年，香港科技大学沈平等通过声学超构表面的设计，结合局域共振单元，实现了薄层、低频、宽带的明显吸声效应[176]，而设计将其推广到水声学上值得研究。

（二） 开发设计新型的弹性力学超构材料

当前发展出来的弹性力学超构材料种类繁多，如负密度或者负弹性模量的超构材料、超低密度的超轻材料、一定刚性的反胀材料、负泊松比的拉胀材料、各向异性密度张量的超构流体、密度或弹性模量可调材料，甚至密度随电致或者压致相变的新型智能材料等。利用这些新奇的弹性力学超构材料操控弹性波的传播、激发、耦合等性质，设计出新型器件。例如，利用负密度材料来补偿头骨阻抗失配，实现超声波穿透头盖骨，这对于发展脑部超声学研究和诊断具有重要意义；研究负密度材料和正密度材料的界面声表面波对于异常声透射、声准直、声隧穿的研究也非常有意义；而设计负泊松比及各向异性密度张量的超构流体等对于弹性波、流体声波的变换隐身及新型换能器阻抗匹配层的设计也起着非常重要的作用。

此外，超构材料的思想不仅对材料常规的弹性力学参数（如密度、弹性模量等）具有神奇的作用，也启发人们对其他弹性力学参数（如压电系数、黏滞系数、吸声系数、非线性压电增益系数等）的设计和调控。这将促进人工压电材料、新型非超声内耗型吸声介质、新型声阻抗匹配材料、超黏滞材料等的研究。

总之，弹性波是一种重要的经典波，声子是一种重要的能量和信息载体。一方面，通过对材料弹性参数的设计和调控，操纵声波和弹性波的传播，开拓其在抗震隔声、超声波无损检测、超声影像、超声重构、声波通信领域及微波声学信息集成技术等方面的应用。另一方面，通过凝聚态固体物理中高频声子带隙材料的研究，可以实现对材料热学性质、电学特性相关的声子的量子调控，这一方向的研究内容包括声子晶体基微纳器件中声光相互作用、声子对光子带隙、声子对极化激元、声子对载流子和激子等粒子的作用及它们之间的耦合效应等，这些问题的研究对实现高频声子对微纳器件的宏观热、电、光学性质的量子调控均具有重要理论和现实意义。弹性力学超构材料将会在很多领域显示巨大的潜在用途，如抗震防护，隔声消噪，新一代电声器件，声隐身和声探测，超声成像和超声诊断、HIFU 超声治疗，航空、航天、航海抗压材料等。弹性力学超构材料的研究必将为国民经济和国防应用提供重要的力学和声学材料基石。

第五节　光子晶体及其应用

光子晶体是一种介电常数呈周期性或准周期变化的材料，周期与光的波长可比拟，根据周期变化的维度，可以分为一维、二维、三维光子晶体，如图 9-15 所示。自从 1987 年 Yablonovitch 和 John 各自提出光子晶体的概念以来[1, 2]，这种光子带隙材料一直吸引着人们的关注。光子晶体对光的特殊调控作用源自周期结构对光的散射，这种散射使得光在光子晶体内的传输特性依赖于特殊的色散关系。在光子晶体中光的色散曲线呈带状结构，带与带之间会出现类似于半导体中电子带隙的光子带隙，频率落在带隙中的光波被严格禁止传播。处于光子晶体能带带边的模式使光子晶体可以实现大面积的模式振荡[177]，而特殊的等频面则是光子晶体中超棱镜[178]、自准直[179]、负折射[180]等现象的物理起源。在完美光子晶体中引入线缺陷或点缺陷[181]，能够打开带隙，产生缺陷态，从而使这种缺陷具有波导或微腔的功能。光子晶体对光子态的调控使人们构建了光子能带工程，并由此实现了一系列小型化和集成化的光子器件。

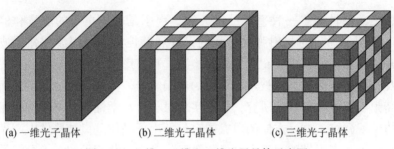

(a) 一维光子晶体　　　　(b) 二维光子晶体　　　　(c) 三维光子晶体

图 9-15　一维、二维和三维光子晶体示意图

一、光子晶体无源器件

无源器件中光子晶体主要控制光的传播行为，研究得最多的当属光子晶体波导。利用其能够实现几乎无损耗的大角度弯折传输[182]，可以很容易实现分光[183]；利用其偏振特性还可以实现超紧凑的偏振分束器[184]。从模式特性和耦合效率方面考虑，研究人员将优化后的单模偏振分束器与弯折波导集成[185]，理论计算得到在解耦合波长 $\lambda=1.55\mu m$ 处，横电（trans verse electric，TE）模的透射率达到97%，TE 模和横磁（transverse magnetic，TM）模的消光系数都大于 20dB。结合其他光子晶体器件如高品质因子微腔，还可以构成性能优异的上下话路滤波器[186]。利用光子晶体中的特殊等频面，可以使光束分光、准直，实现类似光谱仪的器件[187]。

光子晶体的一个非常有潜力的应用是在光集成芯片方面。光子晶体器件的尺寸远小于传统的光电子器件，因此基于光子晶体的光集成芯片的集成度会大幅度提高，片上（on-chip）光集成是光子晶体研究的一大方向。目前人们对于集成芯片的研究大多还是集中于单独器件，对不同器件集成后的特性鲜有报道，而不同器件之间的集成对光子晶体芯片的功能实现具有重要意义。

光子晶体特性还依赖于其基质材料的性质。例如，在磁性光子晶体[188]中，磁导率张量有非零的非对角元，使得光子晶体的能带呈现非倒易性，因而磁性光子晶体可以实现光的单向传播。磁导率张量随着外加磁场的大小和方向改变而变化，可以调节外加磁场来改变磁导率，进而改变光的传播方向。已有人通过将磁性光子晶体的 90°弯折波导和分束器集成，设计出了一种磁控光子晶体二进制发生器，模拟实现了 4 位二进制编码输出[189]。

在光学生物医学探测方面，与许多基于电磁场的倏逝场和分析物相互作用的光学检测平台不同，光子晶体的生物传感器可以在低折射率区域（如空气）实现较高的场局域，这增强了光与探测分子之间的相互作用，使其具有较高的检测精度，能对传感器附近极小生物分子引起的折射率变化做出反应。与目前商用的集成光学传感器相比，光子晶体传感器的尺寸几乎缩小了三个量级，极易集成；检测灵敏度大大提高，可以实现单分子检测。光子晶体传感器的主要类型有导模共振型[190]、点缺陷型[191]、线缺陷型[192]和激光器型[193]等。

为了实现多位置传感，光子晶体传感器阵列也正日益引起广泛兴趣[194, 195]，下一步的目标是需要可单片集成的、并行传感无串扰的传感器设计方案。自准直光子晶体[179, 196]具有光定向传输无扩展、交叉传输无串扰的显著优势，这种优势有助于研发新型微纳传感器并提高传感性能。研究人员基于折叠型迈克耳（Michelson）自准直干涉仪设计了一种二维光子晶体传感器[197]，不仅利用干涉臂传感区实现光束干涉相位的变化，而且利用反射器传感区实现干涉强度的变化，其计算的探测灵敏度、优值品质因子（figure of merit，FOM）和FOM*等可与近年报道的光子晶体和表面等离子传感器数据相比拟[198]。

光子晶体实用化的一个亮点是光子晶体光纤[199, 200]，其具有不同于甚至优于传统光纤的某些特性，利用光子带隙结构解决了光子晶体物理学中局域场的加强、增强非线性光学效应、辐射模式耦合等一些基本电动力学过程，它已广泛应用于光纤激光器和放大器、超连续光产生、光频率梳、光脉冲压缩等非线性器件，色散控制、滤波器或开关等通信器件，纤维光学传感器，关联光子对产生、电磁感应透明等量子光学领域。我国南开大学、天津大学、清华大学、燕山大学、武汉邮电科学研究院、长飞光纤光缆股份有限公司等单位较早开展了对光子晶体光纤的研究，不但在原理方面有创新，也有较为成熟的产品推向市场并得到实际应用。经过20多年的发展，人们正把多种技术与光子晶体光纤相结合，使得光子晶体的研究领域从物理、通信扩展到化学、生物、医疗甚至国防等。

二、光子晶体有源器件

有源器件中根据光子晶体控制光的产生和传播的基本原理，人们已经设计了各种光子晶体结构用于提高LED的光提取效率[201]，在光子晶体探测器[202]及非线性光双稳态器件[203]研制方面也取得了一定的成果。2012年，哥伦比亚大学研究组利用硅光子晶体微腔的高Q/V优势（Q为品质因子，V为模式体积），结合石墨烯卓越的非线性光学性能，开发出一种石墨烯-硅光电混合芯片[204]，具备超快非线性光学调制性能。但是最引人瞩目的当属光子晶体激光器。

早在 1946 年 Purcell[205]就探讨了微腔对电磁场和材料耦合的调制作用，自发辐射在光波长量级的腔中受到调制而增强。光子晶体的带隙效应为实现更高品质因子和更小模式体积提供了途径。例如，三维光子晶体可以从空间三个维度对光完全限制，理论上在这种结构上制作的缺陷腔可以实现无阈值的激光器[206]。三维光子晶体制作困难，而二维光子晶体薄板相对容易制备，且其微腔激光器具有高品质因子和小模式体积的优点。此外还可以通过微调激光器的几何结构而精细地改变激光波长和模式，因此在光集成芯片光源中有重要的应用[207-209]。

1999 年，加州理工学院 Painter 等[210]设计制作出第一个光子晶体点缺陷腔激光器，该激光器结合了光子晶体的光量子调控与半导体量子阱材料受限电荷态的量子调控。2004 年底，韩国科学技术院的 Lee 等[211]发表了电注入光子晶体缺陷腔激光器的结构，单缺陷腔下方有介质柱提供导电通道并充当导热介质。为了得到更高的品质因子，人们还对微腔的结构做了很多优化设计。2003 年，京都大学的 Noda 小组[212]对光子晶体微腔的结构进行了微调[图 9-16（a）]，首次在 *Nature* 上报道了微腔电磁场边界调控效应对品质因子影响的物理机制，同时他们在无源器件上获得了高达 45 000 的品质因子。随后他们在微腔设计和制备工艺方面不断改进，使得品质因子的提高不断取得突破，迄今已能在实验上获得高达 9 000 000 的超高品质因子[图 9-16（b）][213]。在 Noda 小组的启发下，中国科学院半导体研究所郑婉华研究组在国内率先开展了对变形 H1 腔、H3 腔及三角腔光子晶体微腔激光器的研究，并成功实现了激射[214, 215]。

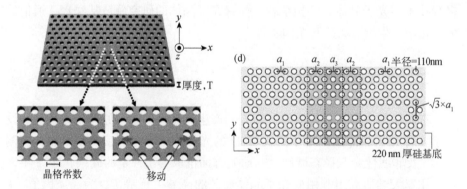

（a）Noda小组于2003年首次在*Nature*上报道了
品质因子高达45 000的光子晶体微腔结构[212]

（b）2014年他们实验上获得9 000 000超高
品质因子的微腔结构[213]

图 9-16　高品质因子光子晶体微腔示意图

　　除了上述纯粹的光子晶体微腔激光器构成的面发射光源，人们又把光子晶体直接与垂直腔面发射激光器（vertical cavity surface emitting laser，VCSEL）结合。光子晶体平面外能带能够用于调控光子晶体光纤中的导模[216]，实现无截止的单模工作，这种特性为调控 VCSEL 中的横模提供了理论依据。在氧化限制型 VCSEL 上的分布布拉格反射器（distributed Bragg reflector，DBR）引入类似光子晶体光纤的波导结构能选择模式及调制模式分布，从而衍生出了一个全新的研究方向——光子晶体 VCSEL。

　　2001 年，德国乌尔姆大学 Unold 等[217]在欧洲光通信会议（European Conference on Optical Communication，ECOC）上首次提出了光子晶体 VCSEL 的概念。2002 年，韩国科学技术院的 Song 等[218]成功地将光纤中的模式体积理论引入光子晶体 VCSEL 理论模型中，经后人不断完善，为器件设计及实验解释提供了强大的理论指导。在提高调制速度方面，Leisher 等[219]采用注入限制的光子晶体 VCSEL，在整个工作电流范围内实现了单模传输为 15GHz 的小信号调制带宽（3dB）。在光束的偏振控制方面，2004 年 Lee 等[220]在 VCSEL 上表面引入四方晶格排列的单缺陷的圆形空气孔光子晶体图形，并在某一个方向上将两个空气孔的孔径调小，实现了 850nm 的单模单偏振输出。国内目前在光子晶体 VCSEL 方面的研究较少，尚属起步阶段。在提高器件的输出功率方面，台湾工业技术研究院 Yang 等[221]曾报道了 990nm 的量子点光子晶体 VCSEL，输出功率高达 5.7mW，边模抑制比超过了 35dB。2009 年，中国科学院半导体研究所郑婉华研究组制作了点缺陷光子晶体 VCSEL，在整个工作电流范围内实现单模工作，边模抑制比超过了 30dB，测得发散角 5.1°是当时国际最小发散角[222]。光子晶体 VCSEL 一个巨大的优势在于它能非常容易地在单个器件中实现缺陷腔阵列，如 1×2 和 2×2 的缺陷腔阵列，甚至能制成规模更大的阵列，而单模、大面阵相干光源始终是人们追求的一个方向。2006 年 Raftery 等对 2×2 的耦合缺陷腔阵列光子晶体 VCSEL 的耦合区空气孔进行非对称调整，实现了同相位超模的激射[223]。2010～2011 年，中国科学院半导体研究所郑婉华研究组采用两种结构的环形缺陷光子晶体 VCSEL[224, 225]，室温连续注入下得到的最大输出功率为 4.6mW，最小发散角只有 5.4°。

　　除了垂直腔的光子晶体面发射激光器，还有一类面发射激光器则是基于光子晶体带边共振效应的横向腔光子晶体面发射激光器。1999 年，Noda 小组将多量子阱有源层结构与带有光子晶体结构的晶片键合，首次报道了二维带边光子晶体激光器[226]，2001 年他们又在 *Science* 上发表了利用光子晶体单元几何结构的控制实现偏振模式选择的结果 [图 9-17 (a)][227]，经过多年的积累和改进，2014 年他们在《自然光子学》(*Nature Photonics*) 上报道了通过 MOCVD 生长光子晶体的方法实现瓦量级的高功率、高光束质量光子晶体激光器 [图 9-17 (b)][228]。由于制作这样的激光器需要复杂的晶片键合或外延生长工艺，2011 年，研究人员基于商业的波导结构外延晶片，采用光子晶体和 FP 腔混合集成的方法，实现了具有超低阈值电流密度 667A/cm^2 的电注入横向腔光子晶体面发射激光器[229, 230]。该类激光器具有降低制造成本的优势，使得其批量化生产成为可能。

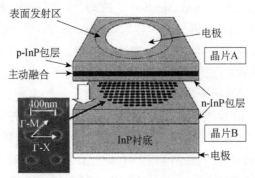

(a) 2001年Noda小组在*Science*上报道了利用光子晶体
单元几何结构的控制实现偏振模式选择[227]

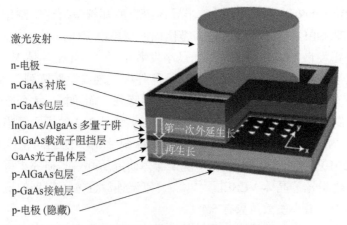

(b) 2014年他们在*Nature Photonics*上报道了采用MOCVD生长光子
晶体的方法实现瓦量级的高功率、高光束质量
光子晶体激光器[228]

图 9-17 基于光子晶体带边共振效应的横向腔光子晶体面发射激光器

然而，未来的光集成芯片不得不考虑光源与其他光子器件的集成问题，面发射光子晶体激光器存在一定的困难，边发射光子晶体激光器则可以容易地同其他光子器件集成在同一个平面内。实现边发射光子晶体激光器有两个途径：一个是利用光子晶体有源波导在能带高对称点处波导模具有的低群速度[231-233]，在波导中实现慢光谐振并输出；另一个是利用高品质因子微腔与波导的耦合，将微腔中的模式输出，其中高品质因子腔既可以直接使用点缺陷微腔来实现[234, 235]，也可以在波导中引入异质结构来实现[236, 237]。

迄今，人们主要关注一个波长出射的边发射光子晶体激光器，而多波长工作的激光器仅仅局限于阵列的范围。2003 年，Checoury 等利用光子晶体激光器阵列获得了多个激光波长[238]。2008 年，Larrue 等也提出了一种实现多个波长激射的光子晶体激光器阵列结构[239]。中国科学院半导体研究所研究人员利用光子晶体线缺陷波导的慢光效应，在一个光子晶体激光器上采用不同位置光泵浦实现了可调多波长激射[240, 241]，调谐范围达到 57nm。

若不经过外部的光束整形，边发射激光器的输出一般为椭圆束斑，这大大影响了其应用范围。近年来的研究显示通过引入光子晶体结构，可以在提高边发射激光器输出功率的同时改善光束质量[242-244]。研究人员在激光器外延方向上设计了纵向光子晶体结构[245, 246]，利用光子晶体的折射率调制效应来调控激光器内的横模，既扩展了基模沿外延方向的模式尺寸，又实现了基模与高阶模的限制因子比的最大化，从而实现低发散角单横模激射。

另外，光集成芯片的实现必然要求发展与成熟 CMOS 工艺兼容的片上集成光源。磷化铟和硅的混合激光是一种目前被认为最有应用前景的适于高密度集成的技术，英特尔公司和美国加利福尼亚大学圣塔芭芭拉分校 2004 年率先开展此项研究，于 2006 年 6 月成功实现激射。之后直到现在，很多小组基于这种硅基混合结构开展了新型激光器的研究[247-253]。同时，要实现高速光互连，单纵模激光器是核心器件之一。布拉格分布反馈（distributed feedback，DFB）激光器和 DBR 是常用的单纵模激光器，这些激光器往往需要全息或电子束曝光等较难或昂贵加工手段，有时还需要二次外延，单片多波长集成很困难。2009～2010 年，Byrne 等提出基于狭槽反射器的单纵模激光器[254, 255]，工艺简单，能单模工作，还可以实现大调谐范围。随后，研究人员在硅基上采用类似多狭槽的微结构，Ⅲ-Ⅴ族材料作为增益介质，实现了高性能混合硅激光器[256, 257]。

未来的光集成芯片中，光子晶体光放大器将占有一席之地。目前存在两类光放大器件：一类是掺 Er 光纤放大器（erbium-doped fiber amplifier，

EDFA）；另一类是半导体光放大器（semiconductor optical amplifier，SOA）。其中 EDFA 仅仅工作在 1550nm "窗口"，而 SOA 的工作范围可以覆盖 1300 nm 和 1550 nm "窗口"，并且 SOA 较 EDFA 的体积小，所以 SOA 更适合光子集成。目前关于光子晶体光放大器的研究还不多见，光子晶体的慢光效应可以用于增强光与物质的相互作用，可以应用于半导体光放大器。采用渐变波导同光子晶体慢光波导耦合的结构[258]，可以在 1550 nm 附近观测到 12.3dB 的光信号放大，而实际泵浦长度仅 20μm。

三、光子晶体的总结与展望

光子晶体自 1987 年提出以来，经过多年的发展，相关理论和技术正日臻成熟，朝进一步应用及实用化方向发展，目前比较关注的方向如下。

首先，光集成芯片是未来发展的重要发展方向之一。光子晶体在波长尺度内对光子的强调控能力在不同分立光子晶体器件中都得到证实，研究具有与电子集成芯片相类似的光集成芯片成为人们努力的重要方向之一。光集成芯片中应包含光源、光传输、光调制、光交换、光检测等功能单元器件，完成信息交换、信息处理及片上检测等功能，该类集成芯片将打破传统信息交换、处理及检测的思路，具有更低功耗、更快速率、更高效率、更好稳定性及重复性的优势。实现对单光子量子态能进行操控功能的光集成芯片将是新的关注点。

其次，结合光子晶体的光场调控和量子结构中的光-电子调控，提高光电子器件性能，是光子晶体研究的另一个重要发展方向。在传统半导体激光器中引入光子晶体结构，已经证实光子晶体的能带调控性能将给激光器带来崭新的发展空间，如低阈值、高效率、高光束质量等。通过光子能带的调控，实现半导体激光高光束质量的输出，已经成为目前国际上同时受到科学研究及行业应用领域广泛关注的重要研究方向。未来的研究将深入挖掘基于光子与电子联合调控下的两者能量转换的动力学机制，突破传统光电子器件的性能瓶颈，使光子晶体激光器获得更高效率、更低激射阈值甚至无阈值、更高输出功率、更高光束质量等性能，最终光子晶体将使得半导体激光器的性能不断改善和突破。

再次，光子晶体光纤的光传输和新型光子器件也是未来的重要发展方向。光子晶体光纤尽管已经发展多年，但其应用的巨大潜力可能还远未发掘，未来几年极有可能在低损耗、高带宽、大容量、低延迟、长距离的信息传输，宽带可调、超短脉冲的新一代光源及器件，新型的化学传感器和用于辅助药物合成的光化学反应器、生物医学诊断治疗，以及集成的片上实验室，量子信息处理等方面取得突破性进展。

最后，光子晶体概念与表面等离子概念等融合形成的超构材料及准粒子态调控新机制也是未来的重要发展方向。光子晶体是一类人工构建的微纳结构，具有传统材料所不具有的特异性能，未来人工微结构光电功能材料有望将光子晶体效应、表面等离激元效应，以及石墨烯等新型材料融合，利用先进的特种微纳结构制备技术，开发出更多具有优异性能的功能器件。这种融合也是未来构建新型功能材料的发展方向之一。光子晶体结构和光子能带概念已经在金属表面等离激元的研究中获得有效应用，构建金属微纳结构，可以通过对表面等离激元波的能带结构的调控，实现对表面等离激元波的传输、局域化等操控，基于表面等离激元波的亚波长特性，突破衍射极限，获得更紧凑、更小尺度的单元器件及具有特定功能的更高集成度的光集成芯片也将是一个值得关注的重要发展方向。

第六节　光学超晶格

自从 1970 年 Esaki 和 Tsu 提出半导体超晶格的概念以来[259]，各种微结构材料的理论和实验研究工作得到了飞速发展，相继提出金属超晶格[260]、介电体超晶格[261]等概念，研究领域不断扩大，研究内容不断丰富。这些超晶格材料已经或者正在成为发展微电子和光电子器件的重要基础材料。

介电体超晶格以介电体为基质材料，其微结构的调制通常可通过铁电畴、铁弹畴的调制，组分或者异质结构的调制，相结构或结晶学取向的调制等方式来实现；也可以通过声光、电光和光折变等物理效应来实现。介电材料中重要的物理过程是电磁波（光波与声波）的激发与传播，介电体超晶格通过微结构的调制而实现材料物理性质的调制，并且调制的尺度与光波和超声波的波长相比拟。介电体超晶格的倒格矢将参与光波、声波的激发与传输过程，产生新的光学与声学效应。

介电体中引入有序微结构，可以实现不同物理常数的有序调制。介电常数（或折射率）周期调制的介电体超晶格称为光子晶体，具有光子能带[262-264]。弹性常数周期调制的介电体超晶格称为声子晶体，具有声子能带[265]。压电常数周期调制的介电体超晶格称为离子型声子晶体，具有极化激元能带[6, 266, 267]。

20 世纪 60 年代初，激光的发明极大地推动了非线性光学的发展。1962 年，非线性光学的创始人、诺贝尔奖获得者 Armstrong[268]，以及 1963 年 Franken 和 Ward[269] 分别独立提出了著名的准相位匹配（quasi-phase-matching）原理。根据这一原理，人们研制出光学超晶格，也称为准相位匹配材料[270-272]，即利用晶体中非线性极化率周期性变号来修正入射波和参量波之间的相位失配，使得非线性光学过程"准相位匹配"，见图 9-18。从波矢空间来看，这十分类似于衍射物理中的布拉格定理，非线性系数周期性调制能够提供一组倒格矢，在一定条件下倒格矢能够参与非线性光学过程，补偿参量波之间的波矢失配，使得非线性相互作用中的波矢守恒。近三十年来，这一基本原理广泛应用到非线性光学的许多领域，产生了许多新的非线性光学效应，导致许多重大发现，推动了非线性光学和微结构非线性光学材料在激光技术与光电子领域的广泛应用，准相位匹配的研究无论在学术界还是在光电子应用领域均产生了很大的影响，成为一个持续的热点。

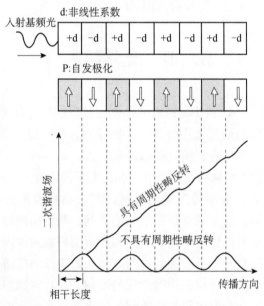

图 9-18 准相位匹配原理及光学超晶格示意图

准相位匹配原理最早应用于激光倍频。早在 20 世纪 70 年代末，南京大学研究组利用晶体生长条纹技术制备出聚片多畴铌酸锂（LiNbO$_3$，LN）光学超晶格，首次通过实验验证了准相位匹配理论，被国内外同行广泛应用[273]。20 世纪 80 年代末，由于应用需求的推动，准相位匹配研究得到了飞速发展，日本索尼公司和美国斯坦福大学在 LN 晶体[274, 275]、中国南京大学在钽酸锂（LiTaO$_3$）晶体[276]、以色列特拉维夫大学和瑞典皇家理工学院（Royal Institute of Technology）在磷酸钛氧钾（KTiOPO$_4$，KTP）晶体[277, 278]中先后采用室温极化技术制备出光学超晶格。这些进展推动了光学超晶格在激光变频方面的应用研究，斯坦福大学首先报道了利用 Nd:YAG 激光器单次通过一块 LN 光学超晶格获得了 42%倍频效率的 2.7W 连续绿光输出[279]；英国南安普顿大学采用一块周期极化 KTP 光学超晶格对 Nd:YAG 的 946nm 谱线倍频获得了近 50mW 的连续波蓝光输出[280]；采用 LN 光学超晶格光参量振荡（optical parametric oscillation）也获得了总功率为数瓦的中红外激光输出[281]。基于准相位匹配原理的特点，光学超晶格的变频范围可以覆盖非线性晶体的整个透明波段。目前，采用光学超晶格已经研制出不同波长、不同输出功率和不同输出形式的全固态激光器，输出谱线范围覆盖了从紫外到中远红外[282-286]；时域上则包括连续、纳秒，乃至皮秒、飞秒等超快脉冲[287]，这些都显示出光学超晶格在激光和高技术领域的应用前景。与此同时，准相位匹配理论研究也得到了快速的发展，南京大学研究组首先提出了准周期超晶格[288]的概念，将准相位匹配理论由单一的光参量过程推广到多参量过程同时发生的耦合光参量过程，并用准相位匹配耦合光参量理论研制出第一块准周期光学超晶格并成功地实现了激光的高效三倍频[4]，在此基础上成功研制出了光学超晶格全固态多色激光器[289, 290]和白光激光器[291, 292]。另外，随着国际上越来越多的研究组加入这一研究领域，竞争日趋激烈，研究内容更加深入，研究范围也不断地扩展。在南京大学研究组首先实现了光学超晶格的飞秒倍频后[293]，斯坦福大学的 Byer 和 Fejer 研究组将准相位匹配技术用于超短脉冲激光的压缩[294]。此后，准相位匹配原理和技术被不同的研究组成功地用于对光场的振幅、相位进行调控，例如，在光学超晶格中先后实现了光的压缩态（光场振幅压缩）[295]、光孤子（光场的空间压缩）[296]、光学双稳[297]和光学混沌[298]；利用电光效应，光学超晶格完成了对光的高速调制[299]、偏折和滤波[300]，实现了光通信中的密集波分复用[301]；利用光学超晶格中级联二阶非线性效应原理，实现了近红外、中红外波段的超快皮秒脉冲输出[302-304]。光学超晶格在量子信息领域的拓展和新一代光通信中的应用也初现端倪。

目前准相位匹配的研究又进入了一个新的阶段，从其自身发展来看，由于现代微加工技术的进步，准相位匹配研究正在从一维向二维甚至三维结构拓展。1998 年，法国 Berger 将准相位匹配的研究从一维扩展至二维，对照和比较折射率调制的一般的光子晶体提出了 $\chi^{(2)}$ 非线性光子晶体的概念[305]。非线性光子晶体的研究无论在理论上还是实验上都取得了一批新的突破,二维非线性光子晶体中高效的非共线激光频率转换(包括倍频、三倍频和光参量)的实验验证进一步拓展了准相位匹配材料的应用领域[306]。2008 年,南京大学研究组提出了局域准相位匹配原理,即利用惠更斯原理,通过对光学超晶格微结构的特殊设计对倍频波的波前进行调控,即在实现倍频的同时控制其传播方向,使得器件更紧凑和小型化[307]。采用类似的思想,2009 年以色列特拉维夫大学的 Arie 研究组在一块横向 3 次方调制的光学超晶格中实现了非线性的 Airy 光束的产生和调控[308];2012 年,该研究组又在二维扭曲极化的光学超晶格中实现了非线性的涡旋光束[309]。

另外,其他相关学科的需求也促使准相位匹配的研究更快地向其他领域交叉、融合,新的结果层出不穷。准相位匹配的理论已从单纯的二维非线性光学材料拓展至各向同性材料[310]、气体甚至金属[311];人们在气体中通过高次谐波产生了极高能量的真空紫外光子(0.5keV)[312];通过将倒格矢引入金属表面等离激元实现了光的超衍射透射[313],通过微结构的设计来实现表面等离激元波的 Airy 光束[314]。最近,准相位匹配原理在量子信息技术中也找到了结合点,人们已通过实验验证了准相位匹配的参量下转换能产生高强度的纠缠光子对,并且可以通过超晶格结构的设计,同时实现纠缠光子的聚焦、偏折、分束等多种精确的空间操控[7, 315-321],这意味着光学超晶格为量子集成芯片的物理实现提供了一条新的技术途径(图 9-19)。光学超晶格还能产生太赫兹波[322, 323],这是人类仅存的尚未开发的电磁波段,在高技术特别是生物技术领域有重要应用;南京大学研究人员从理论和实验上证实了在准相位匹配条件下电磁波与压电超晶格的“超晶格振动”相耦合能产生新的元激发[6],这导致了超晶格材料在微波波段会出现介电异常,在某些波段可能出现负的介电常数甚至负的折射率,这将改变材料的本征电磁特性,使得某些频段的电磁波在超晶格中的传输不再遵循“正常”的规律,甚至还能产生 “左手”性质和负折射效应[324]。美国科罗拉多大学研究组研究了准相位匹配中的动量和能量失配问题,提出了基于时空的非线性衍射概念,进一步丰富了人们对准相位匹配理论的认识[325]。这一系列进展使人们意识到随着准相位匹配研究领域的不断拓展和新的科学问题的提出,无论是从基础研究、应用研究,还是从保障国家安全的角度,进一步深化准相位匹配和光学超晶格的研究都有着重要意义。

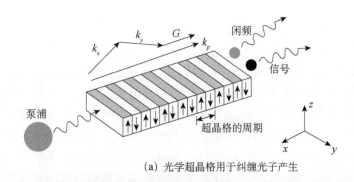

(a) 光学超晶格用于纠缠光子产生

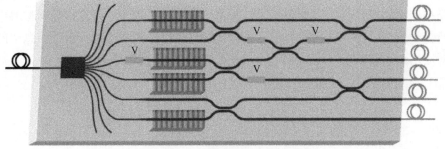

(b) 基于光学超晶格的可调光集成芯片

图 9-19　光学超晶格在量子集成芯片方面的应用示意图 [7, 315-318]

我国是最早开展准相位匹配研究的国家之一，光学超晶格概念也是由我国科学家首先提出来的，并取得了一批具有较大国际影响的研究成果 [4, 6, 7, 324]。准周期光学超晶格和准相位匹配耦合光参量理论、光学超晶格高效三倍频的实验验证、离子型声子晶体概念、光学超晶格中非线性衍射/非线性 Cerenkov 辐射的实验验证、非线性惠更斯原理、非线性 Talbot 效应和超晶格设计的模拟退火方法等都是我国科学家首先提出来的。在光学超晶格全固态多波长激光器和白光激光器方面我国走在世界前列，并拥有自主知识产权。在光学超晶格的基质材料研究、一维非周期结构/二维光学超晶格的理论和实验研究、光学超晶格的电光效应和波分复用的应用研究等方面我国也具有国际先进水平。在基于光学超晶格的有源量子集成芯片方面，我国近年来也取得了一系列有国际影响力的工作进展。目前，我国在准相位匹配的研究领域已经形成了一支实力强、有较高国际影响的研究队伍，这其中包括南京大学、中国科学院物理研究所、清华大学、南开大学、天津大学、上海交通大学、山西大学、台湾大学等单位的相关研究组和研究人员。

当前光学超晶格正处于一个新的发展时期。一方面基础研究的积累已经带动了一批应用研究，结合应用目标和国家需求，发展相关器件，如基于光学超晶格的中远红外激光器、多波长及特种波长激光器，以及皮秒、亚皮秒超快全固态激光器等，这些激光器在信息技术、生物医学、大气环境监测、光电对抗和高技术等诸多领域是不可或缺的。另一方面在基础和前沿研究方面，光学超晶格又展示许多新的功能和潜力。当前特别受关注的是光学超晶格中光的自发参量下转换（spontaneous parametric down conversion，SPDC）过程，利用准相位匹配原理可以调控通过 SPDC 产生光子对的偏振、路径、角动量等不同自由度纠缠特性，这使得制备不同光子态的复杂光学实验能被集成在一块光学超晶格芯片上。因此将准相位和多重准相位匹配原理通过超晶格结构的设计应用于单光子、纠缠光子的产生和调控，研究超晶格材料中新量子效应，探究其物理本质，探索光学超晶格在量子光学、量子信息中的新应用正在形成光学超晶格研究的新热点，这应该引起重视。

第七节 微结构材料的材料基因工程

21 世纪，材料科学的发展趋势是从自然合成材料技术逐渐向人工材料制造技术发展。目前，超构材料作为一种新型人工微结构材料，已经成为国际研究的热门领域。自然界中材料都是由微观的原子、分子组成的，材料的宏观性质是由这些原子、分子及其在空间的排列所决定的。而超构材料是由人工微结构单元组成的材料，这些结构单元可以看作"人工原子"，决定着超构材料的宏观性质。通过特殊的设计，结构单元可以具有非常特殊的力学、热学、声学、光学性质。因此，人们利用超构材料不但可以模拟自然材料的许多性质，还可以实现许多自然界中所没有的，新颖的力、热、声、光等调控功能。

由于超构材料的结构单元设计具有很大的任意性、物理过程的多样性、不同尺度的特殊性，超构材料的计算模拟、制备、实验测量和数据积累非常庞杂。另外，作为一门新兴的交叉应用科学，超构材料的研究目前还处于起步阶段。大多数研究者都还是根据个人兴趣，各自进行着分散的研究，重复研究较多，缺乏整体的协同创新和数据共享。这种发展模式忽略了超构材料的特色，限制了超构材料向实际应用领域的发展，目前急需优化相关研究方式。

与自然材料设计过程一样，超构材料也可以从基本单元（材料基因）出发，对材料的各种物理性质进行精确的计算和预测，揭示材料的基本参数（材料基因组合）与宏观物理性质的相关规律。随着超构材料的研究发展，人们开发了相当数目的软件用于超构材料的设计和计算。但是每款软件都有各自的局限性，只能用于某些特殊条件下的计算。例如，HFSS（High Frequency Structure Simulator）；CST Studio Suite 一般用于计算微波段的超构材料，FDTD Solutions 用于计算光波段的超构材料。材料在不同频段存在电磁色散特性差异，因此微波段超构材料的计算与光波段相差较大。不同软件的基本设计原理不一样，这导致计算的性能差别很大。例如，COMSOL 是有限元软件，计算精度较高，但内存资源占用较大，对于三维复杂结构计算困难；而 CST Studio Suite 是有限时域差分软件，内存占用较小，计算速度快，但计算精度不高。虽然超构材料在不同领域都有相关的应用，但各个领域的研究人员所关心的问题还是局限在本领域中。目前开发的超构材料计算程序大多还是局限于某个领域内，而同时用于多物理建模和分析的软件还较少，这大大限制了超构材料在多学科交叉领域的研究和应用。另外，在同一领域内部，针对某一特殊的应用，不同的研究者提出了不同的结构设计方案，但没有将这些结构进行系统的比较和归纳，工程人员在实际应用时，不知道哪种结构更好。

针对超构材料发展的状况，有必要将超构材料纳入"材料基因组计划"。通过超构材料的基因组计划，建立一个高通量的软件联合开发平台，将各种有关超构材料的计算软件集成在一起，发挥不同软件的特色和优势，取长补短，促进超构材料的应用开发。通过将解决不同物理问题的软件集成在一起，能实现多物理的超构材料计算平台，集成力学、热学、声学、光学，以及多波段、多尺度的模拟算法。另外，该平台可以将各种超构材料的结构设计、物性参数和实验数据收集在一起，建立数据库，为相关研究人员提供参考，也为实际应用开发的工程人员提供资料，体现多学科、多算法、多数据库集成。这将大大加快超构材料从基础研究向应用研究转化的速度。

由于超构材料物理内涵丰富，适用性很广，超构材料研究（涉及材料的设计、制备、表征、测量等）的理论方法和实验技术相差都很大。因此在未来的多学科交叉的研究平台上，研究超构材料多物理特性问题，除了建立高通量的超构材料计算平台外，还需建立高通量的超构材料制备、表征和测量系统。在超构材料的制备方面，可集成磁控溅射、分子束外延、化学气相沉积、自组装、电子束光刻、聚焦离子束刻蚀、纳米压印、双光子光刻、飞秒激光刻写、反应离子刻蚀、印刷电路板等技术。在超构材料的表征方面，可集成扫描电子束、原子力显微镜形貌扫描、光学显微成像等技术。在超构材料的测量方面，可集成近场光学显微镜、微波网络分析仪、热分析系统、弹性测量分析系统等。建成完整的超构材料高通量的实验平台，将为超构材料的理论分析和计算提供实现的技术基础，并为超构材料的应用开发提供数据和资料。

参 考 文 献

［1］Yablonovitch E. Inhibited spontaneous emission in solid-state physics and electronics. Physical Review Letters，1987，58（20）：2059-2062.

［2］John S. Strong localization of photons in certain disordered dielectric superlattices. Physical Review Letters，1987，58（23）：2486.

［3］Joannopoulos J D，Villeneuve P R，Fan S. Photonic crystals：Putting a new twist on light. Nature，1997，386（6621）：143.

［4］Zhu S N，Zhu Y Y，Ming N B. Quasi-phase-matched third-harmonic generation in a quasi-periodic optical superlattice. Science，1997，278（5339）：843.

［5］Lu Y L，Wei T，Duewer F，et al. Nondestructive imaging of dielectric-constant profiles and ferroelectric domains with a scanning-tip microwave near-field microscope. Science，1997，276（5321）：2004.

［6］Lu Y Q，Zhu Y Y，Chen Y F，et al. Optical properties of an ionic-type phononic crystal. Science，1999，284（5421）：1822.

［7］Leng H Y，Yu X Q，Gong Y X，et al. On-chip steering of entangled photons in nonlinear photonic crystals. Nature Communications，2011，2（1）：429.

［8］Ebbesen T W，Lezec H J，Ghaemi H F，et al. Extraordinary optical transmission through sub-wavelength hole arrays. Nature，1998，86（6）：667.

［9］Barnes W L，Dereux A，Wbbesen T W. Surface plasmon subwavelength optics. Nature，2003，424（6950）：824.

［10］Ozbay E. Plasmonics：Merging photonics and electronics at nanoscale dimensions. Science，2006，311（5758）：189.

［11］Pendry J B，Holden A J，Robbins D J，et al. Magnetism from conductors and enhanced nonlinear phenomena. IEEE Transactions on Microwave Theory and Techniques，1999，47（11）：2075.

［12］Zhang X, Liu Z. Superlenses to overcome the diffraction limit. Nature Materials, 2008, 7（6）: 435.

［13］Liu Y, Zhang X. Metamaterials: A new frontier of science and technology. Chemical Society Reviews, 2011, 40（5）: 2494.

［14］Fang N, Lee H, Sun C, et al. Sub-diffraction-limited optical imaging with a silver superlens. Science, 2005, 308（5721）: 534.

［15］Valentine J, Zhang S, Zentgraf, et al. Three-dimensional optical metamaterial with a negative refractive index. Nature, 2008, 455（7211）: 376.

［16］Soukoulis C M, Wegener M. Past achievements and future challenges in the development of three-dimensional photonic metamaterials. Nature Photonics, 2011, 5（9）: 523.

［17］Zi J, Wan J, Zhang C. Large frequency range of negligible transmission in one-dimensional photonic quantum well structures. Applied Physics Letters, 1998, 73（15）: 2084.

［18］Hu X Y, Jiang P, Ding C Y, et al. Picosecond and low-power all-optical switching based on an organic photonic-bandgap microcavity. Nature Photonics, 2008, 2（3）: 185.

［19］Hu X H, Chan C T, Zi J, et al. Diamagnetic response of metallic photonic crystals at infrared and visible frequencies. Physical Review Letters, 2006, 96（22）: 223901.

［20］Zhu S Y, Yang Y P, Chen H, et al. Spontaneous radiation and lamb shift in three-dimensional photonic crystals. Physical Review Letters, 2000, 84（10）: 2136.

［21］Li Z Y, Ho K M. Anomalous propagation loss in photonic crystal waveguides. Physical Review Letters, 2004, 92（6）: 063904.

［22］Zhan P, Wang Z L, Dong H, et al. The anomalous infrared transmission of gold films on two - dimensional colloidal crystals. Advanced Materials, 2010, 18（12）: 1612.

［23］Zhang W Y, Lei X Y, Wang Z L, et al. Robust photonic band gap from tunable scatterers. Physical Review Letters, 2000, 84（13）: 2853.

［24］Wang X H, Wang R Z, Gu B Y, et al. Decay distribution of spontaneous emission from an assembly of atoms in photonic crystals with pseudogaps. Physics, 2002, 88（9）: 093902.

［25］Shelby R A, Smith D R, Schultz S. Experimental verification of a negative index of refraction. Science, 2001, 292（5514）: 77.

［26］Yen T J, Padilla W J, Fang N, et al. Terahertz magnetic response from artificial materials. Science, 2004, 303（5663）: 1494.

［27］Pendry J B，Schurig D，Smith D R，et al. Controlling electromagnetic fields. Science，2006，312（5781）：1780-1782.

［28］Schurig D，Mock J J，Justice B J，et al. Metamaterial electromagnetic cloak at microwave frequencies. Science，2006，314（5801）：977.

［29］Liu R，Ji C，Mock J J，et al. Broadband ground-plane cloak. Science，2009，323（5912）：366.

［30］Lai Y，Jack N，Chen H Y，et al. Illusion optics：The optical transformation of an object into another object. Physical Review Letters，2009，102（25）：253902.

［31］Tang Z H，Peng R W，Wang Z，et al. Coupling of surface plasmons in nanostructured metal/dielectric multilayers with subwavelength hole arrays. Physical Review B Condensed Matter，2007，76（19）：195405.

［32］Bao Y J，Peng R W，Shu D J，et al. Role of interference between localized and propagating surface waves on the extraordinary optical transmission through a subwavelength-aperture array. Physical Review Letters，2008，101（8）：087401.

［33］Huang C P，Yin X G，Wang Q J，et al. Long-wavelength optical properties of a plasmonic crystal. Physical Review Letters，2010，104（1）：016402.

［34］Liu N，Liu H，Zhu S N，et al. Stereometamaterials. Nature Photonics，2008，3（3）：157.

［35］Liu H，Genov D A，Wu D M，et al. Magnetic plasmon propagation along a chain of connected subwavelength resonators at infrared frequencies. Physical Review Letters，2006，97（24）：243902.

［36］Xiong X，Sun W H，Bao Y J，et al. Switching the electric and magnetic responses in a metamaterial. Physical Review B，2009，80（20）：201105.

［37］Zhang S，Genov D A，Wang Y，et al. Plasmon-induced transparency in metamaterials. Physical Review Letters，2008，101（4）：047401.

［38］Huang X R，Peng R W，Fan R H. Making metals transparent for white light by spoof surface plasmons. Physical Review Letters，2010，105（24）：243901.

［39］Gansel J K，Thiel M，Rill M S，et al. Gold helix photonic metamaterial as broadband circular polarizer. Science，2009，325（5947）：1513.

［40］Rogacheva A V，Fedotov V A，Schwanecke A S，et al. Giant gyrotropy due to electromagnetic-field coupling in a bilayered chiral structure. Physical Review Letters，2006，97：177401

［41］Xiong X，Sun W H，Bao Y J，et al. Construction of a chiral metamaterial with a

U-shaped resonator assembly. Physical Review B, 2010, 81（7）: 075119.

[42] Liu H, Jack N, Wang S B, et al. Strong light-induced negative optical pressure arising from kinetic energy of conduction electrons in plasmon-type cavities. Physical Review Letters, 2011, 106（8）: 087401.

[43] Kim S, Jin J, Kim Y, et al. High-harmonic generation by resonant plasmon field enhancement. Nature, 2008, 453（7196）: 757.

[44] Klein M W, Enkrich C, Wegener M, et al. Second-harmonic generation from magnetic metamaterials. Science, 2006, 313（5786）: 502.

[45] Zharov A A, Shadrivov I V, Kivshar Y S. Nonlinear properties of left-handed metamaterials. Physical Review Letters, 2003, 91（3）: 037401.

[46] Padilla W J, Taylor A J, Highstrete C, et al. Dynamical electric and magnetic metamaterial response at terahertz frequencies. Physical Review Letters, 2006, 96（10）: 107401.

[47] Oulton R F, Sorger V J, Zentgraf T, et al. Plasmon lasers at deep subwavelength scale. Nature, 2009, 461（7264）: 629.

[48] MacDonald K F, Samson Z L, Stockman M I, et al. Ultrafast active plasmonics. Nature Photonics, 2009, 3（1）: 55.

[49] Lu F F, Li T, Xu J, et al. Surface plasmon polariton enhanced by optical parametric amplification in nonlinear hybrid waveguide. Optics Express, 2011, 19（4）: 2858.

[50] Zheludev N I. The road ahead for metamaterials. Science, 2010, 328（5978）: 582.

[51] Wei H, Wang Z X, Tian X R, et al. Cascaded logic gates in nanophotonic plasmon networks. Nature Communications, 2011, 2（2）: 387.

[52] Fang Z Y, Cai J Y, Yan Z B, et al. Removing a wedge from a metallic nanodisk reveals a fano resonance. Nano Letters, 2011, 11（10）: 4475.

[53] Kang M G, Xu T, Park H J, et al. Efficiency enhancement of organic solar cells using transparent plasmonic Ag nanowire electrodes. Advanced Materials, 2010, 22（39）: 4378.

[54] Zhou Z K, Peng X N, Yang Z J, et al. Tuning gold nanorod-nanoparticle hybrids into plasmonic fano resonance for dramatically enhanced light emission and transmission. Nano Letters, 2011, 11（1）: 49.

[55] Dong Z C, Zhang X L, Gao H Y, et al. Generation of molecular hot electroluminescence by resonant nanocavity plasmons. Nature Photonics, 2009, 4（1）: 50.

[56] Zhao K, Troparevsky M C, Xiao D, et al. Electronic coupling and optimal gap size

between two metal nanoparticles. Physical Review Letters, 2009, 102 (18): 186804.

[57] Ruan Z C, Qiu M. Enhanced transmission through periodic arrays of subwavelength holes: the role of localized waveguide resonances. Physical Review Letters, 2006, 96 (23): 233901.

[58] Li L, Li T, Wang S M, et al. Plasmonic airy beam generated by in-plane diffraction. Physical Review Letters, 2011, 107 (12): 126804.

[59] Li L, Li T, Wang S M, et al. Broad band focusing and demultiplexing of in-plane propagating surface plasmons. Nano Letters, 2011, 11 (10): 4357.

[60] Zhu X L, Zhang Y, Zhang J S, et al. Ultrafine and smooth full metal nanostructures for plasmonics. Advanced Materials, 2010, 22 (39): 4345.

[61] Tong L M, Gattass R R, Ashcom J B, et al. Subwavelength-diameter silica wires for low-loss optical wave guiding. Nature, 2003, 426 (6968): 816.

[62] Wang X L, Chen J, Li Y N, et al. Optical orbital angular momentum from the curl of polarization. Physical Review Letters, 2010, 105 (25): 253602.

[63] Zhou L, Huang X Q, Zhang Y, et al. Resonance properties of metallic ring systems. Materials Today, 2010, 12 (12): 52.

[64] Liu B Q, Zhao X P, Zhu W R, et al. Multiple pass-band optical left-handed metamaterials based on random dendritic cells. Advanced Functional Materials, 2010, 18 (21): 3523.

[65] Chen L, He S L, Shen L F. Finite-size effects of a left-handed material slab on the image quality. Physical Review Letters, 2004, 92 (10): 107404.

[66] Ma H F, Cui T J. Three-dimensional broadband ground-plane cloak made of metamaterials. Nature Communications, 2010, 1 (3): 21.

[67] Yan C C, Cui Y P, Wang Q, et al. Negative refraction with high transmission at visible and near-infrared wavelengths. Applied Physics Letters, 2008, 92 (24): 241108.

[68] Chen H Y, Chan C T, Sheng P. Transformation optics and metamaterials. Nature Materials, 2010, 9 (5): 387.

[69] Shi L H, Gao L. Subwavelength imaging from a multilayered structure containing interleaved nonspherical metal-dielectric composites. Physical Review B, 2008, 77 (19): 195121.

[70] Xu X F, Feng Y J, Hao Y, et al. Infrared carpet cloak designed with uniform silicon grating structure. Applied Physics Letters, 2009, 95 (18): 184102.

[71] Liu Z Y, Zhang X X, Mao Y W, et al. Locally resonant sonic materials. Science, 2000, 289 (5485): 1734.

［72］Yang Z, Mei J, Yang M, et al. Membrane-type acoustic metamaterial with negative dynamic mass. Physical Review Letters, 2008, 101（20）: 204301.

［73］Fang N, Xi D J, Xu J Y, et al. Ultrasonic metamaterials with negative modulus. Nature Materials, 2006, 5（6）: 452.

［74］Cheng Y, Xu J Y, Liu X J. One-dimensional structured ultrasonic metamaterials with simultaneously negative dynamic density and modulus. Physical Review B, 2008, 77（4）: 045134.

［75］Lee S H, Park C M, Seo Y M, et al. Composite acoustic medium with simultaneously negative density and modulus. Physical Review Letters, 2010, 104（5）: 054301.

［76］Yang S X, Page J H, Liu Z Y, et al. Focusing of sound in a 3D phononic crystal. Physical Review Letters, 2004, 93（2）: 024301.

［77］Li J, Fok L, Yin X B, et al. Experimental demonstration of an acoustic magnifying hyperlens. Nature Materials, 2009, 8（12）: 931.

［78］Ao X Y, Chan C T. Far-field image magnification for acoustic waves using anisotropic acoustic metamaterials. Physical Review E Statistical Nonlinear & Soft Matter Physics, 2008, 77（2）: 025601.

［79］Christensen J, Fernandez-Dominguez A I, Leon-Perez F D, et al. Collimation of sound assisted by acoustic surface waves. Nature Physics, 2007, 3（12）: 851.

［80］Cheng Y, Xu J Y, Liu X J. Tunable sound directional beaming assisted by acoustic surface wave. Applied Physics Letters, 2010, 96（7）: 071910.

［81］Zhou Y, Lu M H, Feng L, et al. Acoustic surface evanescent wave and its dominant contribution to extraordinary acoustic transmission and collimation of sound. Physical Review Letters, 2010, 104（16）: 164301.

［82］He Z J, Jia H, Qiu C Y, et al. Acoustic transmission enhancement through a periodically structured stiff plate without any opening. Physical Review Letters, 2010, 105（7）: 074301.

［83］Lu M H, Liu X K, Feng L, et al. Extraordinary acoustic transmission through a 1D grating with very narrow apertures. Physical Review Letters, 2007, 99（17）: 174301.

［84］Liang B, Guo X S, Tu J, et al. An acoustic rectifier. Nature Materials, 2010, 9（12）: 989.

［85］Li X F, Ni X, Feng L, et al. Tunable unidirectional sound propagation through a sonic-crystal-based acoustic diode. Physical Review Letters, 2011, 106（8）: 084301.

［86］Haldane F D M, Raghu S. Possible realization of directional optical waveguides in photonic crystals with broken time-reversal symmetry. Physical Review Letters, 2008, 100（1）: 013904.

［87］Wang Z, Chong Y D. Observation of unidirectional backscattering-immune topological electromagnetic states. Nature, 2009, 461（7265）: 772.

［88］Guo A, Salamo G J. Observation of PT-symmetry breaking in complex optical potentials.Physical Review Letters, 2009, 103（9）: 093902.

［89］Ruter C E, Makris K G, El-Ganainy R, et al. Observation of parity-time symmetry in optics. Nature Physics, 2010, 6（3）: 192.

［90］Papakostas A, Potts A, Bagnall D M, et al. Optical manifestations of planar chirality. Physical Review Letters, 2003, 90（10）: 107404.

［91］Chang C W, Liu M, Nam S, et al. Optical Mobius symmetry in metamaterials. Physical Review Letters, 2010, 105（23）: 235501.

［92］Yu Z F, Veronis G, Wang Z, et al. One-way electromagnetic waveguide formed at the interface between a plasmonic metal under a static magnetic field and a photonic crystal. Physical Review Letters, 2008, 100（2）: 023902.

［93］Yu Z F, Fan S H. Complete optical isolation created by indirect interband photonic transitions. Nature Photonics, 2009, 3（2）: 91.

［94］Serebryannikov A E. One-way diffraction effects in photonic crystal gratings made of isotropic materials. Physical Review B, 2009, 80: 155117.

［95］彭茹雯，李涛，卢明辉，等. 浅说人工微结构材料与光和声的调控研究. 物理，2012, 41（9）: 569.

［96］Goldsmid H J. Thermolectric Refrigeration. New York: Plenum Press, 1964.

［97］Dresselhaus M S, Chen G, Tang M Y, et al. New directions for low-dimensional thermoelectric materials. Advanced Materials, 2007, 19（8）: 1043-1053.

［98］Zhou J, Li X, Chen G, et al. Semiclassical model for thermoelectric transport in nanocomposites. Physical Review B, 2010, 82（11）: 115308.

［99］Venkatasubramanian R, Siivola E, Colpitts T, et al. Thin-film thermoelectric devices with high room-temperature figures of merit. Nature, 2001, 413（6856）: 597-602.

［100］Harman T C, Taylor P J, Walsh M P, et al. Quantum dot superlattice thermoelectric materials and devices. Science, 2002, 297（5590）: 2229-2232.

［101］Poudel B, Hao Q, Ma Y, et al. High-thermoelectric performance of nanostructured bismuth antimony telluride bulk alloys. Science, 2008, 320（5876）: 634-638.

［102］Hsu K F, Loo S, Guo F, et al. Cubic $AgP_{bm}SbTe_{2+m}$: Bulk thermoelectric materials with high figure of merit. Science, 2004, 303 (5659): 818-821.

[103] Yang N, Zhang G, Li B. Ultralow thermal conductivity of isotope-doped silicon nanowires. Nano Letters, 2008, 8 (1): 276.

[104] Chen J, Zhang G, Li B. Remarkable reduction of thermal conductivity in silicon nanotubes. Nano Letters, 2010, 10 (10): 3978.

[105] Yang N, Zhang G, Li B. Violation of Fourier's law and anomalous heat diffusion in silicon nanowires. Nano Today, 2010, 5 (2): 85.

[106] Chen J, Zhang G, Li B. Impacts of atomistic coating on thermal conductivity of germanium nanowires. Nano Letters, 2012, 12 (6): 2826.

[107] Xu Y, Chen X, Wang J S, et al. Thermal transport in graphene junctions and quantum dots. Physical Review B, 2010, 81 (19): 195425.

[108] Balandin A A. Thermal properties of graphene and nanostructured carbon materials. Nature Materials, 2011, 10 (8): 569-581.

[109] Li B W, Wang L, Casati G. Thermal diode: Rectification of heat flux. Physics Review Letters, 2004, 93 (18): 184301.

[110] Chang C W, Okawa D, Majumdar A, et al. Solid-state thermal rectifier. Science, 2006, 314 (5802): 1121.

[111] Li B, Wang L, Casati G. Negative differential thermal resistance and thermal transistor. Applied Physics Letters, 2006, 88 (14): 143501.

[112] Wang L, Li B. Thermal logic gates: Computation with phonons. Physical Review Letters, 2007, 99 (17): 177208.

[113] Wang L, Li B. Thermal memory: A storage of phononic information. Physical Review Letters, 2008, 101 (26): 267203.

[114] Xie R, Bui C T, Varghese B, et al. An electrically tuned solid-state thermal memory based on metal-insulator transition of single-crystalline VO_2 nanobeams. Advanced Functional Materials, 2011, 21 (9): 1602.

[115] Li N, Ren J, Wang L, et al. Colloquium: Phononics: Manipulating heat flow with electronic analogs and beyond. Reviews of Modern Physics, 2012, 84 (3): 1045.

[116] Kobayashi C, Teraoka Y, Terasaki I. An oxide thermal rectifier. Applied Physics Letters, 2009, 95 (17): 171905.

[117] Tian H, Xie D, Yang Y, et al. A novel solid-state thermal rectifier based on reduced graphene oxide. Scientific Reports, 2012, 2 (7): 523.

[118] Ren J, Hänggi P, Li B. Berry-phase-induced heat pumping and its impact on the

fluctuation theorem. Physical Review Letters, 2010, 104（17）: 170601.

[119] Ren J, Li B. Emergence and control of heat current from strict zero thermal bias. Physical Review E, 2010, 81（2）: 021111.

[120] Li N, Zhan F, Hänggi P, et al. Shuttling heat across one-dimensional homogenous nonlinear lattices with a Brownian heat motor. Physical Review E, 2009, 80（1）: 011125.

[121] Li N, Hänggi P, Li B. Ratcheting heat flux against a thermal bias. Europhysics Letters, 2008, 84（4）: 40009.

[122] Strohm C, Rikken G L J A, Wyder P. Phenomenological evidence for the phonon Hall effect. Physical Review Letters, 2005, 95（15）: 155901.

[123] Inyushkin A V, Taldenkov A N. On the phonon Hall effect in a paramagnetic dielectric. JETP Letters, 2007, 86（6）: 379.

[124] Leonhardt U. Optical conformal mapping. Science, 2006, 312（5781）: 1777.

[125] Fan C Z, Gao Y, Huanga J P. Shaped graded materials with an apparent negative thermal conductivity. Applied Physics Letters, 2008, 92（25）: 251907.

[126] 沈翔瀛, 黄吉平. 热超构材料的研究进展. 物理, 2013, 42（3）: 170.

[127] Guenneau S, Amra C, Veynante D. Transformation thermodynamics: Cloaking and concentrating heat flux. Optics Express, 2012, 20（7）: 8207.

[128] Narayana S, Sato Y. Heat flux manipulation with engineered thermal materials. Physical Review Letters, 2012, 108（21）: 214303.

[129] Schittny R, Kadic M, Guenneau S, et al. Experiments on transformation thermodynamics: Molding the flow of heat. Physical Review Letters, 2013, 110（19）: 195901.

[130] Ma Y, Lan L, Jiang W, et al. A transient thermal cloak experimentally realized through a rescaled diffusion equation with anisotropic thermal diffusivity. NPG Asia Materials, 2013, 5（11）: 73.

[131] Han T, Yuan T, Li B, et al. Homogeneous thermal cloak with constant conductivity and tunable heat localization. Scientific Reports, 2013, 3（4）: 1593.

[132] Han T, Bai X, Gao D, et al. Experimental demonstration of a bilayer thermal cloak. Physical Review Letters, 2014, 112（5）: 054302.

[133] Xu H, Shi X, Gao F, et al. Ultrathin three-dimensional thermal cloak. Physical Review Letters, 2014, 112（5）: 054301.

[134] Han T, Zhao J, Yuan T, et al. Theoretical realization of an ultra-efficient thermal-

energy harvesting cell made of natural materials. Energy & Environmental Science, 2013, 6（12）: 3537.

［135］Han T, Bai X, Thong J T L, et al. Full control and manipulation of heat signatures: Cloaking, camouflage and thermal metamaterials. Advanced Materials, 2014, 26 （11）: 1731.

［136］Takabatake T, Suekuni K, Nakayama T, et al. Phonon-glass electron-crystal thermoelectric clathrates: Experiments and theory. Reviews of Modern Physics, 2014, 86（2）: 669.

［137］Hochbaum A I, Chen R, Delgado R D, et al. Enhanced thermoelectric performance of rough silicon nanowires. Nature, 2008, 39（14）: 163.

［138］Alu A. Thermal cloaks get hot. Physics, 2014, 7: 12.

［139］Kushwaha M S, Halevi P, Dobrzynski L, et al. Acoustic band structure of periodic elastic composites. Physical Review Letters, 1993, 71（13）: 2022.

［140］Ao X, Chan C T. Complex band structures and effective medium descriptions of periodic acoustic composite systems. Physical Review B, 2009, 80（23）: 235118.

［141］Lu M H, Zhang C, Feng L, et al. Negative birefraction of acoustic waves in a sonic crystal. Nature Materials, 2007, 6（10）: 744.

［142］Zhu J, Christensen J, Jung J, et al. A holey-structured metamaterial for acoustic deep-subwavelength imaging. Nature Physics, 2011, 7（1）: 52.

［143］Zhang S, Xia C, Fang N. Broadband acoustic cloak for ultrasound waves. Physical Review Letters, 2011, 106（2）: 024301.

［144］Lemoult F, Fink M, Lerosey G. Acoustic resonators for far-field control of sound on a subwavelength scale. Physical Review Letters, 2011, 107（6）: 064301.

［145］Berryman J G. Long-wavelength propagation in composite elastic media Ⅱ. Ellipsoidal Inclusions. The Journal of the Acoustical Society of America, 1980, 68（6）: 1820.

［146］Park J, Park B, Kim D, et al. Determination of effective mass density and modulus for resonant metamaterials. The Journal of the Acoustical Society of America, 2012, 132 （4）: 2793.

［147］Fleury R, Alu A. Extraordinary sound transmission through density-near-zero ultranarrow channels. Physical Review Letters, 2013, 111（5）: 055501.

［148］Liang Z, Li J. Extreme acoustic metamaterial by coiling up space. Physical Review Letters, 2012, 108（11）: 114301.

［149］Yu N, Genevet P, Kats M A, et al. Light propagation with phase discontinuities:

Generalized laws of reflection and refraction. Science, 2011, 334 (6054): 333.

[150] Silva A, Monticone F, Castaldi G, et al. Performing mathematical operations with metamaterials. Science, 2014, 343 (6167): 160.

[151] Zigoneanu L, Popa B I, Starr A F, et al. Design and measurements of a broadband two-dimensional acoustic metamaterial with anisotropic effective mass density. Journal of Applied Physics, 2011, 109 (5): 054906.

[152] Popa B I, Cummer S A. Homogeneous and compact acoustic ground cloaks. Physical Review B, 2011, 83 (22): 224304.

[153] Liu Z, Chan C T, Sheng P. Analytic model of phononic crystals with local resonances. Physical Review B, 2005, 71 (1): 014103.

[154] Baz A. The structure of an active acoustic metamaterial with tunable effective density. New Journal of Physics, 2009, 11 (12): 123010.

[155] Greaves G N, Greer A L, Lakes R S, et al. Poisson's ratio and modern materials. Nature Materials, 2011, 10 (11): 823.

[156] Kadic M, Bückmann T, Stenger N, et al. On the practicability of pentamode mechanical metamaterials. Applied Physics Letters, 2012, 100 (19): 191901.

[157] Tiemo B, Stenger N, Kadic M, et al. Tailored 3D mechanical metamaterials made by dip-in direct-laser-writing optical lithography. Advanced Materials, 2012, 24 (20): 2710.

[158] Kadic M, Tiemo B, Schittny R, et al. Metamaterials beyond electromagnetism. Reports on Progress in Physics, 2013, 76 (12): 126501.

[159] Lakes R. Foam structures with a negative Poisson's ratio. Science, 1987, 235 (4792): 1038.

[160] Bückmann, T, Schittny R, Thiel M, et al. On three-dimensional dilational elastic metamaterials. Physics, 2013, 16 (3): 033032.

[161] Babaee S, Shim J, Weaver J C, et al. 3D soft metamaterials with negative Poisson's ratio. Advanced Materials, 2013, 25 (36): 5044.

[162] Shin D, Urzhumov Y, Lim D, et al. A versatile smart transformation optics device with auxetic elasto-electromagnetic metamaterials. Scientific Reports, 2014, 4 (2): 4084.

[163] Schaedler T A, Jacobsen A J, Torrents A, et al. Ultralight metallic microlattices. Science, 2011, 334 (6058): 962.

[164] Mecklenburg M. Aerographite: Ultra lightweight, flexible nanowall, carbon microtube

material with outstanding mechanical performance. Advanced Materials, 2012, 24 (26): 3486.

[165] Yang S, Page J H, Liu Z, et al. Ultrasound tunneling through 3D phononic crystals. Physical Review Letters, 2002, 88 (10): 104301.

[166] Zhang X, Liu Z. Extremal transmission and beating effect of acoustic waves in two-dimensional sonic crystals. Physical Review Letters, 2008, 101 (26): 264303.

[167] Torrent D, Sanchez-Dehesa J. Acoustic analogue of graphene: Observation of Dirac cones in acoustic surface waves. Physical Review Letters, 2012, 108 (17): 174301.

[168] Huang X, Lai Y, Hang Z H, et al. Dirac cones induced by accidental degeneracy in photonic crystals and zero-refractive-index materials. Nature Materials, 2011, 10 (8): 582.

[169] Chen Z G, Ni X, Wu Y, et al. Accidental degeneracy of double Dirac cones in a phononic crystal. Scientific Reports, 2014, 4 (4): 4613.

[170] Torrent D, Sanchez-Dehesa J. Anisotropic mass density by radially periodic fluid structures. Physical Review Letters, 2010, 105 (17): 174301.

[171] Ambati M, Fang N, Sun C, et al. Surface resonant states and superlensing in acoustic metamaterials. Physical Review B, 2007, 75 (19): 195447.

[172] Zhao D, Liu Z, Qiu C, et al. Surface acoustic waves in two-dimensional phononic crystals: Dispersion relation and the eigenfield distribution of surface modes. Physical Review B, 2007, 76 (14): 144301.

[173] Olsson Ⅲ R H, El-Kady I. Microfabricated phononic crystal devices and applications. Measurement Science and Technology, 2008, 20 (1): 012002.

[174] Layman C N, Naify C J, Martin T P, et al. Highly anisotropic elements for acoustic pentamode applications. Physical Review Letters, 2013, 111 (2): 024302.

[175] Cheng W, Wang J, Jonas U, et al. Observation and tuning of hypersonic bandgaps in colloidal crystals. Nature Materials, 2006, 5 (10): 830.

[176] Ma G, Yang M, Xiao S, et al. Acoustic metasurface with hybrid resonances. Nature Materials, 2014, 13 (9): 873.

[177] Erchak A A, Ripin D J, Fan S, et al. Enhanced coupling to vertical radiation using a two-dimensional photonic crystal in a semiconductor light-emitting diode. Applied Physics Letters, 2001, 78 (5): 563.

[178] Kosaka H, Kawashima T, Tomita A, et al. Superprism phenomena in photonic crystals. Physical Review B, 1998, 58 (16): 10096.

[179] Kosaka H, Kawashima T, Tomita A, et al. Photonic crystals for micro lightwave circuits using wavelength-dependent angular beam steering. Applied Physics Letters, 1999, 74（10）: 1370.

[180] Moussa R, Foteinopoulou S, Zhang L, et al. Negative refraction and superlens behavior in a two-dimensional photonic crystal. Physical Review B, 2005, 71（8）: 085106.

[181] Ozbay E, Temelkuran B. Reflection properties and defect formation in photonic crystals. Applied Physics Letters, 1996, 69（6）: 743.

[182] Chutinan A, Okano M, Noda S. Wider bandwidth with high transmission through waveguide bends in two-dimensional photonic crystal slabs. Applied Physics Letters, 2002, 80（10）: 1698.

[183] Borel P I, Frandsen L H, Harpoth A, et al. Topology optimised broadband photonic crystal Y-splitter. Electronics Letters, 2005, 41（2）: 69.

[184] Kim S, Nordin G P, Cai J, et al. Ultracompact high-efficiency polarizing beam splitter with a hybrid photonic crystal and conventional waveguide structure. Optics Letters, 2003, 28（23）: 2384.

[185] Zheng W H, Xing M X, Ren G, et al. Integration of a photonic crystal polarization beam splitter and waveguide bend. Optics Express, 2009, 17（10）: 8657.

[186] Kim G H, Lee Y H, Shinya A, et al. Coupling of small, low-loss hexapole mode with photonic crystal slab waveguide mode. Optics Express, 2004, 12（26）: 6624.

[187] Momeni B, Hosseini E S, Askari M, et al. Integrated photonic crystal spectrometers for sensing applications. Optics Communications, 2009, 282（15）: 3168.

[188] Wang Z, Chong Y D, Joannopoulos J D, et al. Reflection-free one-way edge modes in a gyromagnetic photonic crystal. Physical Review Letters, 2008, 100（1）: 013905.

[189] Jiang B, Zhang Y J, Wang Y F, et al. Magnetically controlled photonic crystal binary digits generator. Applied Physics Letters, 2012, 101（4）: 043505.

[190] Beheiry M E, Liu V, Fan S, et al. Sensitivity enhancement in photonic crystal slab biosensors. Optics Express, 2010, 18（22）: 22702.

[191] Chakravarty S, Topol'ancik J, Bhattacharya P, et al. Ion detection with photonic crystal microcavities. Optics Letters, 2005, 30（19）: 2578-2580.

[192] Xiao S, Mortensen N A. Proposal of highly sensitive optofluidic sensors based on dispersive photonic crystal waveguides. Journal of Optics, 2007, 9（9）: 463.

[193] Kita S, Hachuda S, Otsuka S, et al. Super-sensitivity in label-free protein sensing

using a nanoslot nanolaser. Optics Express，2011，19（18）：17683.

[194] Mandal S，Erickson D. Nanoscale optofluidic sensor arrays. Optics Express，2008，16（3）：1623.

[195] Yang D，Tian H，Ji Y. Nanoscale photonic crystal sensor arrays on monolithic substrates using side-coupled resonant cavity arrays. Optics Express，2011，19（21）：20023.

[196] Pakich P T，Dahlem M S，Tandon S，et al. Achieving centimetre-scale supercollimation in a large-area two-dimensional photonic crystal. Nature Materials，2006，5（2）：93.

[197] Wang Y F，Wang H L，Xue Q K，et al. Photonic crystal self-collimation sensor. Optics Express，2012，20（11）：12111.

[198] Wang Y F，Zhou W J，Liu A J，et al. Optical properties of the crescent and coherent applications. Optics Express，2011，19（9）：8303.

[199] Knight J C，Birks T A，Russell P S J，et al. All-silica single-mode optical fiber with photonic crystal cladding. Optics Letters，1996，21（19）：1547-1549.

[200] Knight J C，Broeng J，Birks T A，et al. Photonic band gap guidance in optical fibers. Science，1998，282（5393）：1476.

[201] Wierer J J，David A，Megens M M. Ⅲ-nitride photonic-crystal light-emitting diodes with high extraction efficiency. Nature Photonics，2009，3（3）：163-169.

[202] Posani K T，Tripathi V，Annamalai S，et al. Nanoscale quantum dot infrared sensors with photonic crystal cavity. Applied Physics Letters，2006，88（15）：151104.

[203] Zhukovsky S V，Chigrin D N，Lavrinenko A V，et al. Switchable lasing in multimode microcavities. Physical Review Letters，2007，99（7）：073902.

[204] Gu T，Petrone N，McMillan J F，et al. Regenerative oscillation and four-wave mixing in graphene optoelectronics. Nature Photonics，2012，6（8）：554.

[205] Purcell E M. Resonance absorption by nuclear magnetic moments in a solid. Physical Review，1946，69（1-2）：37.

[206] Hirayama H，Hamano T，Aoyagi Y. Novel surface emitting laser diode using photonic band-gap crystal cavity. Applied Physics Letters，1996，69（6）：791.

[207] Ryu H Y，Notomi M，Lee Y H. High-quality-factor and small-mode-volume hexapole modes in photonic-crystal-slab nanocavities. Applied Physics Letters，2003，83（21）：4294.

[208] Sugitatsu A，Asano T，Noda S. Line-defect-waveguide laser integrated with a point defect in a two-dimensional photonic crystal slab. Applied Physics Letters，2005，86（17）：171106.

［209］Nozaki K, Kita S, Baba T. Room temperature continuous wave operation and controlled spontaneous emission in ultrasmall photonic crystal nanolaser. Optics Express, 2007, 15（12）: 7506.

［210］Painter O, Lee R, Scherer A, et al. Two-dimensional photonic bandgap defect laser. Science, 1999, 284（5421）: 1819.

［211］Park H G, Kim S H, Kwon S H, et al. Electrically driven single-cell photonic crystal laser. Science, 2004, 305（5689）: 1444.

［212］Akahane Y, Asano T, Song B S, et al. High-Q photonic nanocavity in a two-dimensional photonic crystal. Nature, 2003, 425（6961）: 944.

［213］Sekoguchi H, Takahashi Y, Asano T, et al. Photonic crystal nanocavity with a Q-factor of 9 million. Optics Express, 2014, 22（1）: 916.

［214］Chen W, Xing M X, Zhou W J, et al. High polarization single mode photonic crystal microlaser. Chinese Physics Letters, 2009, 26（8）: 084210.

［215］Ren G, Zheng W H, Zhang Y J, et al. Room-temperature photonic crystal laser in H3 cavity on InGaAsP/InP slab. Chinese Physics Letters, 2008, 25（3）: 981.

［216］Birks T A, Knight J C, Russell P S J. Endlessly single-mode photonic crystal fiber. Optics Letters, 1997, 22（13）: 961.

［217］Unold H J, Golling M, Michalzik R, et al. Photonic crystal surface-emitting lasers: Tailoring waveguiding for single-mode emission. European Conference on Optical Communication, IEEE, 2001, 4: 520.

［218］Song D S, Kim S H, Park H G, et al. Single-fundamental-mode photonic-crystal vertical-cavity surface-emitting lasers. Applied Physics Letters, 2002, 80（21）: 3901.

［219］Leisher P O, Chen C, Sulkin J D, et al. High modulation bandwidth implant-confined photonic crystal vertical-cavity surface-emitting lasers. IEEE Photonics Technology Letters, 2007, 19（19）: 1541.

［220］Lee K H, Baek J H, Hwang I K, et al. Square-lattice photonic-crystal vertical-cavity surface-emitting lasers. Optics Express, 2004, 12（17）: 4136.

［221］Yang H P D, Hsu I C, Chang Y H, et al. Characteristics of InGaAs submonolayer quantum-dot and InAs quantum-dot photonic-crystal vertical-cavity surface-emitting lasers. Journal of Lightwave Technology, 2008, 26（11）: 1387.

［222］Liu A J, Xing M X, Qu H W, et al. Reduced divergence angle of photonic crystal vertical-cavity surface-emitting laser. Applied Physics Letters, 2009, 94（19）: 191105.

[223] Raftery Jr J J, Lehman A C, Danner A J, et al. In-phase evanescent coupling of two-dimensional arrays of defect cavities in photonic crystal vertical cavity surface emitting lasers. Applied Physics Letters, 2006, 89 (8): 081119.

[224] Liu A J, Chen W, Xing M X, et al. Phase-locked ring-defect photonic crystal vertical-cavity surface-emitting laser. Applied Physics Letters, 2010, 96 (15): 151103.

[225] Liu A J, Chen W, Qu H W, et al. Hybrid point/ring-defect photonic crystal VCSEL with high spectral purity and high output power. Laser Physics, 2011, 21 (2): 379.

[226] Imada M, Noda S, Chutinan A, et al. Coherent two-dimensional lasing action in surface-emitting laser with triangular-lattice photonic crystal structure. Applied Physics Letters, 1999, 75 (3): 316.

[227] Noda S, Yokoyama M, Imada M, et al. Polarization mode control of two-dimensional photonic crystal laser by unit cell structure design. Science, 2001, 293 (5532): 1123.

[228] Hirose K, Liang Y, Kurosaka Y, et al. Watt-class high-power, high-beam-quality photonic-crystal lasers. Nature Photonics, 2014, 8 (5): 406.

[229] Zheng W H, Zhou W J, Wang Y F, et al. Lateral cavity photonic crystal surface-emitting laser with ultralow threshold. Optics Letters, 2011, 36 (21): 4140.

[230] Wang Y F, Qu H W, Zhou W J, et al. Lateral cavity photonic crystal surface emitting laser based on commercial epitaxial wafer. Optics Express, 2013, 21 (7): 8844.

[231] Sugitatsu A, Noda S. Room temperature operation of 2D photonic crystal slab defect-waveguide laser with optical pump. Electronics Letters, 2003, 39 (2): 213.

[232] Sugitatsu A, Asano T, Noda S. Characterization of line-defect-waveguide lasers in two-dimensional photonic-crystal slabs. Applied Physics Letters, 2004, 84 (26): 5395.

[233] Gauthier-Lafaye O, Mulin D, Bonnefont S, et al. Highly monomode W1 waveguide square lattice photonic crystal lasers. IEEE Photonics Technology Letters, 2005, 17 (8): 1587.

[234] Nozaki K, Watanabe H, Baba T. Photonic crystal nanolaser monolithically integrated with passive waveguide for effective light extraction. Applied Physics Letters, 2008, 92 (2): 021108.

[235] Faraon A, Waks E, Englund D, et al. Efficient photonic crystal cavity-waveguide couplers. Applied Physics Letters, 2007, 90 (7): 073102.

[236] Shih M H, Kuang W, Mock A, et al. High-quality-factor photonic crystal heterostructure laser. Applied Physics Letters, 2006, 89 (10): 101104.

[237] Yang T, Mock A, O' Brien J D, et al. Edge-emitting photonic crystal double-

heterostructure nanocavity lasers with InAs quantum dot active material. Optics Letters, 2007, 32（9）: 1153.

［238］Checoury X, Chelnokov A, Lourtioz J M. Fine structural adjustment of lasing wavelengths in photonic crystal waveguide laser arrays. Photonics and Nanostructures-Fundamentals and Applications, 2003, 1（1）: 63.

［239］Larrue A, Bouchard O, Monmayrant A, et al. Precise frequency spacing in photonic crystal DFB laser arrays. IEEE Photonics Technology Letters, 2008, 20（24）: 2120.

［240］Zheng W H, Ren G, Xing M X, et al. High efficiency operation of butt joint line-defect-waveguide microlaser in two-dimensional photonic crystal slab. Applied Physics Letters, 2008, 93（8）: 081109.

［241］Xing M X, Chen W, Zhou W J, et al. Tunable edge-emitting microlaser on photonic crystal slab. Electronics Letters, 2009, 45（23）: 1.

［242］Ledentsov N N, Shchukin V A. Novel concepts for injection lasers. Optical Engineering, 2002, 41（12）: 3193.

［243］Gordeev N Y, Maximov M V, Shernyakov Y M, et al. High-power one-, two-, and three-dimensional photonic crystal edge-emitting laser diodes for ultra-high brightness applications. Physics and Simulation of Optoelectronic Devices XVI, 2008, 6889: 68890.

［244］Posilovic K, Kalosha V P, Winterfeldt M, et al. High-power low-divergence 1060 nm photonic crystal laser diodes based on quantum dots. Electronics Letters, 2012, 48（22）: 1419.

［245］Maximov M V, Shernyakov Y M, Novikov I I, et al. Longitudinal photonic bandgap crystal laser diodes with ultra-narrow vertical beam divergence. Proceedings of SPIE-The International Society for Optical Engineering, 2006, 6115: 611513.

［246］Maximov M V, Shernyakov Y M, Novikov I I, et al. High-power low-beam divergence edge-emitting semiconductor lasers with 1-and 2-D photonic bandgap crystal waveguide. IEEE Journal of Selected Topics in Quantum Electronics, 2008, 14（4）: 1113.

［247］Sun X, Yariv A, Sun X, et al. Engineering supermode silicon/Ⅲ-Ⅴ hybrid waveguides for laser oscillation. Journal of the Optical Society of America B, 2008, 25（6）: 923.

［248］Fang A W, Park H, Cohen O, et al. Electrically pumped hybrid AlGaInAs-silicon evanescent laser. Optics Express, 2006, 14（20）: 9203.

［249］Van Campenhout J, Rojo-Romeo P, Regreny P, et al. Electrically pumped InP-based microdisk lasers integrated with a nanophotonic silicon-on-insulator waveguide circuit. Optics Express, 2007, 15（11）: 6744.

[250] Liang D, Fiorentino M, Srinivasan S, et al. Low threshold electrically-pumped hybrid silicon microring lasers. IEEE Journal of Selected Topics in Quantum Electronics, 2011, 17（6）: 1528.

[251] Jain S R, Sysak M N, Kurczveil G, et al. Integrated hybrid silicon DFB laser-EAM array using quantum well intermixing. Optics Express, 2011, 19（14）: 13692.

[252] Zheng X Z, Patil D, Lexau J, et al. Ultra-efficient 10Gb/s hybrid integrated silicon photonic transmitter and receiver. Optics Express, 2011, 19（6）: 5172.

[253] Liang D, Bowers J E. Recent progress in lasers on silicon. Nature Photonics, 2010, 4（8）: 511.

[254] Byrne D C, Engelstaedter J P, Guo W H, et al. Discretely tunable semiconductor lasers suitable for photonic integration. IEEE Journal of Selected Topics in Quantum Electronics, 2009, 15（3）: 482.

[255] Engelstaedter J P, Roycroft B. Wavelength tunable laser using an interleaved rear reflector. IEEE Photonics Technology Letters, 2010, 22（1）: 54.

[256] Zhang Y J, Qu H W, Wang H L, et al. A hybrid silicon single mode laser with a slotted feedback structure. Optics Express, 2013, 21（1）: 877.

[257] Zhang Y J, Qu H W, Wang H L, et al. Hybrid Ⅲ-Ⅴ/silicon single-mode laser with periodic microstructures. Optics Letters, 2013, 38（6）: 842.

[258] Zhang Y J, Zheng W H, Qi A Y, et al. Design of photonic crystal semiconductor optical amplifier with polarization independence. Journal of Lightwave Technology, 2010, 28（22）: 3207.

[259] Esaki L, Tsu R. Man-made superlattice crystals. IBM Journal of Research and Development, 1970, 14（6）: 686.

[260] McWhan D B. Structure of chemically modulated films// Chang L L, Giessen B C. Synthetic Modulated Structure. New York: Academic, 1985.

[261] Ming N B. Superlattices and microstructures of dielectrics. Progress in Natural Science: Materials International, 1994, 44（5）: 543-555.

[262] Yabbnovitch E, Gmitter T J. Photonic band structure: The face-centered-cubic case. Physical Review Letters, 1989, 63（18）: 1950.

[263] Feng J, Ming N B. Light transmission in two-dimensional optical superlattices. Physical Review A, 1989, 40（12）: 7047.

［264］Wang Z L, Zhu Y Y, Yang Z J, et al. Gap shift and bistability in two-dimensional nonlinear optical superlattices. Physical Review B, 1996, 53（11）: 6984.

［265］Economou E N, Sigalas M J. Stop bands for elastic waves in periodic composite materials. The Journal of the Acoustical Society of America, 1994, 95（4）: 1734.

［266］Zhu Y Y, Zhang X J, Lu Y Q, et al. New type of polariton in a piezoelectric superlattice. Physical Review Letters, 2003, 90（5）: 053903.

［267］Huang C P, Zhu Y Y. Piezoelectric-induced polariton coupling in a superlattice. Physical Review Letters, 2005, 94（11）: 117401.

［268］Armstrong J A. Interactions between light waves in a nonlinear dielectric. Physical Review, 1962, 127（6）: 1918.

［269］Franken P A, Ward J F. Optical harmonics and nonlinear phenomena. Reviews of Modern Physics, 1963, 35（1）: 23.

［270］闵乃本. 介电体超晶格与微结构研究. 自然科学进展, 1994,（5）: 543.

［271］Zhu Y Y, Ming N B. Dielectric superlattices for nonlinear optical effects. Optical & Quantum Electronics, 1999, 31（11）: 1093.

［272］Ming N B. Superlattices and microstructures of dielectric materials. Advanced Materials, 1999, 11（13）: 1079.

［273］Feng D, Ming N B, Hong J F, et al. Enhancement of second-harmonic generation in LiNbO₃ crystals with periodic laminar ferroelectric domains. Applied Physics Letters, 1980, 37（7）: 607.

［274］Yamada M, Nada N, Saitoh M, et al. First-order quasi-phase matched LiNbO₃ waveguide periodically poled by applying an external field for efficient blue second-harmonic generation. Applied Physics Letters, 1993, 62（5）: 435.

［275］Myers L E, Miller G D, Eckardt R C, et al. Quasi-phase-matched 1.064-μm-pumped optical parametric oscillator in bulk periodically poled LiNbO₃. Optics letters, 1995, 20（1）: 52.

［276］Zhu S N, Zhu Y Y, Zhang Z Y, et al. LiTaO₃ crystal periodically poled by applying an external pulsed field. Journal of Applied Physics, 1995, 77（10）: 5481.

［277］Risk W P, Lau S D. Periodic electric field poling of KTiOPO₄ using chemical patterning. Applied Physics Letters, 1996, 69（26）: 3999.

［278］Karlsson H, Laurell F. Electric field poling of flux grown KTiOPO₄. Applied Physics Letters, 1997, 71（24）: 3474.

［279］Miller G D, Batchko R G, Tolloch W M, et al. 42%-efficient single-pass cw second-harmonic generation in periodically poled lithium niobate. Optics Letters, 1997, 22 (24): 1834.

[280] Pruneri V, Koch R, Kazansky P G, et al. 49 mW of cw blue light generated by first-order quasi-phase-matched frequency doubling of a diode-pumped 946-nm Nd:YAG laser. Optics Letters, 1995, 20 (23): 2375.

[281] Arbore M A, Fejer M M. Singly resonant optical parametric oscillation in periodically poled lithium niobate waveguides. Optics Letters, 1997, 22 (3): 151.

[282] Kurimura S, Harada M, Muramatsu K, et al. Quartz revisits nonlinear optics: Twinned crystal for quasi-phase matching. Optical Materials Express, 2011, 1 (7): 1367.

[283] Sane S S, Bennetts S, Debs J E, et al. 11 W narrow linewidth laser source at 780nm for laser cooling and manipulation of rubidium. Optics Express, 2012, 20 (8): 8915.

[284] Kumar S C, Samanta G K, Devi K, et al. High-efficiency, multicrystal, single-pass, continuous-wave second harmonic generation. Optics Express, 2011, 19 (12): 11152.

[285] Bienfang J C, Denman C A, Grime B W, et al. 20W of continuous-wave sodium D2 resonance radiation from sum-frequency generation with injection-locked lasers. Optics Letters, 2003, 28 (22): 2219.

[286] Hu X P, Xu P, Zhu S N. Engineered quasi-phase-matching for laser techniques [Invited]. Photonics Research, 2013, 1 (4): 171.

[287] Dunn M H, Ebrahimzadeh M. Parametric generation of tunable light from continuous-wave to femtosecond pulses. Science, 1999, 286 (5444): 1513.

[288] Feng J, Zhu Y Y, Ming N B. Harmonic generations in an optical Fibonacci superlattice. Physical Review B, 1990, 41 (9): 5578.

[289] Liu H, Zhu S N, Zhu Y Y, et al. Multiple-wavelength second-harmonic generation in aperiodic optical superlattices. Applied Physics Letters, 2002, 81 (18): 3326.

[290] He J L, Liao J, Liu H, et al. Simultaneous generation of red, green, and blue quasi-continuous-wave coherent radiation based on multiple quasi-phase-matched interactions from a single, aperiodically-poled LiTaO$_3$. Applied Physics Letters, 2003, 82 (19): 3159.

[291] Hu X P, Zhao G, Yan Z, et al. High-power red-green-blue laser light source based on intermittent oscillating dual-wavelength Nd:YAG laser with a cascaded LiTaO$_3$ superlattice. Optics Letters, 2008, 33 (4): 408.

[292] Gao Z D, Zhu S N, Tu S Y, et al. Monolithic red-green-blue laser light source based on cascaded wavelength conversion in periodically poled stoichiometric lithium tantalate. Applied Physics Letters, 2006, 89（18）: 181101.

[293] Lu Y Q, Lu Y L, Xue C C, et al. Femtosecond violet light generation by quasi-phase-matched frequency doubling in optical superlattice LiNbO₃. Applied Physics Letters, 1996, 69（21）: 3155.

[294] Schober A M, Imeshev G, Fejer M M. Tunable-chirp pulse compression in quasi-phase-matched second harmonic generation. Optics Letters, 2002, 27（13）: 1129.

[295] Serland D K, Kumar P, Arbore M A, et al. Amplitude squeezing by means of quasi-phase-matched second-harmonic generation in a lithium niobate waveguide. Optics Letters, 1997, 22（19）: 1497.

[296] Torner L, Clausen C B, Fejer M M. Adiabatic shaping of quadratic solitons. Optics Letters, 1998, 23（12）: 903.

[297] Qin Y Q, Zhu Y Y, Zhu S N, et al. Optical bistability in periodically poled induced by cascaded second-order non-linearity and the electro-optic effect. Journal of Physics Condensed Matter, 1998, 10（40）: 8939.

[298] Alekseev K N, Ponomarev A V. Optical chaos in nonlinear photonic crystals. Journal of Experimental and Theoretical Physics Letters, 2002, 75（4）: 174.

[299] Lu Y Q, Xiao M, Salamo G J. Wide-bandwidth high-frequency electro-optic modulator based on periodically poled LiNbO₃. Applied Physics Letters, 2001, 78（8）: 1035.

[300] Lu Y Q, Wan Z L, Wang Q, et al. Electro-optic effect of periodically poled optical superlattice LiNbO₃ and its applications. Applied Physics Letters, 2000, 77（23）: 3719.

[301] Chou M H, Parameswaran K R, Arbore M A, et al. Bidirectional wavelength conversion between 1.3-and 1.5-μm telecommunication bands using difference frequency mixing in LiNbO₃ waveguides with integrated coupling structures. San Francisco: Conference on Lasers and Electro-Optics, 1998.

[302] Chen Y F, Tsai S W, Wang S C. High-power diode-pumped nonlinear mirror mode-locked Nd:YVO₄ laser with periodically-poled KTP. Applied Physics B, 2001, 72（4）: 395.

[303] Cheng H, Jiang X D, Hu X P, et al. Diode-pumped 1988-nm Tm:YAP laser mode-locked by intracavity second-harmonic generation in periodically poled LiNbO₃. Optics Letters, 2014, 39（7）: 2187.

[304] Holmgren S J, Fragemann A, Pasiskevicius V, et al. Active and passive hybrid mode-locking of a Nd：YVO$_4$ laser with a single partially poled KTP crystal. Optics Express, 2006, 14（15）：6675.

[305] Berger V. Nonlinear photonic crystals. Physical Review Letters, 1998, 81（19）：4136.

[306] Arie A, Voloch N. Periodic, quasi-periodic, and random quadratic nonlinear photonic crystals. Laser & Photonics Reviews, 2010, 4（3）：355.

[307] Qin Y Q, Zhang C, Zhu Y Y, et al. Wave-front engineering by Huygens-Fresnel principle for nonlinear optical interactions in domain engineered structures. Physical Review Letters, 2008, 100（6）：063902.

[308] Ellenbogen T, Bloch N V, Padowicz A G, et al. Nonlinear generation and manipulation of Airy beams. Nature Photonics, 2009, 3（7）：395.

[309] Bloch N V, Shemer K, Shapira A, et al. Twisting light by nonlinear photonic crystals. Physical Review Letters, 2012, 108（23）：233902.

[310] Fiore A A, Berger V, Rosencher E, et al. Phase matching using an isotropic nonlinear optical material. Nature, 1998, 391（6666）：463.

[311] Shkolnikov P L, Lago A, Kaplan A E. Optimal quasi-phase-matching for high-order harmonic generation in gases and plasma. Physical Review A, 1994, 50（6）：4461.

[312] Paul A, Bartels R A, Tobey R, et al. Quasi-phase-matched generation of coherent extreme-ultraviolet light. Nature, 2003, 421（6918）：51.

[313] Lezee H J. Beaming light from a subwavelength aperture. Science, 2002, 297（5582）：820.

[314] Li L, Li T, Wang S M, et al. Plasmonic Airy beam generated by in-plane diffraction. Physical Review Letters, 2011, 107（12）：126804.

[315] Xu P, Zhu S N. Quasi-phase-matching engineering of entangled photons. AIP Advances, 2012, 2（4）：053807.

[316] Yu Y B, Xie Z D, Yu X Q, et al. Generation of three-mode continuous-variable entanglement by cascaded nonlinear interactions in a quasiperiodic superlattice. Physical Review A, 2006, 74（4）：042332.

[317] Yu X Q, Xu P, Xie Z D, et al. Transforming spatial entanglement using a domain-engineering technique. Physical Review Letters, 2008, 101（23）：233601.

[318] Xu P, Leng H Y, Zhu Z H, et al. Lensless imaging by entangled photons from quadratic nonlinear photonic crystals. Physical Review A, 2012, 86（1）：013805.

[319] Jin H, Xu P, Zhao J S, et al. Observation of quantum Talbot effect from a domain-

engineered nonlinear photonic crystal. Applied Physics Letters, 2012, 101 (21): 211115.

[320] Bai Y F, Xu P, Xie Z D, et al. Mode-locked biphoton generation by concurrent quasi-phase-matching. Physical Review A, 2012, 85 (5): 053807.

[321] Harris S E. Chirp and compress: Toward single-cycle biphotons. Physical Review Letters, 2007, 98 (6): 063602.

[322] Ding Y J, Jiang Y, Xu G, et al. Review of recent efforts on efficient generation of monochromatic THz pulses based on difference-frequency generation. Laser Physics, 2010, 20 (5): 917.

[323] Vodopyanov K L. Optical THz-wave generation with periodically-inverted GaAs. Laser & Photonics Reviews, 2008, 2 (1-2): 11.

[324] Lu Y L, Wei T, Duewer F, et al. Nondestructive imaging of dielectric-constant profiles and ferroelectric domains with a scanning-tip microwave near-field microscope. Science, 1997, 276 (5321): 2004.

[325] Bahabad A, Murnane M M, Kapteyn H C. Quasi-phase-matching of momentum and energy in nonlinear optical processes. Nature Photonics, 2010, 4 (8): 570.

第十章
拓扑量子材料
与量子反常霍尔效应①

材料科学和凝聚态物理学的发展相辅相成。一方面，新材料的发现和对材料新的认识会促使物理学家修正和完善凝聚态物理学理论体系；另一方面，凝聚态物理学概念上的突破也会帮助材料学家有目的地寻找新的材料体系或在已有材料中发现新的性质。近30年来凝聚态物理学中一个重大的概念上的突破是数学中拓扑概念的引入。在20世纪80年代初量子霍尔效应发现后，人们逐渐认识到，如果材料的电子结构具有独特的拓扑性质，将有可能在宏观尺度表现出各种量子效应。这为我们打开了一扇通往新的材料世界——拓扑量子材料世界的大门。2005年前后，拓扑绝缘体的发现大大拓宽了拓扑量子材料的研究范围。基于拓扑绝缘体，理论物理学家预言了多种不同于量子霍尔体系的拓扑量子物态。更重要的是，人们发现很多材料，甚至人们所长期熟知的材料，属于拓扑绝缘体，可能会显示宏观尺度的新奇量子效应。磁性掺杂拓扑绝缘体薄膜中量子反常霍尔效应的实现不但成功证明了通过对拓扑绝缘体材料的调控获得量子效应，还为拓扑量子材料的应用带来了希望。本章将从量子霍尔效应开始回顾拓扑量子材料概念和实验的发展，这些拓扑量子材料包括拓扑绝缘体、拓扑晶态绝缘体、拓扑超导体和拓扑半金属等。

① 感谢马旭村、陈曦、贾金锋、王亚愚、吕力、王健、王立莉、季帅华、段文晖、朱邦芬、方忠、戴希、祁晓亮、刘朝星、谢心澄、刘锋、刘荧、沈顺清、傅亮、张绳百和张首晟等的合作和帮助，感谢国家自然科学基金委员会、科技部、教育部和中国科学院等部门的经费资助。

由于篇幅限制，本章将重点介绍拓扑绝缘体材料及相关量子效应方面的研究现状和结果，尤其是磁性拓扑绝缘体中的量子反常霍尔效应的理论和实验。

第一节　量子霍尔效应与材料电子结构的拓扑性质

在微观世界，粒子的运动由量子力学规律支配，会表现出和宏观世界物质运动完全不同的现象与规律。例如，宏观世界中物质的运动总会伴随着或多或少的能量损耗。然而在微观世界却并非如此。在一个原子中，电子围绕原子核的运动是无能耗的。正是这种无能耗运动保证了原子结构乃至整个物质世界的稳定性。原子中电子之所以能够无能耗运动是因为其处于一个能量确定的量子态，而不会因为微小的扰动而变化。这是一种典型的量子力学效应。事实上，在20世纪初，正是对这个问题的思考导致了量子力学的诞生[1]。

当大量原子聚集在一起形成宏观尺寸的材料时，电子的运动会发生怎样的变化？在绝缘材料中，电子仍旧保持在每个原子或相邻原子间形成的化学键附近的微观尺度内做局域运动，和单个原子的情况没有本质区别。这种局域运动的电子保持着无能耗的量子力学特征，却无法传递宏观电流。而在金属材料中，电子可以运动更长的距离，从而可以传导宏观电流。然而，电子在长距离的运动中总是会被杂质或晶格振动散射到不同的量子态，就导致了能量损耗。金属中电阻及通过电流时发热的现象（焦耳定律）即是由这种散射造成的。

那么有无可能找到一类材料，既可以像金属一样在宏观尺度导电，又可以像绝缘体一样保持电子无能耗的量子力学性质？或者广义上有无可能找到可以在宏观尺度展现电子量子效应的材料？可以想象，这种量子材料将具有和传统材料完全不同的性质，如果可以大规模应用，不但会对材料学科带来革命性的影响，还将大大地推动技术的进步。

实际上，人们早在20世纪初就已发现第一种量子材料，即人们所熟知的超导体。超导体在温度降至某临界温度以下时，其电阻会突然降至零，从而可以无能量损耗地传输电流。在超导态中，传导电子形成库珀对，具有玻色子的性质。大量库珀对可以凝聚在一个量子态，无法被散射到其他量子态，因此不会有能量损耗[2]。实现室温下的超导材料是人们长期以来的梦想。经过近百年的探索，人们已获得临界温度超过100K的超导材料，但是这离室温仍有很远的距离。一个更严重的问题是，由于超导机制的复杂性，人们对临界温度是否真的可以到达室温、如何使临界温度提高到室温仍没有统一而明确的认识。历史上大部分重要的超导材料（如铜基高温超导和铁基超导材料）的发现都有很大的偶然性。

量子霍尔效应的发现为量子材料的发展开辟了一条截然不同的路径。霍尔效应是自然界最基本的电磁现象之一。将一个通电的导体置于垂直于电流方向的磁场中，在同时垂直于磁场和电流的方向将会测到一个电压（霍尔电压）。这个效应就是霍尔效应。普通非磁导体的霍尔电阻（霍尔电压/电流）正比于磁场强度，比值的正负和大小由导体载流子的极性和浓度决定，通常称为正常霍尔效应[3]。1980 年，德国物理学家克劳斯·冯·克利青（Klaus von Klitzing）在研究半导体异质界面处的二维导电层（称为二维电子气，two-dimensional electron gas）在低温、强磁场环境下的输运性质时发现，其霍尔电阻在强磁场下偏离与磁场强度的线性关系，呈现出阶梯形状（图 10-1）。每个阶梯平台所对应的电阻精确满足 $h/(\nu e^2)$，其中 h 为普朗克常量，e 为电子电量，ν 为一个整数。对应于每个平台，纵向电阻会降至零，说明电子为无能耗运动。以上两种现象清楚地表明这是一种量子力学效应[4]。值得注意的是，这种效应在毫米尺寸的样品中也可以观测到，说明这是一种宏观尺度的量子现象。这个效应后来称为整数量子霍尔效应。在整数量子霍尔效应中，霍尔电阻可以达到非常精确的量子化数值，且对样品的尺寸、杂质等因素不敏感，因此可以用其来精确标定电阻单位欧姆及精细结构常数的数值。

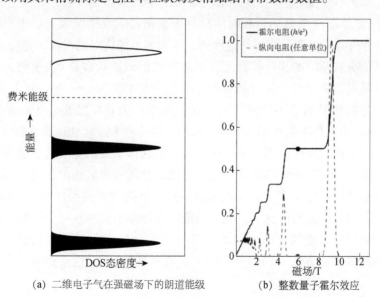

（a）二维电子气在强磁场下的朗道能级　　　（b）整数量子霍尔效应

图 10-1　二维电子气在强磁场下的朗道能级和整数量子霍尔效应

1982 年，崔琦、施特默等在更高迁移率的 III-V 化合物半导体界面的二维电子系统中发现 ν 为某些分数取值的量子霍尔效应，称为分数量子霍尔效应[5]。整数量子霍尔效应和分数量子霍尔效应的发现者分别于 1985 年和 1998 年获得诺贝尔物理学奖。它们的重要性在于向人们揭示了一类全新的物质形态——拓扑量子物态。

拓扑是数学上的一个概念。例如，一个面包圈上有一个洞，这个洞使得面包圈的表面无法通过连续、平滑的变化变成一个像橙子一样没有洞的物体的表面。洞的数目就是区别一个三维空间中的二维面的一个拓扑特征。它的特点是对细节和连续变化不敏感。材料的性质主要由其电子能带结构决定。如果能在材料的电子能带结构中找到类似的拓扑特征，且此材料的物理量或量子态取决于这个拓扑特征，就可以获得对材料的缺陷、杂质等细节不敏感的物理性质或量子态。

金属性的二维电子气中在垂直方向强磁场作用下，电子会呈现局域的回旋运动。与此相对应，其准连续能带也会转变为分立的朗道能级。当费米能级处于朗道能级之间时，系统就成为一个绝缘体 [图 10-1（a）]。理论物理学家发现，二维电子气在磁场下形成的这种绝缘体的能带具有和真空、金刚石、Al_2O_3 等常见的绝缘体的能带不同的拓扑特征，称为拓扑非平庸的（topologically non-trivial）绝缘体，或简称拓扑绝缘体[6]。由于其拓扑特征由第一 Chern 不变量[①]定义，也可称为 Chern 绝缘体。需要注意的是，历史上"拓扑绝缘体"这个名词是在时间反演不变拓扑绝缘体发现之后出现的，因此通常特指时间反演不变拓扑绝缘体，本书如不加特别说明也如此使用。

量子霍尔系统的拓扑特征是由被填充的朗道能级数目 ν 决定的，样品的霍尔电阻则取决于这个拓扑特征和一个量子化的常数—— $h/(\nu e^2)$，因此其数值大小对样品细节不敏感。对量子霍尔效应有贡献的是处于样品边缘的 ν 个导电通道，称为边缘态（edge state）。样品边缘同时也是朗道能级所构成的拓扑非平庸绝缘体和拓扑平庸的真空（绝缘体）的边界。为了实现拓扑性质的变化，在边界附近必然会发生朗道能级穿越费米能级的情况，因此必然会存在金属性的边缘态。量子霍尔效应边缘态的特点是手性的（chiral），也就是说在磁场一定的情况下，电子只能沿着样品的边缘往一个方向（顺时针或逆时针取决于磁场方向）运动 [图 10-2（a）]。这导致其无法被杂质或晶格振动散射到反方向运动的量子态（背散射被禁止），这正是量子霍尔效应

---

① 以著名数学家陈省身的名字命名。

中纵向电阻为零的起源。

(a) 量子霍尔效应/量子反常霍尔效应的手性边缘态

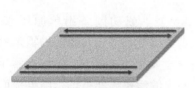

(c) 三维拓扑绝缘体的狄拉克表面态

(b) 量子自旋霍尔效应的螺旋性边缘态

图 10-2　量子霍尔效应/量子反常霍尔效应的手性边缘态、量子自旋霍尔效应的螺旋性边
缘态，以及三维拓扑绝缘体的狄拉克表面态的示意图
（a）、（b）中箭头代表电流方向；（c）中箭头代表自旋方向

　　量子霍尔效应的边缘态在宏观尺寸无能耗的特征非常类似于超导，可以
用于电子传输。但是量子霍尔效应的实现需要几特斯拉的强磁场，这对于大
部分应用是非常困难的。那么，有没有可能存在不需要外加磁场的量子霍尔
效应呢？既然量子霍尔效应是由磁场下材料电子结构的非平庸拓扑性质导致
的，如果可以找到某种材料，其电子结构本身就具有类似的非平庸拓扑性
质，就可以在没有外磁场的情况下获得量子霍尔效应。1988 年，美国理论物
理学家霍尔丹（Haldane）提出了第一个不需外加磁场的量子霍尔系统的模型
［又称霍尔丹（Haldane）模型］[7, 8]。霍尔丹模型基于单原子层石墨的二维六
角蜂窝形晶格，也就是后来所称的石墨烯。众所周知，石墨烯具有在动量
空间呈狄拉克锥形色散关系无能隙电子能带结构。霍尔丹在石墨烯中引入
一个假想的周期磁场（但宏观没有净磁场），这会导致其能带的狄拉克点处
打开一个能隙，从而转变成一个绝缘体。这个绝缘体具有和 $\nu=1$ 的量子霍
尔系统类似的拓扑性质，可以在没有外加磁场的情况下显示量子霍尔效
应。霍尔丹模型是一个离现实很远的模型：在当时单层石墨烯还无法在实
验上实现，这个工作也没有提出如何在石墨烯中引入周期磁场。但是这个
工作首次让人们认识到不依赖外磁场的"天然"拓扑量子材料是可能存在
的。霍尔丹模型也为后来的拓扑绝缘体和量子反常霍尔效应的很多理论发
展奠定了基础。

第二节 拓扑绝缘体的理论、材料与量子效应

一、拓扑绝缘体的理论发展

2004 年，诺沃肖洛夫（Novoselov）等成功制备出单原子层的石墨烯[9]。这种材料迅速吸引了大量研究者的关注，基于石墨烯的霍尔丹模型也重新回到人们视野。2005 年，宾夕法尼亚大学的 Kane 和 Mele 在霍尔丹模型的基础上引入自旋轨道耦合作用代替原先的假想周期磁场。结果他们发现，石墨烯的狄拉克点处也会打开一个能隙，而所获得的绝缘体也具有拓扑非平庸的电子结构。与量子霍尔系统不同，这种拓扑绝缘体保持着时间反演对称性，其拓扑特征由 Z2 拓扑不变量而非 Chern 不变量定义，因此称为时间反演不变拓扑绝缘体或 Z2 拓扑绝缘体[10]。

时间反演不变拓扑绝缘体不需要外加磁场就可以实现，但是这种拓扑绝缘体不会显示量子霍尔效应而是会显示量子自旋霍尔效应。量子自旋霍尔效应可以看作磁场方向相反的两个量子霍尔效应的叠加，在其边缘存在两个自旋方向和运动方向都相反的螺旋性（helicity）边缘态，不同于量子霍尔效应的手性边缘态，这是由拓扑绝缘体的时间反演对称性决定的［图 10-2（b）］。在量子自旋霍尔效应中，量子化的并非横向（霍尔）电压，而是横向的自旋积累；纵向电阻也并非零，而是和电极数有关的一个量子化电阻。量子自旋霍尔效应的边缘态具有线性的能量-动量色散关系，构成一维的狄拉克锥。与 Kane 和 Mele 的工作几乎同时，斯坦福大学的 Bernevig 和 Zhang 通过另外的理论途径独立提出了量子自旋霍尔效应[11]。

随后，物理学家认识到可以将时间反演不变拓扑绝缘体从二维系统推广到三维系统[12, 13]。三维拓扑绝缘体的体能带在费米能级处具有能隙，在其表面却具有无能隙的表面态。这种表面态的能量-动量色散关系具有类似于石墨烯电子态的二维狄拉克锥形结构。但与石墨烯截然不同的是，这种表面态除狄拉克点之外都是自旋极化的，因此有可能直接产生自旋相关的效应［图 10-2（c）］，这为自旋电子学的发展等提供了全新的途径。

时间反演不变拓扑绝缘体在其概念被提出后迅速引起人们的关注并发展成为凝聚态物理学的一个热点领域，主要原因是人们很快发现大量材料属于这一类拓扑绝缘体。这大大拓宽了拓扑量子材料和效应的研究范围，使人们

看到了拓扑量子材料和效应未来应用的可能性[14, 15]。

下面将分别介绍二维拓扑绝缘体和三维拓扑绝缘体材料的研究进展。

二、二维拓扑绝缘体材料

人们最早提出的二维拓扑绝缘体是具有自旋轨道耦合的石墨烯[10]。然而真实的石墨烯的自旋轨道耦合非常弱，其在狄拉克点打开的能隙甚至远远小于 1meV。这么小的能隙使得人们不可能在实验上观测到量子自旋霍尔效应，因此石墨烯并不能算一种真正的二维拓扑绝缘体材料。第一种现实的二维拓扑绝缘体材料是由斯坦福大学的 Qi 和 Zhang 所预言的 (Hg,Cd)Te/HgTe/(Hg,Cd)Te 量子阱[15, 16]。HgTe 的体能带具有独特的能带反转结构，这使得 HgTe 量子阱厚度满足特定条件时会变成二维拓扑绝缘体相，其能隙最高可达 90meV。(Hg,Cd)Te/HgTe/(Hg,Cd)Te 量子阱在红外探测器方面的应用在人们认识到其拓扑性质之前就已经被长期研究过，并已经可以获得非常高质量的样品。图 10-3（a）为德国维尔茨堡大学的 Molenkamp 组制备的 (Hg,Cd)Te/HgTe/(Hg,Cd)Te 量子阱样品结构示意图[17]。可以看到，为了优化材料的载流子迁移率，其实际结构非常复杂。他们利用微加工手段将这种量子阱制成不同大小的六端霍尔器件，最终在 30mK 的极低温度下，在 HgTe 层厚度超过 6.3nm、约 1μm 大小的霍尔器件样品中测量到了在 $h/(2e^2)$ 附近的纵向电阻的平台，观察到量子自旋霍尔效应[18]［图 10-3（b）］。后来他们又通过非定域输运实验观察到量子自旋霍尔边缘态[19]。但是，他们的实验至今还没有被其他研究组独立证实。

高质量(Hg,Cd)Te/HgTe/(Hg,Cd)Te 量子阱的制备需要非常专门的分子束外延设备和微加工技术，世界上只有很少几个实验室可以制备这种样品，这导致在这个方向的研究进展较缓慢。不仅如此，(Hg,Cd)Te/HgTe/(Hg,Cd)Te 量子阱热稳定性差、含毒性元素，不利于大规模生产和应用。因此，人们一直期待能够找到更好的二维拓扑绝缘体材料。

2008 年，张首晟研究组预言了一种基于传统Ⅲ-Ⅴ族半导体的二维拓扑绝缘体材料——AlSb/InAs/GaSb/AlSb 量子阱[20]。其中 AlSb 是宽能隙半导体构成的势垒层，InAs 和 GaSb 是窄能隙半导体。在 InAs 和 GaSb 形成的异质结中，GaSb 的价带顶位于 InAs 的导带底之上。在这个结构中，GaSb 层与 InAs 层分别被对方和 AlSb 层限制，导致在 GaSb 中形成的能量最高的空穴型

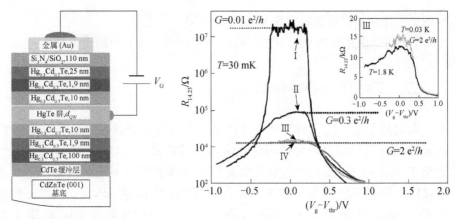

(a) 二维拓扑绝缘体(Hg,Cd)Te/HgTe/
(Hg,Cd)Te量子阱的结构示意图

(b) 量子自旋霍尔效应的实验结果

图 10-3　二维拓扑绝缘体(Hg,Cd)Te/HgTe/(Hg,Cd)Te 量子阱的结构示意图和量子自旋霍尔效应的实验结果[17, 18]

量子阱子带处于 InAs 中形成的能量最低的电子型量子阱子带之上，这个能带反转导致系统的拓扑非平庸的性质。杜瑞瑞研究组在这个体系中观测到量子自旋霍尔效应的行为，证实了其二维拓扑绝缘体的性质[21]。2015 年，他们通过在体系中掺入杂质和引入应力的方法，提高了量子自旋霍尔效应的观测温度，可以在 30K 左右的温度下测到清楚的量子平台，结果比德国在 Ⅱ-Ⅵ 族半导体的结果要更令人满意。目前看来，AlSb/InAs/GaSb/AlSb 量子阱是很有发展潜力和应用希望的二维拓扑绝缘体材料。

　　除此之外，理论物理学家一直在寻找成分结构更加简单、能隙更大的二维拓扑绝缘体材料。既然石墨烯的主要问题是弱的自旋轨道耦合，寻找二维拓扑绝缘体材料的一个自然选择就是那些具有类石墨烯结构但更强自旋轨道耦合的材料。沿着这条思路，理论物理学家先后预言了具有接近二维蜂窝结构的 Bi[22, 23]、Si、Ge[24]、Sn[25] 等元素的单层或几层薄膜是二维拓扑绝缘体。这些材料均由单个元素构成，结构非常简单，有些具有较大的能隙，尤其是 Sn 薄膜的能隙，可以达到上百毫电子伏特[25]。实验上，目前人们已经在三维拓扑绝缘体 Bi_2Te_3 的表面外延生长出了二维蜂窝结构的 Bi 薄膜，利用角分辨光电子能谱观测到了可能显示二维拓扑绝缘体相的能带结构，并通过扫描隧道谱观测到边缘态存在的迹象[26, 27]，但二维拓扑绝缘体的标志性特征——量子自旋霍尔效应，目前还没有被观测到。主要原因是，作为衬底的 Bi_2Te_3 本身就具有较好的导电性，因此输运测量很难分辨出 Bi 薄膜本身的输运性质。蜂窝结构的 Si 薄膜也称为硅烯,最近已在 Ag 表面制备出来[28, 29]。然而,由于存在同样的衬底导电问题,很难对其进行输运研究。人们还预言 $ZrTe_5$ 薄膜是具有高达 400 meV 能隙的二维拓扑绝缘体[30]。

三、三维拓扑绝缘体材料

Fu 和 Kane 在 2007 年的理论工作中提出一个甄别三维拓扑绝缘体材料的简便方法,大大简化了在理论上寻找三维拓扑绝缘体材料的过程[13]。利用此方法,他们预言 $Bi_{1-x}Sb_x$ 合金材料当 x 为 0.07～0.22 时变成三维拓扑绝缘体。三维拓扑绝缘体可以通过角分辨光电子能谱测量的布里渊区两个时间反演不变点(time reversal invariant point)之间表面态穿越费米能级的次数确定:奇数次为拓扑绝缘体,偶数次为普通绝缘体。普林斯顿大学的 Hasan 研究组利用角分辨光电子能谱研究了高温烧结方法制备的 $Bi_{1-x}Sb_x$ 合金样品的表面态能带结构,发现 x 为 0.07～0.22 的样品两个时间反演不变点之间表面态穿过费米能级的次数为 5 次,从而第一次实验证实了三维拓扑绝缘体的存在[31]。

然而,由于 $Bi_{1-x}Sb_x$ 合金具有很小的体能隙(只有 30meV)、化学结构无序和表面态结构复杂等特点,对其进行深入的研究非常困难。很快,人们找到了更好的一类三维拓扑绝缘体材料——Bi_2Se_3 家族拓扑绝缘体,即 Bi_2Se_3、Bi_2Te_3 和 Sb_2Te_3[32, 33]。这类材料具有斜方六面体晶体结构,沿 z 方向每 5 个原子层形成一个 quintuple layer,简写成 QL[图 10-4(a)]。每个 QL 内的 5 个原子层之间是很强的共价型相互作用,而 QL 之间的作用力则很弱,属于范德瓦耳斯型相互作用。理论计算表明,在这类由 V 族元素和 VI 族元素组成的化合物中,只有 Bi_2Te_3、Sb_2Te_3 与 Bi_2Se_3 属于拓扑绝缘体。它们的体能隙最大可达 0.3eV(Bi_2Se_3),远远大于 $Bi_{1-x}Sb_x$,且表面态只包含在 Γ 点附近的单个狄拉克锥[Bi_2Se_3 能带结构的理论计算结果见图 10-4(b),角分辨光电子能谱测量结果见图 10-4(c)],比 $Bi_{1-x}Sb_x$ 的表面态简单得多,这为三维拓扑绝缘体表面态性质的研究提供了很大的便利。这一族三维拓扑绝缘体材料很快引起了很多研究者的兴趣,是目前被研究得最多的拓扑绝缘体材料[33, 34]。

除了 Bi_2Se_3 家族材料,人们还发现了其他材料体系在某些化学组成或条件(如应力)下呈现三维拓扑绝缘体的特征,它们包括三元硫族化合物(如 TlBiVI$_2$、TlSbVI$_2$,其中 VI 代表硫族元素)、焦绿石(pyrochlore)结构的氧化物［如 $A_2B_2O_7$，其中 A 为稀土元素（如 Sm、Eu），B 为 5d 元素（如 Ir）］、赫斯勒（Heusler）和半赫斯勒金属间化合物、Ce 填充的方钴矿（skutterudite）型化合物（如 $CeOs_4As_{12}$ 和 $CeOs_4Sb_{12}$）、具有 I - III - VI$_2$ 或 II - IV - V$_2$ 组分的黄铜矿（chalcopyrite）半导体（Ag_2Te）等[35]，有些已被光电子能谱实验证实是三维拓扑绝缘体。这些材料体系具有不同的结构和性质：有的具有强各向异性，有的具有强电子关联，有的容易通过掺杂转变为磁性或超导材料。这些丰富多彩的性质为人们研究拓扑绝缘体材料提供了很大的方便。

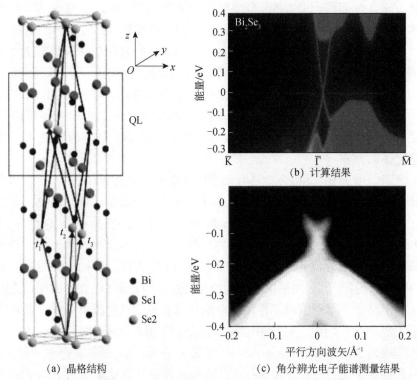

(a) 晶格结构　　　　　　(c) 角分辨光电子能谱测量结果

图 10-4　三维拓扑绝缘体 Bi_2Se_3 的晶格结构示意图及其表面态能带结构的计算结果和角分辨光电子能谱测量结果[32]

t_1, t_2, t_3 为晶格原胞的三个晶格矢量

　　从材料科学角度看，三维拓扑绝缘体和二维拓扑绝缘体没有本质区别。将三维拓扑绝缘体材料制成厚度为几纳米的量子薄膜，人们就有可能得到二维拓扑绝缘体相[36]，而将二维拓扑绝缘体一层一层地叠加成三维系统，在某些条件（如应力）下也可以得到三维拓扑绝缘体相，这无疑扩大了拓扑材料

的选择范围[37, 38]。

三维拓扑绝缘体的实验研究所面临的主要问题之一是体载流子的贡献。三维拓扑绝缘体绝大部分有趣的性质和量子效应来源于体能隙中的狄拉克表面态。由于拓扑绝缘体材料属于窄能隙半导体，制备过程中容易产生空位式（vacancy）和反占位式（antisite）缺陷，这些缺陷导致体材料呈金属性。要解决这个问题，首先要设法提高三维拓扑绝缘体材料的质量，其次要能够实现对材料的电子结构和化学势进行有效调控，最后要尽量提高表面态的比例。

很多研究组尝试利用化学掺杂的方法来调节拓扑绝缘体材料的载流子浓度，如在 Bi_2Se_3 中掺杂 Ca 或 Mg 可以制备电荷中性甚至空穴型样品[39-41]。由于 Bi_2Te_3 通常显示 n 型，而 Sb_2Te_3 则通常显示 p 型，将两者混合形成三元的拓扑绝缘体化合物$(Bi,Sb)_2Te_3$，可以实现从 n 型到 p 型的自由调控[42, 43]。用 Se 替代 Bi_2Te_3 中的 Te 可以形成有序的三元材料 Bi_2Te_2Se，大大降低体载流子的浓度。在这些材料的输运性质研究中，人们可以很容易地观测到狄拉克表面态的贡献，甚至表面态的 Shubnikov-de Haas（SdH）振荡[44-46]。

上述三个问题均可以通过分子束外延制备高质量薄膜得到解决。分子束外延生长的薄膜的电子结构和化学势很容易通过生长条件、层厚、表面和界面的化学环境、栅极电压等手段所控制。薄膜材料的表面/体积比远远大于体相材料，在电输运等测量中表面态对整体性质的贡献更加显著。

清华大学的薛其坤研究组在国际上首先建立了 Bi_2Se_3 家族三维拓扑绝缘体薄膜的生长动力学，实现了薄膜的逐层生长，得到了宏观尺寸上厚度均一的薄膜。他们通过对分子束外延生长动力学的控制，大幅度减少了材料的缺陷密度和缺陷导致的电子或空穴掺杂[47-50]。图 10-5 展示了他们利用分子束外延技术生长的 Bi_2Se_3 薄膜从 1QL 到 6QL 不同层厚的角分辨光电子能谱变化情况[49]。清晰的量子阱态显示出薄膜在宏观范围具有均一的厚度和很高的质量，在膜厚低于 6QL 时可以清楚地看到由薄膜上下两个表面态的杂化导致的狄拉克表面态的能隙。不仅如此，通过控制化学成分和施加栅极电压，他们还实现了 Bi_2Se_3 家族三维拓扑绝缘体外延薄膜的化学势的调控。高质量、可控的三维拓扑绝缘体薄膜的实现为各种量子效应的研究奠定了坚实的基础。

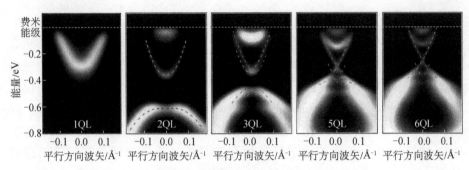

图 10-5 角分辨光电子能谱测量的分子束外延生长的 Bi_2Se_3
薄膜表面能带结构随层厚的变化

四、拓扑绝缘体的量子效应

拓扑绝缘体材料的重要性在于与狄拉克边缘态或表面态相关的各种新奇量子现象。二维拓扑绝缘体中的量子自旋霍尔效应已经在实验上被观测到。三维拓扑绝缘体最早观测到的性质之一是背散射缺失现象，也就是表面态电子遇到杂质后不可能被散射回相反方向的性质。研究者通过扫描隧道谱，得到了三维拓扑绝缘体表面态准粒子干涉条纹。分析准粒子干涉条纹，他们在 $Bi_{1-x}Sb_x$ 合金和 Bi_2Te_3 中证实了背散射缺失现象的存在[51, 52]。三维拓扑绝缘体表面态的另外一个特征是其朗道量子化行为与普通的二维电子气不同：首先，狄拉克点附近的表面态在磁场下会形成零阶的朗道能级，不随磁场的变化而变化；其次，狄拉克表面态不同级数的朗道能级之间不是等间距的。利用强磁场下的扫描隧道谱技术，人们在 Bi_2Se_3、Bi_2Te_3 和 Sb_2Te_3 中均观测到了狄拉克表面态独特的朗道量子化行为[53-56]。

朗道能级的观测预示有希望观测到表面态的量子霍尔效应。这是三维拓扑绝缘体很多量子效应的基础。如果要在实验上观测到，样品要具有很高的表面电子迁移率和很低的体载流子浓度。CdTe 衬底上外延生长的 HgTe 薄膜在其厚度小于几十纳米时在应力作用下会变成三维拓扑绝缘体[37]。由于利用分子束外延人们可以获得非常高质量的 HgTe 材料，Molenkamp 研究组观测到了狄拉克表面态的量子霍尔效应[38]。最近，在 Bi_2Se_3 家族三维拓扑绝缘体中，有几个研究组也观测到了量子霍尔效应。

激子凝聚效应是三维拓扑绝缘体薄膜中另外一个有趣的量子效应。激子是半导体中电子和空穴在库仑作用下组成的准粒子。激子是玻色子，在低温下可以发生玻色-爱因斯坦凝聚。激子凝聚现象类似超流和超导，也是一种宏观的量子效应。以往对激子凝聚的预言都是在被绝缘层分隔的双层量子霍尔系统中提出来的，样品的制备是很大的挑战。高质量的三维拓扑绝缘体薄膜是天然的双层量子霍尔系统，因此更容易观测到这个效应[57]。

除了以上讨论的各种量子效应，拓扑绝缘体与磁性或超导材料相结合也会产生非常有趣的量子现象。在拓扑绝缘体中引入磁性会导致量子反常霍尔效应、拓扑磁电效应、磁单极效应等现象，引入超导则会产生马约拉纳（Majorana）态。量子反常霍尔效应已经在磁性拓扑绝缘体中实现，这是继量子自旋霍尔效应之后在拓扑绝缘体中被观测到的又一个重要的量子效应，也是目前唯一被证实的重要效应，本章第三节对此进行详细介绍。

第三节 磁性拓扑绝缘体与量子反常霍尔效应

在量子自旋霍尔效应中，自旋和运动方向均相反的两个边缘态在实空间处于同一位置，只有在两者完全不发生散射的情况下，才可以实现零能耗输运。时间反演对称性保证了两个边缘态之间的弹性散射不会发生，却无法保证不具备时间反演对称性的非弹性散射过程的发生。因此，量子自旋霍尔效应只有在样品尺寸小于非弹性散射平均自由程时才能观测到，这大大增加了其应用的难度。对于量子霍尔效应，两个运动方向相反的边缘态在实空间上处于样品两端，只要样品尺寸不是太小，任何两者的散射都会被禁止。因此量子霍尔效应是一种更容易被应用的拓扑量子效应，实现霍尔丹设想的零磁场量子霍尔效应对未来的应用具有非常重要的意义。

霍尔效应可以在零磁场下出现，这就是铁磁材料中的反常霍尔效应[58, 59]。在正常霍尔效应发现后不久，霍尔就观测到铁磁材料的霍尔电阻与外磁场强度的非线性依赖关系——在低场下具有很大的斜率。这种低磁场下很强的霍尔效应反映了铁磁材料的磁化强度随磁场的变化，后来称为反常霍尔效应[58]。当铁磁薄膜具有垂直于膜面的易磁化轴时，即使外磁场为零，薄膜仍旧可以保持垂直膜面的自发磁化，因此反常霍尔效应是不需要外磁场的一个重要效应。

反常霍尔效应是磁性材料中常见的效应，已经被发现 100 多年了，但是其机制一直没有定论。有些人认为它主要是由材料能带的性质决定的，称为内在（intrinsic）机制；另一些人则认为反常霍尔效应主要由杂质散射引起，称为外在（extrinsic）机制[59]。在量子霍尔效应发现以后，理论物理学家发现，反常霍尔效应的内在机制具有和量子霍尔效应类似的表达式，可以看作量子霍尔效应在铁磁金属中的非量子化版本。反过来，如果可以实现具有拓扑非平庸电子结构的二维铁磁绝缘体，其反常霍尔电阻就有可能被量子化，从而实现零磁场下的量子霍尔效应。这种由铁磁材料自发磁化导致的不需外磁场的量子霍尔效应称为量子反常霍尔效应（图 10-6）。

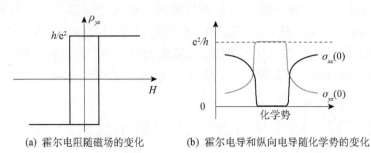

(a) 霍尔电阻随磁场的变化　　(b) 霍尔电导和纵向电导随化学势的变化

图 10-6　量子反常霍尔效应示意图

理论物理学家提出过几种可能实现量子反常霍尔效应的铁磁材料系统[59, 60]，但实验上的进展很小，拓扑绝缘体的发现为量子反常霍尔效应的实现带来了新的希望。无论是二维拓扑绝缘体还是三维拓扑绝缘体，在其中引入铁磁性破坏其时间反演对称性都有可能导致量子反常霍尔效应[61-65]。在二维拓扑绝缘体中引入铁磁性会破坏其自旋和电子运行方向均相反的一对边缘态中的一支，使螺旋性边缘态变为手性边缘态，从而使量子自旋霍尔效应变为量子反常霍尔效应[62, 64]。在三维拓扑绝缘体薄膜（侧表面对电导的贡献可以忽略）中引入易磁化轴垂直于膜面的铁磁性，其上下表面态会在狄拉克点处各打开一个能隙。这种被磁化打开能隙的狄拉克表面态是具有非平庸拓扑性质的绝缘体，而且上下两个表面态具有不同的拓扑性质。在这种情况下，手性边缘态会在上下两个不同拓扑相边界的薄膜侧面出现，当费米能级同时处于上下两个表面能隙之间时，就可以观测到量子反常霍尔效应[63, 65]。

无论对于二维拓扑绝缘体还是对于三维拓扑绝缘体，如果要实现量子反常霍尔效应，都需要在其中引入铁磁性，需要将材料制备成薄膜结构并去除边缘态之外载流子的贡献，其中最困难之处是如何在拓扑绝缘体材料中引入铁磁性。在半导体或绝缘体材料中引入铁磁性是过去 20 年蓬勃发展的自旋电子学领域的一个核心问题，最终成功的例子不多。对于量子反常霍尔效应，问题变得更加复杂：不但要在拓扑绝缘体中实现铁磁性，还要同时保证材料完全绝缘性质，否则边缘态的量子霍尔效应会被其他导电通道掩盖。自然界中大部分铁磁材料是金属，铁磁绝缘材料并不多见。对于稀磁半导体材料，体自由载流子是铁磁性必不可少的媒介，因此无法在材料完全绝缘的情况下保持铁磁性。

有两种途径可以在拓扑绝缘体中引入铁磁性：一是通过铁磁/拓扑绝缘体异质界面；二是拓扑绝缘体的磁性杂质掺杂。在铁磁/三维拓扑绝缘体/铁磁三明治结构中，上下铁磁层分别会在三维拓扑绝缘体的上下表面态打开能隙，这会导致量子反常霍尔效应[63]。对于厚度仅有一两个原子层的二维拓扑绝缘体，或许一个铁磁层就足以使其产生量子反常霍尔效应。铁磁层材料必须为铁磁绝缘体，以避免其产生导电通道。近几年，科学家一直在寻找合适的铁磁绝缘体材料以实现它与拓扑绝缘体的异质结构。例如，EuS 是一种居里温度为 16.6K 的铁磁绝缘体，人们已制备出 Bi_2Se_3/EuS 的异质结构，并在 Bi_2Se_3 中观测到了 EuS 所诱导的铁磁性[66]。但在该体系测到的反常霍尔效应数值离量子化还很远。一个主要原因是铁磁层和拓扑绝缘体层之间电子结构的耦合比较弱，不足以在拓扑绝缘体中诱导出足够强的铁磁性。但由于居里温度超过室温的铁磁绝缘体是存在的，如钇铁石榴石（$Y_3Fe_5O_{12}$）的居里温度可达 550K，在铁磁绝缘体/拓扑绝缘体结构中有望实现室温的量子反常霍尔效应，这是目前拓扑绝缘体领域的一个重要研究方向。

在拓扑绝缘体中实现铁磁性的另一种途径是磁性杂质掺杂，这也是在磁性半导体和绝缘体领域常用的一种方法[67, 68]。这种方法的关键在于找到合适的长程铁磁耦合机制，因为原子间直接铁磁耦合的作用距离仅有几埃，而磁性掺杂半导体或绝缘体磁性杂质原子的间距远远大于此长度。在典型的 Mn 掺杂稀磁 III - V 族半导体材料中，铁磁性来源于由体载流子作为媒介的 RKKY（Ruderman-Kittel-Kasuya-Yosida）型相互作用[67]。这种铁磁耦合机制无法用于实现量子反常霍尔效应，因为当体载流子耗尽时铁磁性就会消失。有理论提出三维拓扑绝缘体的狄拉克表面态也可以作为 RKKY 型长程铁磁交换作用的媒介[69]。这种狄拉克表面态诱导的 RKKY 型铁磁性不需要体载流子，当费米能级接近狄拉克点（表面载流子浓度最低）时反而铁磁耦合更强，因此从理论上讲可以实现量子反常霍尔效应。方忠团队、戴希团队和张首晟团队的理论工作表明，Bi_2Se_3 家族拓扑绝缘体所具有的反带结构可以使其价电子即使在绝缘态时也具有巨大 van Vleck 磁化率，掺杂原子的磁矩可以通过这个巨大的 van Vleck 磁化率铁磁耦合起来，在没有载流子的情况下也可以在拓扑绝缘体中实现铁磁性，这为基于 Bi_2Se_3 家族拓扑绝缘体材料的量子反常霍尔效应的实现带来了希望[64]。

实验上，由于已在(Hg,Cd)Te/HgTe/(Hg,Cd)Te 量子阱结构中实现量子自旋霍尔效应，人们首先尝试了该体系的磁性掺杂。在 Mn 掺杂的 HgTe 层中，人们在小于 1T 的低磁场下观测到了量子霍尔效应。由于无法在这种材料中实现铁磁序，零磁场量子霍尔效应无法在这种材料中实现。在三维拓扑绝缘体的概念提出之前，人们已对 Sb_2Te_3 中磁性元素（V、Cr 等）掺杂进行过研究，结果显示可以得到很好的铁磁性[70]。Hor 等在高温烧结的 Mn 掺杂的 Bi_2Te_3 中实现了居里温度为 12K、易磁化轴垂直于解理面的铁磁性[71]。在 Fe 或 Mn 掺杂的 Bi_2Se_3 中，人们通过角分辨光电子能谱观测到了表面态狄拉克点处打开的能隙，但没有清楚的证据表明长程铁磁序的存在[72, 73]。在 Mn 掺杂的 $Bi_2(Se,Te)_3$ 中，人们观测到随载流子浓度降低铁磁性增强，并猜测这可能是由狄拉克表面态作为媒介的 RKKY 型铁磁性[74]。但是，由于材料存在质量问题，这些实验结果与量子反常霍尔效应的实现仍有较大的距离。

利用分子束外延技术可以获得高质量、性质可控的薄膜，利用其非平衡生长性质还可以进一步获得均匀且高磁性掺杂浓度的半导体/绝缘体。清华大学薛其坤团队对 Bi_2Se_3 家族拓扑绝缘体的磁性掺杂进行了系统的尝试。他们发现，Cr 掺杂对 Bi_2Se_3 家族拓扑绝缘体材料的晶格破坏较小，且其掺杂方式主要为替代式，并且在 Bi_2Te_3 和 Sb_2Te_3 中均实现长程铁磁序[75]。他们在 Cr 掺杂的 Bi_2Se_3 中没有观察到铁磁性。后来的研究表明，长程铁磁序的缺失是由两个因素造成的：首先，在 Bi_2Se_3 中 Cr 原子分布不均匀，Cr 原子会形成超顺磁团簇，这些团簇具有短程铁磁序但没有长程铁磁序[76]；其次，当 Cr 掺杂浓度较高时，Cr 对 Bi 的替代会显著降低材料的自旋轨道耦合，使得体能带由反带结构变回正常能带结构。后者使系统转变为一个拓扑平庸的绝缘体相，因而破坏了依赖于反能带结构的 van Vleck 铁磁耦合机制[77]。

Cr 掺杂的 Bi_2Te_3 和 Sb_2Te_3 具有很好的长程铁磁序，且易磁化轴垂直于膜面，这为量子反常霍尔效应的实现建立了基础。为了最终观测到量子反常霍尔效应，还需要消除材料中的体能带贡献的载流子。Bi_2Te_3 的 Cr 掺杂一般是电子型掺杂，而对 Sb_2Te_3 则一般为空穴型掺杂。将两者混合成 Cr 掺杂的$(Bi,Sb)_2Te_3$ 三元拓扑绝缘体化合物，人们就可以通过调节 Bi 与 Sb 的配比实现对载流子浓度的有效调控。实验发现，随着 Bi 和 Sb 的配比变化，可以将 Cr 掺杂的 $(Bi,Sb)_2Te_3$ 薄膜的载流子类型从空穴型调控到电子型。无论载流子浓度和类型如何，霍尔电阻都呈现很好的磁滞回线形状，这说明薄膜具有不依赖于载流子的长程铁磁序，薄膜的居里温度随载流子的浓度和类型变化很小［图10-7（a）～（f）］。这表明在这种材料中的确存在 van Vleck 机制导致的铁磁绝缘体相[75]。由于磁性产生的能隙很小（几毫电子伏特），很难单单靠材料化学配比的控制使费米能级位于能隙中，这一点可以通过场效应来实现，即通过介电层栅极对薄膜施加电场来控制费米能级的位置。在低温下 $SrTiO_3$ 具有很大的介电常数（在 2K 时高至 20 000），是一种理想的材料。在实验中，他们直接利用厚度达 0.5mm 的 $SrTiO_3$ 衬底作为栅极介电层，避免了各种介电层沉积和微加工过程对拓扑绝缘体薄膜的破坏[78] [图 10-7（g）和（h）]。

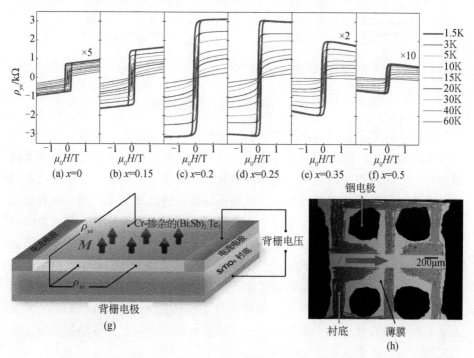

图 10-7 不同 Bi 掺杂量的 Cr 掺杂的 $(Bi,Sb)_2Te_3$ 薄膜霍尔电阻随磁场的变化及利用 $SrTiO_3$ 衬底作为介电层的场效应器件的示意图和真实器件照片（文后附彩图）

在 $SrTiO_3$ 衬底上 5QL 厚的 Cr 掺杂 $(Bi,Sb)_2Te_3$ 薄膜中，薛其坤研究团队第一次观测到了量子反常霍尔效应[79]。图 10-8（a）是在 30mK 的超低温下不同栅极电压下薄膜的反常霍尔电阻随磁场的变化情况，可以看到反常霍尔电阻随栅极电压显著变化，在-1.5V 时达到最大值 h/e^2。在此栅极电压下，霍尔电阻随磁场没有变化，从零磁场到高磁场始终保持在量子电阻的平台。零磁场下霍尔电阻和纵向电阻随栅极电压的变化如图 10-8（b）所示。可以看到，霍尔电阻在-1.5V 附近呈现高度为 h/e^2 的平台。与此同时，纵向电阻显著下降，最低达到 $0.1h/e^2$。这意味着，能量损耗的显著降低，是量子霍尔态的典型特征。

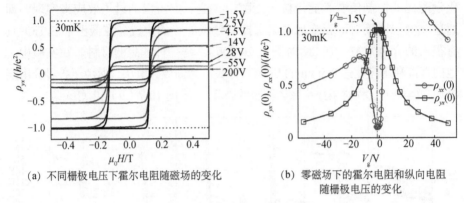

(a) 不同栅极电压下霍尔电阻随磁场的变化 (b) 零磁场下的霍尔电阻和纵向电阻
                 随栅极电压的变化

图 10-8 量子反常霍尔效应的实现

  纵向电阻非零是因为除了边缘态之外仍存在其他的导电通道。在一般的量子霍尔效应中，磁场起两个作用：一是产生具有拓扑非平庸特征的朗道能级结构；二是使边缘态之外的电子局域化，从而不贡献电导。在量子反常霍尔系统中，尽管拓扑非平庸的电子结构不需要外磁场来产生，然而没有磁场的帮助，量子阱态、表面态等导电通道仍然会贡献电导，导致非零的纵向电阻。通过施加一个外加磁场使这些电子局域化，就可以实现彻底的零电阻，在实验中他们也的确证实了这一点。图 10-9 显示了霍尔电阻和纵向电阻随磁场的变化曲线，可以看到除矫顽场附近的峰之外，纵向电阻随磁场增加逐渐下降，在 10T 以上完全降至零。与此同时，霍尔电阻保持在 h/e^2 的量子平台上，说明体系在此过程中始终处于一个量子霍尔态。以上实验结果确定无疑地证明了量子反常霍尔效应的实现。

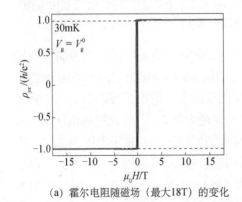
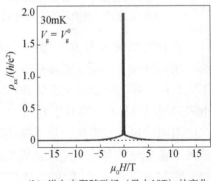

(a) 霍尔电阻随磁场（最大18T）的变化 (b) 纵向电阻随磁场（最大18T）的变化

图 10-9 强磁场下的量子反常霍尔效应

量子反常霍尔效应的实验观测结束了人们对于无磁场量子霍尔效应长达25年的追寻，为拓扑绝缘体中其他量子现象的研究奠定了基础，也使得量子霍尔效应的无能耗边缘态在电子传输方面的应用成为可能。本章第四节将介绍量子自旋霍尔效应和量子反常霍尔效应在低能耗电子传输中的应用前景。

第四节　量子自旋霍尔效应和量子反常霍尔效应在低能耗电子传输中的应用

二维拓扑绝缘体中的量子自旋霍尔效应和磁性拓扑绝缘体中的量子反常霍尔效应的共同特点是都具有可以无能耗传导电子的边缘态。这两个效应的相继实验实现使得人们可以开始严肃地考虑它们在电子传输中应用的可能性。下面将简单介绍使量子自旋霍尔效应和量子反常霍尔效应得以应用所需要解决的问题。这些问题的解决则依赖于对拓扑绝缘体材料性质的进一步改善，这将是拓扑绝缘体乃至整个拓扑量子材料领域的主要努力方向之一。

一、温度

量子自旋霍尔效应和量子反常霍尔效应的应用所面临的一个最大的问题是它们仍需要在很低的温度下才能够实现。量子自旋霍尔效应和量子反常霍尔效应的首次实验观测均是在 100mK 以下的极低温。最近有人报道了在 30K 温度下的量子自旋霍尔效应，但这离实用温度（如液氮温度）仍旧有很大距离，远远低于超导体的最高临界温度。要使这两种拓扑量子效应得到实际应用，必须设法使它们在更高的温度实现。

低温在实现量子自旋霍尔效应和量子反常霍尔效应中的最主要作用是抑制无能耗边缘态之外的导电通道。在量子自旋霍尔效应或量子反常霍尔效应的薄膜中除了边缘态外还存在量子阱态（薄膜尺寸效应造成的量子化的体能带）和表面态，这些态传输电子是有能耗的。边缘态在能量上处于薄膜的量子阱态或表面态的能隙中。在 0K 时，当费米能级处于能隙之中从而只穿过边缘态时，只有边缘态可以导电。但当温度不为零时，量子阱态或表面态的载流子会被热激发，即使边缘态的电子也有可能被激发到量子阱态或表面态中。当量子阱态和表面态对电导的贡献接近或超过边缘态时，整个系统的能耗将不能忽略，量子自旋霍尔效应或量子反常霍尔效应的信号也将被掩盖。

解决这个问题的关键是要增加量子自旋或量子反常霍尔系统的能隙。对于量子自旋霍尔效应，能隙是二维拓扑绝缘体导带量子阱态底和价带量子阱态顶之间的能量差。这个能隙是由材料的自旋轨道耦合强度决定的，但也和具体材料的性质有关。通过理论计算，人们已经预言了几种具有更大能隙的二维拓扑绝缘体，能隙最大可达几百毫电子伏特。实验上，杜瑞瑞等在二维拓扑绝缘体 AlSb/InAs/GaSb/AlSb 量子阱中通过对应力的调控提高了能隙，从而在 30K 的温度下观测到清楚的量子自旋霍尔效应的平台。这大幅提高了量子自旋霍尔效应的温度，为其应用带来了曙光。

对于量子反常霍尔系统，能隙取决于两个因素：一个是拓扑绝缘体材料的体能隙，它由材料自旋轨道耦合强度决定；另一个是在拓扑绝缘体中铁磁性的居里温度。很多拓扑绝缘体材料的体能隙可以达到几百毫电子伏特，因此提高实现量子反常霍尔效应温度的关键在于提高铁磁居里温度。目前，人们只在磁性掺杂的 Bi_2Se_3 家族拓扑绝缘体薄膜中观测到量子反常霍尔效应。在这类材料中，前期的理论和实验工作表明其居里温度是有可能超过液氮温度的，但很难超过室温。室温下，量子反常霍尔效应更有希望在拓扑绝缘体和铁磁绝缘体的异质结构中实现。自然界存在居里温度超过室温的铁磁绝缘体，如钇铁石榴石，居里温度可达 550K。这为室温下量子反常霍尔效应的实现带来了希望，然而目前这方面的实验研究还很初步。

需要注意的是，Cr 掺杂的 $(Bi,Sb)_2Te_3$ 的量子反常霍尔效应是在低于 100mK 的温度下观察到的，这个温度远远低于样品的铁磁居里温度（15K），现在还不是非常清楚这是由什么原因造成的。一个可能的原因是在磁性掺杂半导体/绝缘体中，铁磁性并不像一般的铁磁材料那样均匀，所以有效的能隙对应的温度远远低于居里温度。

除了增大能隙，另一个提高观测温度的可能途径是增加薄膜的晶格无序度。按照凝聚态物理学理论，当金属无序度足够大的时候，电子的运动会被局域化，从而转变成为绝缘体（安德森绝缘体）。量子自旋/反常霍尔薄膜的边缘态不能发生背散射，因此不会因为杂质和无序的存在而改变其导电的性质。量子阱态和表面态的电子则会受到无序的影响，因此引入无序有希望在更高的温度观测到量子反常霍尔效应。有理论工作指出，在磁性掺杂的三维拓扑绝缘体中，表面态会被杂质局域化，只要费米能级处于体能隙中，量子反常霍尔效应就可以出现。杜瑞瑞等 2015 年发现，在 AlSb/InAs/GaSb/AlSb 量子阱中掺入 Si 杂质，可以促使量子自旋霍尔效应的出现。无序、维度、局域化一直是凝聚态物理学界关心的基本理论问题，系统研究量子自旋/反常霍尔效应和无序、维度、局域化的关系不但对应用至关重要，也有助于推动凝聚态物理学理论的深入发展。

量子自旋霍尔效应的另外一个影响因素是电子非弹性散射的平均自由程。量子自旋霍尔效应出现的前提是电子不会在两个电子自旋和传播方向相反边缘态之间发生散射。二维拓扑绝缘体的时间反演不变性保证了这种跃迁不会通过弹性散射过程发生，但是非弹性散射过程不具备时间反演不变性，有可能造成边缘态间的跃迁从而破坏量子自旋霍尔效应。非弹性散射主要是由材料的晶格振动（声子）造成的。为了提高温度，需要选取电子-声子作用较弱的材料，并且要求样品尺寸小于材料的非弹性散射平均自由程。量子反常霍尔效应中电子传播方向相反的边缘态位于样品的不同边缘，不需要担心非弹性散射的影响。

二、磁场

无论是量子自旋霍尔效应还是量子反常霍尔效应，原则上都不需要外加磁场。然而对于量子反常霍尔效应，目前在磁性掺杂拓扑绝缘体薄膜中的实验结果表明仍需要一个磁场才能使其完全实现零能耗。可能的原因有两个：第一，薄膜量子阱态和表面态在零磁场下对电导仍有贡献，磁场有助于这些拓扑平庸电子态的局域化；第二，磁场有助于抑制磁性的无序，提高有效能隙。这样，降低量子反常霍尔效应所需磁场和提高量子反常霍尔效应所需温度的思路一样，都需要设法增加材料的绝缘性和铁磁性。

三、边缘态与电极的接触

尽管量子自旋霍尔效应或量子反常霍尔效应的边缘态本身是无电阻的，但其与电极的连接处却有不能消除的接触电阻。即使对于完美的接触，每个边缘态和电极之间的接触电阻也不会低于 h/e^2。因此利用量子自旋/反常霍尔边缘态作为导线并不能真正实现完全无能耗的电子传输。这种接触电阻有两个特性：第一，其仅存在于接触点，因此不会像普通电阻一样随样品的长度和截面积变化，即使对于很细长的量子自旋/反常霍尔样品，其电阻也不会有变化；第二，每个边缘态的接触电阻均为 h/e^2（完美接触的情况）。只要将尽可能多的边缘态并联起来，就可以有效减小总的接触电阻，从而实现低能耗电子传输。实现多个边缘态的并联的途径有三种。

（一） 高阶量子反常霍尔效应

对于传统的量子霍尔效应，可以通过改变外磁场获得更高阶的量子霍尔效应，从而增加边缘态的数目。目前实现的量子反常霍尔体系只包含一个边缘态，通过对材料电子结构的调控可以实现高阶的量子反常霍尔效应。Wang等预言，在 Cr 掺杂的$(Bi,Sb)_2Te_3$ 薄膜中掺入 Se 可以适当降低系统的自旋轨道耦合，在适当的薄膜层厚下有可能实现多边缘态的量子反常霍尔体系[80]。

（二） 超晶格结构

如果能找到合适的普通绝缘体材料，将量子自旋/反常霍尔薄膜与普通绝缘体薄膜制成多周期的超晶格结构，就可以实现多个量子自旋/反常霍尔系统的并联结构。最近，理论物理学家预言，有些材料可以天然形成这种超晶格结构，即狄拉克半金属（Dirac semimetal）和外尔半金属（Weyl semimetal）。这两类材料的量子薄膜就分别是量子自旋霍尔薄膜和量子反常霍尔薄膜与普通绝缘体薄膜的超晶格结构[81-84]。后面将具体介绍这两种材料。

（三） 排线结构

由于电极和边缘态的接触电阻与薄膜的几何形状无关，可以将量子自旋/反常霍尔薄膜刻蚀成并排的细线结构，这样就形成了大量量子自旋/反常霍尔边缘态的并联。这种排线结构可以加工得很密，1cm 宽度的薄膜可以加工成几万甚至几十万条并联的细线，这将大大降低接触电阻的影响。可以想象，未来利用量子自旋/反常霍尔效应的导线一定是这种细密的排线结构。

可以看出，要实现量子自旋/反常霍尔效应的边缘态在低能耗输电方面的应用仍旧有很多的问题需要解决，这是以后研究的重要方向。

第五节　其他拓扑量子材料

除了拓扑绝缘体和磁性拓扑绝缘体，人们还提出了其他拓扑量子材料，它们均具有重要的研究或应用价值，是目前这个领域的热点方向。

一、拓扑超导体

拓扑超导体是目前凝聚态物理学领域最热点的研究方向之一。其原因是在拓扑超导体中可能出现的马约拉纳束缚态可以用于容错量子计算（error-tolerant quantum computation）[85]。对于很多计算任务，量子计算会显出惊人的计算能力。阻碍这种计算能力实现的主要因素是量子态退相干所导致的错误，马约拉纳束缚态独特的性质可以解决这个问题。在 5/2 分数量子霍尔态、p 波超导体和 B 相 He-3 超流中都有可能实现马约拉纳束缚态，但其样品制备和测量都非常困难，已获得的结果也存在很大的争议。理论物理学家预言，在普通的 s 波超导体和拓扑绝缘体薄膜的异质结中，超导近邻效应会将拓扑绝缘体变成一个拓扑超导体[86]。随后，人们又提出了几种类似的实现拓扑超导体的结构，如 s 波超导体和具有强自旋轨道耦合的半导体薄膜的异质结等。这些理论进展大大推进了拓扑超导体的研究[85]。

目前已有实验报道了拓扑绝缘体或强自旋轨道耦合半导体中的超导近邻效应。上海交通大学贾金锋团队通过扫描隧道谱观测到超导体 $NdSe_2$ 上面的拓扑绝缘体 Bi_2Se_3 薄膜中近邻效应导致的超导能隙和磁场下的涡旋[87]。在高温超导 BiSrCaCuO 和拓扑绝缘体 Bi_2Se_3 的异质结中，人们发现 BiSrCaCuO 通过近邻效应在 Bi_2Se_3 中诱导的超导性具有 s 波对称性。这暗示高温超导材料也可以用于获得拓扑超导体，会显著提高拓扑超导体的实现温度[88]。有研究组观测到近邻效应诱导的超导能隙中零能的电导峰，并把它归结为马约拉纳束缚态出现的迹象，其中包括 Kouwenhoven 研究组在 InSb 纳米线中获得的结果[89]。由于很多物理过程都有可能产生零能的电导峰，它是否真的和马约拉纳束缚态有关仍然存在很大的争议。

二、拓扑晶体绝缘体

三维拓扑绝缘体的拓扑非平庸性质是受时间反演对称性保护的。Fu 预言了由晶体对称性保护的一类拓扑绝缘体，称为拓扑晶体绝缘体[90]。拓扑晶体绝缘体的无能隙表面态只在具有特定对称性的表面出现。由于晶体对称性更容易被外电场、应力所改变，拓扑晶体绝缘体很容易应用于场效应器件和压力感应器件。拓扑晶体绝缘体甚至可以在弱自旋轨道耦合的材料中出现，这种情况下其无能隙表面态不再呈现狄拉克型线性色散关系而是呈现抛物线形色散关系。理论和实验上都已确定了 $Pb_{1-x}Sn_xSe(Te)$ 在特定成分时在低温下处于拓扑晶体绝缘体相[91-93]。如果在拓扑晶体绝缘体中引入铁磁性，有可能产生高阶的量子反常霍尔效应[94]。

三、强关联拓扑绝缘体和分数量子反常霍尔效应

大部分关于拓扑绝缘体的理论基于能带理论，并没有考虑电子-电子关联作用。已发现的拓扑绝缘体材料的电子-电子关联作用较弱，实验结果所揭示的电子结构基本符合能带理论的预测。强电子关联会给材料带来理论难以预测到的丰富物理现象、物理问题和物理性质。对于铜基高温超导材料，很多研究者就认为强电子关联对其较高的临界温度起着重要的作用，因此电子关联对拓扑绝缘体电子性质的影响是一个非常有趣的问题。

包含稀土元素的化合物由于其 f 电子的性质往往具有很强的电子-电子相互作用。这是凝聚态物理学中一类典型的强关联体系，称为重费米子材料（金属）或 Kondo 绝缘体。理论物理学家预言，某些 Kondo 绝缘体具有拓扑非平庸的电子结构和无能隙的表面态，可以称为拓扑 Kondo 绝缘体[95]。拓扑 Kondo 绝缘体提供了一个研究拓扑电子态和电子关联作用相互作用的平台。最近的理论和实验工作表明，SmB_6 和 YB_6 是拓扑 Kondo 绝缘体[96, 97]。由于含稀土元素的化合物往往会表现新奇的超导和磁学性质，对拓扑 Kondo 绝缘体的研究有望获得非常丰富的研究成果。

分数量子霍尔效应是由电子关联作用所引起的。如果能在磁性拓扑绝缘体中引入很强的电子关联，就有可能获得分数量子反常霍尔效应，即零磁场下的分数量子霍尔效应。按照理论物理学家的最新研究，如果一个量子反常霍尔系统具有非常平坦的能带以至于能带的宽度比电子关联能还要小，电子关联就会导致分数量子反常霍尔效应[98-100]，这种拓扑非平庸的平坦能带结构有可能在有机薄膜中实现[101]。

四、狄拉克半金属和外尔半金属

如果逐渐减弱一个三维拓扑绝缘体材料的自旋轨道耦合强度，拓扑绝缘体的体能隙会先逐渐减小直至零，随后又逐渐变大。这是一个由三维拓扑绝缘体到三维普通绝缘体的拓扑相变过程。在相变点处，在动量空间中导带底和价带顶会相交于一个点，形成一个无能隙的三维狄拉克锥，可以看作石墨

烯的电子结构推广至三维的情况，称为狄拉克半金属。狄拉克半金属具有很多有趣的性质[82, 83]。狄拉克半金属的薄膜会自然形成量子自旋霍尔薄膜和普通拓扑绝缘体的超晶格结构[82]。实验上可以通过在拓扑绝缘体中掺杂较轻的元素实现拓扑相变。由于很难在实际中精确调控至零能隙的相变，用这种方式实现三维狄拉克点具有很大的挑战性。有些材料具有受到晶体对称性保护的三维狄拉克点，不会被材料细节参数的改变而破坏，Na_3Bi 和 Cd_3As_2 就属于这类对称性保护的狄拉克半金属[84, 102, 103]。

如果在一个狄拉克半金属中引入铁磁性，它将转变为另一种拓扑材料：外尔半金属[81, 82]。这是一种更加有趣的物质形态，很早以前在 A 相的 He-3 超流中被预言过，然而一直没有得到实验的证实。外尔半金属的能带结构在动量空间包含成对的奇点，称为外尔点，实际上它就是动量空间的磁单极子。在外尔半金属某些表面会呈现"费米弧"形的表面态。类似狄拉克半金属，外尔半金属的量子薄膜会呈现量子反常霍尔薄膜和拓扑绝缘体薄膜的超晶格结构。2011 年，方忠研究组的计算表明，$HgCr_2Se_4$ 即外尔半金属材料[104]，焦绿石结构的氧化物 $RE_2Ir_2O_7$（RE 为稀土元素）则是一种强关联的外尔半金属[81]。狄拉克半金属和外尔半金属也是目前拓扑量子材料领域的热点方向。

第六节 结 语

拓扑绝缘体在近十年的研究进展大大丰富了肇始于量子霍尔效应的拓扑量子材料领域。除了物理学，材料科学、化学、电子学等多个学科的研究者已经开始关注这个领域。尽管目前拓扑量子材料到真正可以应用仍有很长距离，但由于人们对其物理的理解相对清晰，且存在丰富的材料供选择，未来有希望获得较快的发展。材料科学方面的研究对于这个领域的进一步发展尤为重要，这是因为拓扑量子材料的新奇量子现象主要基于能带理论（具有强关联的拓扑 Kondo 绝缘体和分数量子反常霍尔效应除外），因此能够实验实现和应用这些性质与量子现象的关键就在于获得高质量、可调控的材料。反过来，可应用的拓扑量子材料的实现也将大大推动材料学科的发展。

参 考 文 献

[1] Dirac P A M. The Principles of Quantum Mechanics. New York：Oxford University Press,

1958.

［2］Tinkham M. 2004. Introduction to Superconductivity. 2nd ed. Dover：Dover Books.

［3］Hall E H. On a new action of the magnet on electric currents. American Journal of Mathematics，1879，2（3）：287-292.

［4］冯端，金国钧. 凝聚态物理学. 北京：高等教育出版社，2013.

［5］Klitzing K V，Dorda G，Peper M. New method for high-accuracy determination of the fine-structure constant based on quantized Hall resistance. Physical Review Letters，1980，45（6）：494-497.

［6］Avron J E，Osadchy D，Seiler R. A topological look at the quantum Hall effect. Physics Today，2003，56（7）：38-42.

［7］Thouless D J，Kohmoto M，Nightingale M P，et al. Quantized hall conductance in a two-dimensional periodic potential. Physical Review Letters，1982，49（6）：405-408.

［8］Haldane F D M. Model for a quantum Hall effect without landau levels：Condensed-matter realization of the "Parity anomaly". Physical Review Letters，1988，61（18）：2015-2018.

［9］Novoselov K S，Geim A K，Morozov S V，et al. Electric field effect in atomically thin carbon films. Science，2004，306（5696）：666-669.

［10］Kane C L，Mele E J. Quantum spin Hall effect in graphene. Physical Review Letters，2005，95（22）：226801.

［11］Bernevig B A，Zhang S C. Quantum spin Hall effect. Physical Review Letters，2006，96（10）：106802.

［12］Fu L，Kane C L，Mele E J. Topological insulators in three dimensions. Physical Review Letters，2007，98（10）：106803.

［13］Fu L，Kane C L. Topological insulators with inversion symmetry. Physical Review B，2007，76（4）：045302.

［14］Hasan M Z，Kane C L. Colloquium：Topological insulators. Reviews of Modern Physics，2010，82（4）：3045-3067.

［15］Qi X L，Zhang S C. Topological insulators and superconductors. Reviews of Modern Physics，2011，83（4）：1057-1110.

［16］Bernevig B A，Hughes T L，Zhang S C. Quantum spin Hall effect and topological phase transition in HgTe quantum wells. Science，2006，314（5806）：1757-1761.

［17］Hinz J，Buhmann H，Schäfer M，et al. Gate control of the giant Rashba effect in HgTe quantum wells. Semiconductor Science and Technology，2006，21（4）：501-506.

［18］König M, Wiedmann S, Brüne C, et al. Quantum spin Hall insulator state in HgTe quantum wells. Science, 2007, 318（5851）: 766-770.

［19］Roth A, Brüne C, Buhmann H, et al. Nonlocal transport in the quantum spin Hall state. Science, 2009, 325（5938）: 294-297.

［20］Liu C, Hughes T L, Qi X L, et al. Quantum spin Hall effect in inverted type-II semiconductors. Physical Review Letters, 2008, 100（23）: 236601.

［21］Knez I, Du R R, Sullivan G. Evidence for helical edge modes in inverted InAs/GaSb quantum wells. Physical Review Letters, 2011, 107（13）: 136603.

［22］Murakami S. Quantum spin Hall effect and enhanced magnetic response by spin-orbit coupling. Physical Review Letters, 2006, 97（23）: 236805.

［23］Liu Z, Liu C X, Wu Y S, et al. Stable nontrivial Z2 topology in ultrathin Bi（111） films: A first-principles study. Physical Review Letters, 2011, 107（13）: 136805.

［24］Liu C C, Feng W, Yao Y. Quantum spin Hall effect in silicene and two- dimensional germanium. Physical Review Letters, 2011, 107（7）: 076802.

［25］Xu Y, Yan B, Zhang H J, et al.Large-gap quantum spin Hall insulators in tin films. Physical Review Letters, 2013, 111（13）: 136804.

［26］Hirahara T, Bihlmayer G, Sakamoto Y, et al. Interfacing 2D and 3D topological insulators: Bi（111）bilayer on Bi_2Te_3. Physical Review Letters, 2011, 107（16）: 166801.

［27］Yang F, Miao L, Wang Z F, et al. Spatial and energy distribution of topological edge states in single Bi（111）bilayer. Physical Review Letters, 2012, 109（1）: 016801.

［28］Vogt P, Padova P D, Quaresima C, et al. Silicene: Compelling experimental evidence for graphenelike two-dimensional silicon. Physical Review Letters, 2012, 108（15）: 155501.

［29］Chen L, Liu C C, Feng B, et al. Evidence for Dirac Fermions in a honeycomb lattice based on silicon. Physical Review Letters, 2012, 109（5）: 056804.

［30］Weng H, Dai X, Fang Z. Transition-metal pentatelluride $ZrTe_5$ and $HfTe_5$: A paradigm for large-gap quantum spin Hall insulators. Physical Review X, 2014, 4（1）: 011002.

［31］Hsieh D, Qian D, Wray L, et al. A topological Dirac insulator in a quantum spin Hall phase. Nature, 2008, 452（7190）: 970-974.

［32］Zhang H, Liu C X, Qi X L, et al. Topological insulators in Bi_2Se_3, Bi_2Te_3 and Sb_2Te_3 with a single Dirac cone on the surface. Nature Physics, 2009, 5（6）: 438-442.

［33］Xia Y, Qian D, Hsieh D, et al. Observation of a large-gap topological-insulator class with a single Dirac cone on the surface. Nature Physics, 2009, 5（6）: 398-402.

[34] Chen Y L, Analytis J G, Chu J H, et al. Experimental realization of a three-dimensional topological insulator Bi_2Te_3. Science, 2009, 325 （5937）: 178-181.

[35] Yan B, Zhang S C. Topological materials. Reports on Progress in Physics, 2012, 75 （9）: 096501.

[36] Liu C X, Zhang H J, Yan B, et al. Oscillatory crossover from two dimensional to three-dimensional topological insulators. Physical Review B, 2010, 81（4）: 041307.

[37] Dai X, Hughes T L, Qi X L, et al. Helical edge and surface states in HgTe quantum wells and bulk insulators. Physical Review B, 2008, 77（12）: 125319.

[38] Brüne C, Liu C X, Novik E G, et al. Quantum Hall effect from the topological surface states of strained bulk HgTe. Physical Review Letters, 2011, 106（12）: 126803.

[39] Hor Y S, Richardella A, Roushan P, et al. P-type Bi_2Te_3 for topological insulator and low-temperature thermoelectric applications. Physical Review B, 2009, 79（19）: 195208.

[40] Hsieh D, Xia Y, Qian D, et al. A tunable topological insulator in the spin helical Dirac transport regime. Nature, 2009, 460（7259）: 1101-1104.

[41] Kuroda K, Arita M, Miyamoto K, et al. Hexagonally deformed Fermi surface of the 3D topological insulator Bi_2Se_3. Physical Review Letters, 2010, 105（7）: 076802.

[42] Zhang J, Chang C Z, Zhang Z, et al. Band structure engineering in $(Bi_{1-x}Sb_x)_2Te_3$ ternary topological insulators. Nature Communications, 2011, 2（12）: 574.

[43] Kong D, Chen Y, Cha J J, et al. Ambipolar field effect in the ternary topological insulator $(Bi_xSb_{1-x})_2Te_3$ by composition tuning. Nature Nanotechnology, 2011, 6（11）: 705-709.

[44] Ren Z, Taskin A A, Sasaki S, et al. Large bulk resistivity and surface quantum oscillations in the topological insulator Bi_2Te_2Se. Physical Review B, 2010, 82（24）: 241306.

[45] Xiong J, Petersena A C, Qu D, et al. Quantum oscillations in a topological insulator Bi_2Te_2Se with large bulk resistivity （$6\Omega \cdot cm$）. Physica E, 2012, 44（5）: 917-920.

[46] Arakane T, Sato T, Souma S, et al. Tunable Dirac cone in the topological insulator $Bi_{2-x}Sb_xTe_{3-y}Se_y$. Nature Communications, 2011, 3（1）: 636.

[47] Li Y Y, Wang G, Zhu X G, et al. Intrinsic topological insulator Bi_2Te_3 thin films on Si and their thickness limit. Advanced Materials, 2010, 22（36）: 4002-4004.

[48] Song C L, Wang Y L, Jiang Y P, et al. Topological insulator Bi_2Se_3 thin films grown on

double-layer graphene by molecular beam epitaxy. Applied Physics Letters, 2010, 97 (14): 143118.

[49] Zhang Y, He K, Chang C Z, et al. Crossover of the three-dimensional topological insulator Bi_2Se_3 to the two-dimensional limit. Nature Physics, 2010, 6 (8): 584-588.

[50] Wang G, Zhu X, Wen J, et al. Atomically smooth ultrathin films of topological insulator Sb_2Te_3. Nano Research, 2010, 3 (12): 874-880.

[51] Roushan P, Seo J, Parker C V, et al. Topological surface states protected from backscattering by chiral spin texture. Nature, 2009, 460 (7259): 1106-1109.

[52] Zhang T, Cheng P, Chen X, et al. Experimental demonstration of topological surface states protected by time-reversal symmetry. Physical Review Letters, 2009, 103 (26): 266803.

[53] Cheng P, Song C, Zhang T, et al. Landau quantization of topological surface states in Bi_2Se_3. Physical Review Letters, 2010, 105 (7): 076801.

[54] Hanaguri T, Igarashi K, Kawamura M, et al. Momentum-resolved Landau-level spectroscopy of Dirac surface state in Bi_2Se_3. Physical Review B, 2010, 82 (8): 081305.

[55] Jiang Y, Wang Y, Chen M, et al. Landau quantization and the thickness limit of topological insulator thin films of Sb_2Te_3. Physical Review Letters, 2012, 108 (1): 016401.

[56] Okada Y, Zhou W, Dhital C, et al. Visualizing Landau levels of Dirac electrons in a one-dimensional potential. Physical Review Letters, 2012, 109 (16): 166407.

[57] Seradjeh B, Moore J E, Franz M. Exciton condensation and charge fractionalization in a topological insulator film. Physical Review Letters, 2009, 103 (6): 066402.

[58] Hall E H. On the "rotational coefficient" in nickel and cobalt. Philosophical Magazine, 1881, 12 (74): 157-172.

[59] Nagaosa N, Sinova J, Onoda S, et al. Anomalous Hall effect. Reviews of Modern Physics, 2010, 82 (2): 1539-1592.

[60] Onoda M, Nagaosa N. Quantized anomalous Hall effect in two-dimensional ferromagnets: Quantum Hall effect in metals. Physical Review Letters, 2003, 90 (20): 206601.

[61] Qi X L, Wu Y S, Zhang S C. Topological quantization of the spin Hall effect in two-dimensional paramagnetic semiconductors. Physical Review B, 2006, 74 (8): 085308.

[62] Liu C X, Qi X L, Dai X, et al. Quantum anomalous Hall effect in $Hg_{1-y}Mn_yTe$ quantum wells. Physical Review Letters, 2008, 101 (14): 146802.

[63] Qi X L, Hughes T L, Zhang S C. Topological field theory of time reversal invariant insulators. Physical Review B, 2008, 78 (19): 195424.

[64] Yu R, Zhang W, Zhang H J, et al. Quantized anomalous Hall effect in magnetic topological insulators. Science, 2010, 329 (5987): 61-64.

[65] Nomura K, Nagaosa N. Surface-quantized anomalous Hall current and the magnetoelectric effect in magnetically disordered topological insulators. Physical Review Letters, 2011, 106 (16): 166802.

[66] Assaf B A, Cardinal T, Wei P, et al. Linear magnetoresistance in topological insulator thin films: Quantum phase coherence effects at high temperatures. Applied Physics Letters, 2013, 102 (1): 012102.

[67] Dietl T, Ohno H, Matsukura F, et al. Zener model description of ferromagnetism in zinc-blende magnetic semiconductors. Science, 2000, 287 (5455): 1019-1022.

[68] Ohno H. Making nonmagnetic semiconductors ferromagnetic. Science, 1998, 281 (5379): 951-956.

[69] Liu Q, Liu C X, Xu C, et al. Magnetic impurities on the surface of a topological insulator. Physical Review Letters, 2009, 102 (15): 156603.

[70] Chien Y J. Transition Metal-Doped Sb_2Te_3 and Bi_2Te_3 Diluted Magnetic Semiconductors. Ann Arbor: Ph. D. Thesis of the University of Michigan, 2007.

[71] Hor Y S, Roushan P, Beidenkopf H, et al. Development of ferromagnetism in the doped topological insulator $Bi_{2-x}Mn_xTe_3$. Physical Review B, 2010, 81 (19): 195203.

[72] Chen Y L, Chu J H, Analytis J G, et al. Massive Dirac Fermion on the surface of a magnetically doped topological insulator. Science, 2010, 329 (5992): 659-662.

[73] Xu S Y, Neupane M, Liu C, et al. Hedgehog spin texture and Berry's phase tuning in a magnetic topological insulator. Nature Physics, 2012, 8 (8): 616-622.

[74] Checkelsky J G, Ye J, Onose Y, et al. Dirac-fermion-mediated ferromagnetism in a topological insulator. Nature Physics, 2012, 8 (10): 729-733.

[75] Chang C Z, Zhang J, Liu M, et al. Thin films of magnetically doped topological insulator with carrier-independent long-range ferromagnetic order. Advanced Materials, 2013, 25 (7): 1065-1070.

[76] Chang C Z, Tang P, Wang Y L, et al. Chemical-potential-dependent gap opening at the Dirac surface states of Bi_2Se_3 induced by aggregated substitutional Cr atoms. Physical Review Letters, 2014, 112 (5): 056801.

[77] Zhang J, Chang C Z, Tang P, et al. Topology-driven magnetic quantum phase transition

in topological insulators. Science, 2013, 339（6127）: 1582-1586.

[78] Chen J, Qin H J, Yang F, et al. Gate-voltage control of chemical potential and weak antilocalization in Bi$_2$Se$_3$. Physical Review Letters, 2010, 105（17）: 176602.

[79] Chang C Z, Zhang J, Feng X, et al. Experimental observation of the quantum anomalous Hall effect in a magnetic topological insulator. Science, 2013, 340（6129）: 167-170.

[80] Wang J, Lian B, Zhang H, et al. Quantum anomalous Hall effect with higher plateaus. Physical Review Letters, 2013, 111（13）: 136801.

[81] Wan X, Turner A M, Vishwanath A, et al. Topological semimetal and Fermi-arc surface states in the electronic structure of pyrochlore iridates. Physical Review B, 2011, 83（20）: 205101.

[82] Burkov A A, Balents L. Weyl semimetal in a topological insulator multilayer. Physical Review Letters, 2011, 107（12）: 127205.

[83] Young S M, Zaheer S, Teo J C Y, et al. Dirac semimetal in three dimensions. Physical Review Letters, 2012, 108（14）: 140405.

[84] Wang Z, Sun Y, Chen X Q, et al. Dirac semimetal and topological phase transitions in A$_3$Bi（A=Na, K, Rb）. Physical Review B, 2012, 85（19）: 195320.

[85] Bonderson P, Das Sarma S, Freedman M, et al. A blueprint for a topologically fault-tolerant quantum computer. Physics, 2010, 43（5）: 607-615.

[86] Fu L, Kane C L. Superconducting proximity effect and Majorana Fermions at the surface of a topological insulator. Physical Review Letters, 2008, 100（9）: 096407.

[87] Wang M X, Liu C, Xu J P, et al. The coexistence of superconductivity and topological order in the Bi$_2$Se$_3$ thin films. Science, 2012, 336（6077）: 52-55.

[88] Wang E, Ding H, Fedorov A V, et al. Fully gapped topological surface states in Bi$_2$Se$_3$ films induced by a d-wave high-temperature superconductor. Nature Physics, 2013, 9（10）: 621-624.

[89] Mourik V, Zuo K, Frolov S M, et al. Signatures of Majorana fermions in hybrid superconductor-semiconductor nanowire devices. Science, 2012, 336（6084）: 1003-1006.

[90] Fu L. Topological crystalline insulators. Physical Review Letters, 2011, 106（10）: 106802.

[91] Hsieh T H, Lin H, Liu J, et al. Topological crystalline insulators in the SnTe material class. Nature Communications, 2012, 3（7）: 982.

［92］Dziawa P，Kowalski B J，Dybko K，et al. Topological crystalline insulator states in Pb$_{1-x}$Sn$_x$Se. Nature Materials，2012，11（12）：1023-1027.

［93］Yan C，Liu J，Zang Y，et al. Experimental observation of Dirac-like surface states and topological phase transition in Pb$_{1-x}$Sn$_x$Te（111） films. Physical Review Letters，2014，112（18）：186801.

［94］Fang C，Gilbert M J，Bernevig B A. Large-Chern-number quantum anomalous Hall effect in thin- film topological crystalline insulators. Physical Review Letters，2014，112（4）：046801.

［95］Dzero M，Sun K，Galitski V，et al. Topological Kondo insulators. Physical Review Letters，2010，104（10）：106408.

［96］Lu F，Zhao J，Weng H，et al. Correlated topological insulators with mixed valence. Physical Review Letters，2013，110（9）：096401.

［97］Weng H，Zhao J，Wang Z，et al. Topological crystalline Kondo insulator in mixed valence ytterbium borides. Physical Review Letters，2014，112（1）：016403.

［98］Neupert T，Santos L，Chamon C，et al. Fractional quantum Hall states at zero magnetic field. Physical Review Letters，2011，106（23）：236804.

［99］Sun K，Gu Z，Katsura H，et al. Nearly flatbands with nontrivial topology. Physical Review Letters，2011，106（23）：236803.

［100］Tang E，Mei J W，Wen X G. High-temperature fractional quantum Hall states. Physical Review Letters，2011，106（23）：236802.

［101］Liu Z，Wang Z F，Mei J W，et al. Flat Chern band in a two-dimensional organometallic framework. Physical Review Letters，2013，110（10）：106804.

［102］Liu Z K，Zhou B，Zhang Y，et al. Discovery of a three-dimensional topological Dirac semimetal，Na$_3$Bi. Science，2014，343（6173）：864-867.

［103］Liu Z K，Jiang J，Zhou B，et al. A stable three-dimensional topological Dirac semimetal Cd$_3$As$_2$. Nature Materials，2014，13（7）：677-680.

［104］Xu G，Weng H，Wang Z，et al. Chern semimetal and the quantized anomalous Hall effect in HgCr$_2$Se$_4$. Physical Review Letters，2010，107（18）：186806.

附录一
材料科学近期研究的某些进展

当前，材料科学更关注能源、运输、信息、生物医用、生态环境等领域的关键材料的发展。2013 年《材料学报》（*Acta Materialia*）在创刊 60 周年纪念专集上，对上述领域的一些进展进行了评述。结合中国的情况[1, 2]，本附录有选择地做一些论述，其顺序依次为结构材料、功能材料、生物医用材料。结构材料主要介绍交通机械用轴承钢、电站用钢、铝合金、镁合金、钛合金、高温合金等。功能材料则包括磁记录材料、永磁材料和锂离子电池等，而永磁材料和锂离子电池也与能源有关。生物医用材料包括陶瓷、金属和高分子材料。

第一节　结　构　材　料

一、钢铁材料

钢铁是最重要的一类结构材料。近年来，中国在重大工程机械、能源、交通运输等行业对高品质特殊钢（轴承钢、耐热钢等）的需求强劲。对量大面广的低合金高强度钢的质量也有不断增高的需求。

（一）交通、机械用轴承钢

轴承钢用来制备非常关键的工程构件——滚动轴承。轴承钢的制造水平是衡量一个国家钢铁冶金水平的标志之一。轴承钢分为高碳铬轴承钢、渗碳轴承钢、不锈轴承钢、高温轴承钢等品种。应用最多的是 1C-1.5Cr 系高碳铬轴承钢（其中典型的牌号，美国为 52100，中国为 GCr15，C 含量为 0.95%～1.10%，Cr 含量为 1.30%～1.60%，以质量分数计，下同）。钢中 Cr 可以改善热处理性能，提高淬透性、组织均匀性、回火稳定性，又可以提高钢的防锈性能和磨削性能。Cr 可以进入渗碳体中，提高其硬度和耐磨性。

工作转速 25 000r/min、温度 120～320℃ 的飞机发动机轴承[3]必须应用高温轴承钢。M50 高温轴承钢曾是航空发动机主轴承用材，热硬性良好，但存在韧性低、碳化物粗大、易产生疲劳剥落等不足[3]。第二代航空轴承钢 M50NiL（C 含量为 0.11%～0.15%，Cr 含量为 4.00%～4.25%，Ni 含量为 3.20%～3.60%，Mo 含量为 4.00%～4.50%，V 含量为 1.13%～1.33%）是瑞典 SKF 公司近年来研制出的一种既有超高强度、又有良好断裂韧性的高温用渗碳合金钢。该钢在 M50 的基础上降低 C 含量、提高 Ni 含量，并采用合金碳化物二次硬化的钢种[3]。该钢渗碳性能优良，心部具有高的断裂韧性，组织中球状碳化物细小且均匀分布，是航空航天高温轴承的理想选材[4]。

将陶瓷材料应用于轴承制造是一个新的研究方向。其中氮化硅陶瓷轴承取得了重要进展，特别是混合式陶瓷轴承已经开始在航空航天、装备制造领域中得到应用[5]。例如，为了防止电蚀，高铁牵引电机中已经应用陶瓷与金属多层结构的绝缘轴承[6]。

瑞典、日本、德国等对轴承钢的生产及其科研极为重视[7]。中国是世界上的钢铁大国，最近在特殊钢的生产上也取得长足的进步[8]，但在高端轴承钢的生产和研发上还很不足，特别在高铁、风电、精密机床、飞机发动机等重型装备用轴承钢方面，材料尚不能满足性能要求，制造工艺缺少核心技术，这些关键轴承部件仍主要依赖进口[9]。

轴承钢的关键性能就是接触疲劳寿命长、耐磨性高，还要有良好的冲击韧性和尺寸稳定性。提高轴承钢寿命的首要途径是提高钢的纯净度，后者主要是指夹杂物含量。研究表明，钢中即使存在少量的氧化物、氮化物等夹杂，也会大大降低其使用寿命。因此，高级轴承钢的冶炼方法受到高度重视。轴承钢生产都要严格控制钢中的 O 含量（钢中的 O 主要以夹杂物的形式存在）。瑞典 SKF 公司和日本山阳特殊钢公司在轴承钢中的 O 含量与疲劳寿命的关系方面做过大量的试验，他们的结论是：当 O 含量从非精炼钢的 $40×10^{-6}$ 降到精炼钢的 $5×10^{-6}$ 时，轴承疲劳寿命是非精炼钢的 30 倍[3, 7]。最近的研究也表明，轴承钢、弹簧钢等高强钢中，大尺寸的夹杂物对疲劳寿命非常有害，夹杂物尺寸增大1倍，会导致疲劳寿命下降约2个数量级[10]，因此高品质的轴承钢必须严格控制夹杂物含量。

（二） 电站用钢

目前核能占世界发电量的13%。为了进一步提高核能的可靠性、安全性及经济性，必须应对材料方面的挑战[11]。对当前和下一代水冷核反应堆，主要面临结构材料的老化和劣化问题，如不锈钢的腐蚀和应力腐蚀开裂、反应堆压力容器（低合金钢及不锈钢堆焊材料）的中子辐照脆化[12]，还有改进燃料系统的可靠性和事故容限问题。对于我国的核电所用材料的现状与挑战，见文献［2］。

当前国内外仍以化石燃料进行火力发电为主。为提高热效率，电厂锅炉向大容量、高参数的超临界、超超临界机组发展，这对耐热钢提出了更高的要求。耐热钢是在9%Cr含量和12%Cr含量的简单钢种上发展起来的。T/P91耐热钢（C含量为0.08%～0.12%，Cr含量为8.00%～9.50%，Mo含量为0.85%～1.05%，V含量为0.18%～0.25%，Nb含量为0.06%～0.10%，N含量为0.03%～0.07%）[13]具有优良的高温强度、韧性、焊接性、抗氧化及热疲劳性能，易于加工成型。它是20世纪80年代由美国开发成功，通过限制C含量、添加了一定量的N及微量的强碳化物形成元素V和Nb，提高了钢的持久强度，形成的一种新型铁素体型耐热合金钢，使用温度可到590℃。新发展的P92钢（C含量为0.07%～0.13%，Cr含量为8.50%～9.50%，Mo含量为0.30%～0.60%，W含量为1.50%～2.00%，V含量为0.15%～0.25%，Nb含量为0.04%～0.09%，N含量为0.03%～0.07%）[13]是在T/P91钢的基础上降低Mo含量，加入1.5%～2%的W形成的，该钢明显增强了固溶强化的效果，具有更高的高温强度和蠕变性能，使用温度可达到620℃。目前，通过增加W，添加Co、B和控制N含量，正在发展目标工作温度为650℃、蠕变强度更高的耐热钢[13]。

这些耐热钢广泛应用于火力发电站、石油化工，以及核电等行业。但是这些耐热钢焊接接头的热影响区中的Ⅳ型裂纹蠕变失效问题长期困扰人们，而且随着耐热钢蠕变强度的提高，这种蠕变开裂越发严重。近年来，对其失效机制研究已取得显著进展[13]。

目前，在火电站和核电站也使用铁素体低合金耐热钢（简称铁素体钢）和奥氏体合金钢的异种金属焊接。成本低的铁素体钢用在低温区，而高温区使用耐热性更好但昂贵的奥氏体合金钢。一个电站往往有数千个这种焊接接头。当前实际使用的三金属焊接即铁素体钢（2.25Cr-1Mo）/800H 合金（高温合金）/奥氏体合金钢（如 316）。现在正在试验低温端使用 P91 耐热钢，并取得进展。这种焊接接头的显微组织十分复杂，例如，碳从铁素体钢向奥氏体合金钢扩散，在铁素体钢一侧形成软的贫碳区，而在奥氏体合金钢一侧产生碳化物形成高硬度区，它们对焊接接头蠕变失效的影响需要深入研究[14]。

下一步工作[13]应加强对最近发展的含 B 耐热钢的研究与应用，据报道它的焊接接头不容易发生Ⅳ型开裂。应该对 T/P91、P92 和新发展的钢种加强蠕变研究。为了提升工作温度到 700℃，马氏体钢与 Ni 基合金的异质焊接也要进一步关注。

（三） 低合金钢

提高量大面广的低（微）合金钢的质量[15, 16]也是中国钢铁工业面临的一个重要问题。近年来，中国加强了这方面的基础研究，在细晶和超细晶粒钢、微合金析出相控制、组织调控、高强韧钢等领域取得了一系列研究成果，并且在实际品种开发中获得成功应用[15]。

在国际上，钢的微合金化是一个重要的研究方向，特别是针对低合金钢为了细化晶粒而在非再结晶温度下形变的机制开展研究[16]，其中对微合金元素（如 Nb、Ti 等）影响非再结晶温度研究得最为充分。

钢铁材料的发展是材料品质不断提升的过程，也是对失效机制的认识不断深入的过程。最近，对钢的回火脆性、晶间腐蚀脆性及中温脆性提出了统一的非平衡晶界偏聚机理[17]。对高强钢中夹杂物尺寸影响超高周疲劳性能进行了归纳[10]。对核电用不锈钢的辐照损伤[12]，电站用耐热钢焊接接头的Ⅳ型蠕变开裂[13, 14]等，都进行了深入分析。

正是由于对钢铁冶金特有的深厚科学知识，美国率先开展的"材料基因组计划"就是以钢铁为模板的[18]。依据基本的数据库发展的一种计算材料设计方法，缩短了全面研发和实验验证的周期，已成功地设计开发了飞机起落架用钢 S53[18]。最近又准备将新设计开发的 M54 高强钢用在舰载机的尾钩上。有关"材料基因组计划"的基本思路，请参看文献 [2]。

二、轻合金和高温合金

轻合金（如铝合金、钛合金和镁合金等）有广泛的应用，特别在交通运输、国防建设方面。高温合金是航空发动机热端部件的关键材料，在石油化工、能源动力等领域也日益应用广泛。

（一）铝合金

铝合金一般分为变形和铸造两类。在航空航天器制造中用得最多的是变形铝合金 2×××（Al-Cu）系及 7×××（Al-Zn-Mg-Cu）系合金等[19, 20]。

在发展新合金时，要求材料有高的断裂韧性、疲劳强度与抗腐蚀性能。对于高强铝合金，必须提高合金的纯净度，降低铝中固有杂质 Fe、Si 的含量，因为 Fe 往往导致硬脆粗大 Al-Fe 金属间化合物的形成，容易产生微裂纹，降低疲劳强度。现在几乎所有的航空航天铝合金都有对应的高纯型合金，严格控制合金成分，减少难熔相、过剩相数量，如 2524（Cu 含量为 4.0%～4.5%，Mg 含量为 1.2%～1.8%，Mn 含量为 0.3%～0.9%，Si 含量为 0.06%，Fe 含量为 0.12%）铝合金的成分范围比类似的 2024 的窄得多，且 Si 含量从 0.5% 下降到 0.06%，Fe 含量从 0.5% 下降到 0.12%。它们的强度水平相同，但前者的断裂韧性、疲劳性能却比后者高得多[19]。

现在，国外铝业巨头正在不断开发新的铝合金，如力拓-加铝公司的 Airware（TM）2050（Al-Cu-Li）、2198、2196（Al-Cu-Li-Mg-Ag）合金[21]等，以及美国铝业公司新开发的超声速飞机的耐热蒙皮等。近年来，质量更轻的 Al-Li 合金受到普遍关注，最新的如 2060、2055 等[22]。

有关高强铝合金的新近发展见本书第三章。

目前，铝合金在交通运输、航空航天方面有以下发展趋势。

（1）铝材大型化。发展大尺寸材料，如高性能铝合金厚板，用来加工成整体构件替代铆接、焊接等装配件。有了这种大尺寸的厚板，飞机舱门可通过数控铣削而成。因此必须开展厚板性能与加工方面的研究。

（2）薄板织构。由于具有良好的强度和成形性，非热处理型 5×××（Al-Mg）和时效硬化型 6×××（Al-Mg-Si）铝合金在汽车与动车上获得广泛应用。非热处理型 5××× 薄板基于 Mg 的固溶强化，提高强度和成形性。它主要在底盘、面板等处应用，不能用在外壳，因为板的表面冲压时有形变带。时效硬化型 6××× 铝合金在汽车上应用多，包括外壳，它的表面形貌很好。铝合金薄板容易产生强的织构（多晶体中晶粒取向非均匀的分布），会造成性能的各向异性，它将严重影响成形性。2013 年，对上述两种铝合金的热轧或快速加热和退火中可能出现再结晶织构进行了系统总结[23]。未来铝合金织构的研究将偏重织构对材料性能的影响规律及通过控制织构的种类和含量来提高材料的使用性能，实现材料性能的最优化[24]。

（3）焊接形式。近年来广泛开展了搅拌摩擦焊接的研究。它是通过耐高温硬质材料搅拌头与被焊接材料之间的摩擦热，实现工件之间的固态连接[25]。日本采用这种技术制造铝合金列车车体，瑞典已开展铝合金汽车零部件的大规模生产。另外，搅拌摩擦焊接技术也可以用于表面改性[26]。搅拌摩擦焊接的过程非常复杂，急需深入开展基本理论方面和最优工艺参数确定的研究。2012年，提出了组合模拟6×××系铝合金搅拌摩擦焊接过程的方法，并应用在6005A和6050合金上[27]，其中包括加工时温度变化的模型、非均匀析出的显微组织演化模型、基于显微组织的强化与硬化模型及基于微观力学的损伤模型。模型被很多实验数据检验，以便用模型和实验一起来获取最优的加工工艺[27]。

（4）耐热铝合金。随着航空航天、汽车工业的迅速发展，以及兵器工业的需要，对耐热铝合金的耐热性能也提出了更高的要求。耐热铝合金可分为变形和铸造两类。在铝合金中，铜不仅能提高 α 固溶体的热稳定性，更重要的是许多高温热稳定相中都含有铜，因此，2×××系的 Al-Cu 二元合金是耐热铝合金的基础。

变形耐热铝合金在航空航天上应用很多，如超声速飞机蒙皮、飞机机翼等，以及火箭和导弹壳体、导弹尾翼等[28]。Al-Cu-Mg-Fe-Ni 系的 2618 合金长期使用温度在150℃以下[19]。近几年，美国又开发了耐热性更好的 C416（Al-Cu-Mg-Ag 系，Cu 含量为 5.40%，Mn 含量为 0.30%，Mg 含量为0.50%，Ag 含量为 0.5%，Zr 含量为 0.13%，Fe 含量为 0.06%，Si 含量为0.04%）合金。这种铝合金可在 200～250℃温度下长期使用，有望满足新一代超声速飞机的耐热性要求[29]。

铸造耐热铝合金主要分为 Al-Si 系和 Al-Cu 系。Al-Si 系合金铸造性能好，但强度低，往往要添加 Cu、Ni、Mn、稀土等元素以提高耐热性能。Al-Cu 系合金耐热性好，但铸造工艺性及耐蚀性差。铸造耐热铝合金主要应用于汽车和装甲车辆发动机，特别是发动机的关键零件——活塞。气缸内燃烧的高温高压气体直接作用于活塞，气体瞬时温度高达 1800～2300℃，活塞顶部温度达 290～400℃，且温度分布不均匀，同时承受气体压力，高功率密度柴油机的压力高达 9MPa 以上，转速达 3000r/min 以上，活塞在气缸内往复运动线速度可达 11～16m/s。这么严酷的条件下，需要不断发展质轻、易铸造的耐热铝合金[30]。

装甲车辆发动机活塞以 Al-Si 系合金为主，如德国 Mahle 124（相当于我国 ZL109）共晶铝硅合金。2002 年，美国 NASA 采用特殊的 Al-Si 合金变质技术研制出新型过共晶 MSFC-398（Si 含量为 16%～18%）Al-Si 合金。德国马勒公司研发的 Mahle 174（Si 含量为 11%～14%，Cu 含量为 4.0%～6.0%，Mg 含量为 0.5%～1.2%，Ni 含量为 1.75%～3.0%，Fe 含量≤0.7）共晶活塞 Al-Si 合金，在常温和高温力学性能方面都有提高，用于高功率密度的柴油发动机[31]。后来该公司又发展出 Mahle 174+，高温疲劳强度有很大提高，是目前铝活塞中疲劳强度最高的材料牌号。这些研究成果说明了传统耐热 Al-Si 合金有继续开发的潜力[30]。

（二） 镁合金

镁合金作为最轻的金属结构材料已经成为汽车、电子通信、航空航天等工业领域的结构材料。它的主要缺点是抗腐蚀能力差、室温塑性低及耐热性不足。获得洁净的镁合金熔体是获得高力学性能和耐蚀性能镁合金的关键。这需要控制有害的杂质元素的含量，降低合金中溶入的气体（如氢）及从熔体内去除夹杂物[32]。镁合金在熔炼中极易产生夹杂物，通常比铝合金的夹杂物含量多 10～20 倍。镁合金中夹杂物分为非金属夹杂物（氧化物和氯化物等）和金属间化合物（如富铁相）两大类。很多技术都用于减少镁合金中的夹杂物含量，例如，用熔剂（如 $MgCr_2$）来净化。其原理是用熔剂润湿夹杂物，使夹杂物团聚并与熔剂结合形成沉淀，沉降至熔体底部[33]。经过精炼的镁合金的抗拉强度可提高 15%，伸长率可提高 100%。

目前对镁合金精炼研究不够充分[32]，如上述净化熔剂并不适用于含 Ca、Sr 和稀土元素的镁合金，需要发展新的精炼剂。迄今还没有一种普遍接受的技术用来评定熔体的洁净度。控制镁合金熔体夹杂物含量的方法需要优化，因为有些效果是矛盾的，同时缺少定量的结果。

镁合金室温成型性差严重限制其应用。铝合金及钢都可以冷轧，但镁合金必须在 300～450℃轧制。典型的镁合金［如 Mg-Al-Zn（AZ）系、Mg-Zn-Zr（ZK）系合金］轧制薄板显示很强的基面型织构，即晶粒的密排六方基面平行于板面，室温下缺少滑移系，容易导致轧板的早期脆性开裂[23]。工业化生产镁合金薄板带的难度比生产挤压材、模锻件、锻件、压铸件与铸件大得多。2010 年美国法塔亨特公司设计制造了可逆式热轧机中试生产线，该生产线于 2011～2012 年在橡树岭国家实验室投入试验，2012 年在加利福尼亚州的企业进行了试验，成功地试产出镁合金带材。这成为美国 2012 年最优秀发明创新 100 项之一[34]。

耐热镁合金主要应用在航空航天和汽车等领域。稀土是提高镁合金耐热性能最有效的合金元素。而对于镁合金高温力学性能的研究，已成为影响镁合金今后应用领域的一个关键[35]。典型的稀土耐热镁合金为英国研制的 Mg-Y-Nd 系的 WE43（Mg-4Y-3.3Nd-0.5Zr）合金，使用温度为 250℃，已成为商用镁合金应用于航空航天领域。21 世纪初，日本试制了 Mg-9Gd-4Y-0.6Zr 合金，性能优于 WE54 和 WE43 合金。近年来，我国在稀土耐热镁合金（如 Mg-RE-Zn-Zr 系[36]、Mg-Gd-Y-Zr 系[33, 37]合金）的研制与应用方面取得长足的进展。

今后应该加强镁合金熔体纯净化技术研究，控制夹杂物含量。大幅度提高熔剂的净化效率[33]。优化稀土镁合金系，研究多组元稀土元素对镁合金的复合强韧化作用，特别是研究微合金化对稀土镁合金的作用，用微合金化元素替代部分稀土元素以开发低成本高性能稀土镁合金。应加强镁合金的塑性加工工艺研究与技术开发，以满足航空航天、国防军工对大规格高强变形镁合金的需求。

（三） 钛合金

钛及钛合金的生产应用非常广泛，如航空航天、舰船、石油化工、生物医用材料等。单相 α（密排六方结构）合金强度不太高，主要利用其耐蚀特性。两相 α+β（体心立方结构）合金强度、韧性、高温性能比较好，在航空航天、高温环境领域应用广泛。不同的 β 合金可以在飞行器框架、生物医学方面应用。钛合金中由于氧、氮和硫的溶解度很高，很少包含氧化物、氮化物和硫化物夹杂，这些夹杂物在其他结构材料里往往是失效的起源[38]，但这些气体杂质对钛合金的塑性降低有重要影响。

高温钛合金主要用在航空发动机关键部件上，如风扇、压气机叶片、叶盘等。各国研制和使用的 500℃以上高温钛合金以 Ti-Al-Sn-Zr-Mo-Si 系合金为主，最高使用温度已达到 600℃。正式获得应用的 600℃高温钛合金是英国的 IMI834（Ti-5.5Al-4.0Sn-3.5Zr-0.7Nb-0.5Mo-0.35Si-0.06C）合金，该合金已经成功应用于 EF2000 战斗机动力装置 EJ200 发动机上，用于制造高压压气机整体叶盘[39]。中国研制的 600℃高温钛合金中 Ti60 最成熟，目前已经通过试车考核[40]。

钛合金研究方面还有很多问题值得深入探讨[38]：钛合金中 α 相蠕变性能比 β 相好，因为前者是密排六方结构，具有本征的低扩散率。然而，在低于屈服强度的保持载荷下，α 相可以在室温积累相对较大的塑性应变，对疲劳性能有损害。中温蠕变时 α 相应该有很强的动态应变时效现象，迄今都没有得到很好的研究。如何在 α+β 合金中获得各组元适当的晶体取向（织构）以获得优化的力学性能，是进一步研究的方向。

钛合金另一个重要的研究方向是钛铝金属间化合物，可参见本书第四章。

（四） 高温合金

高温合金是指以铁、镍、钴为基，在 600℃以上高温环境服役，能承受苛刻的机械应力，并具有良好表面稳定性的一类材料。航空发动机等先进动力推进系统的技术进步与高温合金的发展密不可分。半个多世纪以来，航空发动机推重比从 3 提高到 10 以上，涡轮前进口温度从约 890℃提高到了1580～1680℃。这一巨大进步固然离不开先进的发动机设计思想，但是高性能单晶、变形和粉末高温合金的应用则为发动机技术进步奠定了坚实的材料基础。近年来，用于涡轮叶片的单晶高温合金的制备与使用获得突破，使用温度已达 1100℃[41]。单晶高温合金消除了晶界这一高温薄弱环节，其强度比等轴晶和定向柱晶高温合金大幅度提高。目前单晶高温合金的发展趋势是降低使用储量稀缺和价格昂贵的 Re 和 Ru 等元素，在保证合金性能的前提下，尽可能降低材料和制备成本[42]。用粉末冶金方法制备高温合金涡轮盘，成分偏析被限制在粉末颗粒尺度内，消除了常规铸造中的宏观偏析而可高合金化，高温性能得到明显改善。目前国外在研的是第 4 代粉末合金涡轮盘，使用温度的目标是 850℃左右[43]。

使用热障涂层是有效降低发动机高温部件温度的方法（有可能降低200℃），并受到普遍的关注和积极发展[44, 45]。例如，Pt-NiAl 作为结合层的热障涂层已经成功应用，但改进的 Pt-NiAl 或者用低成本的元素代替比较昂贵的 Pt 还处于研究阶段[44]。不过热障涂层也有其局限性，它的性能稳定性较差，不仅与制备技术有关，也与使用环境下的颗粒冲蚀造成的损伤有关[45]。许多研究工作还需要继续开展。

第二节 功 能 材 料

当前大量的实际应用中，信息的主要载体是磁性材料，信息的主要传输介质是光纤材料，信息的主要运算介质是半导体材料[1]。人们持续关注光纤材料，光纤材料近期的详细进展，如对氧化硅类、氧化碲类等光纤玻璃的性能改进与制造，请参看文献［46］和［47］。而有关半导体材料请参看文献［2］。最新的与信息记录、传输与处理有关的进展参见本书（如人工微结构与超构材料、拓扑量子材料、多铁性材料、碳基纳电子材料与器件等）。

一、磁记录材料

当今社会信息技术的飞速发展对信息存储容量的要求越来越高。过去磁记录密度以每年 100% 的速度增长，近年这个速度降为 25%。目前商用硬盘记录密度约为 700Gbit[①]/in^2，尽管使用各种手段去改进当前采用的垂直磁记录的记录头和记录介质，但普遍认为垂直磁记录能达到的极限密度大约为 1Tbit[②]/in^2。这是因为如果提高记录密度，记录介质中的磁性粒子尺寸就必须减小，要达到 1Tbit/in^2 的记录密度，磁性粒子要小到约为 4nm[48]，但这会使磁晶各向异性能 $K_u V$（K_u 为磁晶各向异性系数，V 为粒子体积）降低到与破坏存储可靠性的热能 $k_B T$（k_B 为玻尔兹曼常量，T 为温度）大小相当，而要达到数据存储 10 年以上，$K_u V/(k_B T)$ 应大于 60。所以 K_u 必须增大，K_u 增大会导致矫顽力增大，数据写入困难，这就是磁记录材料存在的密度、稳定、写入的三角困境[49]。最近发展的热辅助磁记录[50, 51]技术引入了温度变量来破解这个困境。

现在磁记录采用的 CoCrPt-SiO$_2$ 纳米颗粒膜沉积在有 CoTaZr 软磁底层的玻璃基片上，并用 Ru 中间层优化粒子大小和取向，CoCrPt 合金的 K_u 为 0.3MJ/m^3。要达到更高的记录密度，K_u 为 6.6MJ/m^3 的 FePt（L1$_0$ 有序结构）兼具优异的抗蚀性能，被认为是当今最有前途的存储介质材料[52]。但新沉积的 FePt 通常是无序的 A1 相，退火后才形成 L1$_0$ 稳定相，而高温退火处理会使薄膜粗糙度增加、粒子尺寸均匀性变差。现在的解决方法是将 FePt 和 C 直接沉积在加热的基片上，C 分离形成一个很薄的非晶碳通道，这样在较低的温度下薄膜一边生长一边直接生成取向的 L1$_0$-FePt。但这样制备的 L1$_0$ 相的取向度会有一定程度的降低，矫顽力下降到只有 0.8～1.5T[53]。2010 年，日本研究小组通过加入 Ag 到 FePt-C 颗粒膜中使矫顽力增加到 3.7T。为了增加薄膜的垂直取向度，他们在沉积磁性膜之前先在硅基片上生长了一薄层 MgO，其记录密度达到了 550Gbit/in^2，可与商用的记录材料相媲美，是当时

---

① 1Gbit= 10^{9}bit。

② 1Tbit=1000Gbit。

FePt 磁记录材料的最高值[54]。由于这种材料的矫顽力大于小型电磁铁能写磁头磁场，在写入时需要加热辅助，所以称为热辅助磁记录。加热使温度升高，各向异性降低，矫顽力降低，便于写入，数据写完后温度降低，数据在室温存储。热辅助磁记录技术解决了热稳定与写入的矛盾，这样就可以继续减小粒子尺寸来增大记录密度，它的理论记录密度可达 $4\sim5$Tbit/in^2。

热辅助磁记录将具有更高的记录密度，当磁记录密度从 1Tbit/in^2 增加到 2.9Tbit/in^2 时，信噪比需要提高 $6\sim7$dB[55]，因为记录密度增大，噪声会相对增大。记录介质里各处的居里温度（在这个温度上下介质的磁性发生明显变化）不一致会增加写入困难，因此要求记录介质里各处的居里温度的分布要窄。而记录介质粒子的大小和形状分布直接影响居里温度分布，因此需要优化溅射条件、中间层材料、生长温度，以有效控制粒子尺度分布，同时改进粒子的厚径比、保持柱状生长。减小粒子间界面宽度、降低粗糙度，并通过采用 FePt/Fe[56] 或 FePt/FeRh 等复合结构进一步降低居里温度分布的分散性。

通过加入原子分数为 10% 的 Ni 或 Cu 将 FePt 居里温度从 750K 降低到 $600\sim650$K 以降低需要的加热能量[57]。采用高度聚焦的激光束控制加热点大小，用最近出现的基于近场等离子体的近场转换器记录技术保证足够的写磁场分布，确保写入精度。

如果只从各向异性方面看，稀土永磁化合物 Nd$_2$Fe$_{14}$B 和 SmCo$_5$ 的各向异性更大，但由于耐蚀性问题，现在并未使用它们。Nd$_2$Fe$_{14}$B 的居里温度为 585K，比 FePt 的 770K 低，各向异性更大，在保持热稳定条件下能采用更小粒子，但 Nd$_2$Fe$_{14}$B 的沉积温度要高于 FePt，而且结构更复杂，一个单胞就有 68 个原子。SmCo$_5$ 的各向异性更大，但居里温度太高（约 1000K），如果把居里温度降到 600K，各向异性严重降低，因此不如 Nd$_2$Fe$_{14}$B 有优势。但 SmCo$_5$ 在磁记录薄膜方面仍有望获得发展[58]。

在传统的垂直磁记录中进一步提高记录密度会带来热稳定性和数据可写入性之间的矛盾，为了克服这种矛盾，人们提出了倾斜磁记录、梯度磁记录和渗透垂直磁记录等新型记录技术，同时需要开发相应的记录介质，一些进展见文献[49]。

二、永磁材料

永磁材料是一种应用极其广泛的磁功能材料，因为磁场是各种机电换能器的基本要素，例如，纯电动、混合动力汽车发动机和风力发电等现代清洁能源工业中都要有磁场的参与。相比电磁铁,永磁材料产生的磁场具有方便、长期稳定和节能等优点。经过铁氧体、Al-Ni-Co-Fe、第一代稀土永磁材料 $SmCo_5$、第二代稀土永磁材料 Sm_2Co_{17} 和第三代稀土永磁材料 $Nd_2Fe_{14}B$ 的发展,其性能提高速度不再满足快速增长的摩尔定律。但它们之间不是简单的前后发展淘汰的关系,而是根据应用条件、价格成本不同形成了共同发展的势头。矫顽力和最大磁能积(有时直接简称磁能积,其直接的工业意义是磁能积越大,产生同样效果时所需磁材料越少)是永磁材料最重要的技术指标。根据使用环境条件不同,居里温度及磁体温度稳定性也是非常重要的技术指标。

(一) 块体稀土永磁

第三代稀土永磁材料 $Nd_2Fe_{14}B$ 同时具备大的饱和磁化强度和各向异性常数,因而具有迄今所知的最大理论磁能积,现在还没有发现新的简单永磁体系的性能能够全面超过它。重稀土的 $R_2Fe_{14}B$ 比轻稀土的 $R_2Fe_{14}B$(R 代表稀土)具有更高的各向异性和居里温度,因此具有更大的矫顽力,但重稀土磁矩与铁磁矩反平行排列,不具有大的饱和磁化强度,只是作为重要的合金元素添加到 $Nd_2Fe_{14}B$ 磁体中去进一步提高其矫顽力和温度稳定性。从 2009 年开始,全球出现了"稀土危机",但这个危机的核心不是地壳含量相对较高的轻稀土危机而是地壳含量更加稀有的重稀土危机,特别是对提高 $Nd_2Fe_{14}B$ 永磁性能至关重要的 Tb、Dy 的供应危机。因此,降低重稀土含量而保持并提高性能是新的趋势也是当务之急。2011 年,日本采用新工艺,得到磁能积为 50MGOe[①]、矫顽力为 19kOe 无重稀土添加的磁体[59]。中国制备出含重稀土较少的超高矫顽力磁体,该磁体的磁能积约为 36.3MGOe,矫顽力大于 40kOe[60]。由于混合稀土价格为纯轻稀土的 1/10 左右,国内使用未分离提纯的混合稀土制备 R-Fe-B 永磁体,然而要提高磁体性能还有很多工作要做。

早在 20 世纪 90 年代,国外就提出通过纳米尺度的软硬磁交换耦合能提高磁能积,要达到最好的复合效果,软磁相的尺寸要小于 2 倍的硬磁相的畴壁厚度,因此硬磁相的尺寸也需要足够小。早期的实验工作一度陷入与理论相反的越复合越小的怪圈,原因是软磁相选择不当和界面控制不好,远达不到理论模型的要求。近年来的理论工作与实验相结合,考虑"半硬相"的作用和交换耦合的两相间粒子取向的关系,为纳米复合永磁材料的研究和发展

---

① 1MGOe=$7.96kJ/m^3$。

提供更好的指导[61]。软磁相通常是铁或者铁钴合金，价格远低于硬磁相，因此世界各国都在纳米复合永磁材料的研究和开发上投入了极大的人力与物力。对于块体永磁体，合金成分体系只是决定了硬磁相的发展潜力，而各向异性、颗粒大小和界面的控制才是真正能获得高性能磁体的关键。化学溶剂法能很好地控制颗粒的大小、形状和尺寸分布，但它只能用于不含稀土体系，只有最近发展的表面活化剂辅助球磨能用于稀土永磁体系。物理方法有团簇沉积法、激光消融法、热蒸发法。但其后采用的传统的快淬烧结成型工艺由于长的高温退火时间会导致磁体粒子的过度长大。新的快速热压、放电等离子烧结、高温高压技术可很好地控制粒子的长大，制备全致密的块体纳米复合磁体。采用这些先进技术，有时粒子不仅不长大，而且由于大的应力应变，硬磁相和软磁相的颗粒能有一定程度的减小，从而使磁体的性能得到提高。热变形是制备具有织构的高性能各向异性单相和纳米复合磁体的重要手段，微熔的富 Nd 相在热变形时的织构起了关键作用。但最近在没有富 Nd 相的 $SmCo_5$ 磁体中，在 800～900℃很大的变形条件下也观察到织构和矫顽力提高，并且变形量有一个最佳值而不是越大越好[62]。

（二） 纳米复合永磁薄膜

磁性薄膜材料是微电子与信息技术中重要的一类功能材料，对磁性薄膜广泛而深入的研究促进了磁电子学的发展。永磁薄膜材料可以用来制备微型电机，在信息、微型机械、微型机器人等方面有广阔的应用前景。稀土永磁薄膜材料有利于相关器件微型化、功能兼容一体化，在计算机、信息、机电等行业都有迫切的需求。前面提到高性能磁体的关键是各向异性、颗粒大小和界面的控制，但在块体中界面很难控制，而在薄膜中这些都能成为可控条件。2011 年，Sawatzki 等在 $SmCo_5$/Fe 多层复合膜中获得了 39MGOe 的磁能积，比单相 $SmCo_5$ 磁体的 31MGOe 高了很多[63]。内布拉斯加大学研究组通过磁控溅射和快速退火制备了 FePt 基各向异性纳米复合薄膜，得到了 54MGOe 的磁能积[64]。中国研究人员通过插入 Mo 隔离层阻止硬磁相与软磁相间的相互扩散，确保硬磁相的成相取向，获得了各向异性的纳米复合 $Nd_2Fe_{14}B/\alpha$-Fe 永磁多层膜[65]。在此基础上，还引入有效临界关联长度的概念，结果表明，这种多层薄膜中软磁层和硬磁层的交换耦合为间接和长程的相互作用[66]，这与传统的近程相互作用的理论模型完全不同。后来日本研究小组采用 Ta 作为中间隔离层加入 $Nd_2Fe_{14}B$ 硬磁层和 $Fe_{67}Co_{33}$ 软磁层之间。采用磁控溅射方法在较低温度溅射、在较高温度原位退火处理，另外在硬磁层外加了 Nd 层，在 $Nd_2Fe_{14}B$ 晶粒旁形成富 Nd 相，减小了硬磁层厚度，增加软硬磁层的比例，制备了矫顽力为 13.8kOe、剩磁为 16.1kG、最大磁能积达到 61MGOe 的纳米复合永磁薄膜，这是现今报道的纳米复合永磁薄膜的最高记录[67]。多层薄膜中软磁层和硬磁层的交换耦合为间接和长程的相互作用进一步得到确认[68]。

（三） 非稀土永磁

当前大量应用的永磁材料主要包括铁氧体材料和稀土永磁材料。铁氧体材料成本相对较低，但其最大磁能积低于 5MGOe。稀土永磁材料性能很高，成本也高，由于近年来稀土特别是提高矫顽力的重稀土价格的进一步大幅度提高，开发低稀土或无稀土类高性能永磁材料越来越成为世界各国磁性材料研究的重要方向之一。低温 MnBi 相具有六方 NiAs 结构，它不仅具有非常大的磁晶各向异性，而且与大多数磁性材料不同，它具有正的温度系数，即温度升高性能会变得更好，是很有前途的高温永磁材料，它的缺点是制备困难，实际报道最大磁能积是 7.7MGOe，与理论值（16MGOe）还有很大差距。$Fe_{16}N_2$ 薄膜具有高达 30kG 的饱和磁化强度，但它是亚稳的，单相块体材料还没有得到，并且永磁材料必需的大的矫顽力还没有得到验证。Mn-Al、Mn-Ga 作为新型无稀土永磁体系得到了广泛的研究。FePt、CoPt 既可作为永磁也可作为磁记录材料。总之新一轮无稀土永磁研究高潮才刚刚来临，我们期待着令人激动的发现。

三、锂离子电池

目前电化学储能产业发展迅速，已研发了多种体系，其中高性能锂离子电池[69]已成为下一代主导的绿色能源技术。

锂离子电池有三个主要发展方向[70]：高能量密度电源，主要用于便携电子产品；高功率动力电源，主要用于交通车辆、无绳电动工具及其他大功率器件；长寿命储能电池，主要用于后备电源、电网调峰与太阳能电池、燃料电池、风力发电配套的分散式独立电源。锂离子电池的迅猛发展对材料体系提出了更高的要求。目前尚无一种材料体系可同时满足不同应用的需求。高能量密度兼备高功率密度与高稳定性是锂离子电池材料发展的核心。

高能量密度锂离子电池主要采用层状结构材料作正极，如 Li_2MnO_3-$LiMO_2$（M=Mn、Ni、Co），它具有高的比容量（超过 240mAh/g），可在高能量密度便携电子产品中得到使用。而高功率密度锂离子电池通常采用尖晶石与橄榄石结构材料，如 $LiMn_{2-x}Al_xO_{4+\delta}$ 和磷酸亚铁锂等。在长寿命储能电池中，主要采用橄榄石结构的磷酸亚铁锂作正极[71]。

一般负极材料主要是各种碳材料，包括人造石墨、天然石墨、硬碳及中间相碳微球等，其可逆容量为 300～350mAh/g，首次充放电效率>90%。天然石墨负极用在高能量密度锂离子电池，动力锂离子电池中采用人造石墨或中间相碳微球作负极。虽然碳负极材料在锂离子电池中得到了广泛应用，但因存在严重缺陷，限制了其在动力电池及高能量密度电池中的应用。

传统锂离子电池材料均为微米级尺寸的颗粒，纳米电极材料为锂离子电池提供了新的机遇，它们包括零维纳米颗粒、一维纳米线和纳米管、二维纳米带和片及核壳结构的纳米材料等。由于小颗粒和大比表面积，采用纳米材料的电池在锂离子动力学方面具有优势，为高功率密度电池带来新的机遇。

石墨烯具有优异的导电和导热特性、高的比表面积和良好的化学稳定性等优点，是一种潜在的高性能电化学储能器件用电极材料。石墨烯的宏观体结构由微米级、导电性良好的石墨烯片层搭接而成，具有开放的大孔径结构，锂离子在石墨烯材料中可以进行非化学计量比的嵌入-脱嵌，其比容量达到 700mAh/g 以上，多孔结构也为电解质离子的进入提供了势垒极低的通道，使石墨烯可能具有良好的功率特性。研究表明石墨烯与氧化物纳米粒子间的协同作用可提高锂离子电池容量、循环性能和倍率性能[72, 73]。

随着需求拓展，人们对传统锂离子体系提出了更高的性能要求，除了提高电极材料本身的容量，也在开发新系统，如锂硫电池和锂空气电池[74]。锂硫电池的理论能量密度高达 2564W·h/kg，其能量密度和功率密度都优于现有锂离子电池，已经达到纯电动汽车对电池能量密度的需求。锂硫电池由正极单质硫（理论比容量为 1675mAh/g）、负极金属锂（理论比容量为 3860mAh/g）和有机电解液组成[75]。其中问题的关键是获得高性能硫电极，即保证硫电极在大电流和循环过程中的电化学稳定性[76]。

锂空气电池由于具有理论上的高能量密度，是锂离子电池的 10 倍，可作为大容量电池而备受瞩目，可与汽油相比。如何设计正极的碳材料和氧化物催化剂复合结构成为锂空气电池的关键[74]。

第三节 生物医用材料

近年来，生物医用材料的研究非常活跃。生物医用材料在中国也越来越受到关注，并取得了长足的进步，在国际上扮演着日益重要的角色。生物医用材料传统上包括陶瓷、金属材料、高分子材料及其复合材料。他们在应用中以结构功能为主，起到支撑、替代等作用。随着人们对生物医用材料的要求逐渐提高，材料的生物功能性越来越受到人们的重视，在多种生物医用材料中实现了生物功能化。

一、生物陶瓷

生物陶瓷，如磷酸钙陶瓷和水泥及二氧化硅基玻璃，广泛应用于骨、齿修复用植入物。第一代生物陶瓷的主要特点是生物惰性、良好的力学性能，尤其是良好的耐磨性；第二代生物陶瓷以骨传导性为特征；最近开发出以生物诱导为主要特征的第三代生物陶瓷。采用先进的制备方法和化学合成可将药物加入陶瓷中，或载于材料的表面上。因而，生物陶瓷在具备生物活性作用的基础上，还可以作为局部给药系统来治疗大尺寸骨缺陷、骨质疏松性骨折、骨感染和骨肿瘤，与聚合物载药材料（PMMA）相比，它还不需要二次手术取出，具有明显优势[77]。

纳米技术的发展也为生物陶瓷的应用带来了新的契机。生物陶瓷与纳米技术、药理学相结合是癌症治疗领域中最有前景的研究方向之一，将纳米陶瓷颗粒用于生物医学也是近十年来本领域最有前景的研究方向之一。目前大部分癌症的治疗是基于传统毒性药剂的全身治疗，具有严重的副作用，治疗效果受到影响。介孔二氧化硅纳米陶瓷颗粒可以作为药物载体，以输送剂的方式在特定癌细胞中释放药物，为癌症治疗带来了新的希望。而要达到理想的治疗效果，需要合理设计、合成生物相容性良好的纳米载体，从而可携带高剂量的药物，并且可以避免在到达目标之前的过早药物释放。当介孔纳米颗粒的孔隙被纳米分子封闭时，可以获得刺激-反应系统，其通过施加磁场、超声或光等外部刺激来释放药物，使得药物释放实现智能控制[78]。磁性纳米颗粒由于具有高的饱和磁化强度和磁化率，适合用于磁热疗、靶向药物传输、诊断与治疗、生物分离技术、生物传感、磁共振成像等方面。具有靶向肿瘤并使之可视化的磁铁蛋白纳米颗粒通常需要在其表面修饰一些配体（如抗体、多肽或小分子功能基团）使其获得识别肿瘤的能力，并由此用于肿瘤诊断和靶向治疗。但常规方法不仅操作复杂、配体昂贵，多重标记还会引起纳米颗粒聚集和非特异识别，降低检测灵敏度。中国利用仿生学原理研制出磁铁蛋白纳米颗粒[79]。这种具有壳/核独特结构的天然储铁蛋白无须在其表面修饰任何配体，本身即具有靶向肿瘤并使其可视化的双重功能，可直接用于肿瘤诊断。基此，建立了肿瘤诊断新方法，通过对肝癌、肺癌、结直肠癌等九种 474 例临床常见肿瘤标本筛查，显示其用于肿瘤诊断的灵敏度达98%，特异性为95%，均高于临床常用的免疫组化方法。这种纳米诊断新技术具有操作简便、稳定和经济的特点。

二、生物金属材料

生物金属材料一般被认为是一类生物惰性材料，永久植入于人体中。然而近年来，人们利用具有低自腐蚀电位的金属在人体环境中可腐蚀降解的特性，发展出可降解金属材料[80]，弥补了现有不可降解金属材料（如不锈钢、钛合金、钴基合金等）的不足。此外，还存在生物金属材料的弹性模量与人体骨骼不匹配导致的应力屏蔽作用、对周围组织不断的刺激作用激发的组织不良反应、二次手术取出给患者带来的痛苦等问题。因此，可降解金属材料成为近几年最值得期待的研究方向之一。

在可降解金属材料中，以可降解镁基金属最受关注。近年的研究表明，可降解镁基金属在体内的降解是生物安全的，且其降解产生的 Mg^{2+} 对人体会产生有益的生物活性作用，产生的碱性环境可起到抗菌[81]及抑制肿瘤细胞生长[82]的作用，因而其在发挥结构功能作用的同时，还可以起到生物功能的作用。可降解镁基金属目前存在的主要问题是在具体的临床应用研究中，如心血管支架、骨内固定物等，因其降解速度太快，植入器件的有效服役时间太短，达不到理想的治疗效果。因而可降解镁基金属的表面改性技术成为该类新材料临床应用的技术关键点。目前研究较多的表面微弧氧化涂层[83]、钙磷涂层[84]等可显著控制镁基金属的降解速度。可降解镁基金属在骨内固定材料[85]、骨内填充材料[86]、心血管支架材料[87]等方面的应用已经取得了突破性进展，部分产品已经进入临床试验阶段。除了可降解镁基金属外，可降解铁基金属也是可降解金属材料中的一个研究方向。与镁基金属相比，铁基金属具有较高的综合力学性能、较低的降解速度，因而目前将铁基金属作为可降解支架材料进行的研究中，进一步提高其降解速度是主要研究方向。现在发展的新型铁基合金，如 Fe-10Mn-1Pd 合金[88]、Fe-30Mn-1C 合金[89]等，具有更高的降解速度。

传统的金属材料（包括不锈钢和钛合金等）一般用作承力器件应用于人体中，在生物医用材料中占有重要地位。近几年，中国材料研究人员提出了结构-功能一体化生物医用材料的概念，并利用 Cu^{2+} 具有的强烈杀菌能力及刺激成骨细胞增殖与分化、促进内皮细胞生长、抑制动脉平滑肌过度增殖及降低血栓形成等多方面有益的生物医学功能，在国际上率先开展了含 Cu 不锈钢和含 Cu 钛合金的生物医学功能研究。开发出外科植入用抗感染不锈钢[90]和抗菌医用钛合金[91]、具有可降低支架内再狭窄发生率功能的含 Cu 不锈钢心血管支架[92]等新型生物金属材料，受到人们的广泛关注。

三、生物高分子材料

在生物高分子支架研发方面，利用相分离或自组装等方法，制备出可降解的仿人体细胞外基质纳米纤维支架。多孔网状和计算机辅助设计使人工支架更易于外形和功能的再生修复。实验显示，这些新型支架可将靶向细胞传递到再生位置，有助于各种干细胞再生成特定形状的骨和软骨。为改善支架的力学性能，复合羟基磷灰石、金属纳米颗粒、碳纳米颗粒的高分子组织工程支架成为一个重要研究方向[93]。为修复复杂形状的组织缺陷，开发出一种新型可降解高分子材料，其可自组装成纳米纤维空心微球结构，作为新型可注射的细胞载体高效容纳细胞，同时通过控制细胞载体增强软骨再生。为模仿生物分子活动，开发了可以释放各种生物分子、引导细胞功能再生的高分子支架，有利于组织再生[94]。

四、新技术

采用自组装方法来构建生物医用材料是一个大有希望和振奋人心的研究领域，极有潜力应用于医治创伤和疾病。通过采用多重非共价交互作用，并赋予组成成分的分子设计，采用自组装使复杂、有适应能力和高度可调的具有强烈生物效应的材料的构建成为可能[94]。基于肽、蛋白、脱氧核糖核酸或由其组成的杂化物的材料体系已经在大量的创伤和疾病治疗中得到应用，大部分研究集中在用于支撑或传输细胞的水凝胶体系，重点研究这些材料的生物、力学和结构特性。此外，还要讨论自组装材料与传统的共价材料相比所具有的显著优势，并提出下一代自组装生物材料的挑战与机遇。另外，增材制造在医学领域中也开始获得应用。

生物电子学属于生命科学与信息科学的前沿交叉领域，发展十分迅速。在 2014 年 MRS 春季会议上，对生物电子学在神经等方面的应用开展了十分广泛的研讨[95]。

第四节 结　　语

材料是一个相当广阔的领域，目前在基础科学的强力介入下，材料科学在许多分支领域获得了迅速的发展。在世界范围内，中国的材料科学研究已有相当的规模，除了结构材料，在一些新兴的领域，如能源材料、功能材料和生物材料等，国内也有许多单位在研究和跟踪。经过 30 多年的高速发展，中国已经成为世界上金属结构材料的生产大国，特别是钢铁、铝合金、钛合金等金属材料的产量早已位居世界第一。但中国还不是材料强国，许多产业的关键材料还需要进口。制约采用国产材料的主要问题是材料的内在质量，其关键因素除了化学成分，更要注重材料的加工工艺，特别是合金的纯净度、凝固偏析及控制轧制等。理解和控制不同材料的加工工艺不但包含深刻的科学内涵，而且有大量的实际经验和技术诀窍。在市场竞争的机制下，应激发企业通过提高自己产品质量进行市场竞争的内在动力，科研部门应为企业服务，进行以提高质量为目标（评价标准）的研究，解决影响质量的各种问题，使中国由材料大国逐渐发展为材料强国。为此目标，政府应及时收紧材料质量标准，调整科研管理政策，鼓励企业向科研投资，并促进科研拨款机制的进一步完善。

参 考 文 献

[1] 国家自然科学基金委员会，中国科学院. 未来 10 年中国学科发展战略·材料科学. 北京：科学出版社，2012.

[2] 中国科学院. 中国学科发展战略·材料科学. 北京：科学出版社，2013.

[3] Bhadeshia H K D H. Steels for bearings. Progress in Materials Science, 2012, 57: 268-

435.

[4] 娄艳芝，罗庆洪，李春志，等. M50NiL 高温渗碳轴承钢中 Fe$_2$Mo 析出相的电镜观察. 航空材料学报，2012，32（4）：44-48.

[5] 王黎钦，贾虹霞，郑德志，等. 高可靠性陶瓷轴承技术研究进展. 航空发动机，2013，39（2）：6-13.

[6] 叶军，杨立芳. 发展中的轨道交通车辆用轴承. 轴承，2013（12）：61-65.

[7] 秦添艳. 轴承钢的生产和发展. 热处理，2011，26（2）：9-13.

[8] 董瀚. 对发展高品质特殊钢产业的认识. 中国钢铁业，2011（10）：10-13.

[9] 刘雅政，周乐育，张朝磊，等. 重大装备用高品质轴承用钢的发展及其质量控制. 钢铁，2013，48（8）：1-8.

[10] Li S X. Effects of inclusions on very high cycle fatigue properties of high strength steels. International Materials Reviews，2012，57（2）：92-114.

[11] Zinkle S J，Was G S. Materials challenges in nuclear energy. Acta Materialia，2013，61（3）：735-758.

[12] Kenik E A，Busby J T. Radiation-induced degradation of stainless steel light water reactor internals. Materials Science and Engineering，2012，73（7-8）：67-83.

[13] Abson D J，Rothwell J S. Review of type Ⅳ cracking of weldments in 9%～12%Cr creep strength enhanced ferritic steels. International Materials Reviews，2013，58（8）：437-473.

[14] DuPont J N. Microstructural evolution and high temperature failure of ferritic to austenitic dissimilar welds. International Materials Reviews，2012，57（4）：208-234.

[15] 翁宇庆，杨才福，尚成嘉. 低合金钢在中国的发展现状与趋势. 钢铁，2011，46（9）：1-10.

[16] Vervynckt S，Verbeken K，Lopez B，et al. Modern HSLA steels and role of non-recrystallisation temperature. International Materials Reviews，2012，57（4）：187-207.

[17] Xu T，Zheng L，Wang K，et al. Unified mechanism of intergranular embrittlement based on non-equilibrium grain boundary segregation. International Materials Reviews，2013，58（5）：263-295.

[18] Olson G B. Genomic materials design：The ferrous frontier. Acta Materialia，2013，61（3）：771-781.

[19] 王建国，王祝堂. 航空航天变形铝合金的进展（1）. 轻合金加工技术，2013，41（8）：1-6.

[20] 张新明，刘胜胆. 航空铝合金及其材料加工. 中国材料进展，2013，2（1）：39-55.

［21］Decreus B，Deschamps A，Geuser A D，et al. The influence of Cu/Li ratio on precipitation in Al-Cu-Li-X alloys. Acta Materialia，2013，61（6）：2207-2218.

［22］Dursun T，Soutis C. Recent developments in advanced aircraft aluminium alloys. Materials and Design，2014，56（4）：862-871.

［23］Hirsch J，Al-Samman T. Superior light metals by texture engineering：Optimized aluminum and magnesium alloys for automotive applications. Acta Materialia，2013，61（3）：818-843.

［24］杨中玉，张津，郭学博，等. 铝合金的织构及测试分析研究进展. 精密成形工程，2013，5（6）：1-6.

［25］贾广涛，李亚磊，韩丽娟. 铝合金摩擦焊接技术研究现状及发展趋势. 机械工程师，2013（9）：175-176.

［26］江静华，马爱斌，赵建华，等. 铝合金搅拌摩擦加工研究进展和应用. 热加工工艺，2013，42（17）：5-8.

［27］Simar A，Bréchet Y，Meester B D，et al. Integrated modeling of friction stir welding of 6×××series Al alloys：Process，microstructure and properties. Progress in Materials Science，2012，57（1）：95-183.

［28］贾祥磊，朱秀荣，陈大辉，等. 耐热铝合金研究进展. 兵器材料科学与工程，2010，33（2）：108-112.

［29］潘清林，刘晓艳，曹素芳，等. Al-Cu-Mg-Ag 耐热铝合金断续时效处理研究. 材料工程，2012（11）：47-51.

［30］陈琪云. 铝合金活塞材料的研发与应用进展. 合肥学院学报（自然科学版），2012，22（3）：46-49.

［31］侯林冲，彭银江，周灵展，等. 高功率密度柴油机铝活塞材料与铸造技术. 车用发动机，2013（1）：89-92.

［32］Sin S L，Elsayed A，Ravindran C. Inclusions in magnesium and its alloys：A review. International Materials Reviews，2013，58（7）：419-436.

［33］吴文祥，靳丽，董杰，等. Mg-Gd-Y-Zr 高强耐热镁合金的研究进展. 中国有色金属学报，2011，21（11）：2709-2818.

［34］王祝堂. 镁合金薄带材轧制新进展. 有色金属加工，2014，43（2）：21-24.

［35］曹樑，李中权，刘文才，等. 镁合金高温力学性能研究进展. 轻金属，2013（6）：48-53.

［36］吴玉娟，丁文江，彭立明，等. 高性能稀土镁合金的研究进展. 中国材料进展，2011，30（2）：1-10.

［37］张新明，宁振忠，李理，等. EW93 镁合金轧制-T5 状态的显微组织与力学性能. 中南大学学报（自然科学版），2011，42（12）：3663-3667.

［38］Banerjee D，Williams J C. Perspectives on titanium science and technology. Acta Materialia，2013，61（3）：844-879.

［39］黄旭，李臻熙，高帆，等. 航空发动机用新型高温钛合金研究进展. 航空制造技术，2014，451（7）：70-75.

［40］王清江，刘建荣，杨锐. 高温钛合金的现状与前景. 航空材料学报，2014，34（4）：47-69.

［41］师昌绪，仲增墉. 我国高温合金的发展与创新. 金属学报，2010，46（11）：1281-1288.

［42］孙晓峰，金涛，周亦胄，等. 镍基单晶高温合金研究进展. 中国材料进展，2012，31（12）：1-11.

［43］张义文，刘建涛. 粉末高温合金研究进展. 中国材料进展，2013，32（1）：1-11.

［44］Das D K. Microstructure and high temperature oxidation behavior of Pt-modified aluminide bond coats on Ni-base superalloys. Progress in Materials Science，2013，58（2）：151-182.

［45］Darolia R. Thermal barrier coatings technology：Critical review，progress update，remaining challenges and prospects. International Materials Reviews，2013，58（6）：315-348.

［46］Jha A，Richards B D O，Jose G，et al. Review on structural，thermal，optical and spectroscopic properties of tellurium oxide based glasses for fibre optic and waveguide applications. International Materials Reviews，2012，57（6）：357-382.

［47］Jha A，Richards B，Jose G，et al. Rare-earth ion doped TeO_2 and GeO_2 glasses as laser materials. Progress in Materials Science，2012，57（8）：1426-1491.

［48］Weller D，Mosendz O，Parker G，et al. $L1_0$ FePt X-Y media for heat-assisted magnetic recording. Physica Status Solidi A，2013，210（7）：1245-1260.

［49］李宏佳，蔡吴鹏，韦丹. 几种新型的磁记录介质. 金属功能材料，2012，19（5）：20-25.

［50］Weller D，Parker G，Mosendz O，et al. A HAMR media technology roadmap to an areal density of 4 Tb/in^2. IEEE Transactions on Magnetics，2014，50（1）：3100108.

［51］Hono K. FePt nanogranular films for high density heat-assisted magnetic recording. Materials Matters，2014，8（2）：36-37.

［52］蔡吴鹏，史迹，中村吉男，等. 下一代高密度磁记录介质——$L1_0$ FePt、CoPt 研究进

展. 金属功能材料，2012，19（5）：26-31.

［53］Perumal A，Takahashi Y K，Hono K. L1$_0$ FePt-C nanogranular perpendicular anisotropy films with narrow size distribution. Applied Physics Express，2008，1（10）：101301.

［54］Zhang L，Takahashi Y K，Perumal A，et al. L1$_0$-ordered high coercivity（FePt）Ag-C granular thin films for perpendicular recording. Journal of Magnetism and Magnetic Materials，2010，322（18）：2658-2664.

［55］Wang X B，Gao K Z，Zhou H，et al. HAMR recording limitations and extendibility. IEEE Trans actions on Magnetics，2013，49（2）：686-692.

［56］Ma B，Wang H，Zhao H B，et al. Structural and magnetic properties of a core-shell type L1$_0$ FePt/Fe exchange coupled nanocomposite with tilted easy axis. Journal of Applied Physics，2011，109（8）：083907.

［57］Wang B，Barmak K. Re-evaluation of the impact of ternary additions of Ni and Cu on the A1 to L1$_0$ transformation in FePt films. Journal of Applied Physics，2011，109（12）：123916.

［58］程伟明，胡浩，戴亦凡，等. SmCo$_5$垂直磁记录薄膜的研究进展. 信息记录材料，2012，13（1）：53-59.

［59］Sepehri-Amin H，Une Y，Ohkubo T，et al. Microstructure of fine-grained Nd-Fe-B sintered magnets with high coercivity. Scripta Materialia，2011，65（5）：396-399.

［60］闫阿儒，严长江，唐旭，等. 稀土永磁材料研究进展. 厦门：中国稀土永磁产业链发展论坛暨第十三届中国稀土永磁产业发展论坛会议文集，2011：3.

［61］Guo Z J，Jiang J S，Pearson J E，et al. Exchange-coupled Sm-Co/Nd-Co nanomagnets：Correlation between soft phase anisotropy and exchange field. Applied Physics Letters，2002，81（11）：2029-2031.

［62］Yue M，Zuo J H，Liu W Q，et al. Magnetic anisotropy in bulk nanocrystalline SmCo$_5$ permanent magnet prepared by hot deformation. Journal of Applied Physics，2011，109（7）：07A711.

［63］Sawatzki S，Heller R，Mickel C H，et al. Largely enhanced energy density in epitaxial SmCo$_5$/Fe/SmCo$_5$ exchange spring trilayers. Journal of Applied Physics，2011，109（12）：123922.

［64］Liu J P，Luo C P，Liu Y，et al. High energy products in rapidly annealed nanoscale Fe/Pt multilayers. Applied Physics Letters，1998，72（4）：483-485.

［65］Cui W B，Zheng S J，Liu W，et al. Anisotropic behavior of exchange coupling in textured Nd$_2$Fe$_{14}$B/α-Fe multilayer films. Journal of Applied Physics，2008，104（5）：

053903.

[66] Cui W B, Liu W, Gong W J, et al. Exchange coupling in hard/soft-magnetic multilayer films with non-magnetic spacer layers. Journal of Applied Physics, 2012, 111 (7): 07B503.

[67] Cui W B, Takahashi Y K, Hono K. $Nd_2Fe_{14}B$/FeCo anisotropic nanocomposite films with a large maximum energy product. Advanced Materials, 2012, 24 (48): 6530-6535.

[68] Cui W B, Takahashi Y K, Hono K. Anisotropic nanocomposite films with a large maximum energy product. Advanced Materials, 2013, 25 (14): 1966.

[69] Takada K. Progress and prospective of solid-state lithium batteries. Acta Materialia, 2013, 61 (3): 759-770.

[70] Liu C, Li F, Ma L P, et al. Advanced materials for energy storage. Advanced Materials, 2010, 22 (8): E28-E62.

[71] Goodenough J B, Kim Y. Challenges for rechargeable Li batteries. Chemistry of Materials, 2010, 22 (3): 587-603.

[72] Zhou G M, Wang D W, Li F, et al. Graphene-wrapped Fe_3O_4 anode material with improved reversible capacity and cyclic stability for lithium ion batteries. Chemistry of Materials, 2010, 22 (18): 5306-5313.

[73] Wu Z S, Ren W C, Wen L, et al. Graphene anchored with Co_3O_4 nanoparticles as anode of lithium ion batteries with enhanced reversible capacity and cyclic performance. ACS Nano, 2010, 4 (6): 3187-3194.

[74] Bruce P G, Freunberger S A, Hardwick L J, et al. $Li-O_2$ and Li-S batteries with high energy storage. Nature Materials, 2012, 11 (1): 19-29.

[75] Wang D W, Zeng Q, Zhou G M, et al. Carbon-sulfur composites for Li-S batteries: Status and prospects. Journal of Materials Chemistry A, 2013, 1 (11): 9382-9394.

[76] Zhou G M, Pei S F, Li L, et al. A graphene-pure sulfur sandwich structure for ultrafast, long-life lithium-sulphur batteries. Advanced Materials, 2014, 26 (4): 625-631.

[77] Arcos D, Vallet-Regí M. Bioceramics for drug delivery. Acta Materialia, 2013, 61: 890-911.

[78] Knežević N Z, Trewyn B G, Lin V S Y. Functionalized mesoporous silica nanoparticle-based visible light responsive controlled release delivery system. Chemical Communications, 2011, 47: 2817-2819.

[79] Fan K L, Pan Y X, Lu D, et al. Magnetoferritin nanoparticles for targeting and visualizing tumour tissues. Nature Nanotechnology, 2012, 7（7）: 459-464.

[80] Zheng Y F, Gu X N, Witte F. Biodegradable metals. Materials Science and Engineering R, 2014, 77（2）: 1-34.

[81] Ren L, Lin X, Tan L L, et al. Effect of surface coating on antibacterial behavior of magnesium based metals. Materials Letters, 2011, 65（23）: 3509-3511.

[82] Ma N, Chen Y M, Yang B C. Magnesium metal—A potential biomaterial with antibone cancer properties. Journal of Biomedical Materials Research A, 2014, 102（8）: 2644-2651.

[83] Narayanan T S N S, Park I S, Lee M H. Strategies to improve the corrosion resistance of microarc oxidation（MAO）coated magnesium alloys for degradable implants: Prospects and challenges. Progress in Materials Science, 2014, 60: 1-71.

[84] Dorozhkin S V. Calcium orthophosphate coatings on magnesium and its biodegradable alloys. Acta Biomaterialia, 2014, 10（7）: 2919-2934.

[85] Windhagen H, Radtke K, Weizbauer A, et al. Biodegradable magnesium-based screw clinically equivalent to titanium screw in hallux valgus surgery short term results of the first prospective, randomized, controlled clinical pilot study. Biomedical Engineering Online, 2013, 12（1）: 62.

[86] Tan L L, Yu X M, Wan P, et al. Biodegradable materials for bone repairs: A review. Journal of Materials Science and Technology, 2013, 29（6）: 503-513.

[87] Haude M, Erbel R, Erne P, et al. Safety and performance of the drug-eluting absorbable metal scaffold（DREAMS）in patients with de-novo coronary lesions 12 month results of the prospective, multicentre, first-in-man BIOSOLVE-I trial. Lancet, 2013, 381（9869）: 836-844.

[88] Schinhammer M, Hänzi A C, Löffler J F, et al. Design strategy for biodegradable Fe-based alloys for medical applications. Acta Biomaterialia, 2010, 6（5）: 1705-1713.

[89] 徐文利, 陆喜, 谭丽丽, 等. 新型生物可降解 Fe-30Mn-1C 合金的性能研究. 金属学报, 2011, 47（10）: 1342-1347.

[90] Chai H W, Guo L, Wang X T, et al. Antibacterial effect of 317L stainless steel contained copper in prevention of implant-related infection in vitro and in vivo. Journal of Materials Science: Materials in Medicine, 2011, 22（11）: 2525-2535.

[91] Zhang E L, Li F B, Wang H Y, et al. A new antibacterial titanium-copper sintered alloy: Preparation and antibacterial property. Materials Science and Engineering: C,

2013，33（7）：4280-4287.

[92] Ren L，Xu L，Feng J W，et al. In vitro study of role of trace amount of Cu release from Cu-bearing stainless steel targeting for reduction of in-stent restenosis. Journal of Materials Science：Materials in Medicine，2012，23（5）：1235-1245.

[93] Okamoto M，John B J. Synthetic biopolymer nanocomposites for tissue engineering scaffolds. Progress in Polymer Science，2013，38（10-11）：1487-1503.

[94] Stephanopoulos N，Ortony J H，Stupp S I. Self-assembly for the synthesis of functional biomaterials. Acta Materialia，2013，61（3）：912-930.

[95] Garrido J A，Kalinin S V，Leite E R，et al. 2014 MRS Spring Meeting & Exhibit. Abstracts AA1-AA7. San Francisco，2014.

附录二
中国材料科学的起源①

　　"材料科学"一词诞生于 20 世纪 50 年代初。1954 年秋，美国西北大学冶金系主任 Morris Fine 教授签署文件，将系名改为"材料科学系"，从此材料科学成为一个新的概念和学科。两年后（1956 年），许多资深的科学家都认可了这一概念，此后它进入快速发展期。材料科学的特点是：以冶金学为基础，广泛吸收固体物理学、物理化学、无机化学和高分子化学等学科的知识和成果，成为今天科学世界中最大的交叉学科之一。它的研究对象也从金属扩展为无机非金属材料、高分子材料及其复合材料等；按材料的用途，它们广泛涉及结构材料、功能材料、能源材料和生物材料等，并且迅速向新材料扩展。在 MRS 召开的 2014 年春季会议（美国旧金山）上，一共设有 58 个专题讨论会，新材料已经成为主流，其中四大主题为：能源材料（包括一次能源的光伏材料及二次能源的电池材料等，分为 20 个专题）；生物材料（分为 6 个专题）；电子信息材料（包括电子和光子，分为 11 个专题）；纳米材料（包括纳米管、纳米石墨烯、纳米金刚石等，分为 10 个专题）。在这种大型国际学术会议上传统金属材料研究已经很难见到。不过追根寻源，材料的制备和材料科学的研究的基础与发源地正是冶金学。因此本附录（除了个别地方提及陶瓷）将主要追踪冶金学在中国的起源及发展的历史。

---

　　① 本附录撰写前北京科技大学冶金与材料史研究所潜伟教授曾与作者进行过有益的讨论，并提供了一些重要的参考资料；后期他又提出多条宝贵意见，并对附录多处进行了认真的修改；此外，中国科学院金属研究所叶恒强研究员、卢柯研究员等对本内容也提出一些宝贵意见，在此一并致谢。

第一节　古代中国的冶金技术

中国是世界上四大文明古国之一，自夏朝（公元前 21 世纪至前 16 世纪）起，中国有文字记载的历史就超过 4000 年。在古代文明的起源与每个重要转折过程中，生产工具与作战兵器具有关键性的作用，而后者与材料（主要是金属）的发明和改进密切相关。

据考证，中国最早的一些黄铜器件起源于仰韶文化晚期（距今约 5000 年的黄河中下游）；在甘肃马厂文化遗址（距今约 4000 年的黄河上游）出土了几百件小型铜器，说明当时先民已经掌握铜的冶炼技术。在这些早期的铜器中既有青铜也有红铜，既有铸件也有锻件。一般推测这些上古时期铜合金是原始铜合金，其合金元素来源于铜的共生矿，如铜锡矿为青铜，铜锌矿为黄铜，铜砷矿为红铜。不过中国古代的工匠很早就认识到合金配方的重要性。据古书《周礼·考工记》（成书于春秋末战国初）记载："金有六齐：六分其金而锡居一，谓之钟鼎之齐；五分其金而锡居一，谓之斧斤之齐；四分其金而锡居一，谓之戈戟之齐；三分其金而锡居一，谓之大刃之齐；五分金而锡居二，谓之削杀矢之齐；金锡半，谓之鉴燧之齐。"说明古人了解不同用途（性能）的青铜需要不同的配方。

除了铜的冶炼与合金技术，上古时期中国还发明了石范铸造和泥范铸造；春秋晚期（公元前 5 世纪左右）发明了能够铸造精细花纹图案的失蜡铸造技术。目前已经发现的大批出土文物，特别是一些具有精细花纹图案的大型青铜器表明：早在商周时期，中原地区的青铜冶铸业就已经达到了鼎盛状态。

春秋战国时期（公元前 770 年～前 221 年），中国进入铁器时代。这一时期出土的人工冶铁产品（兵器、农具等）不但有块炼铁，也有不少是铸造生铁，说明当时中原地区已有相当规模的炼铁炉，它们的炉温足以冶炼液态生铁，并铸造成型。金相组织显示，一些制造于约 2500 年前的农业工具（如锛、镢等）为灰口铸铁，其中甚至有团絮状石墨组织，说明它们可能经历过退火热处理，以改善铸件的力学性能。在距今约 2100 年的古书中有"水与火合为淬"（《史记·天官书》）和"及至巧冶铸干将之朴，清水淬其锋"（《汉书·王褒传》）等文字记载，说明当时已经知道钢铁的淬火热处理技术。

中国古代冶金技术的一些重要发明还有：铸铁固体脱碳制钢和锻造技术

（公元前 5 世纪）；炒钢技术（公元前 2 世纪）；鎏金技术（火镀金或汞镀金，战国时期）；灰吹法提银技术（秦汉时期）；贴钢技术（公元 2 世纪）；固体渗碳技术（汉朝）；百炼钢技术（东汉末年）；灌钢技术（南北朝时期，公元 5~6 世纪）；胆水炼铜技术（唐朝）；白铜技术（宋朝）；炼锌技术（明万历时期）等。这些古代冶金技术的发明和金属材料（青铜、铸铁、钢等）的大量使用，不但促进了古代中国农耕经济和文明的发展，也推进了中国的逐渐形成和各民族的融合统一。

不过与这些灿烂的古代金属文明相比，在中国大量的古代文献中，冶金技术很少有文字记载。几千年来，流传于世的中国古代冶金文献比较重要的只有 10 余本，而且部分已经失传。它们包括：《梦溪笔谈》（北宋，沈括，1031~1095 年）；《浸铜要略》（北宋，张潜，1025~1105 年，今已失传）；《大冶赋》（南宋，洪咨夔，1176~1236 年）；《铁冶志》（明，傅浚，1513 年著，今已失传）；《天工开物》（明，宋应星，1587~1666 年）；《铸炮铁模图说》（清，龚振麟，1842 年著）等。

尽管这些记载古代冶金的文献十分珍贵，然而这些古代文献中对冶金技术（材料、工艺、设备等）大多为概述，语言极为精炼，对复杂的过程没有精确（定量）的说明；很少有对前人工作研究性的思考或质疑，而用实验的方法来证明这种思考或质疑就更为罕见。此外，中国古代冶金技术主要通过古老的师徒关系，口口相传进行传承与发展，而这些原始的生产经验或技术诀窍中又充满了各种神话故事，使冶金保持一种神秘色彩。因此从今天的视角观察，中国古代的冶金仅仅是一种技术，而非科学；仅靠它本身的积累也不可能成为现代材料科学的发源，后者主要来自近代从西方的引进。在这一过程中，大批留学西方并学成归国的留学生起了先驱者的作用。不过，与漫长的中国历史相比，它显得十分短暂。从中国最早（1872~1875 年）派出留美幼童开始，至今也不过只有 140 多年的历史[1, 2]。

第二节　早期西方冶金知识的传入

中国最早介绍西方冶铁知识的是明末的一本译著《坤舆格致》（坤舆指大地，格致指西方的物理、化学等自然科学总称），由德国传教士汤若望（Johann Adam Schall von Bell，1591~1666 年）和杨之华、黄宏宪合译，原书为德国格奥尔格乌斯·阿格里柯拉（Georgius Agricola）于 1550 年撰写的

《论金属》，描述 16 世纪初欧洲的采矿、冶金等技术。不过当时仍为古典技术，既未用焦炭（始于 1709 年），也没有蒸汽动力鼓风（始于 1755 年）。

18 世纪中叶，欧洲的科学研究取得突破性进展，1789 年法国科学家拉瓦锡在发现氧元素（1777 年）的基础上，撰写了名著《化学基础论》，对当时 23 种化学物质进行分类；与此同时，瑞典科学家伯格曼用化学方法证明了钢与生铁均为铁碳合金，钢与生铁主要的差别就是含碳量不同，炼钢本质上就是一个脱碳的过程，从而澄清了此前长期流行的错误认识：钢之强韧，源于超纯；铸铁脆弱，因有杂质。

在这种科学认知的引领下，西方冶金技术获得迅速发展。1856 年英国工程师贝塞麦发明了转炉底吹炼钢；1864 年法国工程师马丁改进了西门子平炉后，发明平炉炼钢。从此钢铁冶金的规模迅速扩大，产品质量也大为提高。在此基础上，一批冶金学著作相继问世，其中最早传入中国的均为江南制造局翻译馆翻译出版的著作。主要有：《冶金录》（1873 年），傅兰雅（John Fryer）口译；《炼钢要言》，徐家宝译等。不过当时中国仍然沿用古代的冶金法，这些现代冶金知识并没有获得广泛的认同和传播，因而也未成为中国材料科学的起源。

第三节　中国近代冶金工业的开端

中国近代钢铁工业的开端可上溯到 19 世纪末的年建厂的清溪铁厂（贵州镇远县清溪镇），由贵州巡抚潘蔚筹建。该厂建有炼铁、炼钢和轧钢三部分，设计日产生铁 25t、钢 48t，全部设备均为进口；有工人近千人，其中工程师 5 人均为洋员，技工 20 余人，主要来自江浙地区。不过由于各种原因，清溪铁厂开工仅三个月即以失败告终。

与此同时，1890 年湖广总督张之洞在武汉筹建汉阳铁厂，历时三年建成（1893 年 9 月）。该厂由生铁厂、贝色麻钢厂（酸性转炉炼钢）、西门士钢厂（平炉炼钢）、钢轨厂、铁货厂和熟铁厂 6 个大厂（车间）和另外 4 个小厂组成。1908 年汉阳铁厂与大冶铁矿、萍乡煤矿组建汉冶萍煤铁厂矿有限公司（简称汉冶萍公司），它集采矿、选矿、炼焦、炼铁、炼钢和轧钢等为一体，成为当时亚洲最大的钢铁联合企业，可年产生铁 8 万 t、钢 4 万 t，钢材（钢轨）2 万 t。该厂所有重要设备全部从西方（英国、比利时等）购买；早期（1912 年以前）的技术人员，自总工程师以下，包括各个生产环节甚至技工人（匠目和匠首等）也几乎全部由洋员担任（主要来自比利时、卢森堡和德国）。

不过工厂的管理权一直由盛宣怀等官商资本主导，这些外籍工程技术人员本来就不服中国的水土，加之内部也矛盾迭出，导致汉阳铁厂的工程技术人员更动频繁，1892～1898 年的 7 年间，仅总工程师一职就换了 4 人。

考虑到这种状况，汉阳铁厂从建厂初期（1902 年）就由公司出资，陆续选派留学生赴欧美攻读矿冶专业，并要求签订留学甘结（保证书），承诺毕业后回厂工作。先后有吴健（1902～1908 年，英国谢菲尔德大学，冶金）；卢成章（1907～1911 年，英国谢菲尔德大学，冶金）；郭承恩（1907～1911年，英国谢菲尔德大学，机械）；黄锡赓（1910～1913 年，美国理海大学，采矿）；杨卓（1911～1914 年，美国理海大学，矿冶）；陈宏经（1911～1914年，美国）；金岳祐（1911～1915 年，德国）；朱福仪（1913～1915 年，美国威斯康星大学）；程文熙（1913～1918 年，比利时）等 10 名，学成回国后，几乎全部回汉冶萍公司工作，并负责自总工程师起的各级技术管理工作，其中学习冶金专业的吴健、卢成章等也成为中国第一批系统学习新式冶金的钢铁工程师。

吴健 1902 年底到达英国，在伦敦城市与建筑技术学院学习 1 年左右，1904 年进入谢菲尔德大学学习冶金，他不但是该专业第一位外国学生，也成为该校开设钢铁冶金专业的首届毕业生。在校期间，他学习成绩优秀，还获得英国钢铁协会会员资格（会员不但要求科学基础，也要考核实践知识）。1908 年 7 月 2 日吴健参加了该校钢铁冶金系第一届学位授予典礼，并被授予冶金学学士和冶金学硕士学位，1908 年底回到汉阳铁厂，成为该厂同时也是中国第一位钢铁工程师。1911 年 10 月武昌爆发辛亥革命，汉阳铁厂的大批外籍工程师纷纷撤离，冶金设备也有不少损坏，导致工厂停产。1912 年 2月，吴健被任命为汉阳铁厂的总工程师，负责设备的修复及工厂恢复生产。1912 年 11 月，汉阳铁厂 1 号和 2 号高炉重新开炉生产，这一事件作为一个里程碑，顺利完成了中外总工程师的交替。

1914 年前后，公司派出的留学生已经相继学成回国，并负责各种技术工作；此外还聘用一批非本公司资助回国留学生，如严恩棫（1906～1912 年，东京帝国大学矿业专业）、李鸣和（1909～1914 年，美国威斯康星大学化学与冶金工程系）、王宠佑（1901～1902 年，美国加利福尼亚大学伯克利分校采矿专业；1903～1904 年，美国哥伦比亚大学采矿与地质专业）、程义藻（1909～1914 年，美国康奈尔大学机械系）和黄金涛（1911～1914 年，美国哥伦比亚大学冶炼专业）等。到 1918 年，公司的外籍技术人员只有 4 名，中国技术人员占总数的比例已经达到 90%以上。这标志着不但在理论上，而且在实践上当时中国技术人员已经能够自己管理和操控一座近代钢铁冶金联合企业，并且通过这种实践，培养了一批本土工程技术人员。

不过，汉冶萍公司虽然全套引进外国设备，聘请外国工程技术人员，但本质上仍然是盛宣怀等官商资本执掌大权，一些从西方刚刚回国的年轻留学生难以适应国内这种复杂而微妙的人际关系。例如，当年才华横溢的王宠佑从美国回国后，1914 年担任大冶铁矿矿师，后升任大冶铁矿矿长，但由于与同事的矛盾，1915 年即被弹劾。

汉阳铁厂运营期间，由中国人撰写过一些中文著述。例如，1909 年留学英国的卢成章根据自己的学习笔记，整理撰写了《钢轨制造试验法》（上海商务印书馆出版），这是第一本由中国人用中文出版的钢轨制造方面专著，分章描述了英国钢轨制造的原理和方法、钢轨的检验，并附有美国钢轨订货标准；另外，曾经担任汉阳钢厂厂长兼总工程师的黄金涛著有《汉阳钢铁厂冶炼法》等。这些著作作为中国钢铁冶金领域最早的一些技术文献，促进了现代冶金知识在中国的扩散与传播。

1925 年汉冶萍公司衰败并停产后，在此工作的技术人员先后离开公司，一些人加入了中国其他钢铁企业。例如，吴健到扬子机器公司（任高级顾问）；李鸣和到龙烟公司（筹建石景山铁厂）；严恩棫和黄金涛参加筹建中央钢铁厂（严恩棫任技术负责人）；严恩棫到云南钢铁厂（任厂长）；吴健参加1938 年汉阳铁厂西迁（重庆钢铁厂）。作为中国第一代冶金工程师，他们在技术本土化的过程中发挥了作用。

20 世纪初的中国，除了钢铁冶金，在其他冶金领域比较著名的还有湖南梁焕奎兄弟开设的华昌公司。1896 年在湖南冷水江、益阳等地相继发现锑矿（最早曾因误认为是锡，故错误地将地名命名为锡矿山）。1899 年在长沙矿务局任职的梁焕奎成立久通公司收购矿砂；1901 年派三弟梁焕彝远赴日本、美国，学习冶炼技术；1903 年又建议设立实业学堂培养专门人才，经当局批准后，创建湖南官立高等实业学堂（湖南大学前身）。梁焕彝 1904 年赴美留学（攻读矿冶专业），1906 年进入英国皇家矿业学院。在欧洲（英国、法国、比利时、荷兰等）游学期间，得知法国赫氏蒸馏法适用于中国的低品位锑矿；1908 年由梁焕奎集资，并聘请王宠佑和梁鼎甫到法国购买了赫氏蒸馏法炼锑的专利权和一应设备，于 1909 年在长沙建立冶炼厂，炼制纯锑；王宠佑任总工程师，并有多名法国技师负责技术工作。

不过开始购来的赫氏蒸馏法专利当时尚未成熟，经过梁焕彝和王宠佑等的努力，根据赫氏蒸馏法对炼制设备进行重新设计和反复改造，最后终于获得成功。不但提高了产量和质量（纯度），而且降低了成本。在此基础上，改组成立华昌炼锑公司，共建设赫氏熔烧炉 24 座（使锑矿砂氧化为三氧化二锑）、反射烘砂炉 15 座（除硫）、反射提纯炉 19 座（用木炭及碳酸钠还原三氧化二锑为纯锑）等。每天产量 30～40t，成色居英国著名廓克逊公司产品之上。由此，中国成为世界最主要的产锑国，其产量曾一度占世界锑总产量的 80%以上。不过后来因各种原因，华昌炼锑公司于 1927 年宣告破产，前后存在约 20 年[3]。

第四节　冶金界一些早期成名的中国留学生

中国最早的留学生始于 1847 年 1 月 4 日被布朗夫妇带往美国学习的容闳、黄宽和黄胜三人。容闳于 1850 年考进耶鲁大学，获取文学学士和荣誉法学博士学位，回国后他力主清政府派遣幼童到美国学习。在曾国藩、李鸿章等洋务派的主持下，1872～1875 年清政府连续派出四批（每年 30 人）共120 名幼童赴美留学。此后，当时青年一代逐渐兴起出国留学的风气，冶金作为一门具有实用价值的学科，自然受到不少学子的青睐，其中一些人后来成为国际冶金（材料）界的知名学者。

王宠佑 1899 年毕业于北洋大学，1901～1904 年分别在美国加利福尼亚大学伯克利分校和哥伦比亚大学学习采矿和地质，1904 年获硕士学位，后又游学英国、法国、德国。1908 年受华昌炼锑公司之聘回国，在长沙建立炼锑厂。1909 年撰写英文专著 *Antimony*（《锑》），由英国 Charles Griffin 公司出版（Griffin 冶金丛书之一），是国际上关于锑的第一本专著，全面论述了锑的历史、性质、地质、冶金、分析、应用和经济评价等。该书 1919 年发行第二版，1952 年又重新修订发行第三版，是国际上关于锑的主要专业著作之一。

1909 年出版 *Antimony* 时，在炼锑领域可利用的参考材料很少，仅在《化学文摘》（*Chemical Abstracts*）和《工程文摘》（*Engineering Abstracts*）中有很少的参考资料。为此，王宠佑陆续为该书补充过参考材料，它们分别是：1909～1917 年关于锑的参考文献（上海商务印书馆，英文）；1917～1924 年关于锑的参考文献（中美工程师学会会志，6［3］，1925）；1924～1932 年关于锑的参考文献（中美工程师学会会志，14［5］，1933）；1952 年更新第三版时，又补充了一批重要的参考文献。

此外，王宠佑还与李国钦博士合著有英文专著 *Tungsten*（《钨》），内容涉及钨的历史、性质、地质、选矿、冶金、分析、应用和经济等诸方面，也是一本内容丰富的专业著作。该书是美国化学学会自 1921 年起出版的化学专著系列丛书的第 94 本，由美国 Reinhold 公司于 1943 年出版，1947 年发行第二版，1955 年发行第三版。由于中国的锑、钨资源居世界首位，中国也是产量和出口最多的国家，*Antimony*、*Tungsten* 这两部由中国人撰写的专业著作的出版无疑具有重大意义。由此，王宠佑也成为当时国际锑冶金领域享誉盛名的学者之一。此外，王宠佑在美国还曾取得关于锑、钨冶金技术的多项专利，他也是世界上最早研究粉末冶金的专家之一。

周志宏 1917～1923 年在北洋大学矿冶系学习；1924 年到美国南芝加哥炼钢厂工作；1924 年进入美国卡内基理工学院攻读硕士学位，从事中锰结构钢研究；1926 年获冶金硕士后转入哈佛大学攻读博士学位，导师为 Albert Sauveur 教授（第一部钢铁显微组织的教科书的作者，曾发现纯铁再结晶时有临界形变量效应），研究不同冷却速度对亚共析钢中魏氏组织形成的影响。研究结果表明：魏氏组织类似马氏体形态，也遵循惯习面规律，沿一定晶面形成，并与母相基体共格。

为了研究和判断无碳的纯铁在高速冷却下是否能够形成马氏体，即钢中的碳是否对马氏体形成有决定性的作用，淬火时获得高速冷却最为关键。为此，周志宏采用磨薄的铁片（1～2mm），为了避免薄铁片的高温氧化，他将样品密封于抽成真空的石英管中加热；加热后打破石英管，并用液态金属 Hg 进行淬火（提高冷却速度）；这一淬火操作要求瞬间完成。经过多次实验，获得了成功。

结果证明：在高速冷却条件下，纯铁可以形成马氏体，也有马氏体切变的表面浮凸效应。这一证据证明：只要冷却速度足够高，奥氏体的铁就可通过切变机制转为马氏体，改变了当时学界认为只有钢中含碳才能淬火得到马氏体的认识。1928 年其论文发表于著名的《美国矿冶学报》，周志宏也由此获得了哈佛大学的科学博士学位（1928 年）。这一工作为后来的马氏体相变研究奠定了基础。在 20 世纪 70 年代国际物理冶金界纪念索比（Sorby）百年的纪念会上，加拿大阿尔伯特大学教授佩尔（Parr）在《马氏体相变的变化规律》一文中高度赞扬了这一工作。

李薰 1936 年毕业于湖南大学，1937 年考取湖南省公费名额到英国谢菲尔德大学学习钢铁冶金（导师为 Andrew），1940 年毕业并获博士学位。20

世纪 40 年代在谢菲尔德大学研究钢的氢脆现象，自行设计并制造了一台真空定氢仪，它的原理是：将被测的钢铁样品置于一个密闭的石英管中；加热到一定温度后，钢中的氢气向外扩散逸出，密闭石英管中的压力发生变化；测量压力随时间的变化，就可以计算钢中氢的扩散速度，以及测定钢中的氢含量。由于有了这一有力的工具，他开创了金属中氢定量研究的时代。

1941~1951 年，李薰和他所在研究团队的一些主要研究结果包括：证明钢中发裂的主要原因是钢中氢含量过高；钢中发裂是一种滞后性破坏，滞后时间与氢在钢中的扩散和在缺陷处的富集有关；合金钢的发裂现象与钢的成分、热处理及氢含量之间有密切的内在联系；可以通过热加工（热轧或热锻）后的热处理（即缓冷工艺）有效降低（除去）钢中的氢，减少发裂的危险；钢的扩散除氢存在一个最佳的温度区间，多数钢种为 300~450℃。

这些研究结果分别被撰写成数篇科学论文，连续发表在英国钢铁学会会志上，是当时国际上该领域最重要的科学成果之一；其中一部分结果今天已经成为金属中氢的基础知识而载于各种相关的教科书（或各种手册）；其堆垛缓冷（扩散除氢）的方法更成为制造高强钢（如重轨钢）的工艺原则之一，并在相当长一段时间为冶金界所奉行。当时为了迅速普及这方面的知识，李薰还曾被邀请到英国广播电台，代表谢菲尔德大学做"钢中氢气"的科普讲座。由于李薰在金属中氢方面的科学成就，1951 年 3 月谢菲尔德大学决定授予他冶金学博士学位，这是该校为本领域做出突出的学术贡献的学者而设立的最高学位，李薰也是唯一获此殊荣的中国学者。

葛庭燧 1937 年于国立清华大学物理系毕业；1941 年到美国加利福尼亚大学伯克利分校攻读硕士学位（物理学），1943 毕业并获得博士学位；1944 年初到麻省理工学院做博士后（光谱实验室）；1945 年底，在一次学术会议上，葛庭燧听了 Zener 教授关于金属中滞弹性与内耗（internal friction）的学术报告，当时 Zener 曾预测，由于金属材料有滞弹性效应，多晶材料中晶界滑动时应当有内耗现象；然而他们一直没有获得相关的实验证明。这一报告引起葛庭燧强烈的好奇心，自告奋勇地跟随 Zener 转到芝加哥大学金属研究所做内耗的实验研究。

经过仔细的分析，葛庭燧猜测前人实验未发现晶界内耗峰的原因可能是测试用的频率太高。为此他自己动手制备了一台低频扭摆内耗仪。这是一台十分简单但设计巧妙的仪器。一根悬臂梁上用钨丝挂一个固定支架，其夹持一根细长金属丝样品（可以加热），下端垂吊一根圆棒（末端浸入油池，阻尼侧向摆动），圆棒上有一个横摆杆（两端有可调位置的摆锤，以改变金属丝的扭转频率）；横摆杆中央有一面小镜子，用一束光源照射这面镜子，通过每次反射光在光尺上摆动的距离和时间记录金属丝扭振的振幅与频率。与当时测量低频内耗的 Snoek 扭摆（一种倒扭摆，发明于 1940 年）不同的是：这是一台正扭摆，并且葛庭燧利用物理学的知识，创造性地用一电磁扭转线圈激发系统发生扭振，这一发明对低频内耗测量技术的改进有重要作用。

经过艰苦的努力，1947 年在一间地下室里实验获得成功，葛庭燧用它发现了多晶铝丝的内耗峰；作为对比，单晶铝则没有这个内耗峰。这一结果不但证明晶界内耗峰的存在，而且奠定了葛庭燧在国际内耗界的地位。后来这种测定金属内耗的低频扭摆仪在教科书上称为葛氏扭摆，晶界内耗峰也称为葛峰，这是科学界为数不多以中国人名命名的专有名词。葛庭燧于 1950 年 1 月回国，任清华大学物理系教授，后到中国科学院金属研究所工作，他在中国建立了第一个金属内耗实验室。

柯俊 1934 年进入河北省立工业学院，1937 年转入武汉大学化学系并于 1938 年毕业；1944 年在 ICI 奖学金（英国化学工业公司提供）的资助下到英国伯明翰大学理论金属学系攻读博士学位，是英国第一代金属物理学家 D. Hanson 教授的关门弟子之一。他的研究工作涉及冷加工铜的再结晶、低碳钢焊缝热影响区的组织变化和钢的过烧现象等。在最后一项研究中他发现钢出现过烧现象（脆化）的原因是：加热温度过高后，钢中硫化锰发生溶解，并在随后的冷却过程中在晶界上重新析出，这一解释阐明了钢铁热加工中的一个重要问题。最后，柯俊的博士学位论文的题目为"贝茵体（Bainite）的切变机制"，柯俊于 1948 年底获博士学位。毕业后他留校担任"冶金学与金属学的物理化学"课程的授课教师，并继续进行材料科学研究。

柯俊在英国的主要研究领域是钢的贝茵体相变。当时关于材料的固态相变有两种机理：缓慢冷却时的扩散型相变（如珠光体转变）和快速冷却时的切变型相变（如马氏体转变）。1930 年美国 E. S. Darerport 和 E. C. Bain 发现珠光体和马氏体之间还有一种中间转变产物，即贝茵体；开始也认为属于扩散型相变（即扩散学派，美国 Aaronson 提出）。1951 年柯俊研究贝茵体组织的金相时，首先发现贝茵体组织的表面有浮凸效应，这原本是马氏体转变切变机制才有的现象。据此，他提出了贝茵体转变应当是一种有扩散的切变机制。这一新观点开创性地提出了固态相变机制的第三种模型：扩散控制的切变理论。尽管后来扩散学派与切变学派一直在进行争论，不过随着时间的推移和实验工作的积累，贝茵体转变的切变学派逐渐得到认可；而柯俊也成为开辟这一领域的知名学者[4]。

第五节 中国早期的矿冶类高等教育与科研

中国最早的矿冶高等教育始于 1895 年创办的北洋大学（初名天津北洋西学学堂），开始设有法律、工程、机器、矿物 4 个专门学，分头等学堂（本科）和二等学堂（预科）各一所，学制均为 4 年，这时并无冶金课程。1900 年北洋大学被兵燹；1902 年，北洋大学堂在天津西沽重建，1903 年开学复课，设法律、土木工程和矿冶 3 个专门学；1919 年又将采矿与冶金分离，冶金成为独立的学科。

北洋大学矿冶系创立之初，基本上采用全盘移植美国高等教育的方式。不但所有教授基本为外籍教员（主要是美国人，直到 1919 年矿冶系才有一位中国教员蔡远泽），所用教材为美国教科书，而且入学后全部用英语授课，毕业后美国承认学历，并可继续赴美学习。根据 1910 年北洋大学矿冶课程的记载，仅专业课学生就要学习矿物学、选矿学、吹管分析等 30 余门课程，其中属于冶金类的有冶金学、铸铁计画、冶金制器学、铸铁学 4 门，任课教员均为李德（美国）；另有冶金实验等实践课程。

1917 年蔡元培从欧洲回国，接任北京大学校长。他提出应效法德法的工科（皆为专门学校），将北洋大学的法律与北京大学的工科互换。建议获准后，从 1920 年起北洋大学停招法律而成为专门（工科）学校；学制 6 年，分为预科 2 年（数学、物理、化学、英语、德语、国语①及制图）和本科 4 年，除数理类课程外，有应用力学、材料力学、无机化学、分析化学、物理化学，工学化学、地质、矿物、岩石及矿床学、机械学、热机学和机械设计等，冶金类课程有选矿学、试金学、钢铁冶金、有色冶金、金相学及矿冶厂设计等。

北洋大学矿冶系由于建校较早，为中国的冶金工业、材料研究和教育培

——————
① 旧指语文课。

养了一大批初期的人才，其中在矿冶界比较有名的有王宠佑（曾任华昌炼锑公司总工程师等）、温宗禹（曾任北京大学工科学长，冶金教授等）、蔡远泽（曾任北洋工学院院长）等；截至 1935 年，北洋大学矿冶系毕业 31 个班，共 310 人，其中在矿冶单位任职的有 106 人（工程师 76 人）；1949 年前毕业于北洋大学矿冶系，后来成为中国科学院或工程院院士的有靳树梁（1920 年毕业）、周志宏（1923 年毕业）、魏寿昆（1929 年毕业）、王之玺（1931 年毕业）和张寿荣（1949 年毕业）。

北洋大学创建的次年（1896 年），为了培养铁路人才，津榆铁路总局（北洋铁路总局）在山海关创办了北洋铁路官学堂。该校历史上经多次变迁，校名更易，后来习惯上称唐山交通大学（1921～1937 年）。1906 年应开平矿务局之请，唐山路矿学堂开设矿科，招生 40 名，但 1909 年即停办；1931 年唐山交通大学恢复矿冶系，1946 年矿冶系一分为二，采矿和冶金分离。唐山交通大学毕业生后来在冶金界成名的有周惠久（1931 年毕业，金属疲劳）、王国钧（1942 年毕业，不锈钢及特钢冶炼）、邱竹贤（1943 年毕业，铝冶金，院士）、刘嘉禾（1943 年毕业，合金钢）、姚桐斌（1945 年毕业，航天材料）、陈能宽（1946 年毕业，金属物理，院士）和周晨光（1948 年毕业，金相图谱与铁轨材料）等。

除了上述两所学校，中国早期的矿冶类高等教育还有 1898 年成立的京师大学堂矿冶科（后并入北洋大学）、1908 年成立的湖南官立高等实业学堂矿科等。此后随着高等教育的发展，全国不少院校设有矿冶系，到 1949 年，设有矿冶系的大学有 10 多所，包括北洋大学、山西大学、重庆大学、武汉大学、湖南大学、广西大学、云南大学、南昌大学、华北大学工学院、唐山工学院和西北工学院、贵州农工学院、西康技艺专科学校等。此外，还有一些机械系开设材料课程，例如，1938 年周惠久在西南联大机械系首次开设金相学及热处理、铸造学等课程[5]。

中国最早的冶金（材料）类研究所是 1928 年成立的中央研究院工程研究所。1928 年蔡元培、李石等组织筹建了中央研究院，下设 14 个研究所，其中工程研究所涉及材料研究。该所由周仁负责组建，并由他任所长兼研究员。周仁于 1910 年进入美国康奈尔大学机械系学习冶金，1915 年毕业获硕士学位并回国。他自幼喜爱古陶瓷，对中国古陶瓷技术有强烈的好奇心，但这种精美的艺术品古书上却鲜有记载；结合当时中国陶瓷质量已经急剧下降的状况，周仁筹办的工程研究所首先设立的就是陶瓷试验场（1928 年，南京），主要工作为分析中国各地瓷土和釉的成分、性质，掌握原料配比的数据、烧结工艺、工业陶瓷材料（化学器皿和坩埚等）及古瓷的仿制技术。后来根据产业需要，工程研究所又相继开设了钢铁试验场（1929年）、棉纺染试验馆（1933年）和玻璃试验场（1934年）。

钢铁试验场建于上海白利南路（今长宁路），当时从国外订购的科研参考书有数百种；主要设备均从美国进口，有三相电弧炉、退火炉、加热炉，1t锻锤，以及金相和化学分析仪器等设备，其中冶炼炉为国内最早的电弧炉之一；主要研究人员除周仁外，还有严恩棫、周行健等。成立之初，主要研制普通铸铁，后发展到耐磨铸铁；1932年起开始研制含铬/镍的合金铸铁、高硅铸铁和低碳韧性铸铁；同年，试制成功高锰钢并获大量订单；1933年以后又相继试制成功碳素工具钢、高速钢、不锈钢、耐酸钢，以及气门用钢等；1934年研究成功炼制纯钨及钨合金。在这些材料的研制中，工程研究所改变了以往冶炼、铸造工艺等全凭老工人经验的方法，而采用炉前化验、金相检验和机械强度测试等，引进了材料制备中的一些科学方法。1945年工程研究所改为工学研究所并与化学所一起回迁上海，中华人民共和国成立后改名为中国科学院上海冶金陶瓷研究所。

中国早期成立的另一个材料类研究所是北洋工学院工科研究所，起源于1933年北洋工学院成立的矿冶工程研究所和工程材料研究所，该研究所设采矿工程、冶金工程和应用地质三部门，研究人员由北洋工学院的教师（副教授和教授）兼任，其中冶金实验室主要有汽油高热化金炉、反射炉、电炉（2000℃）、测热鸳鸯线（热电偶）、冷凝线计度器（步冷曲线）、电阻测热计、光学测热计、反光显微镜（金相显微镜）、显微照相镜、截片机、磨光机等。

1934年北洋工学院工科研究所开始招收研究生，学制2年，毕业后获硕士学位。1935年该研究所冶金工程录取了一名研究生（谢家兰），他也是中国冶金类专业招收的第一名研究生，于1937年毕业，硕士学位论文标题为 *An Investigation of Pearlitic Malleable Cast Iron*（珠光体型可锻铸铁的研究）。谢家兰后来曾任鞍钢工程师、上海中央工业试验所技正兼材料实验室主任、国立北洋大学教授兼冶金系主任、北京钢铁学院炼钢教研室主任等职[6]。

此外，中国还有一些类似的其他钢铁研究机构，例如，1938年国民政府兵工署在重庆成立材料试验处，由从美国留学回来的周志宏任该处技正（总工程师）兼处长，1942年兵工署第二十八厂成立，周志宏兼厂长；1938～1946年，周志宏领导的材料试验处和兵工署第二十八厂用坩埚法研制和生产了高速钢、冲模钢、弹簧钢、钨粉等产品，解决了一部分抗日战争期间军工部门对切削刀具等合金钢的需求。

第六节　中华人民共和国成立初期
材料科学的规划与发展

1949 年 10 月中华人民共和国成立后，即开始迅速恢复国民经济，并确立了全面向苏联学习，建设一个社会主义强盛国家的方针，据此着手规划事关国家发展的各项事业的发展蓝图，其中科学研究工作被提上重要的议事日程。

1949 年 11 月 1 日，中国科学院在北京成立。它的主要任务是从事自然科学、哲学和社会科学的基础科学的研究，提出并负责组织实施国民经济和国防建设重大课题与高新技术的研究，是全国最高学术机构和综合研究中心。它主要以中央研究院、北平研究院及华北大学研究部等为基础组建的。当时中央研究院有 80 余位院士，其中大部分加入了新成立的中国科学院。中国科学院成立之初共有地理学、物理学、化学、生物学、哲学与社会学 5个方面的 15 个研究单位（每个研究单位下设若干研究所、研究室）。

中国科学院成立后，根据国家的需要，立即将钢铁材料的研究作为重点发展目标之一。1950 年即筹划建立冶金研究所，并物色学术领导人。经王大珩举荐，钱三强与郭沫若分别于 1950 年 8 月和 1950 年 11 月先后给远在英国的李薰写信，邀请他回国筹建中国科学院冶金研究所。李薰收到信后，即决意辞职回国，并联系了在谢菲尔德大学工作的张沛霖、张作梅，伯明翰大学工作的柯俊和英国钢铁公司工作的方柄等，共商筹建冶金研究所的具体方案，包括研究所的名称、使命、组织架构、主要任务、基本规模与装备、国外图书、仪器的购置，以及所需经费等。

经过多次讨论，他们制定了一份"金属研究所规程"，其中李薰建议将原定的冶金研究所改名为金属研究所，并确定研究所将来的主要任务包括金属工业上制造方法与成品性能的改进与发展、金属的基本理论、经济建设与国防上关键金属、培养专业人才，以及协调全国的金属研究工作等。其中金属理论（科学）的研究第一次被中国人提到一个研究所的建所纲领中，并成为日后金属研究所的主要任务之一。

1951 年 8 月李薰从英国回到北京，当年年底金属研究所即迁到沈阳建所。1952 年 10 月金属研究所筹备处成立研究机构，分别为冶炼化学研究室

（李薰兼）和金属加工研究室（张作梅负责），此外又特别聘请葛庭燧（时任清华大学物理系教授，兼中国科学院应用物理研究所研究员）和何怡贞（时任燕京大学物理系教授）来沈阳组建金属物理研究室。

1953 年 4 月，中国科学院金属研究所正式成立。这是中国一个大型的材料研究所，在它的成立初期（1953～1957 年），除了派出若干炼钢小分队深入工厂，协助解决钢厂生产中遇到的一些紧迫问题外，还在建立材料的测试方法，解决工业生产中的一些关键问题，发展新材料、新设备与新工艺，以及开展金属的科学问题研究等方面进行了一系列工作，其中不少在中国材料史上具有开创性的意义[7]。这些研究包括如下内容。

（1）材料测试技术。定氢仪的制备与金属中氢的分析技术（李薰、陈文绣，1953 年）；钢中氧的测定技术（李铁藩、吴汶海，1953 年）；钢中氮的测定技术（黄金龙，1955 年）；钢中夹杂物的研究与鉴别（李静媛、张顺南，1956 年）；金属的蠕变与蠕变试验机（王其闵、孔庆平，1953 年）；液态金属表面张力的测定（严铄，1956 年）。

（2）工业生产中的一些关键问题。电炉及平炉冶炼过程中钢液氢含量的变化（李薰、杨维琛、张子青，1953 年）；氢在退火钢锭中分布（李薰、杨维琛，1955 年）；中厚板夹层缺陷的成因（陈继志，1954 年）；沸腾钢锭的结构与元素偏析（王清辉，1956 年）；W 粉的提纯（刘国钰、姚汉武，1954 年）；球墨铸铁的锻造与轧制（张作梅、郭胜泉、徐有容，1952 年）；高速钢的锻造比（张作梅、李建华，1953 年）；热叠轧薄板的粘连（张作梅、李慧珍、李建华，1953 年）等。

（3）新材料、新设备与新工艺。铝镁耐火砖（夏非，1955 年）；金属陶瓷（郭可信，1957 年）；镍铬电热丝（$Cr_{20}Ni_{80}$）的加工性能（张作梅、孟寿山，1955 年）；铸造高温合金（李薰、师昌绪，1957 年）；真空感应炉的使用与研制（张永刚、胡壮麒，1957 年）；电炉氧气炼钢（方柄、王景唐，1955 年）等。

（4）金属的科学问题。金属中内耗的低频扭摆测量技术及设备；用内耗研究金属物理中的若干问题，如原子的扩散、脱溶、内吸附、马氏体相变、钢中的位错，以及钢的回火脆问题（葛庭燧、容保粹、孔庆平、马应良、张进修等，1953～1955 年）；球墨铸铁在高速高温下的应力-应变曲线（张作梅、徐有容等，1956 年）；钼的高温氧化（李铁藩，1957 年）；镍基高温合金及钢的中高温氧化机理（李铁藩、郑逸平，1957 年）；X 射线衍射技术及相分析（徐萃章、叶炽才、林树智，1953 年）；形变、亚结构及马氏体回火过程的 X 射线研究（林树智，1955 年）；金属材料的电子显微镜观察（蒋宁寿，1954 年）。

1957 年以后，根据中国科学院的要求和《1956—1967 年科学技术发展远景规划》，金属研究所全面转向国防尖端材料的研究。在此前后，该所开辟了一大批新的研究方向，包括新材料、新工艺（方法）与新设备。例如，铸造高温合金（李薰、师昌绪等，1958 年）；铬锰氮无镍不锈钢（师昌绪、姚汉武、李有柯、赵淑熙等，1958 年）；铁锰铝奥氏体不锈钢（张彦生、李依依等，1959 年）；808 高温合金（师昌绪、肖耀天、张顺南、赵惠田、柯伟等，1958 年）；不含钴的 916 镍基高温合金（朱耀霄等，1958 年）；高韧钼合金的冶炼、锻造和轧制（庄育智等，1960 年）；真空钎焊技术（斯重遥等，1958 年）；耐磨堆焊材料（斯重遥、金恒昀、侯连亭等，1958 年）；铜/铝摩擦焊（斯重遥、易蕴琛等，1958 年）；滚珠轴承钢质量的改进（斯重遥、邢中枢等，1958 年）；硼化物、氮化物、碳化物及硅化物的分析方法（何怡贞，1958 年）；钢与镍基高温合金中微量稀土的测定（李诗卓、陈存之、王桢枢等，1958 年）；高温合金中的相分析（姜晓霞等，1958 年）；真空持久强度试验（吴昌衡、吴平森等，1958 年）；真空自耗炉及真空非自耗电弧炉（李薰、庄育智等，1958 年）等。

同时对金属中的科学问题也有一些更深入的工作。例如，体心立方金属单晶的范性形变与轧制后的再结晶织构（周邦新，1958 年）；透射电镜研究高温合金蠕变过程中位错结构变化（孔庆平，1958 年）；晶体中位错的直接观测和力学性能研究（何怡贞，1961 年）；钼的低温脆性与杂质（庄育智、马应良，1958 年）；液态金属的黏度和密度（严铄，1961 年）；金属的疲劳（葛庭燧、师昌绪、王中光、柯伟等，1959 年）；电镜下位错运动的观察（郭可信、林保军、蒋宁寿，1960 年）等。

中国科学院成立之初，位于上海的工学研究所是原中央研究院唯一从事材料研究的研究所。1950 年 6 月 20 日中国科学院第一次院务扩大会议上，竺可桢宣布第一批 15 个科学院研究机构，原中央研究院工学研究所改为工学试验馆，馆长周仁不变（1953 年工学试验馆改为中国科学院上海冶金陶瓷研究所，1960 年划分为中国科学院冶金研究所和中国科学院上海硅酸盐及工学研究所），继续从事原有的一些研究工作，包括光学玻璃和工程陶瓷方面一些基础研究，侧重改进钢铁的铸造方法。

从 1950 年开始，中国科学院上海冶金陶瓷研究所在原有工作的基础上，为了配合国家的经济建设，开展了一系列研究工作。例如，铜镁合金球化剂并用于球墨铸铁生产（周仁、周行健，1950年）；球墨铸铁的热处理工艺（周仁、周行健，1950年）；电解法和雾化法制备铜粉和铁粉（金大康，1953年）；高强度刚玉陶瓷刀具，用于合金钢的精加工（1953年）；耐高压（110kV以上）和大尺寸（直径1m以上）氧化铝瓷制备技术（1953年）；锰钼系低合金钢的研究（1954年）；硼钼钢和渗碳硼钼钢（1955年）；木炭还原沸腾钢铁鳞制备铁粉，以及用于制造铁-石墨含油轴承（1956年）等。

此后，根据中国科学院的分工，中国科学院上海冶金陶瓷研究所逐步开始有色金属选矿、冶炼及利用方面的研究。1956年，《1956—1967年科学技术发展远景规划》要求开拓新兴技术领域，由此中国科学院上海冶金陶瓷所的研究方向开始向轻金属、精密合金、金属陶瓷及钢铁工业中的稀土回收和钛渣问题等领域扩展。

此外，1952年11月27日，中央人民政府重工业部将原重工业部综合工业试验所筹备处一分为三（钢铁、有色和化工），正式成立重工业部钢铁工业试验所（主要为钢铁工业进行技术服务），以及重工业部有色工业试验所（主要为有色工业进行技术服务）。后来它们分别发展成为今天的钢铁研究总院和有研科技集团有限公司。为加强有色金属方面的研究，1955年中国科学院在长沙筹建了冶金陶瓷研究所，并将金属研究所的选矿部分迁至长沙，后来该所几经变迁，发展为今天的长沙矿冶研究院；1955年中国科学院在北京筹建化工冶金研究所（并将金属研究所的炼铁部分迁至北京），由物理化学家叶渚沛主持，主要研究方向为应用热力学原理强化冶金过程，至此中国科学院已经有4个从事材料科学的研究所（金属研究所、上海冶金陶瓷研究所、化工冶金研究所和冶金陶瓷研究所）。到1956年，中国已经建成或正在筹建的一批全国性研究机构的研究方向基本覆盖了材料科学的大部分领域。

第七节　中华人民共和国成立初期冶金类高等教育的调整与改革[8]

中华人民共和国成立初期，为了适应国民经济发展对大批人才的需要，工科的高等教育改革被提到议事日程。从1951年起，在苏联专家的协助下，中央人民政府（教育部）对高等院校进行了大规模的专业调整、充实与合并，并着手建立了一批新的院校和专业。

1951年4月教育部召开工学院会议，邀请全国各校的工学院负责人（或主要教授）参加，会议上午由施嘉炀（清华大学工学院院长）、下午由魏寿昆（国立北洋大学工学院院长）主持，轮流报告各工学院的情况。1951年11月教育部召开全国地质、采矿、冶金三系的分工会议，会议的主导思想就是学习苏联的教育体制，建立单科大学（源自德国）。会议决定不但现有各校的冶金系要进行调整合并，建立单独学院，而且要建立一批新的院校。全国冶金领域要新成立五所院校，它们分别是：组建北京钢铁工业学院（最早称为清华大学钢铁学院），由北洋大学、唐山工学院、西北工学院、山西大学和华北大学工学院五个学校的冶金系合并而成，专门研究钢铁冶金；在沈阳新成立东北工学院，专业设置与北京钢铁工业学院类似，另外还增加了有色金属系；在南方新成立中南矿冶学院，由湖南大学矿冶系改扩，专门研究有色金属；新建立昆明工学院，主要由云南大学冶金系改扩，主要研究有色金属。与此同时，取消一批其他大学的矿冶系，其中包括武汉大学、广西大学、贵州农工学院等。这样全国有两所大学研究黑色金属（钢铁），三所大学研究有色金属。同时新建院校中进行大规模的教育改革，其中以北京钢铁工业学院最为典型[9]。

1952年4月底，钢铁工业局召开北京钢铁工业学院筹备会，讨论建校的选址、招生等具体问题。此后北京钢铁工业学院正式成立，由钢铁工业局局长刘彬兼任院长。5校的学生合并后约有1000人，共分4个系和1个钢铁机械专修科，其中采矿135人（采矿、选矿），冶炼306人（炼铁、炼钢、电冶），金相与热处理139人（金相及热处理、物理检验），钢铁机械269人（钢铁机械设备、轧钢）。

北京钢铁工业学院建立之初，采取全盘仿照苏联莫斯科钢铁学院的方法，包括全部采用苏联的教学计划和教学大纲、聘请苏联专家授课等。引进的苏联文件包括莫斯科钢铁学院全套的教学文件、教学大纲、教材、实习大纲和实验说明书等。原来以北洋大学矿冶系为主的中国大学课程设置均参照英美体系的通才教育方式，学的面较宽，每门课都要学一点，但都不细。例如，钢铁冶金类课程包括钢铁、有色金属、轧钢、铸造、冶金炉、耐火材料等，每门课程都有一本书。学生毕业后要先到工厂实习一段时间，才能正式工作。作为对比，苏联的教育体系是专才教育，学科划分很细，上述每门课程均拓宽为一个（或多个）专业。例如，钢铁被细分为炼铁专业、炼钢专业和电炉炼钢三个专业，每个专业又各有三本专业教科书；轧钢过去只有十几个学时，在苏联它成为金属压力加工专业，课程内容又细分为钢锭、粗轧、精轧、型材（钢轨、管材等）、板材，以及冷拉（拉丝）等。学生毕业后到工厂实习2周，就能正式上班。

北京钢铁工业学院刚成立时，一共设有5个专业，即采矿、冶金、压力加工、冶金机械和金相热处理。原本打算设立物理检验专业，主要为工厂培养钢材质量检验的工程师，但对照苏联教学计划，没有这个专业，所以参照与它相近的金相热处理。1952年在翻译苏联教学计划时，发现有冶金物理化学和金属物理专业，当时学校所有的专业均为工科，缺少偏理的学科，在魏寿昆（时任副院长）和稍晚回国的柯俊等的力荐下，1956年北京钢铁工业学院新成立冶金物理化学（魏寿昆负责）和金属物理（柯俊负责）这两个理科专业，至此一共有7个专业。

苏联的教育计划的特点是规定得很严，经苏联教育部批准后，什么时间，由谁批准都有记录，任何人均不能改动。这些教学计划和教学大纲规定又特别细，所需学时多（学制5年），而开始中国的学制为4年，所以必须进行适当的删减；不过后来中国也改成了学制5年。由于使用苏联教材，当时几乎主要的苏联教科书均翻译成中文，即使尚未翻译，也必须按苏联教材讲课，所有任课老师均要求能阅读俄语原版图书，最好能够翻译，译完后马上就印刷出版。就连实验室也是仿照莫斯科钢铁学院，设备大部分由苏联进口，其中有两套先进的5kg高频冶炼炉，一套在炼钢实验室，另一套在铸造实验室。

学校的培养目标是钢铁工程师，为了尽快熟悉今后的工作目标和任务，按照苏联的教学计划，5年中有四次实习，第一次是1个月（认识实习），第二次为6周（生产实习），第三次也是6周（生产实习），第四次为1个月（毕业实习）。由于在校期间有超过20周实习，这种理论联系实际的学习方法使学生对生产过程比较了解，因此毕业后可以直接走上工作岗位。

为了全面学习苏联的教育体系，1953～1957年北京钢铁工业学院先后聘请11名苏联专家，其中有3名为短期来华（分别为钢中杂质分析、高温合金和采矿专业），其余8名苏联专家（教授）为长期工作，分别为采矿、炼钢、电炉冶金、金相与热处理、金属压力加工、冶金机械和铸造专业。除了铸造专业为2名外，其余专业均为1名。1953～1956年苏联专家组组长由尼·叶·柯洛霍多夫（金属压力加工）担任，同时他兼院长顾问，其他苏联专家分别为各专业的顾问。苏联专家除了担任教学与科研任务，还要对学校的专业设置、教学方法（正规化）及包括聘请教师等方面提出咨询意见或建议。

苏联专家的一个重要作用是指导北京钢铁工业学院的教师，当时规定从老教师到刚毕业的助教每个人都要做毕业设计，这也是本专业教学的最后一个环节。一般先由苏联专家出题目，然后大家开始做，做完后再由苏联专家提意见，这样一个过程下来大家水平提高很快。

苏联专家最重要的日常工作是讲课，他们有两个重要的教学环节，一个是答疑，是每课必需的一个教学环节；另一个是考试，所有的考试均为口试，包括考试如何出题、题量及时间都由苏联专家亲自演示。讲课以外，就是协助指导和培养研究生，当时北京钢铁工业学院的研究生是全国招生，除本校外，还有哈尔滨工业大学、东北工学院、中南矿冶大学和重庆大学等，毕业后他们大部分都回到原来院校，如雷廷权（哈尔滨工业大学）、崔昆（华中工学院）等，这些毕业研究生后来在材料科学的研究和教学中起了很大作用。

除了冶金类院校，1952年全国高校院系调整和教学改革中在一些机械类院校也开始开设材料类课程。例如，周志宏1952年起担任交通大学教授、机械系主任和冶金系主任等职；周惠久在交通大学机械系参加筹建金属学热处理专业；1954年受高等教育部委托，他在大连参与了制定中国第一份金属学及热处理教学大纲；由于周惠久早在1935年就研究钢轨的疲劳（美国伊利诺伊大学力学系），对金属的力学性能有良好的基础，1959年他扩充了金属机械性能课程的内容，并在1961年出版了中国第一本金属机械性能的教科书。

1956年中国制定《1956—1967年科学技术发展远景规划》时，苏联专家曾建议应当大量培养物理冶金方面的科研人员，因为中文没有对应的单词，它被翻译为金属物理学。由于这个名词理解上的错误，当时金属物理学被划入物理学领域，并相继在全国17个院校设此专业和大量招收学生。不过由于物理系学生缺乏冶金专业方面的一些基本训练，毕业生最初很难适应材料方面的研究工作，到1980年，只有三所大学保留了金属物理专业[10]。

第八节　中国早期的矿冶学会与期刊[11]

一、1949年以前的矿冶学会与期刊

与矿冶实业与教育相比，中国的专业学会和学术期刊出现的时间要稍晚。最早的学术期刊主要刊登一些科普性文章，主要传播和普及近代西方自

然科学知识。其中比较知名的是中国科学社创办的《科学》，该杂志由留美学生任鸿隽、赵元任、胡明复等于 1915 年 1 月在美国发起，后来转到国内出版发行，是一份综合性的科学杂志。其中刊登与材料有关的文章有："碳化矽之制造"（侯德榜，科学，3，1917）；"火蒸法于黄铜中取纯铜纯锌之索引"（胡嗣鸿，科学，4，1918）等。当时留美学生创办的与材料有关的期刊还有《中美工程师学会杂志》，冶金学家王宠佑关于锑的文献补充（1925年）就是发表于该杂志。

国内较早的矿冶类期刊为 1917 年 3 月由矿学研究会在长沙创办的《矿业杂志》（季刊），主编为梁惠直和吴焜。早期发表的文章以矿业为主，冶金方面的文章很少（如炼锑法）。这一时期中国的一些专业学会相继成立，并陆续创办了一些最早的专业期刊，如《中国地质学会会志》（创办于 1922 年 1月）、《中华化学工业会会志》（创办于 1923 年 1 月）、《中国天文学会会报》（创办于 1923 年 7 月）。作为对比，中国矿冶学会和矿冶类专业期刊却要稍晚一些。

中国矿冶联合会成立于 1913 年，不过它的组成却以矿业公司为主，主要受官方委托处理矿业事故及劳资冲突，很少进行学术性交流。专业学会性质的中国矿冶学会到 1927 年 2 月 9 日才在北平成立，翁文灏、李晋、张轶欧、王宠佑、严庄等 11 人为理事，学会附设于中国矿冶联合会，地址在宣武门内中街 38 号。中国矿冶学会出版发行《矿冶》（1927 年 8 月创刊，季刊，每年一卷），1936 年停刊，共出版 8 卷，主要发表矿业方面的论文（国外矿业现状、国内矿业概况及矿业史等），冶金类的文章很少，早期的文章有王宠佑的"中国冶金史"，论文主要回顾了 50 年前中国冶金技术、50 年来西方近代冶金技术引进、胡博渊的文章、介绍日本钢铁业概观等。1942 年 12 月《矿冶》在重庆复刊（半年报），挂靠于经济部矿冶研究所（地址在东川白庙子），总编辑和副总编由矿冶研究所所长朱玉仑和技正魏寿昆担任，这时它已成为矿冶研究所的专业刊物，以发表钢铁冶金文章为主。《矿冶》到 1944年停刊，这一时期它一共出版 5 期，其中有 3 期为兰州和桂林年会专辑。中国矿冶学会的另一份期刊为 1934 年 1 月创刊的《中国矿冶工程学会月刊》，每期篇幅从 7～8 页到 30 多页不等，主要刊登学术通信类文章及一些学会的简报。

二、中华人民共和国成立后的冶金类期刊

中华人民共和国成立后，最早的冶金期刊是鞍钢月刊编辑委员会出版的《鞍钢》（月刊，创刊于 1950 年 6 月 15 日），其创刊号刊登 4 篇技术性文章："论平炉炉顶"（邵象华）；"鞍钢平炉烧炼炉底总结"（邵象华等）；"第二联炼钢法"（杨树棠）；"炼焦炉操作方法之改进"（周宣城）。

1951 年中国机械工程学会在北京重新成立，庄前鼎为主任，并于 1953 年 10 月创刊《中国机械工程学报》，由中国科学院出版，创刊号刊登了 4 篇技术性论文，其中 2 篇是材料类的，即"电火花强化试验报告"（电加工研究小组）和"纺织机械厂制造球墨铸铁的报告"（荣科）。另一份机械工业出版社出版发行的冶金期刊是《铸工》（月刊），它创刊于 1953 年 1 月 1 日，由机械工业出版社铸工编辑委员会筹备会主办，主要供铸造工人和技术人员参考。

创刊于 1954 年 9 月 25 日的《钢铁》原来是中央人民政府主编的一份兼有专业技术和行业管理的内部刊物，并不对外发行，其创刊号上刊登 3 篇技术性文章："关于平炉冷修的几个问题""30、50、75 吨平炉的合理结构""一个高炉炉长的工作经验"，均为苏联专家的讲话或译文。

《金属学报》创刊于 1956 年 4 月 30 日，由金属研究所李薰负责筹办。在《金属学报》筹办过程中，李薰约集全国冶金界的许多知名学者，如张沛霖、张作梅、柯俊、靳树梁、周自定、杨树棠、邵象华、马宾、邹元爔、颜鸣皋等，成立了由 62 人组成的第一届编委会，李薰为主编，葛庭燧为副主编。在《金属学报》创刊号上，发表了 6 篇学术文章：它们分别是"铁碳系统的热力学研究 I"、"液态铁碳合金热力学"（邹元爔）、"碱性平炉熔炼优质钢的锰制度"（李薰等）、"氮在退火钢锭中的分布"（李薰等）、"电解分离低碳钢中非金属夹杂物的研究"（庄育智等），以及"A3 钢中板机械性能的研究"（张作梅等）。

1956 年 1 月，中央人民政府号召向科学进军，在这股热潮中，各个学科纷纷开始成立自己的专业学会。经过一段时间的筹备，1956 年 11 月 26 日中国金属学会第一届全国会员代表大会在北京召开。会议通过了中国金属学会的章程，推举周仁为第一届中国金属学会理事长，周仁、刘彬、张文奇、王之玺、李薰、李文采、颜鸣皋等组成中国金属学会理事会；会议决定《金属学报》为学会主办的全国性学术刊物，并指定李薰为《金属学报》主编。《金属学报》创刊后，它与《钢铁》成为中国钢铁冶金界两份主要的专业期

刊，其中《金属学报》主要刊登学术性论文，面向国际交流；而《钢铁》主要刊登技术性文章，面向国内钢厂的生产。

此外，中国材料类的专业学会还有中国陶瓷学会，它于 1945 年在重庆成立，赖其芳（玻璃专家）为理事长。中国陶瓷学会于 1949 年 10 月编辑出版《陶工通讯》，1951 年中国陶瓷学会改名为中国窑业工程学会，刊物改名为《窑工通讯》，1956 年 12 月在中国窑业工程学会基础上在北京筹建中国硅酸盐学会，赖其芳为筹委会主任，1962 年《窑工通讯》也改名为《硅酸盐学报》。

第九节　结　语

古代中国的材料（金属与陶瓷）制备技术与古代文明一样，有悠久而辉煌的历史，早在商周时期，中国的青铜制造就达到鼎盛状态，而春秋战国时中国已经进入铁器时代。相关的材料制备技术不但包括冶金、铸造和锻造，而且有热处理、表面渗碳，以及表面镀层等。不过，这些古代技术主要靠原始的经验，由于缺乏详细而定量的描述、问题的提出和质疑、研究和假说，以及用实验方法证明这些质疑或假说，它们的发展非常缓慢，并长期停滞不前；而单靠这些原始经验的积累，也不可能发展为材料科学。

17 世纪以后，陆续有一些西方的冶金学著作通过各种途径流入中国，并翻译出版。不过这些科学知识没有改变当时中国沿用的古法冶金技术，同时这些近代冶金知识也没有获得广泛的认同和传播，因而没有成为中国材料科学的起源。

20 世纪初，在中国洋务运动的推动下，引进（购买）了西方先进的钢铁冶金技术，其中以汉阳铁厂（后来发展为汉冶萍公司）最为典型。开始这些冶金企业不但全部是外国技术和设备，全部工程技术人员甚至技工也为外籍人员。由于有了实际需求，从 1902 年起，中国开始派遣留学生到西方（欧美）学习新式冶金技术；在后来的出国留学热中，冶金（材料）是一个重要的分支；这些留学生学成回国后，逐渐取代外国技术人员，到 1918 年在汉冶萍公司包括总工程师在内的技术人员中，中国人已达到 90% 以上，这批本土冶金技术人员在后来冶金工业发展和技术扩散中起了重要作用。

中国最早的矿冶高等教育始于 1895 年创办的北洋大学；1903 年开设矿

冶学科，开始所有课程均由外国（主要是美国）教授担任，教材也全部来自国外，直到 1919 年北洋大学冶金系才有第一位中国教授（蔡远泽）；由于建校较早，北洋大学冶金系为中国的冶金工业、材料研究和教育培养了一大批初期的人才；后来冶金类高等教育逐渐扩散到国内其他大学，到 1949 年之前中国设有矿冶系的大学有 10 多所，包括北洋大学、唐山工学院、山西大学、重庆大学、武汉大学、湖南大学、广西大学、云南大学、南昌大学、华北大学工学院和西北工学院等。

1949 年之前，中国只有很少的材料（主要是钢铁）研究机构，它们包括 1928 年成立的中央研究院工程研究所、1934 年成立的北洋工学院工科研究所，以及 1938 年成立的国民政府兵工署材料试验处等。这些研究机构的规模均不大，研究方向除了个人兴趣（如工程研究所周仁设立古陶瓷研究）外，均以合金钢为主，项目选择也是随机性的。

总之，1902~1949 年，中国材料工业走过的道路为最初从冶金工业的全盘引进（包括全部由外国人操作），到留学生的派出，最后到工厂操作的逐步本土化；而冶金教育和科研的道路也是从西方高等教育的全盘引进（包括大学教授等）开始的；大学的相继建立、人才培养、研究机构的建立和科研活动的开展，直到成立学会和出版定期学术刊物等，所有这些活动都是自发和分散的；说明这时中国的材料科学还处于萌芽状态。直到中华人民共和国成立后，中国的材料科学才开始进行全面的布局和发展，它的时间坐标在 1952 年左右。

中华人民共和国成立后，中国科学院在学科布局和全面规划的基础上，新建了一批研究所，特别是在材料科学方面新建了中国科学院金属研究所，它不但解决了不少当时工业生产中迫切要解决的问题，开拓性地建立了一些新的学科，如金属中的气体、高温合金、难熔金属等，并且开始进行材料科学的理论研究，包括金属的力学性能（如脆性的本质、蠕变等）、晶体缺陷（如位错等）、金属的物理性能（如内耗等），以及金属在动载荷下的行为（如疲劳等）。这些研究工作在全国推广和扩展后，中国科学院金属研究所也就逐渐发展成为中国材料科学研究的重要基地。

中华人民共和国成立初期，在苏联的大力支援下，中国按照苏联的模式重建了高等教育体系，包括建立单科大学（在材料领域，特别是北京钢铁工业学院）、引进全部的教学文件（包括教学大纲、教学计划、教材，以及实验室等）和聘请苏联专家等，并且与苏联的高等教育相比后，又新建了一批以前缺失的学科，如冶金物理化学、金相与热处理和金属物理等，这些措施迅速地提升了当时中国材料方面的高等教育与科研水平。随着中国金属学会的成立和《金属学报》的创刊发行，到 1956 年底，中国的材料科学的教学与科研体系已经基本形成；在此基础上，1956 年中央制定的《1956—1967年科学技术发展远景规划》又为材料科学今后大规模的发展开辟了道路。

参 考 文 献

[1] 孙淑云，李延祥. 中国古代冶金技术专论. 北京：中国科学文化出版社，2003.

[2] 李海涛. 百年中国近代钢铁工业发展史研究综述. 武汉科技大学学报（社会科学版），2011，13（6）：714-719.

[3] 方一兵，潜伟. 中国近代钢铁工业化进程中首批本土工程师（1894~1925 年）. 中国科技史杂志，2008，29（2）：117-133.

[4] 韩汝珍，石新明. 柯俊传. 北京：科学出版社，2012.

[5] 李自强. 湖南华昌炼矿公司的兴衰. 文史博览（理论），2008，3：4-8.

[6] 张明，潜伟. 北洋大学矿冶学科的创建、建议与启示. 江西理工大学学报，2008，32（6）：16-21.

[7] 中国科学院金属研究所. 中国科学院金属研究所所志，第一卷，1950~1994. 沈阳：中国科学院金属研究所，2007.

[8] 韩晋芳. 中央研究院与中国科学院间的初步比较. 内蒙古师范大学学报，2007，36（4）：518-522.

[9] 韩晋芳，张柏春. 魏寿昆院士访谈录. 中国科技史杂志，2009，30（2）：193-202.

[10] 王丽莉，潜伟. 1952~1957 年苏联专家与北京钢铁工业学院的科学建设. 北京科技大学学报（社会科学版），2010，26（2）：1-5.

[11] 姚运，王胥，姚树峰. 中国近代科技期刊源流（1792~1949 年）. 济南：山东教育出版社，2006.

关键词索引

彩　图

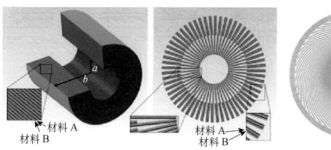

(a) 热学隐身衣设计示意图　　(b) 热聚焦器设计示意图　　(c) 热反转器设计示意图

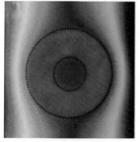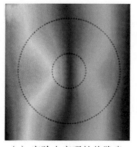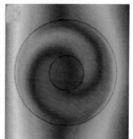

(d) 实验中实现的热隐身
衣、热聚焦器和热反转器

(e) 实验中实现的热隐身
衣、热聚焦器和热反转器

(f) 实验中实现的热隐身
衣、热聚焦器和热反转器

图 9-8　实验中实现的热隐身衣、热聚焦器和热反转器

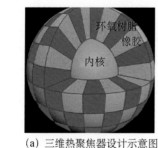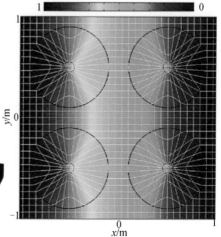

(a) 三维热聚焦器设计示意图

(b) 热聚焦集成块设计示意图　　(c) 热聚焦集成块的实验表现

图 9-9　三维热聚焦器和热聚焦集成块示意图

不同的颜色代表不同的温度, 红色为高温, 蓝色为低温

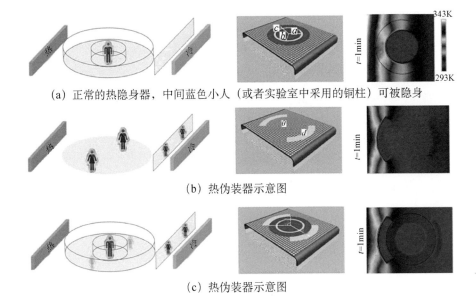

(a) 正常的热隐身器，中间蓝色小人（或者实验室中采用的铜柱）可被隐身

(b) 热伪装器示意图

(c) 热伪装器示意图

图 9-10 热隐身器和热伪装器示意图

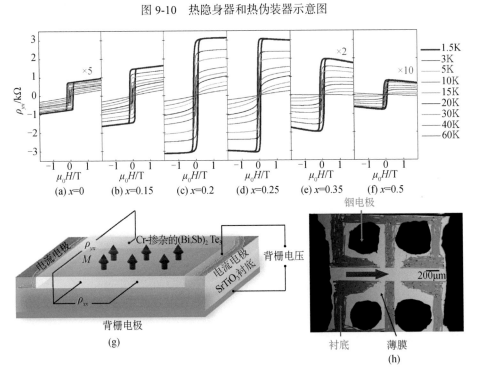

(a) $x=0$ (b) $x=0.15$ (c) $x=0.2$ (d) $x=0.25$ (e) $x=0.35$ (f) $x=0.5$

(g)

(h)

图 10-7 不同 Bi 掺杂量的 Cr 掺杂的$(Bi,Sb)_2Te_3$薄膜霍尔电阻随磁场的变化及利用$SrTiO_3$
衬底作为介电层的场效应器件的示意图和真实器件照片